信号与测试技术

（第2版）

樊尚春　周浩敏　编著

北京航空航天大学出版社

内 容 简 介

本书介绍了连续时间信号分析、离散时间信号分析以及测试中几种信号检测与变换方法和技术；介绍了自动化检测系统中常用的电阻变换原理、电容变换原理、电磁变换原理、压电式测量原理和谐振式测量原理等；介绍了相对位移、运动速度、加速度、转速、振动、力、扭矩、压力、温度、流量等参数的测量系统；介绍了测试系统静态与动态基本特性与测试数据处理方法。

为便于读者学习与掌握本书的主要内容，在一些章节配有一定的实例分析；在每一章都配有习题与思考题。

本书可作为自动化、电气工程及其自动化、信息工程、测控技术与仪器、机械工程及自动化、机械电子工程等专业本科生的教科书或参考书，也可供相关专业的师生和有关工程技术人员参考。

图书在版编目(CIP)数据

信号与测试技术 / 樊尚春，周浩敏编著. -- 2 版
-- 北京：北京航空航天大学出版社，2011.4
 ISBN 978-7-5124-0236-2

Ⅰ. ①信… Ⅱ. ①樊… ②周… Ⅲ. ①信号分析②信号检测 Ⅳ. ①TN911.6

中国版本图书馆 CIP 数据核字(2011)第 196491 号

版权所有，侵权必究。

信号与测试技术
(第 2 版)

樊尚春　周浩敏　编著
责任编辑　罗晓莉

＊

北京航空航天大学出版社出版发行

北京市海淀区学院路 37 号(邮编 100191)　http://www.buaapress.com.cn
发行部电话：(010)82317024　传真：(010)82328026
读者信箱：bhpress@263.net　邮购电话：(010)82316936
北京时代华都印刷有限公司印装　各地书店经销

＊

开本：787×1092　1/16　印张：25.25　字数：646 千字
2011 年 4 月第 2 版　2011 年 4 月第 1 次印刷　印数：3 000 册
ISBN 978-7-5124-0236-2　定价：42.00 元

前　言

本书是根据"十一五"北京市高等教育精品教材建设项目制定的教学大纲编写的,主要用于自动化、电气工程及其自动化、信息工程、测控技术与仪器、机械工程及自动化、机械电子工程等专业,作为本科生教材,同时也适用于其他相关专业参考。

测试是人们通过实验认识客观世界并取得对实验对象的定性或定量信息的一种基本方法,它在日常生活、科学研究、工农业生产、交通运输、医疗卫生及国防建设中发挥着基础性作用。测试技术的水平与发展状况充分反映了人类认识客观世界的能力与程度。

本教材以测试技术涵盖的主要经典内容为重点,且适当介绍测试技术发展过程中的新进展、新内容,以便于学生较为系统、全面地掌握测试技术。

本教材共分 17 章,其中第 1~3 章由周浩敏教授编著,其余由樊尚春教授编著,并由樊尚春教授统稿。

绪论介绍有关测试技术的基本概念、功能、研究的主要内容,构成测试系统的基本要求以及信号与测控技术的关系等。

第 1 章主要介绍信号分析与处理的基础知识,包括连续周期信号、连续非周期信号和抽样信号的傅里叶分析,即频谱分析,以建立信号频谱的基本概念,为离散信号的频谱分析奠定基础。

第 2 章介绍离散时间信号分析,包括序列傅里叶变换、离散傅里叶级数 DFS、离散傅里叶变换 DFT、快速傅里叶变换 FFT 及其应用,是本书的重点章节之一。同时对离散时间信号序列及其 z 变换进行了必要讨论。序列 z 变换为进一步讨论离散时间信号频谱分析奠定了数学基础。

第 3 章介绍测试中几种信号检测与变换方法和技术,包括信号的相关分析与检测,沃尔什变换,希尔伯特变换和主成分分析法。

第 4 章介绍变电阻测量原理,包括电位器、应变片、压敏电阻、热电阻等。在电位器中,介绍其基本构造、工作原理、特性;阶梯特性和阶梯误差、非线性电位器的特性及其实现;电位器的负载特性、负载误差以及改善措施等。在应变式变换原理部分,介绍金属电阻丝产生应变效应的机理;金属应变片的结构及应变效应,应变片的横向效应及减小横向效应的措施;电阻应变片的温度误差及补偿方法;并介绍电桥原理、差动原理及其应用特点等。在压阻式变换原理部分,介绍半导体材料产生压阻效应的机理、特点;单晶硅的压阻系数等。在热电阻变换原理部分,重点介绍金属热电阻和半导体热敏电阻的特性及应用特点。

第 5 和第 6 章分别对变电容和变磁路测量原理进行讨论。介绍电容式和电感式变换元件的基本结构形式、特性、等效电路以及信号转换线路等。在变磁路测量原理中还特别对电涡流效应、霍尔效应进行介绍。

第 7 章介绍压电式测量原理。分析、讨论石英晶体、压电陶瓷、聚偏二氟乙烯等常用压电材料的压电效应,同时还介绍压电换能元件的等效电路及信号转换电路。

第 8 章介绍先进的谐振式测量原理。讨论谐振现象、谐振子的机械品质因数 Q 值、闭环自激系统基本结构及实现条件、敏感机理及特点、谐振式传感器的输出等。

第 4~8 章中介绍的是具有普遍意义的敏感机理和变换原理,这些属于测试技术中的基础内容。

第 9~14 章介绍在工业测量及控制过程中常用的一些参数,如相对位移、运动速度、转速、加速度、振动、力、转矩、压力、温度和流量等的检测系统,对上述各种参数常用的测试系统的实现方式、组成、工作原理等进行分析与讨论。考虑到同一个被测参数,可以采用多种不同的敏感机理、测量方式、系统结构来实现测试系统,因此,特别对它们的不同之处进行论述。另外,还特别介绍一些测量原理与第 4~8 章介绍的敏感原理不同的典型测试系统,如激光位移测量系统、光栅位移测量系统、激光测速系统、伺服式加速度测量系统、机械式力平衡装置、活塞压力计、位置反馈式压力测量系统、力反馈式压力测量系统、热电偶测温系统、全辐射测温系统、亮度式测温系统、比色测温系统、半导体 P-N 结测温系统、涡轮流量计、漩涡流量计、热式质量流量计等。第 9~14 章的内容是本教材的重点内容。

第 15 和第 16 章则重点介绍测试系统的静、动态特性的描述与数据处理。包括测试系统特性的一般描述方式;典型静、动态测试数据的获取过程;典型数据处理过程,即利用实际数据计算、分析、评估测试系统自身的静、动态特性等;这些也属于测试技术内容中重要的基础部分。

在编写过程中,作者结合多年来在教学工作中积累的经验与科研工作中取得的研究结果,同时参考、引用了许多专家学者的论著和教材,在此一并表示衷心感谢。

测试技术内容广泛且发展迅速,由于编者学识、水平有限,教材中的错误与不妥之处,敬请读者批评指正。

作　者

2010 年 8 月

目 录

第0章 绪 论 ... 1

- 0.1 引 言 ... 1
- 0.2 测试技术的功能 ... 2
- 0.3 测试技术研究的主要内容 ... 2
  - 0.3.1 测量原理 ... 2
  - 0.3.2 测量方法 ... 3
  - 0.3.3 测量系统 ... 3
  - 0.3.4 数据处理 ... 5
- 0.4 信号与测控技术 ... 5
- 习题与思考题 ... 6

第1章 信号分析与处理基础 ... 7

- 1.1 信号分析和处理概述 ... 7
  - 1.1.1 信息和信号 ... 7
  - 1.1.2 信号分析、信号处理 ... 10
  - 1.1.3 基本的连续信号 ... 13
- 1.2 连续信号的时域分析 ... 19
  - 1.2.1 连续信号的时域分解 ... 19
  - 1.2.2 卷积法求线性非移变系统零状态响应 ... 20
- 1.3 周期信号的频谱分析——傅里叶级数 ... 20
  - 1.3.1 三角函数形式的傅里叶级数 ... 21
  - 1.3.2 指数形式的傅里叶级数 ... 23
  - 1.3.3 周期信号的功率谱 ... 28
- 1.4 非周期信号频谱分析——傅里叶变换 ... 30
  - 1.4.1 傅里叶变换 ... 30
  - 1.4.2 典型非周期信号的频谱 ... 32
  - 1.4.3 傅里叶变换的性质 ... 36
- 1.5 周期信号的傅里叶变换 ... 42
  - 1.5.1 复指数、正弦、余弦信号的傅里叶变换 ... 42
  - 1.5.2 一般周期信号的傅里叶变换 ... 43
  - 1.5.3 周期信号与单周期脉冲信号频谱间的关系 ... 44
- 1.6 能量谱 ... 45
- 1.7 抽样信号的傅里叶变换 ... 47

1.7.1　时域抽样 …………………………………………………………… 48
   1.7.2　抽样定理 …………………………………………………………… 50
  习题与思考题 ……………………………………………………………………… 53

第 2 章　离散时间信号分析 …………………………………………………… 55

  2.1　离散时间信号——序列及其 z 变换 ……………………………………… 55
   2.1.1　序　列 ………………………………………………………………… 55
   2.1.2　基本序列 ……………………………………………………………… 56
   2.1.3　序列 z 变换的定义 …………………………………………………… 60
   2.1.4　z 变换的收敛域 ……………………………………………………… 62
   2.1.5　z 变换的性质 ………………………………………………………… 66
   2.1.6　z 反变换 ……………………………………………………………… 68
  2.2　序列的傅里叶变换 …………………………………………………………… 70
  2.3　离散傅里叶级数(DFS) ……………………………………………………… 72
   2.3.1　傅里叶变换在时域和频域中的对偶规律 …………………………… 72
   2.3.2　离散傅里叶级数 DFS ………………………………………………… 73
  2.4　离散傅里叶变换(DFT) ……………………………………………………… 77
   2.4.1　离散傅里叶变换(DFT)定义式 ……………………………………… 77
   2.4.2　离散傅里叶变换与序列傅里叶变换的关系 ………………………… 79
   2.4.3　离散傅里叶变换的性质 ……………………………………………… 80
  2.5　快速傅里叶变换(FFT) ……………………………………………………… 82
   2.5.1　DFT 直接运算的问题和改进思路 …………………………………… 82
   2.5.2　基 2 按时间抽取的 FFT 算法(时析型) ……………………………… 83
   2.5.3　IDFT 的快速算法(IFFT) ……………………………………………… 88
  2.6　离散傅里叶变换的应用 ……………………………………………………… 89
   2.6.1　用 FFT 实现快速卷积 ………………………………………………… 90
   2.6.2　连续时间信号的数字谱分析 ………………………………………… 93
   2.6.3　FFT 在动态测试数据处理中的应用 ………………………………… 97
  2.7　二维傅里叶变换 ……………………………………………………………… 102
   2.7.1　二维傅里叶级数 ……………………………………………………… 102
   2.7.2　二维傅里叶变换 ……………………………………………………… 102
  习题与思考题 ……………………………………………………………………… 108

第 3 章　测试中几种重要的信号检测和变换方法和技术 …………………… 109

  3.1　信号的相关分析与检测 ……………………………………………………… 109
   3.1.1　信号的相关函数 ……………………………………………………… 109
   3.1.2　信号的相关检测技术 ………………………………………………… 114
   3.1.3　相关检测在硅谐振式微传感器动力学特性检测中的应用 ………… 115
  3.2　沃尔什变换 …………………………………………………………………… 119

3.2.1 沃尔什函数 …………………………………………………… 119
3.2.2 沃尔什函数的性质 …………………………………………… 120
3.2.3 沃尔什级数 …………………………………………………… 122
3.2.4 离散沃尔什函数 ……………………………………………… 123
3.2.5 沃尔什变换 …………………………………………………… 126
3.2.6 快速沃尔什变换 ……………………………………………… 128
3.3 希尔伯特变换 …………………………………………………………… 132
3.3.1 希尔伯特变换定义 …………………………………………… 132
3.3.2 希尔伯特—黄变换 …………………………………………… 136
3.4 主成分分析法 …………………………………………………………… 141
3.4.1 主成分分析法 ………………………………………………… 141
3.4.2 确定主成分的方法和步骤 …………………………………… 145
习题与思考题 ……………………………………………………………… 146

第4章 变电阻测量原理 …………………………………………………… 147

4.1 电位器原理 ……………………………………………………………… 147
4.1.1 基本构造及工作原理 ………………………………………… 147
4.1.2 线绕式电位器的特性 ………………………………………… 148
4.1.3 非线性电位器 ………………………………………………… 149
4.1.4 电位器的负载特性及负载误差 ……………………………… 151
4.1.5 非线绕式电位器 ……………………………………………… 154
4.2 应变式变换原理 ………………………………………………………… 154
4.2.1 金属电阻的应变效应 ………………………………………… 154
4.2.2 金属应变片的结构及应变效应 ……………………………… 155
4.2.3 横向效应及横向灵敏度 ……………………………………… 156
4.2.4 电阻应变片的种类 …………………………………………… 157
4.2.5 电阻应变片的温度误差及补偿方法 ………………………… 158
4.2.6 电桥原理 ……………………………………………………… 161
4.3 压阻式变换原理 ………………………………………………………… 165
4.3.1 半导体材料的压阻效应 ……………………………………… 165
4.3.2 单晶硅的晶向、晶面的表示 ………………………………… 166
4.3.3 压阻系数 ……………………………………………………… 167
4.4 热电阻变换原理 ………………………………………………………… 169
4.4.1 热电阻 ………………………………………………………… 169
4.4.2 金属热电阻 …………………………………………………… 170
4.4.3 半导体热敏电阻 ……………………………………………… 172
习题与思考题 ……………………………………………………………… 173

第 5 章 变电容测量原理 ……………………………………………………… 176

5.1 基本电容式敏感元件 ……………………………………………………… 176
5.2 电容式敏感元件的主要特性 …………………………………………… 177
5.2.1 变间隙电容式敏感元件 ……………………………………………… 177
5.2.2 变面积电容式敏感元件 ……………………………………………… 178
5.2.3 变介电常数电容式敏感元件 ………………………………………… 179
5.2.4 电容式敏感元件的等效电路 ………………………………………… 180
5.3 电容式变换元件的信号转换电路 ……………………………………… 180
5.3.1 运算放大器式电路 …………………………………………………… 180
5.3.2 交流不平衡电桥 ……………………………………………………… 181
5.3.3 变压器式电桥线路 …………………………………………………… 181
5.3.4 二极管电路 …………………………………………………………… 182
5.3.5 差动脉冲调宽电路 …………………………………………………… 184
习题与思考题 …………………………………………………………………… 186

第 6 章 变磁路测量原理 ……………………………………………………… 187

6.1 电感式变换原理 ………………………………………………………… 187
6.1.1 简单电感式原理 ……………………………………………………… 187
6.1.2 差动电感式变换元件 ………………………………………………… 191
6.2 差动变压器式变换元件 ………………………………………………… 192
6.2.1 磁路分析 ……………………………………………………………… 192
6.2.2 电路分析 ……………………………………………………………… 194
6.3 电涡流式变换原理 ……………………………………………………… 195
6.3.1 电涡流效应 …………………………………………………………… 195
6.3.2 等效电路分析 ………………………………………………………… 195
6.3.3 信号转换电路 ………………………………………………………… 196
6.4 霍尔效应及元件 ………………………………………………………… 198
6.4.1 霍尔效应 ……………………………………………………………… 198
6.4.2 霍尔元件 ……………………………………………………………… 199
习题与思考题 …………………………………………………………………… 199

第 7 章 压电式测量原理 ……………………………………………………… 200

7.1 石英晶体 ………………………………………………………………… 200
7.1.1 石英晶体的压电机理 ………………………………………………… 200
7.1.2 石英晶体的压电常数 ………………………………………………… 202
7.1.3 石英晶体几何切型的分类 …………………………………………… 204
7.1.4 石英晶体的性能 ……………………………………………………… 204
7.2 压电陶瓷 ………………………………………………………………… 205

  7.2.1 压电陶瓷的压电机理 ………………………………………………… 205
  7.2.2 压电陶瓷的压电常数 ………………………………………………… 205
  7.2.3 常用压电陶瓷 ………………………………………………………… 206
 7.3 聚偏二氟乙烯(PVF2) ……………………………………………………… 206
 7.4 压电换能元件的等效电路 ………………………………………………… 207
 7.5 压电换能元件的信号转换电路 …………………………………………… 208
  7.5.1 电荷放大器与电压放大器 …………………………………………… 208
  7.5.2 压电元件的并联与串联 ……………………………………………… 209
 习题与思考题 …………………………………………………………………… 210

第8章 谐振式测量原理 ……………………………………………………… 211

 8.1 谐振状态及其评估 ………………………………………………………… 211
  8.1.1 谐振现象 ……………………………………………………………… 211
  8.1.2 谐振子的机械品质因数 Q 值 ……………………………………… 213
 8.2 闭环自激系统的实现 ……………………………………………………… 214
  8.2.1 基本结构 ……………………………………………………………… 214
  8.2.2 闭环系统的实现条件 ………………………………………………… 214
 8.3 敏感机理及特点 …………………………………………………………… 215
  8.3.1 敏感机理 ……………………………………………………………… 215
  8.3.2 谐振式测量原理的特点 ……………………………………………… 216
 8.4 频率输出谐振式传感器的测量方法比较 ………………………………… 216
 习题与思考题 …………………………………………………………………… 217

第9章 相对位移测量系统 ……………………………………………………… 218

 9.1 概　述 ……………………………………………………………………… 218
 9.2 相对位移测量装置的标定 ………………………………………………… 218
 9.3 激光位移测量装置 ………………………………………………………… 219
  9.3.1 光干涉原理 …………………………………………………………… 219
  9.3.2 激光干涉仪 …………………………………………………………… 220
 9.4 光栅位移测量系统 ………………………………………………………… 221
  9.4.1 光栅的结构和分类 …………………………………………………… 221
  9.4.2 莫尔条纹 ……………………………………………………………… 222
  9.4.3 辨向和细分电路 ……………………………………………………… 223
 9.5 感应同步器系统 …………………………………………………………… 225
  9.5.1 感应同步器的结构与分类 …………………………………………… 225
  9.5.2 感应同步器的工作原理 ……………………………………………… 226
  9.5.3 信号的处理方式和电路 ……………………………………………… 227
 习题与思考题 …………………………………………………………………… 230

第 10 章 运动速度、转速、加速度和振动测量系统 …… 233

10.1 运动速度测量 …… 233
10.1.1 微积分电路法 …… 233
10.1.2 平均速度测量法 …… 233
10.1.3 磁电感应式测速度法 …… 235
10.1.4 激光测速法 …… 235

10.2 转速测量 …… 236
10.2.1 测速发电机 …… 236
10.2.2 频率量输出的转速测量系统 …… 237

10.3 加速度测量 …… 241
10.3.1 理论基础 …… 241
10.3.2 位移式加速度传感器 …… 244
10.3.3 应变式加速度传感器 …… 245
10.3.4 压电式加速度传感器 …… 246
10.3.5 伺服式加速度测量系统 …… 249

10.4 振动测量 …… 252
10.4.1 振动位移（振幅）测量 …… 252
10.4.2 振动速度测量 …… 254
10.4.3 振动测量系统的组成 …… 255

习题与思考题 …… 255

第 11 章 力、转矩测量系统 …… 257

11.1 力的测量 …… 257
11.1.1 机械式力平衡装置 …… 258
11.1.2 磁电式力平衡装置 …… 258
11.1.3 液压式测力系统 …… 258
11.1.4 气压式测力系统 …… 259
11.1.5 位移式测力系统 …… 259
11.1.6 应变式测力系统 …… 260
11.1.7 压电式测力传感器 …… 265
11.1.8 压磁式测力传感器 …… 265

11.2 转轴转矩测量 …… 266
11.2.1 电阻应变式转矩传感器 …… 267
11.2.2 压磁式转矩传感器 …… 267
11.2.3 扭转角式转矩传感器 …… 268

习题与思考题 …… 269

第12章 压力测量系统 ... 270

12.1 概述 ... 270
12.1.1 压力的概念 ... 270
12.1.2 压力的单位 ... 270
12.1.3 压力测量系统的分类 ... 271

12.2 液柱式压力计和活塞式压力计 ... 272
12.2.1 液柱式压力计 ... 272
12.2.2 活塞式压力计 ... 273

12.3 开环压力测量系统 ... 274
12.3.1 机械式压力表 ... 274
12.3.2 电位计式压力传感器 ... 275
12.3.3 应变式压力传感器 ... 275
12.3.4 压阻式压力传感器 ... 278
12.3.5 电容式压力传感器 ... 281
12.3.6 压电式压力传感器 ... 282
12.3.7 变磁阻式压力传感器 ... 283

12.4 伺服式压力测量系统 ... 284
12.4.1 位置反馈式压力测量系统 ... 284
12.4.2 力反馈式压力测量系统 ... 287

12.5 谐振式压力传感器 ... 290
12.5.1 谐振弦式压力传感器 ... 290
12.5.2 振动筒式压力传感器 ... 292
12.5.3 谐振膜式压力传感器 ... 295
12.5.4 石英谐振梁式压力传感器 ... 295
12.5.5 硅谐振式压力微传感器 ... 297

12.6 动态压力测量时的管道和容腔效应 ... 300
12.6.1 管道和容腔的无阻尼自振频率 ... 301
12.6.2 管道和容腔存在阻尼时的频率特性 ... 301

12.7 压力测量装置的静、动态标定 ... 303
12.7.1 压力测量装置的静态标定 ... 303
12.7.2 压力测量装置的动态标定 ... 304

习题与思考题 ... 305

第13章 温度测量系统 ... 307

13.1 概述 ... 307
13.1.1 温度的概念 ... 307
13.1.2 温标 ... 307
13.1.3 温度标准的传递 ... 308

  13.1.4 温度计的标定与校正 308
  13.1.5 测温方法与测温仪器的分类 309
 13.2 热电偶测温 309
  13.2.1 热电效应 310
  13.2.2 热电偶的工作机理 311
  13.2.3 热电偶的基本定律 312
  13.2.4 热电偶的误差及补偿 313
  13.2.5 热电偶的组成、分类及特点 316
 13.3 热电阻电桥测温系统 317
  13.3.1 平衡电桥电路 317
  13.3.2 不平衡电桥电路 318
  13.3.3 自动平衡电桥电路 318
 13.4 非接触式温度测量系统 319
  13.4.1 全辐射测温系统 319
  13.4.2 亮度式测温系统 320
  13.4.3 比色测温系统 320
 13.5 半导体 P-N 结测温系统 322
 习题与思考题 323

第 14 章 流量测量系统 325

 14.1 概 述 325
 14.2 流体力学的基本知识 326
  14.2.1 流体的主要物理性质 326
  14.2.2 雷诺数 327
  14.2.3 流体流动的连续性方程 327
  14.2.4 伯努利方程 327
 14.3 转子流量计 329
  14.3.1 工作原理 329
  14.3.2 流量方程式 329
  14.3.3 转子流量计的特点 330
 14.4 节流式流量计 331
  14.4.1 工作原理 331
  14.4.2 流量方程式 331
  14.4.3 取压方式 333
  14.4.4 节流式流量计的特点 334
 14.5 靶式流量计 334
  14.5.1 工作原理 334
  14.5.2 流量方程式 334
  14.5.3 靶式流量计的特点 335

14.6 涡轮流量计 ... 335
  14.6.1 工作原理 ... 335
  14.6.2 流量方程式 ... 336
  14.6.3 涡轮流量计的特点 ... 337
14.7 电磁流量计 ... 337
  14.7.1 工作原理 ... 337
  14.7.2 电磁流量计的结构特点 ... 338
  14.7.3 电磁流量计的特点 ... 339
14.8 漩涡流量计 ... 339
  14.8.1 卡门涡街式漩涡流量计 ... 339
  14.8.2 旋进式漩涡流量计 ... 340
14.9 超声波流量计 ... 340
14.10 质量流量的间接测量 ... 342
  14.10.1 体积流量计加密度计 ... 342
  14.10.2 体积流量加温度压力补偿 ... 342
14.11 热式质量流量计 ... 343
  14.11.1 工作原理 ... 343
  14.11.2 热式质量流量计的特点 ... 344
14.12 谐振式科里奥利直接质量流量计 ... 344
  14.12.1 工作原理 ... 344
  14.12.2 信号检测电路 ... 347
  14.12.3 分类与应用特点 ... 348
14.13 流量标准与标定 ... 350
习题与思考题 ... 351

第15章 测试系统的静态特性与数据处理 ... 352

15.1 测试系统的静态特性一般描述 ... 352
15.2 测试系统的静态标定 ... 352
  15.2.1 静态标定条件 ... 352
  15.2.2 测试系统的静态特性 ... 353
15.3 测试系统的主要静态性能指标及其计算 ... 354
  15.3.1 测量范围 ... 354
  15.3.2 静态灵敏度 ... 354
  15.3.3 分辨力与分辨率 ... 355
  15.3.4 时漂与温漂 ... 355
  15.3.5 线性度 ... 356
  15.3.6 符合度 ... 358
  15.3.7 迟滞 ... 358
  15.3.8 非线性迟滞 ... 358

15.3.9　重复性 ··· 359
　　15.3.10　综合误差 ··· 360
　　15.3.11　计算实例 ··· 362
　习题与思考题 ·· 364

第16章　测试系统的动态特性与数据处理 ························· 366

16.1　概　述 ·· 366
16.2　测试系统动态特性方程 ··· 366
　16.2.1　微分方程 ··· 366
　16.2.2　传递函数 ··· 367
　16.2.3　状态方程 ··· 368
16.3　测试系统动态响应及动态性能指标 ·· 368
　16.3.1　测试系统时域动态性能指标 ·· 369
　16.3.2　测试系统频域动态性能指标 ·· 374
16.4　测试系统动态特性测试与动态模型建立 ···································· 379
　16.4.1　测试系统动态标定 ·· 379
　16.4.2　由实验阶跃响应曲线获取系统的传递函数的回归分析法 ········ 381
　16.4.3　由实验频率特性获取系统的传递函数的回归法 ···················· 386
　习题与思考题 ·· 387

参考文献 ··· 389

第0章 绪 论

基本内容
    测试　测量　试验　信息　信号
    参数测量、监控与分析
    测量原理、方法、系统与数据处理
    模拟式测量系统
    数字式测量系统
    测控技术

0.1 引 言

测试是测量与试验(实验)的简称。

测量是利用各种装置对可观测量(或称被测参数)进行**定性和定量的过程**。而这一过程的结果,需要以信号来表征。

试验是指在真实情况或模拟条件下对被研究对象(如材料、元件、设备、系统、动物、有机物、方法)的特性、极限、能力、效果、可靠性、适应性、反应性或技能进行测量、度量等的研究过程。

测试的基本任务是获取信息,测试技术是**信息科学**的重要分支。测试是人们通过实验认识客观世界取得对实验对象的定性或定量信息的一种基本方法。在当代高科技发展中,测试工作已处于各种现代装备系统设计和制造的首位,并成为生产率、制造能力及实用性水平的重要标志。据统计,测试成本已达到所研制装备系统总成本的50%,有的甚至高达70%。而且编制测试程序所花的时间要比系统设计所花的时间长得多。因此测试在现代装备系统设计与制造中具有极为重要的作用。它已成为保证现代装备系统达到实际性能指标的重要手段。国际上,发达工业国都对测试技术、测试设备和系统投入了巨资进行开发研究并取得了惊人的发展。随着科学技术发展,各学科领域对测试技术都提出了越来越高的要求,因为任何一个新的学科理论和现代装备,如果没有先进的测试技术和仪器支持,其研究、设计及试验都是不可能的。微电子技术、微(纳)机电技术和计算机技术极大地推动了测试技术和仪器的发展并使常规的测试原理和仪器设计发生了重大变化,未来还将会产生更加新颖的测试理论以及新的测试仪器和系统,在大大提高测试质量的情况下,亦必将会大大地降低测试成本。测试贯穿整个试验与测量的全过程,对现代装备系统的性能与质量起保证作用。

测试总是需要一定的测试设备,而测试系统是把被测参数自动转换成具有可直接观测的指示值或等效信息的测试设备,其中关键部件是传感器。传感器是由敏感元件直接感受被测量,并把被测量转变为可用电量(电信号)的一套完整的测量装置。因此,传感器属于测试系统。

信息本身不具备传输、交换的功能,只有通过信号才能实现这种功能,所以测试技术与信号密切相关。信息、信号、测试与测试系统之间的关系可以表述为:获取信息是测试的目的,信号是信息的载体,测试是得到被测参数信息的技术手段。

0.2 测试技术的功能

人类的日常生活、生产活动和科学实验都离不开测试技术。那么,测试技术有哪些主要功能呢?从本质上说,测试的功能是人们感觉器官(眼、耳、鼻、舌、身)所产生的视觉、听觉、嗅觉、味觉、触觉的延伸和替代。

例1:飞行中的飞机。

飞行员想要知道"飞行状态"信息并正确驾驶飞机安全飞行,必须知道:

飞行参数:高度 H,速度 v,航向 ψ 等;

发动机参数:温度 t,压力 p,转速 n,流量 Q 等。

上述物理量的测量在飞机刚发明时,许多参数还能靠飞行员的感觉来测定;而现代飞机必须用相应传感器的测量来获得上述各种参数的信息。这是测试技术的功能之一——参数的测量。

例2:航天飞机完成飞行任务时,需监测信号约3 250个;试飞研究时约需监测2 570个缓变信号,几百个速变信号,有的要求一个传感器输出几个信号。这说明现代飞行器上需要监测的参数多而且广,参数大致可分为7大类:①飞行参数;②导航参数;③运载火箭和飞机的发动机参数;④座舱环境参数;⑤航行员生理参数;⑥航行员生活用品供应系统参数;⑦飞行器结构参数。

对上述参数监测的同时,还需要加以控制,这是测试技术的又一个功能——参数的监(测)控(制)功能。

例3:"火星探路者"探测器。

1997年7月4日,美国"火星探路者"探测器在火星着陆,经过其所带的漫游车实地探测,使人们第一次得知:火星在几十亿年以前发过特大洪水;实际测量出如果一个人站在火星表面,身体不同高度部位,在短时间内,可以经历春、夏、秋、冬四个季节;并证实,火星岩石的化学成分与以前地球上发现的12颗陨石相同。这个例子说明了测试技术的另一个功能——科学试验中测量分析功能。

归纳起来,测试技术具有三种主要功能:

(1) 过程中参数测量功能;

(2) 过程中参数监控功能;

(3) 科学试验中测量分析功能。

0.3 测试技术研究的主要内容

测试技术研究的主要内容是对与被测量有关的测量原理、测量方法、测量系统和数据处理等四个方面进行研究。

0.3.1 测量原理

测量原理是指采用什么样的原理(依据什么效应)去测量(感受)被测量,实质上就是传感器的敏感原理。不同性质的被测量用不同的原理去测量,同一性质的被测量也可用不同的原理去测量。例如:压力和温度性质不同,依据的测量原理就有所不同,压-敏效应、温-敏效应就不一样。同样是测量压力,可以分别应用弹性敏感元件的压力-位移特性、压力-集中力特性、压力-谐振频率特性等不同原理来测量。

由于被测量的种类繁多、性质千差万别,因此,测量原理非常广。随着科学技术的进步和发展,可以应用的新原理也会日益增多,要求的知识面也非常之广,主要涉及物理学、化学、电子学、热学、流体力学、光学、声学、生物学、材料学等。要确定和选择好传感原理,还需要对被测量的物理化学特性、测量范围、性能要求和外界环境条件有充分了解和全面分析。所以,从事测试技术工作,不仅知识面要广,而且应有较扎实的基础知识和专业知识。

0.3.2 测量方法

测量方法是指:测量原理确定之后,用什么方法去测量被测量,或者说获得被测量的方式。常用的测量方法有直接测量和间接测量两种。

直接测量:将被测量与同性质的标准量进行比较或与用标准量转换的中间量(或检定合格的仪器)进行比较。实际测量时后者居多。如:温度计测温度,卡尺量工件,电压表测电压等。温度计、卡尺、电压表都是经过与标准量比对(即转换、检定)的。

间接测量:由于被测量不便于直接测量,而是通过直接测量与被测量有确定函数关系的相关量,然后经过计算得到被测量,称为间接测量。如测导线的电阻率 ρ,它与相关参数有下面的函数关系

$$\rho = \frac{\pi d^2 R}{4L} \tag{0.3.1}$$

式中　L——导线长度(m);

R——导线电阻(Ω);

d——导线直径(m)。

通过直接测量 L,d 和 R,由式(0.3.1)计算得到 ρ。

不难看出,间接测量比直接测量复杂,测量误差也大。

0.3.3 测量系统

在确定了测量原理和测量方法后,就需要设计、组成测量系统。根据系统中所处理信号类型的不同可分为模拟式和数字式两种测量系统。

模拟式测量系统如图 0.3.1 所示。

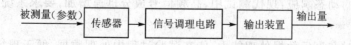

图 0.3.1　模拟测量系统

图 0.3.1 中,传感器在系统中感受被测量(如位移、速度、加速度、压力、温度、流量等),并将其转换成与被测量有一定函数关系的另一种物理量,转换后通常得到的是电量,为模拟信号。

信号调理电路:将传感器的输出信号进行加工、变换和处理,例如将源信号放大、变换、调

制、解调、滤波线性化处理等,统称为"信号的调理";调理后转换成便于传输、显示、记录和输出的信号。

输出装置:用来显示、记录被测量的大小,输出与被测量有关的控制信号,以供用户或其他系统使用。

模拟测量系统处理、传输和输出都是模拟信号。

图 0.3.2 所示为多路输入即多参数数字式测量系统。

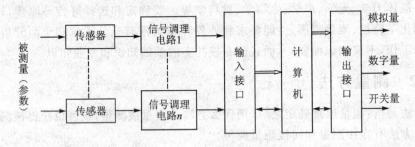

图 0.3.2　数字式测量系统

在数字式测量系统中,传感器和信号调理电路部分与模拟测量系统相同,一般情况下,也为模拟信号(当然也可能是数字或谐振式传感器)。输入接口与输出接口之间的信号为数字信号。

信号调理电路的作用与模拟系统基本相同,但由于计算机只能处理数字信号,必须考虑后面输入接口的要求,往往需要增加两种功能:一要将信号放大到与输入接口中的 A/D 的输入要求相匹配;二要进行预滤波,压缩频带宽度,抑制噪声或干扰中的高频分量,尽可能在满足采样定理的条件下,降低采样频率,并避免"频谱的混叠"现象。

输入接口:将模拟信号转换为数字信号,一般为数据采集卡(或采集板)。

计算机:按设定的程序自动进行信号的采集与存储、数据的运算、分析与处理,并以友好的界面输出、显示测量结果。

输出接口:主要将数字信号转换成外设所需的信号,供显示、记录或使用。

数字式测量系统中传输的信号为数字信号,具有抗干扰能力强、测量速度快、精度高、实现功能多等特点。

测试任务不同,对测试系统的要求也不一样,但在设计、综合和配置测试系统时,应考虑以下要求:

(1) 性能稳定:即系统的各个环节具有时间稳定性。

(2) 精度符合要求:精度主要取决于传感器、信号调节采集器等模拟变换部件。

(3) 有足够的动态响应:现代测试中,高频信号成分迅速增加,要求系统必须具有足够的动态响应能力。

(4) 具有实时和事后数据处理能力:能在试验过程中处理数据,便于现场实时观察分析,及时判断试验对象的状态和性能。实时数据处理的目的是确保试验安全、加速试验进程和缩短试验周期。系统还必须有事后处理能力,待试验结束后能对全部数据做完整、详尽的分析。

(5) 具有开放性和兼容性:主要表现为测试设备的标准化,计算机和操作系统具有良好的开放性和兼容性,可以根据需要扩展系统硬件和软件,便于使用和维护。

今后的测试系统将采用标准化的模块设计,大量采用光导纤维作为传输总线,并用多路复用技术同时传输测试数据、图像信息和语音,向着多功能、大信息量、高度综合化和自动化的方向发展。

0.3.4 数据处理

有了测量系统,就可以实施实际的测试,但测试中得到的数据必须经过科学的处理,才能得到正确可信的测试结果,实现对被测参数真值的最佳估计。

通过测试系统获得的信号是信息的载体,携带着有关被研究物理过程的信息。信号分析通常指分析信号的类别、构成以及特征参数;信号处理指对信号进行滤波变换、调制/解调、识别、估值等加工处理,以便削弱信号中多余无用分量并增强信号中有用分量,或将信号变换成某种更为希望的形式,提取需要的特征值,以便比较全面、准确地获取有用信息。

信号分为确定性与随机性两大类。确定性信号分析的理论基础是傅里叶变换,确定性信号分析方法主要是对模拟信号及数字信号进行分析处理。对模拟信号进行分析处理所采用的设备可以是机械的、光学的、电子的或混合式的,如模拟滤波器、模拟频谱分析仪、模拟相关分析仪等。若信号为数字信号,则可以直接通过计算机进行分析处理;若被处理的是模拟信号,则可以通过模/数转换器转换成数字信号,由计算机进行处理,这种方法是当前信号处理技术的主流。

随机性信号的分析理论基础是概率论、数理统计和傅里叶变换。通常采用统计平均方法,确定出有关的统计特征参数与函数,包括:

(1) 辐值域:方差、均方值、概率密度函数、联合概率密度函数;
(2) 时间域:自相关函数、互相关函数等;
(3) 频率域:自(功率)谱密度函数、互(功率)谱密度函数、相干函数等。

以上这些参数都可由计算机实时显示或事后取得。

随着新的测试原理的出现,激光、红外等新型检测元件及大规模集成电路、微型计算机、微米、纳米技术等的迅速发展,测试技术也不断完善。目前正向着高速、实时、遥测、总线、多信息、直接精确地显示被测系统的动态外观和动态特征方面发展。

0.4 信号与测控技术

不管是模拟式还是数字式测试系统,从信号的角度来看,对某一参数进行测试的全过程可以看作是信号的流程,即信号的敏感(获取)、调制、传输、变换、显示、记录和输出的处理过程。只有对信号进行相应的分析处理,才能明确提出对系统及其各环节的要求,检验系统及环节的性能,获得较高的系统测控质量和效率。在整个测试过程中,不管中间经过多少环节的变换,必须把反映被测参数有用信息的信号,由系统输入端无失真地传输到输出端,并对各个环节上所引发、产生的噪声以及外界干扰能加以抑制,具有可靠地提取和辨识有用信号的能力。

特别在动态测试中,是测量随时间而变化的物理量的激励与响应的关系,或者说是测量输入输出信号的动态对应关系,只有应用信号分析与处理的理论、方法和技术,才能可靠地获得正确的有用信息,准确地分析、判断和解释系统动态测试过程中的现象、状态和特性等。

自动控制系统是指受控对象和控制装置的总体。在没有人的直接参与下,利用控制装置操纵受控对象,使被控量等于给定值,称为"自动控制"。控制的主要依据是来自三个不同通道的控制信号:给定值、干扰和被控量。可以认为,控制的过程也是对控制信号进行处理的过程。

现代的最优控制及自适应控制技术,需要解决最优估值与系统辨识的问题,实际上也可归结为信号的获取、分析处理技术。显然,自动控制与信号的分析和处理也密不可分。

习题与思考题

0.1 简述测试的重要性。
0.2 举例说明信息、信号和测试三者之间的关系。
0.3 从测试系统的构成,分析说明传感器是测试系统中的关键部分。
0.4 以检查身体为例子,说明测试技术的功能。
0.5 举例说明直接测量与间接测量。
0.6 简要说明测试系统的主要组成部分,试以一具体的测试系统进行说明。
0.7 设计、实现测试系统时,应考虑哪些主要因素?
0.8 学习信号分析处理基础知识的基本目的是什么?
0.9 测试技术要研究的基本内容是什么?
0.10 试举出两种测量电阻的方法,并说明各自的特点。
0.11 简要说明测试系统的发展趋势。
0.12 简要说明测试与控制的关系。

第1章 信号分析与处理基础

基本内容

  信号　信号分析　信号处理
  典型连续时间信号
  连续时间信号分析
  周期信号的傅里叶级数
  非周期信号的傅里叶变换
  周期信号的傅里叶变换
  抽样信号的傅里叶变换
  时域抽样定理
  能量谱和功率谱(帕斯瓦尔定理)

1.1 信号分析和处理概述

1.1.1 信息和信号

  物质、能量和信息被称为客观世界的三要素,世界由物质组成,能量是一切物质运动的动力,信息是人类了解自然及人类社会的依据。人类正逐渐进入信息社会,获取、传输、交换和利用信息成为人类基本的社会活动。什么是"信息"？如何获取并进行信息的传输、交换和利用？这些就成为必须研究和特别重视的重大课题。

1. 信息和信号

  在信息技术领域,信息(information)和信号(signal)是密切相关,但又是不同的两个重要概念。

  信息,有时也称为"讯息"或"资讯",人们对于信息的了解比对物质和能量晚了许多。信息到底是什么？到目前为止,还没有一个统一的为人们普遍认同的定义,现代许多学者仍在不懈的探索中,但有一个基本点是共同的,即:信息就是信息,不是物质,不是能量。可以把信息理解为:信息是反映一个系统的状态或特性预先不知的描述。预先不知是强调有关系统状态或特性的"新"或者不确定性,突出一个"新"字,强调不确定性或未知性。简而言之,信息是从外界事物中获取到新的、不可预知、不确定或尚未获得的认知(感知)。

  信号携带着信息,但不是信息本身,同一信息可以用不同的信号表示,同一信号也可以表示不同的信息。人们需要正确地获取,有效地传递并可靠地交换科技、教育、文化、社会、经济等各种信息,但信息本身不具备传输和交换的能力,必须载负于信号这一载体并通过对信号的分析处理来实现信息的获取或交换。

  信号可表示为某种物理量,如温度、压力、流量、速度、心电图、脑电图、电压、电流、声、光等随时间(或空间)变化的函数,也就是说,信号是指一个实际的物理量(最常见的是电量)。一切运动或状态的变化,理论上都可用数学抽象的方式描述,可以表示为一个数学函数(或其他数

学形式),如正弦函数 $f(t)$

$$f(t) = A\cos(\Omega_1 t + \varphi) \tag{1.1.1}$$

它既是正弦信号(自变量 t 通常指时间,但不限于时间,例如空间,本书主要指时间),也是正弦函数,在信号理论中,信号和函数是通用的。

信号是一种传载信息的函数,人们要获取信息,首先要获取信号,再通过适当的信号分析与处理,才能取得需要的信息。

例如:在飞行过程中,飞行员想要知道"飞行是否正常"的信息,必须先获得有关飞机飞行状态的参数,如高度 H,速度 v,航向 Ψ 等随时间变化的函数关系,以及表征发动机工作状态的参数,如温度 T,压力 p,转速 n,流量 Q 等随时间变化的情况,在飞机上,上述物理参数的情况(包含了飞行是否正常的信息)通过相应的传感器,变换为电压或电流随时间变化的信号,信号携带着消息,同时携带着飞行是否正常的信息,当驾驶员和机务人员(或者自动驾驶系统)得到相应的信号后,依据相应的专业知识对这些信号进行分析和处理,得出飞行正常与否的信息,并做出相应的响应和处理。

上面的例子清楚地说明了信号与信息两者之间的密切关系,概括起来,可以认为:

(1) 信号是物理量或函数;

(2) 信号中包含着信息,是信息的载体;

(3) 信号不是信息,必须对信号进行分析和处理后,才能从信号中提取出信息,这是学习和应用信号分析与处理的根本目的。

2. 信号表示

信号可以用数学解析式描述,也可以用图形或函数曲线来表示,并称之为信号波形。

客观存在的信号是实数,但为了便于进行数学上的处理和分析,还经常用复数或矢量形式表示。

如正弦信号的实数形式为

$$f(t) = A\cos(\Omega_1 t + \varphi) \tag{1.1.2}$$

对应的复数形式为

$$s(t) = Ae^{j(\Omega_1 t + \varphi)} = Ae^{j\varphi}e^{j\Omega_1 t} = \dot{A}e^{j\Omega_1 t} \tag{1.1.3}$$

其中

$$\dot{A} = Ae^{j\varphi} \tag{1.1.4}$$

为复振幅,则 $s(t)$ 的实部就是原来的实信号,即

$$f(t) = \text{Re}[s(t)] \tag{1.1.5}$$

又如彩色电视信号是由红(r)、绿(g)、蓝(b)三个基色不同比例合成的结果,可用矢量来描述

$$\boldsymbol{I}(x,y,t) = \begin{bmatrix} I_r(x,y,t) \\ I_g(x,y,t) \\ I_b(x,y,t) \end{bmatrix} \tag{1.1.6}$$

信号也可用图形表示。

常见的信号可通过三个参数描述:频率、幅度和相位,而频率和幅度是最重要的,直接影响信号的主要特性,例如声波信号,其频率 f 为:

$f<20$ Hz,次声波,一般人耳听不到,声强(和信号幅度相关)足够大,能够被人感觉到;

$20<f<20$ kHz,为声波,能够被人听到;

$f>20$ kHz,超声波,听不见,但具有方向性,可以成束,在测量中有着重要应用。

可见,频率不同,信号的特性会有显著的差别。最简单的信号是正弦信号,只有单一的频率,称为"单色"信号;具有许多不同频率正弦分量的信号,称为"复合"信号。大多数应用场合是复合信号,复合信号的一个重要参数是频带宽度,简称带宽,例如高音质音响信号的带宽是 20 kHz,而一个视频信号带宽可能有 6 MHz。

3. 信号分类

可以有多种分类方法。

(1) 按信号的自变量 t(多表示时间,也可以是空间等参数,本书主要指时间)和函数的取值来分。按时间 t 是否连续,可分为连续时间和离散时间信号,可简称为连续信号和离散信号,再进一步根据函数值的取值是否连续,分别称之为模拟信号、量化信号、抽样信号和数字信号,它们的分类参见表 1.1.1 和图 1.1.1。

表 1.1.1 信号的分类

自变量 t(多为时间)	函数值 $f(t)$	信号分类
连续(连续时间信号)	连续	模拟信号
	离散	量化信号
离散(离散时间信号)	连续	抽样(采样)信号
	离散	数字信号

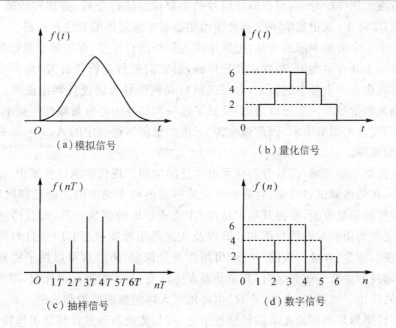

图 1.1.1 信号的分类

(2) 按信号性质,可分为确定性信号和随机信号两类。

所谓确定性信号是指:在相同试验条件下,能够重复产生的信号。根据信号是否具有周期性,又有周期和非周期信号之分。

随机信号是指在相同试验条件下,不能够重复产生的信号。

(3) 按信号中的时间和频率定义的范围可分为时限信号和频限信号。

时限信号:信号在有限区间$[t_1,t_2]$内为有限值,在区间之外恒等于零,称为时域有限信号,简称时限信号,例如,矩形脉冲、正弦脉冲等。而周期信号、指数信号、随机信号等,则为时域无限信号。

频限信号:信号在频率域内只占据有限的带宽$[f_1,f_2]$,在这一带宽之外,信号恒等于零,称为频域有限信号,简称频限信号,或称"带限(band-Limited)信号",例如正弦信号、限带白噪声等。而冲激函数、白噪声、理想抽样信号等,则为频域无限信号,即其信号带宽为无限宽。

顺便指出,在信号理论中,时、频域间普遍存在着对偶关系:一个时限信号在频域上是频域无限信号,而频限信号则对应时域无限信号。这种关系表明:一个信号不可能在时域和频域上都是有限的。

另外,按自变量的维数,还可分为一、二、三或多维信号等,本课程重点研究一维确定性信号,这是进一步研究其他信号的基础。

1.1.2 信号分析、信号处理

前面指出:要对信号进行分析和处理,才能获得信息。什么是信号分析?什么是信号处理?这些都是首先必须明确的问题。

1. 信号分析

信号分析是将一复杂信号分解为若干简单信号分量的叠加,并以这些分量的组成情况去考察信号的特性。这样的分解,可以抓住信号的主要成分进行分析、处理和传输,降低处理复杂问题的难度,实际上,这也是解决所有复杂问题最基本最常用的方法和思路。

信号分析中一个最基本的方法是:把频率作为信号的自变量,在频域里进行信号的频谱分析。信号的频谱主要有两类谱:幅度谱和相位谱,对它们进行分析和研究,是本书的基本内容之一。为了对频谱有一个基本的概念,以正弦调幅调频序号为例进行频谱说明。图 1.1.2 是一个正弦调幅调频信号的一个三维谱图,反映了这一实信号的各分量幅度—频率间的关系(即幅度谱)随时间变化的图形表示,因此被称为"三维频谱图",谱图中的 A、T 和 ω 分别表示信号的幅值、时间和频率。

在测量与控制工程领域,信号分析技术有广泛的应用。现代的测试技术中,动态测试的地位越来越重要,在动态测试过程中,首先要解决传感器的频率响应的正确选择问题,为此必须通过对被测信号的频谱分析,掌握其频谱特性,才能较好地做到这一点,而且传感器本身频率响应的标定,也需要用到频谱的分析和计算以及快速傅里叶变换(FFT)。自然界的声音信号都有"特征频谱",称为"声纹",人的"声纹"可用作身份识别,声纹也可以用于机器部件的故障诊断,当机器部件产生疲劳或裂缝时,其振动谱发生改变,与正常振动谱比较,即可实现故障的诊断,避免事故发生。相类似,人的"声纹"也可用于人体疾病的监测和诊断。

硅谐振微传感器是当前最先进的传感技术之一,与传统的谐振传感器工作特性相同,即把被测参数的变化变换为传感器敏感元件谐振频率的变化,传感器的输出为频率量。但微传感器的敏感元件尺寸是微米量级的硅梁,故出现了一系列所谓的"微尺度效应"。其中之一是:需要检测的信号微弱,输出电压的量级在微伏或微伏以下,并产生有比输出信号至少大 10^3 倍以

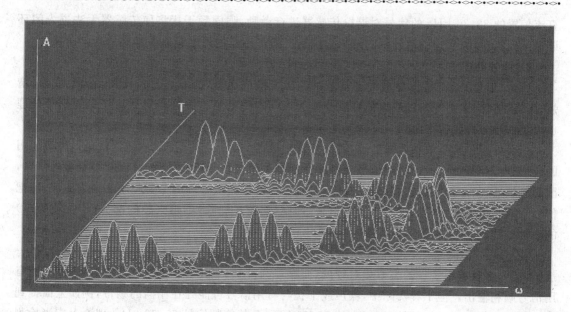

图 1.1.2　正弦调幅调频信号的频谱图

上的同频强干扰直接耦合到传感器的输出端,出现所谓的"同频耦合干扰"。例如,在某硅谐振微传感器激励端加上约 33 kHz 带直流偏置的交流信号,使用锁相放大器检测传感器的输出端信号,图 1.1.3 所示是测量的结果。由图可明显看出,出现两个信号的峰值,一个是 65.66 kHz,另一个是 33.36 kHz,两者成倍频关系,后者与激励信号同频。从检测有用信号的角度看,激励信号(并且激励的强度相对很强)就成为有用信号的"同频耦合干扰";如果直接采用加

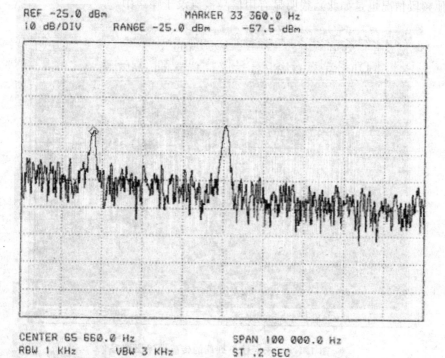

图 1.1.3　微传感器输出锁相放大器测量结果

直流偏置的 33.36 kHz 的信号对谐振传感器进行激励,强同频干扰将使传感器无法进入闭环谐振工作状态,因此这一谱分析的结果对硅谐振微传感器的研究具有关键性的指导意义。

2. 信号处理

所谓"信号处理"是指对信号进行某种加工变换或运算(滤波、相关、锁相、卷积、变换、增强、压缩、估计、识别等),以获取信息或变换为人们希望的另一种信号形式。广义的信号处理也可把信号分析包括在内。

信号处理包括时域和频域处理,时域处理中最典型的是波形分析,示波器就是一种最通用的波形分析和测量仪器。若把信号从时域变换到频域进行分析和处理,可以获得更多的信息,因而频域处理有时显得更为有效。在测试领域中,信号频域处理的主要应用之一为滤波,即把信号中感兴趣的部分(有效信号)提取出来,抑制(削弱或滤除)不感兴趣的部分(干扰或噪声)的一种处理。

在测试技术中的滤波,通常是指频率选择滤波,即有用信号和噪声不在相同的频带内,一般情况下,多数有用信号的频率相对较低,而噪声为高频,利用滤波技术,抑制高频噪声,使有用信号顺利输出。但工程实际中,噪声或干扰与有用信号可能处在相同的频带,例如上面提到的微传感器例子中,对于图 1.1.3 中的 33.36 kHz 及其倍频信号 65.66 kHz,理论上应当检测并输出的是 33.36 kHz,而不是倍频信号,但由于微传感器的有用信号是微弱信号,转换为电压大约在微伏或亚微伏量级,而噪声的量级相对较高,仅一个集成电路块的噪声就可能达到毫伏量级,即信噪比低于 10^{-3},微弱的 33.36 kHz 有用信号分量被较强的同频的传感器激励(实质是一种干扰信号)及其他噪声淹没。在所观测的频段范围内,无法分辨出传感器的真正有用的信号,图 1.1.4 所示为一个未作信号处理的微传感器,在某频段范围(30~40 kHz)的输出结果(其他频段情况也是如此),很明显有用信号被淹没于噪声中。

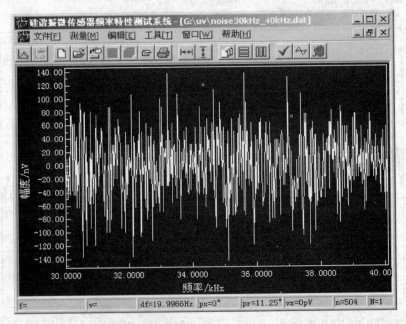

图 1.1.4 未经信号处理的传感器输出信号

为了检测有效的传感器输出,可以利用信号和噪声不同的相关特性,采取相关或锁相的信号处理技术来抑制噪声，提高信噪比。对图 1.1.4 所示的传感器输出，经相关处理后，得到了如图 1.1.5 所示的结果，可以非常清楚地看出，传感器的谐振频率是 38.65 kHz，图 1.1.5 中的下图为经软件平滑滤波处理后的输出。

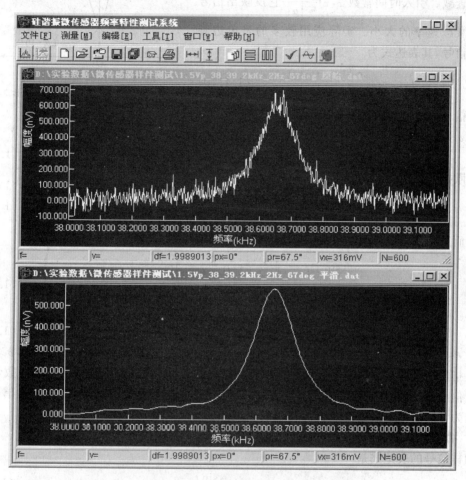

图 1.1.5　经相关处理后的微传感器输出信号

1.1.3　基本的连续信号

1. 正弦信号

正弦信号是在工程技术中应用十分广泛（余弦信号也可称为正弦信号），在信号分析处理中有着重要作用的最基本的周期信号，描述其波形的参数有：信号幅值 A，初相位 θ，自变量（时间）t，周期 T，角频率 Ω（或频率 f）。正弦信号 $f(t)$ 可表示为

$$f(t) = A\sin(\Omega t + \theta) \tag{1.1.7}$$

波形参数之间存在以下关系

$$T = 1/f = 2\pi/\Omega \tag{1.1.8}$$

2. 指数信号

指数信号可表示为

$$f(t) = Ae^{at} \tag{1.1.9}$$

式中，A 为常数，表示 $t=0$ 点的初始值；α 可以是实常数，也可以为复常数。

当 α 为实常数时，$\alpha>0$，$f(t)$ 随 t 单调增长，$\alpha<0$，则单调衰减。引入时间常数 τ，$\tau=\dfrac{1}{|\alpha|}$ 它反映出信号增长或衰减速率的大小。实际应用较多的是单边衰减指数信号，其表达式为

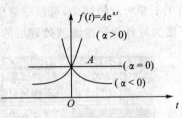

图 1.1.6 实指数信号波形

$$f(t) = \begin{cases} e^{-t/\tau}, & t \geqslant 0 \\ 0, & t < 0 \end{cases} \quad (1.1.10)$$

实指数信号的波形如图 1.1.6 所示。

当 α 为复常数时，α 改用 s 表示，即 $s=\sigma+j\Omega$ 复指数信号 $f(t)$ 可表示为

$$f(t) = Ae^{st} = Ae^{(\sigma+j\Omega)t} \quad (1.1.11)$$

由欧拉公式，有

$$\begin{aligned} e^{j\Omega t} &= \cos\Omega t + j\sin\Omega t \\ e^{-j\Omega t} &= \cos\Omega t - j\sin\Omega t \end{aligned} \quad (1.1.12)$$

从而正弦信号也可用复指数信号表示

$$\sin\Omega t = \dfrac{1}{2j}(e^{j\Omega t} - e^{-j\Omega t}) = \text{Im}[e^{j\Omega t}] \quad (1.1.13)$$

$$\cos\Omega t = \dfrac{1}{2}(e^{j\Omega t} + e^{-j\Omega t}) = \text{Re}[e^{j\Omega t}]$$

$$e^{st} = e^{\sigma t}(\cos\Omega t + j\sin\Omega t) \quad (1.1.14)$$

当 $\sigma<0$ 时，上述复指数信号的实部与虚部分别表示衰减的余弦和正弦信号；当 $\sigma>0$ 时，上述复指数信号的实部与虚部分别表示增长的余弦和正弦信号；由于复指数信号的数学运算比正弦信号简便，并且它可以表示直流、正弦信号、增长（或衰减）的正（余）弦信号，在信号分析中是最为常用的基本信号。

3. 抽样信号 Sa(t)

抽样信号的表达式是

$$\text{Sa}(t) = \dfrac{\sin t}{t} \quad (1.1.15)$$

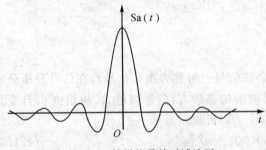

图 1.1.7 抽样信号的时域波形

其图形如图 1.1.7 所示，$\text{Sa}(t) \propto 1/t$，$1/t$ 随 t 的增加而减小，而 $\sin t$ 是周期振荡的，因此 $\text{Sa}(t)$ 呈衰减振荡；并且是一个偶对称函数；当 $t=\pm\pi, \pm 2\pi, \cdots$，$\sin t=0$，从而 $\text{Sa}(t)=0$，是其零点。把原点两侧两个第一个零点之间的曲线部分称为"主瓣"，其余的衰减部分称为"旁瓣"。$t\to 0$ 时，$\text{Sa}(t)\to 1$，并且有：

$$\int_0^\infty \text{Sa}(t)dt = \dfrac{\pi}{2} \quad \text{或} \quad \int_{-\infty}^\infty \text{Sa}(t)dt = \pi \quad (1.1.16)$$

还有一个与 $\text{Sa}(t)$ 类似的信号称 $\text{sinc}(t)$ 函数，可表示为

$$\text{sinc}(t) = \dfrac{\sin\pi t}{\pi t} = \text{Sa}(\pi t) \quad (1.1.17)$$

4. 单位阶跃信号 ε(t)

这是一种特殊的连续信号,称为奇异信号。所谓"奇异信号"是指这种信号或其导数或其积分有间断点,在信号分析与处理中有重要作用。

单位阶跃信号通常用 ε(t) 表示(习惯上曾经用 u(t) 来表示),表达式为

$$\varepsilon(t) = \begin{cases} 1, & t > 0 \\ 0, & t < 0 \end{cases} \quad (1.1.18)$$

波形如图 1.1.8 所示。

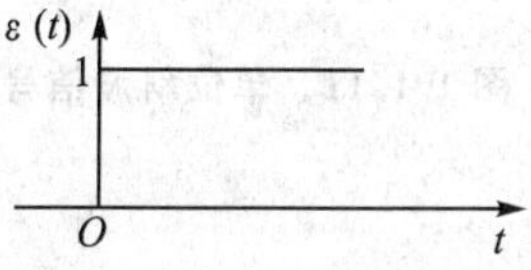

常利用两个阶跃函数之差,表示一个矩形脉冲 G(t)(也称为"门脉冲")

$$G(t) = \varepsilon(t) - \varepsilon(t - t_0) \quad (1.1.19)$$

上述关系可用图 1.1.9 来说明。

图 1.1.8 单位阶跃信号波形

需要注意的是:阶跃信号 ε(t) 在 t=0 处是个间断点,它

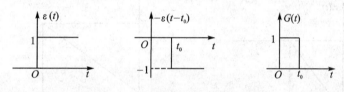

图 1.1.9 用阶跃函数表示矩形脉冲

的左、右极限取值在信号理论中有一个普遍认可的方法,其左极限为 0、右极限为 1。相类似,在矩形脉冲 t=0 和 t=t_0 处的左、右极限也不是只取单值,都有明确的取值,例如在 t=t_0 处,矩形脉冲 G(t) 的左极限为 1,右极限为 0,这样来处理是合理的,比较符合实际情况。当然按数学中对间断点取值的规定,采用左、右极限的平均值也是对的,以后可以看到,傅里叶级数在间断点就收敛于此值上。

利用阶跃函数还可以表示单边信号,如单边正弦信号 $\sin t\, \varepsilon(t)$,单边指数信号 $e^{-t}\varepsilon(t)$,单边衰减正弦信号 $e^{-t}\sin t\, \varepsilon(t)$ 等,其波形如图 1.1.10(a)、(b)、(c) 所示。

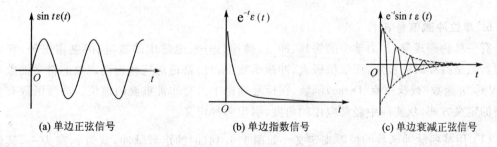

(a) 单边正弦信号　　(b) 单边指数信号　　(c) 单边衰减正弦信号

图 1.1.10 三个单边信号的时域波形

5. 单位斜波信号 r(t)

斜波信号也称为斜变或斜升信号,是随 t 增大成比例增长的信号,表示为

$$r(t) = \begin{cases} 0, & t < 0 \\ t, & t \geqslant 0 \end{cases} \quad (1.1.20)$$

或表示为

$$r(t) = t\varepsilon(t) \quad (1.1.21)$$

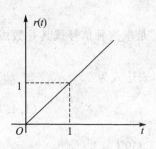

图 1.1.11 单位斜波信号

其波形如图 1.1.11 所示。

在实际中,经常会遇到在时间 t_0 后被"削平"的斜波信号 $r_1(t)$,表示为

$$r_1(t) = \begin{cases} \dfrac{K}{t_0} r(t), & t < t_0 \\ K, & t \geqslant t_0 \end{cases} \quad (1.1.22)$$

$r_1(t)$ 如图 1.1.12 所示。

另外,三角形脉冲 $r_2(t)$ 也可用斜波信号表示(见图 1.1.13),

$$r_2(t) = \begin{cases} \dfrac{K}{t_0} r(t), & t \leqslant t_0 \\ 0, & t > t_0 \end{cases} \quad (1.1.23)$$

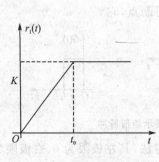

图 1.1.12 削平的斜波信号

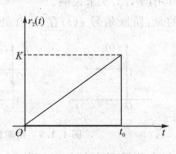

图 1.1.13 三角形脉冲信号

由式(1.1.20)可知,斜波信号和单位阶跃信号存在着下面的积分关系

$$r(t) = \int_{-\infty}^{t} \varepsilon(\tau) d\tau \quad (1.1.24)$$

反之,显然有

$$\varepsilon(t) = \frac{dr(t)}{dt} \quad (1.1.25)$$

6. 单位冲激信号 $\delta(t)$

有一些物理现象,如力学中的爆炸、冲击、碰撞、……,电学中的放电、闪电雷击等,它们的共同特点是持续时间极短,而取值极大,冲激函数(信号)就是对这些物理现象的科学抽象与描述,又称"δ 函数"或狄拉克(Dirac)函数,在信号理论中占有非常重要的地位。冲激函数有多种不同的定义方式,从实际中经常应用的角度,引出两种定义:

(1) 用某些脉冲函数的极限来定义。如图 1.1.14(a)的矩形脉冲,宽为 τ,高为 $\dfrac{1}{\tau}$,其面积为 1。保持脉冲面积不变,逐渐减小 τ,则脉冲幅度逐渐增大,当 $\tau \to 0$ 时,矩形脉冲的极限称为单位冲激函数,记为 $\delta(t)$,即 δ 函数。表达式为

$$\delta(t) = \lim_{\tau \to 0} \frac{1}{\tau} \left[\varepsilon\left(t + \frac{\tau}{2}\right) - \varepsilon\left(t - \frac{\tau}{2}\right) \right] \quad (1.1.26)$$

冲激信号的波形如图 1.1.14(b)所示。

$\delta(t)$ 表示只在 $t=0$ 点有"冲激",在 $t=0$ 点以外各处,函数值均为 0,其冲激强度(脉冲面积)是 1,若为 E,则表示的是一个冲激强度为 E 倍单位值的 δ 函数,描述为 $E\delta(t)$,图形表示时

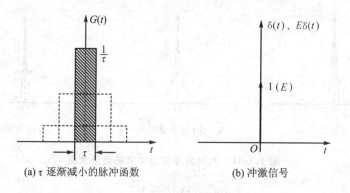

(a) τ 逐渐减小的脉冲函数　　　　(b) 冲激信号

图 1.1.14　冲激函数的定义与表示

在箭头旁注上 E。

用抽样函数的极限来定义 $\delta(t)$。有

$$\delta(t) = \lim_{k \to \infty} \left[\frac{k}{\pi} \mathrm{Sa}(kt) \right] \tag{1.1.27}$$

说明如下，由式(1.1.16)

$$\int_{-\infty}^{\infty} \mathrm{Sa}(t) \mathrm{d}t = \pi$$

从而有

$$\left. \begin{aligned} \int_{-\infty}^{\infty} \mathrm{Sa}(kt) \mathrm{d}(kt) &= \pi \\ \int_{-\infty}^{\infty} \frac{k}{\pi} \mathrm{Sa}(kt) \mathrm{d}t &= 1 \end{aligned} \right\} \tag{1.1.28}$$

式(1.1.28)表明，$\frac{k}{\pi}\mathrm{Sa}(kt)$ 曲线下的面积为 1，且 k 越大，函数的振幅越大，振荡频率越高，离开原点时，振幅衰减越快，当 k 趋向无穷时，即得到冲激函数，波形的示意图如图 1.1.15 所示。

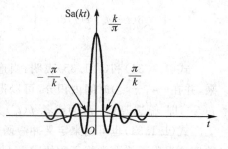

图 1.1.15　$\delta(t)$ 是抽样函数的极限

脉冲函数的选取并不限于矩形与抽样函数，其他如三角形脉冲、双边指数脉冲、钟形脉冲等的极限，也可变为冲激函数，作为冲激函数的定义。相应可表示为

三角形脉冲：

$$\delta(t) = \lim_{\tau \to 0} \left\{ \frac{1}{\tau} \left(1 - \frac{|\tau|}{t} \right) [\varepsilon(t+\tau) - \varepsilon(t-\tau)] \right\} \tag{1.1.29}$$

双边指数脉冲：

$$\delta(t) = \lim_{\tau \to 0} \left[\frac{1}{2\tau} \mathrm{e}^{-\frac{|t|}{\tau}} \right] \tag{1.1.30}$$

钟形脉冲：

$$\delta(t) = \lim_{\tau \to 0} \left[\frac{1}{\tau} \mathrm{e}^{-\pi \left(\frac{t}{\tau} \right)^2} \right] \tag{1.1.31}$$

这些脉冲演变为冲激函数的过程依次如图 1.1.16(a)、(b)和(c)所示。

(2) 冲激函数的第二种定义是狄拉克(Dirac)定义。狄拉克给出冲激函数的定义式为

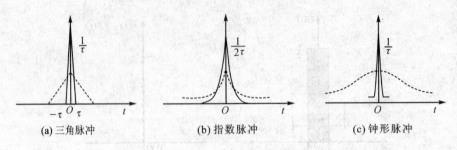

(a) 三角脉冲　　(b) 指数脉冲　　(c) 钟形脉冲

图 1.1.16　几种脉冲变为冲激函数示意图

$$\left.\begin{array}{r}\int_{-\infty}^{\infty}\delta(t)\mathrm{d}t=1\\ \delta(t)=0,\quad t\neq 0\end{array}\right\} \tag{1.1.32}$$

这一定义式与上述脉冲极限的定义是一致的,因此,也把 δ 函数称为狄拉克函数。

对于在任意点 $t=t_0$ 处出现的冲激,可表示为

$$\left.\begin{array}{r}\int_{-\infty}^{\infty}\delta(t-t_0)\mathrm{d}t=1\\ \delta(t-t_0)=0,\quad t\neq t_0\end{array}\right\} \tag{1.1.33}$$

冲激函数有一些非常有用的性质,这里只介绍其中的抽样性(筛选性)。这一性质是指:当单位冲激函数 $\delta(t)$ 与一个在 $t=0$ 处连续且有界的信号 $f(t)$ 相乘,$f(t)$ 只有在 $t=0$ 处才有值为 $f(0)$,其余各点之乘积均为零,从而有

$$\int_{-\infty}^{\infty}\delta(t)f(t)\mathrm{d}t=\int_{-\infty}^{\infty}\delta(t)f(0)\mathrm{d}t=f(0)\int_{-\infty}^{\infty}\delta(t)\mathrm{d}t=f(0) \tag{1.1.34}$$

类似有

$$\int_{-\infty}^{\infty}\delta(t-t_0)f(t)\mathrm{d}t=\int_{-\infty}^{\infty}\delta(t-t_0)f(t_0)\mathrm{d}t=f(t_0)\int_{-\infty}^{\infty}\delta(t-t_0)\mathrm{d}t=f(t_0) \tag{1.1.35}$$

式(1.1.34)和(1.1.35)表明:当连续时间函数 $f(t)$ 与单位冲激信号 $\delta(t)$ 或者 $\delta(t-t_0)$ 相乘,并在 $(\infty,-\infty)$ 时间内积分,可以得到 $f(t)$ 在 $t=0$ 点的函数值 $f(0)$ 或者 $t=t_0$ 点的函数值 $f(t_0)$,即"筛选"出了 $f(0)$ 或者 $f(t_0)$。

式(1.1.34)也可用来定义冲激函数,这是一种以分配函数理论为基础的定义方式,分配函数理论采用不符合常规函数的定义方式来定义冲激函数,其定义、性质及其运算建立在比较严密的数学基础上,但本书不作进一步讨论,需要时可参看其他有关的书刊和文献。

$\delta(t)$ 的狄拉克定义,也可以表示为(在第二章求解阶跃信号频谱时会用到类似的概念):

$$\begin{cases}\delta(t)=0,\quad t\neq 0\\ \delta(t)=\infty,\quad t=0\\ \int_{-\infty}^{\infty}\delta(t)\mathrm{d}t=1\end{cases} \tag{1.1.36}$$

上述定义式与式(1.1.32)一样都表示,$t=0$ 处,是一个间断点,但作为数学抽象,在式(1.1.32)中采用 $\int_{-\infty}^{\infty}\delta(t)\mathrm{d}t=1$ 的约束条件,已经概括了在间断点 $t=0$ 邻域内,即 0 的左、右两侧 $(0^+,0^-)$ 微区间内 $\delta(t)$ 的积分为 $\int_{0^-}^{0^+}\delta(t)\mathrm{d}t=1$,反映出 $\Delta t\to 0$ 时 $\delta(t)\to\infty$ 的趋势,因此目前都

采用式(1.1.32)描述 $\delta(t)$。有关"奇异函数"$\delta(t)$的严格定义,需要用到"分配函数"的概念,本书不准备引入这个概念,感兴趣的读者可以去参考相关的文献。

1.2 连续信号的时域分析

在 1.1.3 节中曾经指出:信号分析是将一复杂信号分解为一系列简单分量的叠加,并以这些分量的组成情况去考察信号的特性,这里信号的分解可以理解为信号的一种变换,当然应是一种恒等变换。信号的分析方法基本上可分时域分析和频域(变换域)分析两类,他们依据的数学方法有所不同。

时域分析:时域分析也称为波形分析,用于研究信号的幅值等参数、信号的稳态和交变分量随时间的变化情况。时域分析可以采用的方法比较多,例如:建立微分方程并求解、拉氏变换、求解冲激响应与阶跃响应等,其中较为常用的是把一个信号在时域上分解为具有不同延时的简单冲激信号分量的叠加,通过卷积的方法进行系统的时域分析。

频域分析:频域分析是把一个复杂信号分解为一系列正交函数的线性组合,把信号从时域变换到频域中进行分析,其中最基本的是把信号分解为一系列不同频率正弦分量的叠加,即用傅里叶变换(级数)的方法来进行信号分析,这种方法也称之为"频谱分析"。

本书重点是信号的频域分析,即信号的傅里叶变换。

连续信号的时域分析,是将信号在时域上分解为具有不同延时的简单冲激信号分量的叠加,常用的是通过卷积的方法进行信号的时域分析。

1.2.1 连续信号的时域分解

信号分解为一系列具有不同时延的矩形窄脉冲的叠加,如图 1.2.1 所示。

如图 1.2.1,在任意时刻 $t=k\Delta\tau$,窄脉冲(面积)可表示为

$$f(k\Delta\tau)\{\varepsilon(t-k\Delta\tau)-[t-(k+1)\Delta\tau]\}$$

将 k 从 $-\infty$(图 1.2.1 中下限只表示至 0)到 $+\infty$ 的一系列矩形脉冲叠加,可得 $f(t)$ 的近似表达式为

$$f(t) \approx \sum_{k=-\infty}^{\infty} f(k\Delta\tau)\{\varepsilon(t-k\Delta\tau)-\varepsilon[t-(k+1)\Delta\tau]\} =$$
$$\sum_{k=-\infty}^{\infty} f(k\Delta\tau) \frac{\{\varepsilon(t-k\Delta\tau)-[t-(k+1)\Delta\tau]\}}{\Delta\tau}\Delta\tau$$

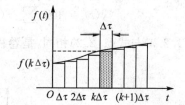

图 1.2.1 信号分解为窄脉冲叠加

当这些窄脉冲的脉宽 $\Delta\tau \to 0$,窄脉冲演变为冲激函数,因而,任一信号可以在时域分解为具有不同时延的冲激信号的叠加,有

$$\Delta\tau \to d\tau, k\Delta\tau \to \tau$$

$$\lim_{\Delta\tau \to 0} \frac{\varepsilon(t-k\Delta\tau)-\varepsilon[t-(k+1)\Delta\tau]}{\Delta\tau} = \delta(t-\tau) \quad (1.2.1)$$

所以

$$f(t) = \int_{-\infty}^{t} f(\tau)\delta(t-\tau)d\tau \quad (1.2.2)$$

式(1.2.2)中,冲激信号的冲激强度应为相应时刻函数值 $f(\tau)$ 与 $d\tau$ 的乘积,式(1.2.2)就是函数的卷积积分表达式(或称为连续卷积),卷积的几何解释就是上述一系列矩形窄脉冲的求极限过程。

1.2.2 卷积法求线性非移变系统零状态响应

这里针对的是求线性非移变(或线性时不变)系统的零状态响应。

卷积法是线性非移变系统中信号时域分析最常用的方法之一,它可以求解系统对任意激励信号的零状态响应,在信号理论中也占有重要地位,当卷积从连续域推广至离散域,相应称为卷积和(或离散卷积),不仅可用来进行系统分析,而且成为一种系统实现的方法。

1. (单位)冲激响应 $h(t)$

通过前面的学习已经可以在时域把一个信号分解为一系列单位冲激分量的叠加,因此,求出冲激分量的响应,即冲激响应具有重要意义,因为利用线性系统的叠加性,就能得到系统的输出。冲激响应 $h(t)$ 是指系统在单位冲激信号 $\delta(t)$ 作用下产生的零状态响应,由自动控制原理可知,$h(t)$ 与系统传递函数 $H(s)$ 是一对拉普拉斯变换对,系统原理框图中常用 $h(t)$ 表征系统。所谓"零状态",即起始条件为:$x(t)=0, y(t)=0$。零状态响应的概念如图 1.2.2 所示。

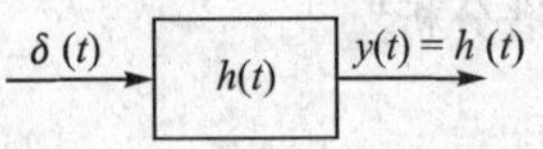

图 1.2.2 冲激响应

2. 卷积法求线性系统的零状态响应

设有一线性系统,如图 1.2.3(a)所示,其起始条件为零状态。若系统的冲激响应为 $h(t)$,当输入为 $x(t)$ 时,可用卷积法求出其零状态响应 $y(t)$。由上述,输入信号可分解为一系列矩形窄脉冲 $\Delta\tau \to 0$ 时的极限——不同时延的冲激信号分量叠加(见图 1.2.3(b)),分别求出每个冲激信号分量的响应(见图 1.2.3(c)),然后根据线性系统的叠加性,将各分量的响应叠加,便得到系统总的输出响应(见图 1.2.3(d))。可表示为

$$y(t) = \lim_{\Delta\tau \to 0} \sum_{k=-\infty}^{\infty} x(k\Delta\tau)\Delta\tau h(t-k\Delta\tau) = \int_{-\infty}^{\infty} x(\tau)h(t-\tau)d\tau \quad (1.2.3)$$

式(1.2.3)与式(1.2.2)相同,是卷积积分,可简写为

$$y(t) = x(t) * h(t) \quad (1.2.4)$$

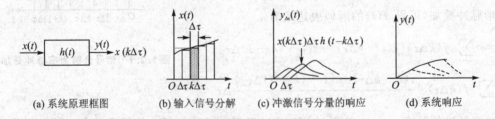

(a) 系统原理框图　　(b) 输入信号分解　　(c) 冲激信号分量的响应　　(d) 系统响应

图 1.2.3 卷积法求零状态响应示意图

1.3 周期信号的频谱分析——傅里叶级数

对于时域分析,所有的分析全部在时域进行,没有域的变换,方法直观,物理概念清晰。但时域法若采取直接求解微分方程的方法,对复杂信号来说比较困难。如果考虑采用卷积的方法,系统的输出 $y(t)$ 应是输入 $x(t)$ 与冲激响应 $h(t)$ 的卷积,如图 1.3.1 和式(1.3.1)所示。

$$y(t) = x(t) * h(t) = \int_{-\infty}^{\infty} x(\tau)h(t-\tau)\mathrm{d}\tau \qquad (1.3.1)$$

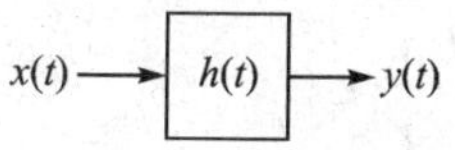

但卷积的计算是一个积分过程,计算起来也比较麻烦,工程上曾一度不被重视,但随着理论和技术的发展,近来人们又开始对时域分析的卷积法重新产生了兴趣,尤其在离散系统中,这将在后文进一步介绍。

图 1.3.1 系统分析卷积法原理框图

相比较而言,一般情况下,频域分析可把卷积积分转换为简单的代数方程求解,可以把式(1.3.1)的卷积运算,通过傅里叶变换,并利用其性质,转换为简单的乘积运算

$$Y(\Omega) = X(\Omega)H(\Omega) \qquad (1.3.2)$$

同时,频域分析可以从信号中得到更多的信息,在信号的传输和处理中有许多非常有价值的实际应用,因而,傅里叶变换是信号分析中最基本的一种变换。

首先来讨论周期信号的变换——傅里叶级数。

任一周期信号,可表示为

$$f(t) = f(t + nT_1) \qquad (1.3.3)$$

式中 n——任意整数;

T_1——周期。

若周期信号满足狄里赫利条件,即在一个周期内,函数满足

(1) 有限个间断点,而且这些点的函数值是有限值;

(2) 有限个极值点;

(3) 函数绝对可积。

则任意一个周期函数可展成"傅里叶级数",其有两种形式:分别为三角函数形式和指数函数形式的傅里叶级数。需要指出:上述狄里赫利条件中,条件(1)和(2)是傅里叶级数存在的必要条件不是充分条件,而条件(3)是充分条件,但不是必要条件。

1.3.1 三角函数形式的傅里叶级数

设一周期信号 $f(t)$,其周期为 T_1,傅里叶级数的三角函数形式为

$$f(t) = a_0 + a_1\cos\Omega_1 t + b_1\sin\Omega_1 t + a_2\cos 2\Omega_1 t + b_2\sin 2\Omega_1 t + \cdots + a_n\cos n\Omega_1 t + b_n\sin n\Omega_1 t + \cdots =$$

$$a_0 + \sum_{n=1}^{\infty}(a_n\cos n\Omega_1 t + b_n\sin n\Omega_1 t) \qquad (1.3.4)$$

利用三角函数的正交性,由上述正交特性,式(1.3.4)中的系数可通过以下运算求得。

$$\int_{t_0}^{t_0+T_1} f(t)\mathrm{d}t = \int_{t_0}^{t_0+T_1}\left[a_0 + \left(\sum_{n=1}^{\infty}a_n\cos n\Omega_1 t + b_n\sin n\Omega_1 t\right)\mathrm{d}t\right] = \int_{t_0}^{t_0+T_1}a_0\mathrm{d}t + 0 = a_0 T_1$$

所以

$$a_0 = \frac{1}{T_1}\int_{t_0}^{t_0+T_1}f(t)\mathrm{d}t \qquad (1.3.5)$$

$$\int_{t_0}^{t_0+T_1}f(t)\cos n\Omega_1 t\mathrm{d}t = \int_{t_0}^{t_0+T_1}a_n\cos n\Omega_1 t \cdot \cos m\Omega_1 t\mathrm{d}t = \frac{a_n T_1}{2}$$

所以

$$a_n = \frac{1}{T_1}\int_{t_0}^{t_0+T_1}f(t)\cos n\Omega_1 t\mathrm{d}t \qquad (1.3.6)$$

$$\int_{t_0}^{t_0+T_1}f(t)\sin n\Omega_1 t\mathrm{d}t = \int_{t_0}^{t_0+T_1}b_n\sin n\Omega_1 t \cdot \sin m\Omega_1 t\mathrm{d}t = \frac{b_n T_1}{2}$$

所以
$$b_n = \frac{2}{T_1}\int_{t_0}^{t_0+T_1} f(t)\sin n\Omega_1 t \mathrm{d}t \quad (1.3.7)$$
$$n = 1,2,\cdots$$

上述各式中，积分区间是$[t_0, t_0+T_1]$，也可取为$[0, T_1]$或$[-T_1/2, T_1/2]$及其他任一周期，m,n均为正整数。Ω_1：圆（角）频率（rad/s），$\Omega_1 = \frac{2\pi}{T_1} = 2\pi f_1$，$f_1$：频率，Hz。

通常在信号处理中，把上述系数中的a_0称为直流分量，a_n、b_n分别为余弦和正弦分量的幅度。

一般可将式(1.3.4)中的同频率正弦、余弦项合并，得到傅里叶级数三角函数形式的另一种表示

$$f(t) = c_0 + \sum_{n=1}^{\infty} c_n \cos(n\Omega_1 t + \phi_n) \quad (1.3.8)$$

或
$$f(t) = d_0 + \sum_{n=1}^{\infty} d_n \sin(n\Omega_1 t + \theta_n) \quad (1.3.9)$$

比较式(1.3.4)（并通过三角函数的恒等变换）与式(1.3.8)、式(1.3.9)可得

$$\begin{cases} a_0 = c_0 = d_0 \\ c_n = d_n = \sqrt{a_n^2 + b_n^2} \\ a_n = c_n \cos\phi_n = d_n \sin\theta_n \\ b_n = -c_n \sin\phi_n = d_n \cos\theta_n \\ \phi_n = \arctan\left(-\frac{b_n}{a_n}\right) \\ \theta_n = \arctan\left(\frac{a_n}{b_n}\right) \end{cases} \quad (1.3.10)$$

由式(1.3.4)、式(1.3.8)和式(1.3.9)还可以总结出以下几点：

(1) 等式左端为一（复杂）信号的时域表示，右端则是简单的正弦信号线性组合，利用傅里叶级数的变换，可以把复杂的问题分解成为简单问题进行分析处理。

(2) 虽然左端是信号的时域表达式，右端是不同频率的正弦（余弦）分量线性组合，但表示的是同一个信号，是完全等效的，右端采用频域分析的方法，能揭示更多的信号特性，特别是频域特性，这一点在以后的学习中会有更多体现。

(3) 任意周期信号可以分解为直流分量（a_0或c_0或d_0）和一系列交变分量（系数为a_n、b_n或c_n或d_n的正弦、余弦分量）的相加。交变分量中的Ω_1、$2\Omega_1$、$\cdots$、$n\Omega_1$、$\cdots$，为信号的频率，其中Ω_1为信号的基频，对应基频的分量称为基波，其他的交变分量则统称为谐波，谐波的频率必定为基频的整数倍。

(4) 直流分量的幅度c_0或d_0，基波、谐波的幅度c_n或d_n（即傅里叶级数的各系数）以及相位ϕ_n或θ_n的大小取决于信号的时域波形，而且是频率$n\Omega_1$的函数，把这种函数关系绘成线图表示，就是所谓的"频谱"，周期信号的频谱如图1.3.2所示。

图1.3.2(b)中的$c_n - n\Omega_1$（或$d_n - n\Omega_1$），是信号$f(t)$的幅度频谱，简称为幅谱。每条图线代表某一频率分量的幅度值，称其为谱线，连接各谱线的顶点为谱的包络线，直观地反映了各分量幅度变化的情况。图(c)中的$\phi_n - n\Omega_1$，是信号$f(t)$的相位频谱，简称为相谱。相谱中

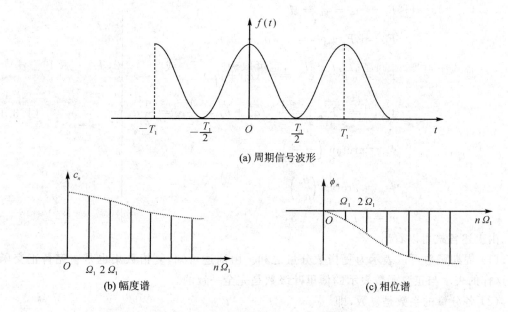

图 1.3.2 周期信号 $f(t)$ 频谱示意图

的每条谱线表示相应频率分量的相位值,连接其顶点的包络线,直观地反映了各分量相位的变化情况。

由上述频谱图不难看出:周期信号的频谱只会出现在 $0,\Omega_1,2\Omega_1,\cdots,n\Omega_1,\cdots$ 等离散频率上,这种频谱称之为"离散谱",它是周期信号频谱最主要的特征,也是时、频域对称性的一种典型体现。信号凡是在一个域中(无论是时域或是频域)是周期的,在另一个域中必然是离散的,这一特点今后将会经常遇到。由于上述各分量的谱均为实数,因此属于实(频)谱。

当要对频谱进行数学处理时,指数形式显然要比三角函数形式简便得多,可以利用欧拉公式,把三角函数形式的傅里叶级数变换为指数形式的。

1.3.2 指数形式的傅里叶级数

将下述欧拉公式

$$\begin{cases} \cos n\Omega_1 t = \dfrac{1}{2}(e^{jn\Omega_1 t} + e^{-jn\Omega_1 t}) \\ \sin n\Omega_1 t = \dfrac{1}{2j}(e^{jn\Omega_1 t} - e^{-jn\Omega_1 t}) \end{cases}$$

代入三角函数形式的傅里叶级数,可导出指数形式的傅里叶级数的表达式为

$$f(t) = \sum_{n=-\infty}^{\infty} F(n\Omega_1) e^{jn\Omega_1 t} \qquad (1.3.11)$$

式(1.3.11)中的 $F(n\Omega_1)$ 是指数形式傅里叶级数的系数,由导出过程(读者可自行导出)可得

$$F(n\Omega_1) = F_n = \frac{1}{T_1}\int_{t_0}^{t_0+T_1} f(t) e^{-jn\Omega_1 t} dt, \qquad n \in (-\infty,\infty) \qquad (1.3.12)$$

根据导出过程可以直接得出三角函数和指数函数形式之间各系数的关系分别为

$$F_0 = a_0 = c_0 = d_0$$

$$F_n = |F_n| e^{j\phi_n} = \frac{1}{2}(a_n - jb_n)$$

$$F_{-n} = |F_{-n}| e^{j\phi_{-n}} = \frac{1}{2}(a_n + jb_n)$$

$$|F_n| = |F_{-n}| = \frac{1}{2}\sqrt{a_n^2 + b_n^2} = \frac{1}{2}c_n = \frac{1}{2}d_n$$

$$\phi_n = \arctan\left(-\frac{b_n}{a_n}\right)$$

$$\phi_{-n} = \arctan\left(\frac{b_n}{a_n}\right)$$

$$n = \pm 1, \pm 2, \pm 3, \cdots$$

(1.3.13)

由上述各式可以看出：

(1) 周期函数可以表示为复指数分量之和。由前述可知，复指数集也是一完备正交函数集，这样的表示与正弦函数表示的傅里叶级数是完全一致的。

(2) 各分量的系数是复数，即

$$\left.\begin{array}{l}F_n = |F_n| e^{j\phi_n} \\ F_{-n} = |F_{-n}| e^{j\phi_{-n}}\end{array}\right\}$$

(1.3.14)

把 $|F_n|-n\Omega_1$ 与 $|F_{-n}|-n\Omega_1$ 称为复数幅度谱，简称复幅谱，把 $\phi_n-n\Omega_1$ 与 $\phi_{-n}-n\Omega_1$ 称为复数相位谱，简称复相谱，相谱和幅谱合称为复频谱。据此画出其频谱图，如图1.3.3所示。

(3) 复频谱仍然具有周期信号离散谱的特征。它与实谱相比，谱图有所不同，复频谱除正频率分量有值外，还出现了负频率分量，负频率的出现是数学运算的结果（应用欧拉公式，把正弦函数表示成 $e^{jn\Omega_1 t}$ 与 $e^{-jn\Omega_1 t}$ 的加减运算）引入的，并无物理意义。在复幅谱中，复幅谱的直流分量与实幅谱的相等，但由于有了负频率，其他谐波分量为对应实幅谱谐波分量的一半，实幅谱分量为相应复幅谱正负频率分量的和，因而正负频率的幅度谱成偶对称。复谱与实谱的相位谱值相等，但相位谱正负频率为奇对称。

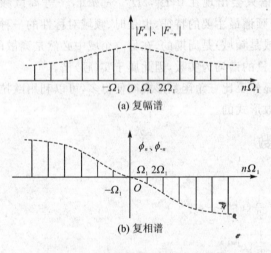

图 1.3.3 周期信号 $f(t)$ 的复频谱图

当然，一个复杂的周期信号也可以采用多项式或泰勒级数等数学变换进行分解和分析，但是，采用傅里叶级数的方法，把信号分解为一系列不同幅度、频率、相位的正弦波（或复指数函数集）的总和，是应用非常广泛的频域分析方法，分析的结果可直接用于对系统其他方面的研究，例如，研究系统的频率特性等。并且正弦函数序列（复指数序列）是完备正交函数序列，如上所述，用它们来近似研究实际信号所产生的误差相对其他拟合方法是最小的，同时由于正弦信号本身是周期信号，因此分析周期信号可以在全部时间上，保证相同的精度，这就为信号的分析工作带来极大的便利。另外，三角函数与复指数函数尤其是复指数函数又非常适合数学处理,因此复指数形式的傅里叶级数是周期信号频域分析的最基本的方法。

例 1.3.1 试求图 1.3.4 所示的周期矩形脉冲信号的频谱,并根据计算的结果,对频谱问题做进一步的分析。

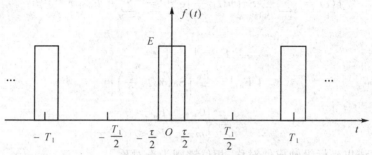

图 1.3.4 周期矩形脉冲信号

解:这一信号在 $-\dfrac{T_1}{2} \leqslant t \leqslant \dfrac{T_1}{2}$ 的一个周期内的数学表示式为

$$f(t) = \begin{cases} E, & |t| \leqslant \dfrac{\tau}{2} \\ 0, & \dfrac{\tau}{2} < |t| < \dfrac{T_1}{2} \end{cases}$$

1. 展成三角函数形式的傅里叶级数

由式(1.3.5)和(1.3.6),可得

$$a_0 = \frac{1}{T_1}\int_{-\frac{T_1}{2}}^{\frac{T_1}{2}} f(t)\mathrm{d}t = \frac{1}{T_1}\int_{-\frac{\tau}{2}}^{\frac{\tau}{2}} E\mathrm{d}t = \frac{E\tau}{T_1}$$

$$a_n = \frac{2}{T_1}\int_{-\frac{\tau}{2}}^{\frac{\tau}{2}} E\cos n\Omega_1 t\,\mathrm{d}t = 2\frac{E\tau}{T_1}\frac{\sin n\Omega_1 \frac{\tau}{2}}{n\Omega_1 \frac{\tau}{2}} = 2\frac{E\tau}{T_1}\mathrm{Sa}\left(n\Omega_1 \frac{\tau}{2}\right)$$

由于 $f(t)$ 是偶函数,则

$$b_n = \frac{2}{T_1}\int_{-\frac{\tau}{2}}^{\frac{\tau}{2}} E\sin n\Omega_1 t\,\mathrm{d}t = 0$$

从而,周期矩形信号的三角形式的傅里叶级数为

$$f(t) = \frac{E\tau}{T_1} + \frac{2E\tau}{T_1}\sum_{n=1}^{\infty}\mathrm{Sa}\left(n\Omega_1 \frac{\tau}{2}\right)\cos n\Omega_1 t$$

由上式,有

$$c_0 = \frac{E\tau}{T_1}$$

$$c_n = \frac{2E\tau}{T_1}\left|\mathrm{Sa}\left(n\Omega_1 \frac{\tau}{2}\right)\right|$$

$$\varphi_n = \begin{cases} 0, & a_n > 0 \\ -\pi, & a_n < 0 \end{cases}$$

2. 展成指数形式的傅里叶级数

由式(1.3.11)和式(1.3.12)

$$F_n = \frac{1}{T_1}\int_{-\frac{T_1}{2}}^{\frac{T_1}{2}} Ee^{-jn\Omega_1 t}dt = \frac{1}{T_1}\int_{-\frac{\tau}{2}}^{\frac{\tau}{2}} Ee^{-jn\Omega_1 t}dt = \frac{E\tau}{T_1}\mathrm{Sa}\left(n\Omega_1\frac{\tau}{2}\right)$$

$$f(t) = \sum_{n=-\infty}^{\infty}\frac{E\tau}{T_1}\mathrm{Sa}\left(n\Omega_1\frac{\tau}{2}\right)e^{jn\Omega_1 t} = \sum_{n=-\infty}^{\infty}|F_n|e^{j\varphi_n}e^{jn\Omega_1 t}$$

式中

$$F_n = |F_n|e^{j\varphi_n}$$

$$|F_n| = \frac{E\tau}{T_1}\left|\mathrm{Sa}\left(n\Omega_1\frac{\tau}{2}\right)\right|$$

$$\varphi_n = \begin{cases} 0, & F_n > 0 \\ m\pi, & F_n < 0 \end{cases}$$

可以看出：幅度谱以坐标纵轴成偶对称，相位谱则为奇对称。

将上述两种形式的傅里叶级数表示成频谱，分别如图 1.3.5(a)～(d)所示，当 F_n 为实数时，幅度、相位谱可画在同一谱图上，如图 1.3.5(e)所示。

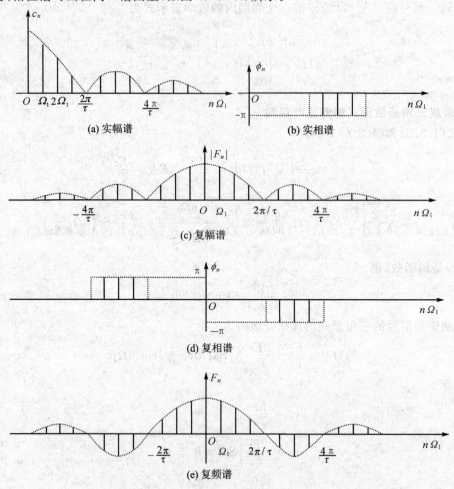

图 1.3.5 周期矩形信号的频谱图

3. 频谱特点

由谱图可以看出，周期矩形信号的频谱具有下列特点，这些特点也反映了其他所有可由傅里叶级数得到的周期信号频谱的共同特性。

(1) 离散谱。离散间隔等于基频 Ω_1 的量值,$\Omega_1 = \dfrac{2\pi}{T_1}$,这是频谱的离散性。

(2) 频谱有无穷多个分量,即有无穷多条谱线,其幅度 $\propto \dfrac{E\tau}{T_1}$,幅值随谐波阶次增高,呈取样函数状衰减,表示该频谱有谐波性和收敛性。

(3) 带宽。谱图中 $|F_n|=0$ 的点,为谱零点,即

$$m\Omega_1 \dfrac{\tau}{2} = m\pi, \qquad m = 1, 2, \cdots$$

当 $m=1$ 时的零点为第一谱零点,在频率轴 $n\Omega_1$ 上的位置位于

$$n\Omega_1 = \dfrac{2\pi}{\tau}$$

由上述频谱图可看出:频谱的高频分量迅速衰减,因而周期矩形脉冲信号的大部分能量(参阅 1.6 节可知,大约是总能量的 90% 左右)集中在第一零点内的各频率分量上,把 $\Omega = 0 \sim \dfrac{2\pi}{\tau}$ 这一频率范围,称为信号带宽,简称带宽,以 Ω_b 表示,有

$$\Omega_b = \dfrac{2\pi}{\tau} \tag{1.3.15}$$

或

$$f_b = \dfrac{1}{\tau} \tag{1.3.16}$$

带宽与脉冲宽度 τ 成反比。信号带宽是一个重要概念,它是由矩形脉冲信号引出的,但也适用于其他信号。

由 $f_b = \dfrac{1}{\tau}$,可得:$f_b \cdot \tau = 1$,通常称为时间—带宽积,表明了信号持续时间和带宽之间的约束关系。持续时间 τ 越小,即信号在时域上越集中,相当于信号处理系统在时域上的分辨能力越强,但必须以加大带宽 f_b 为代价,牺牲频域的分辨能力,反之亦然,f_b 与 τ 不能同时变为任意小。这种现象与量子物理学中著名的"测不准原理"本质上一致。物理学告诉我们:在微观世界,粒子的位置与动量、方位角与动量矩,时间与能量间都存在"不确定关系",海森堡(Heisenberg)提出:粒子位置×粒子动量=普朗克常数,这表明:其中一个量的测量越准确,另一个量的测量误差就越大。他明确提出:不确定性是现实不可避免的一部分,它是人们达到全知的永久障碍。这个结论来自于目前所有科学中意义最深远,是人们不希望看到却又不得不面对的自然法则:"不确定性原理"。

另外,τ 减小,f_b 增大,表示高频分量丰富,意味着带宽宽,若要无失真放大,必须采用宽带放大器,技术上复杂一些。当然,这一点也可以加以利用,通信技术中,在允许有一定失真的条件下,可以让通信系统只把带宽 f_b 内的分量发送出去,舍弃带宽以外的高频分量。或者在其他处理系统中,主要关注带宽内的信号分量,不至于对处理结果产生大的影响。

4. 时域参数对频谱的影响

时域主要参数:信号幅度 E,脉冲宽度 τ,信号周期 T_1。

E:只影响谐波分量的幅谱值,其实人们更关心的是各分量幅谱相对值的变化趋势,因此,E 对频谱特性的影响不显著。

T_1：由于谱间隔 $\Omega_1 = \dfrac{2\pi}{T_1}$，所以当 T_1 增加，Ω_1 减小，谱线变密，而且 $c_n \propto \dfrac{1}{T_1}$，即谱幅度也减小，谱图的这种变化如图 1.4.1 所示。

τ：时域参数，对带宽和频谱的幅度均有明显影响。根据上述带宽中的叙述，由 $f_b = \dfrac{1}{\tau}$ 可知：τ 减小，f_b 增大，而 τ 增大，f_b 减小。这反映出：时域、频域变换时，时域上压缩（τ 减小），频域上带宽展宽（f_b 增大），反之亦然，时、频域之间这种压缩和展宽互相制约的关系，是带有普遍意义的规律。另外，由 $c_n \propto \dfrac{E\tau}{T_1}$ 也有相应的规律：τ 增大，c_n 增大，而 τ 减小，c_n 减小。上述参数 τ 同时对带宽和频谱幅度产生影响的综合效果，实际上是能量守恒定律决定的。

极端情况，$T_1 \to \infty$ 和 $\tau \to 0$。

若 $T_1 \to \infty$，周期函数转化为非周期函数，$\Omega_1 \to d\Omega \to 0$，表明离散频谱将演变为连续频谱，同时分量幅值 c_n 趋向于无穷小，因此，非周期函数的频谱不能采用周期函数频谱的形式来表示，将在非周期信号的频谱分析中详细讨论这一问题。

又若：$\tau \to 0$，带宽 $f_b = \dfrac{2\pi}{\tau} \to \infty$，即矩形脉冲变成冲激函数，频谱的高阶谐波分量将不再衰减，成为所谓的"白色谱"，详见后述。

1.3.3 周期信号的功率谱

频谱（幅度和相位谱）是在频域中描述信号特征的主要方法之一，反映了信号所含谐波分量的幅度和相位随频率分布的情况，但实际的确定性信号往往伴随有随机成分，不能按通常的频谱来分析信号，这时可用信号的功率谱（或能量谱）来描述信号，功率谱分为自功率谱（功率谱）和互功率谱（互谱）。自功率谱表示信号的功率（或能量）在频域中随频率的变化情况，这对于研究信号的功率（或能量）分布和决定信号所占有的频带等方面有重要意义。互谱由两个信号的互相关函数经傅里叶变换求出，用于分析两个信号的互相关情况，并没有信号实际功率上的意义。为研究功率谱中的周期现象，可以对功率谱再做一次"谱分析"，得到所谓的"倒频谱"。要研究两个频谱例如系统输出与输入频谱两者之间的相关程度，可以求出这两个频谱的相关函数，称之为"相干分析"。如果不能按频谱定义在无限区间求解真实频谱，而在有限区间求得频谱，得到信号真实频谱的估计值，称"谱估计"。

本书只涉及有关周期信号功率谱的基本概念。

1. 能量信号和功率信号

信号的能量定义为

$$E = \int_{-\infty}^{\infty} [f(t)]^2 \, dt \tag{1.3.17}$$

它是电压信号 $v(t)$ 在 $1\,\Omega$ 上所消耗能量定义式的推广，相当于

$$E_u = \int_{-\infty}^{\infty} \dfrac{[v(t)]^2}{1} dt = \int_{-\infty}^{\infty} [v(t)]^2 \, dt$$

如果信号是

(1) 随时间而衰减；

(2) 时限（非周期）信号。

则这两种信号的能量都是有限的,称为能量信号,其平均功率为 0。但若信号为
(1) 周期信号;
(2) 非周期不衰减信号;
(3) 随机信号等。

这些信号的能量无穷大(表示信号能量的积分不收敛或不可积),但平均功率是有限的,故称这类信号为功率信号。需要明确的一点是:有的信号既不是能量信号,也不是功率信号,如:

$$f(t) = e^{-at} (-\infty < t < \infty)$$

其能量和功率均为无穷大,能量信号和功率信号不能涵盖所有的信号,这也是通常不用能量信号和功率信号作为信号一般分类依据的理由。

2. 信号平均功率的定义

一般功率信号平均功率的定义为

$$P = \lim_{T \to \infty} \frac{1}{T} \int_{-\frac{T}{2}}^{\frac{T}{2}} [f(t)]^2 dt \tag{1.3.18}$$

对周期信号来说,任一周期信号的平均功率都相同,因而

$$P = \frac{1}{T_1} \int_{-\frac{T_1}{2}}^{\frac{T_1}{2}} [f(t)]^2 dt \tag{1.3.19}$$

3. 周期信号的功率谱

将周期信号展成傅里叶级数

$$f(t) = a_0 + \sum_{n=1}^{\infty} a_n \cos n\Omega_1 t + b_n \sin n\Omega_1 t$$

并代入式(1.3.19),利用三角函数正交性,整理化简后可得

$$P = a_0^2 + \frac{1}{2} \sum_{n=1}^{\infty} (a_n^2 + b_n^2) = c_0^2 + \frac{1}{2} \sum_{n=1}^{\infty} c_n^2 = \sum_{n=-\infty}^{\infty} |F_n|^2 \tag{1.3.20}$$

式(1.3.20)称为周期信号的帕斯瓦尔(Parsval)定理。把 c_n^2 与 $n\Omega_1$ 或 $|F_n|^2$ 与 $n\Omega_1$ 的关系画成线图,定义为周期信号的功率谱。

例 1.3.2 周期矩形脉冲信号如图 1.3.4 所示,设:$E=1, \tau=0.05, T_1=0.25$,求在频谱上第一个零点内各频率分量的功率之和占信号总功率的百分比。

解:由周期矩形脉冲信号指数形式的傅里叶级数,有

$$F_n = \frac{E\tau}{T_1} \frac{\sin \frac{n\pi\tau}{T_1}}{\frac{n\pi\tau}{T_1}} = \frac{1}{5} \frac{\sin \frac{n\pi}{5}}{\frac{n\pi}{5}}$$

由上式可知 F_n 的第一个零点为 $n=5$ 的位置,故在第一个零点内包含包括直流分量以及 1~4 次谐波分量,则第一个零点内各频率分量的功率和为

$$P_5 = F_0^2 + 2\sum_{n=1}^{4} |F_n|^2 \approx 0.18$$

而信号总功率为

$$P = \frac{1}{T_1} \int_{-\frac{T_1}{2}}^{\frac{T_1}{2}} f^2(t) dt = \frac{1}{0.25} \int_{-0.025}^{0.025} 1^2 dt = 0.2$$

上述两者的功率比为

$$\frac{P_5}{P} = \frac{0.18}{0.2} = 90\%$$

这一结果表明:第一个零点内所包含各分量的功率已占信号总功率的 90%,这也是把第一个零点的频率范围作为带宽的基本依据。

1.4 非周期信号频谱分析——傅里叶变换

若信号不是周期出现,而只是持续一段时间,不再重复出现,如过渡过程、爆炸产生的冲击波、起落架着陆时的信号等,都是典型的非周期信号。对非周期信号进行分析的思路是:在时域上,当周期 $T_1 \to \infty$,周期信号成为非周期信号,可以从周期信号的傅里叶级数出发,在 $T_1 \to \infty$ 时,周期信号的频谱的极限,转变为非周期信号的频谱,这一变换称为傅里叶变换(或傅里叶积分)。

1.4.1 傅里叶变换

1. 频谱密度的概念

在前面讨论周期矩形脉冲信号的时域参数——周期 T_1 对其频谱的影响时指出:随着周期 T_1 增大,F_n 减小,谱线变密,如图 1.4.1 所示。

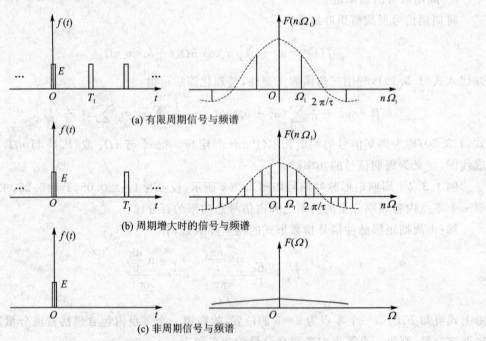

(a) 有限周期信号与频谱

(b) 周期增大时的信号与频谱

(c) 非周期信号与频谱

图 1.4.1 时域参数对频谱的影响

由图 1.4.1 和 $\Omega_1 = \dfrac{2\pi}{T_1}$ 可知:T_1 增大,Ω_1 减小(谱线变密);而再由图和 $F(n\Omega_1) \propto \dfrac{E\tau}{T_1}$ 可知:T_1 增大,$F(n\Omega_1)$ 的幅度减小。

若 $T_1 \to \infty$,极限情况,周期信号变为非周期信号,有

$$\Omega_1 \to d\Omega \to 0$$

$$F(n\Omega_1) \to 0$$

此时 $F(n\Omega_1)$ 和 Ω_1 均为无穷小量,显然,就不可能用前面周期信号的频谱来描述非周期信号的频域特性,但他们的比值 $\dfrac{F(n\Omega_1)}{\Omega_1}$ 一般趋向一个稳定的极限,这一极限的物理意义表示单位频带上的频谱值,相当于频谱的"密度"概念。对幅度频谱和频谱密度概念的形象理解,可以与一根质量非均匀但质量连续分布的金属棒质量和密度相比拟,周期信号幅谱的概念相当于金属棒有限长度的质量,密度谱相当于金属棒某点上的密度,无论是质量还是密度,都反映了金属棒的重要特性。相应地,幅度谱和密度谱从不同的角度,同样描述了信号的特性,两个概念是相通的,而且是相关的,只是反映的侧面和适用性有所不同。由于周期信号离散幅度谱的基本参数,例如谱线的间隔,在非周期信号中不再存在,傅里叶级数的数学方法已不适用,因此要引出傅里叶变换来描述。

2. 傅里叶变换

从上述周期和非周期信号在时域、频域的关系,导出傅里叶变换的定义式。先重写傅里叶级数的表达式为

$$f(t) = \sum_{n=-\infty}^{\infty} F(n\Omega_1) e^{jn\Omega_1 t}$$

$$F(n\Omega_1) = \frac{1}{T_1} \int_{-\frac{T_1}{2}}^{\frac{T_1}{2}} f(t) e^{-jn\Omega_1 t} dt$$

将上式两端乘以 T_1,有

$$F(n\Omega_1) T_1 = F(n\Omega_1) \frac{2\pi}{\Omega_1} = \int_{-\frac{T_1}{2}}^{\frac{T_1}{2}} f(t) e^{-jn\Omega_1 t} dt$$

当 $T_1 \to \infty$,表示周期信号的周期为无穷大,变为非周期信号,对上式取极限后为

$$\lim_{T_1 \to \infty} 2\pi \frac{F(n\Omega_1)}{\Omega_1} = \lim_{T_1 \to \infty} \int_{-\frac{T_1}{2}}^{\frac{T_1}{2}} f(t) e^{-jn\Omega_1 t} dt \qquad (1.4.1)$$

如上所述,$T_1 \to \infty$,$\Omega_1 \to 0$,$n\Omega_1 \to \Omega$(Ω 变成连续量),同时 $2\pi \dfrac{F(n\Omega_1)}{\Omega_1}$ 趋向某一定值,记作 $F(\Omega)$,则式(1.4.1)变为

$$F(\Omega) = \int_{-\infty}^{\infty} f(t) e^{-j\Omega t} dt \qquad (1.4.2)$$

$F(\Omega)$ 一般为复数,因此也可写成 $F(j\Omega)$,用两者表达都是可以的,表示为

$$\left.\begin{array}{l} F(j\Omega) = F(\Omega) = |F(j\Omega)| e^{j\phi(\Omega)} = |F(\Omega)| e^{j\phi(\Omega)} = A(\Omega) + jB(\Omega) \\ |F(\Omega)| = \sqrt{A^2(\Omega) + B^2(\Omega)} \\ \phi(\Omega) = \arctan \dfrac{B(\Omega)}{A(\Omega)} \end{array}\right\} \qquad (1.4.3)$$

式(1.4.2)称为傅里叶正变换定义式,它的物理意义与傅里叶级数有相似之处,通过数学的变换,可以在变换域(频域)上进行信号的分析,将 $|F(\Omega)|-\Omega$ 以及 $\phi(\Omega)-\Omega$ 的关系表示成相应的图形,即为非周期信号的频谱。不过由 $F(\Omega)$ 的定义可知,$|F(\Omega)|$ 是指单位频率上的谱幅度,是一个频谱密度的概念,而不是周期信号幅度谱的含义,同时 Ω 变成了连续量,因此,非周期信号的频谱是连续的,密度谱和连续谱是非周期信号频谱的主要特点。

习惯上,仍把 $|F(\Omega)|-\Omega$ 的关系称为幅(度)谱(实际为谱密度),$\phi(\Omega)-\Omega$ 为相(位)谱,幅

谱和相谱合称频谱。

3. 傅里叶反变换

由非周期信号的傅里叶正变换 $F(\Omega)$，求时域上信号 $f(t)$ 的运算，即由频域向时域的变换，称之为傅里叶反变换，可采用上面求解傅里叶正变换类似的方法来导出。由周期信号傅里叶级数中的式(1.3.11)，有

$$f(t) = \sum_{n=-\infty}^{\infty} F(n\Omega_1) e^{jn\Omega_1 t} = \sum_{n=-\infty}^{\infty} \frac{F(n\Omega_1)}{\Omega_1} e^{jn\Omega_1 t} \Omega_1 \qquad (1.4.4)$$

当 $T_1 \to \infty$，上式中有关变量、算符分别转换为：

$$\Omega_1 \to d\Omega$$

$$n\Omega_1 \to \Omega$$

$$\frac{F(n\Omega_1)}{\Omega_1} \to \frac{F(\Omega)}{2\pi} \left(QF(\Omega) \to 2\pi \frac{F(n\Omega_1)}{\Omega_1} \right)$$

$$\sum_{n=-\infty}^{\infty} \to \int_{-\infty}^{\infty}$$

由上述可知，周期信号 $f(t)$ 的傅里叶级数形式变为非周期信号的傅里叶积分形式

$$f(t) = \frac{1}{2\pi} \int_{-\infty}^{\infty} F(\Omega) e^{j\Omega t} d\Omega \qquad (1.4.5)$$

式(1.4.5)被称为傅里叶反变换，表示一系列频率为连续变化的复指数分量的积分变换为时域上的非周期信号。

式(1.4.4)和式(1.4.5)构成傅里叶变换对，通常写为

$$\mathscr{F}[f(t)] = F(\Omega) = \int_{-\infty}^{\infty} f(t) e^{-j\Omega t} dt \qquad (1.4.6)$$

$$\mathscr{F}^{-1}[F(\Omega)] = f(t) = \frac{1}{2\pi} \int_{-\infty}^{\infty} F(\Omega) e^{j\Omega t} d\Omega \qquad (1.4.7)$$

4. 傅里叶变换的存在条件

若非周期信号存在傅里叶变换，需要满足下述狄里赫利条件：

① 信号 $f(t)$ 绝对可积，即

$$\int_{-\infty}^{\infty} |f(t)| dt < \infty$$

② 在任意有限区间内，信号 $f(t)$ 只有有限个最大值和最小值。

③ 在任意有限区间内，信号 $f(t)$ 仅有有限个不连续点，而且在这些点都必须是有限值。

上述三个条件中，条件①是充分但不是必要条件，条件②和③则是必要而不是充分条件。因此，对于许多不满足条件①的函数，如周期函数，并不是绝对可积的函数，但满足条件②和③，同样存在傅里叶变换。

1.4.2 典型非周期信号的频谱

1. 冲激信号的频谱

单位冲激信号如图 1.4.2(a)所示，它的傅里叶变换为

$$F(\Omega) = \int_{-\infty}^{\infty} \delta(t) e^{-j\Omega t} dt$$

由冲激函数的抽样特性可得

$$F(\Omega) = e^{-j\Omega 0} = 1$$

所以,单位冲激抽样信号的频谱为

$$F(\Omega) = \mathscr{F}[\delta(t)] = 1 \tag{1.4.8}$$

由式(1.4.8),作出其频谱图如图1.4.2(b)所示。

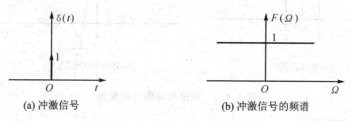

(a) 冲激信号　　　　　　　　(b) 冲激信号的频谱

图 1.4.2　单位冲激信号的频谱

2. 矩形脉冲信号的频谱

矩形脉冲信号如图 1.4.3(a)所示,E 为脉冲幅度,τ 为脉冲宽度。

矩形脉冲信号的傅里叶变换为

$$F(\Omega) = \int_{-\infty}^{\infty} f(t)e^{-j\Omega t}dt = \int_{-\frac{\tau}{2}}^{\frac{\tau}{2}} Ee^{-j\Omega t}dt =$$
$$\frac{2E}{\Omega}\sin\left(\frac{\Omega\tau}{2}\right) = E\tau\frac{\sin\left(\frac{\Omega\tau}{2}\right)}{\frac{\Omega\tau}{2}} = E\tau\,\mathrm{Sa}\left(\frac{\Omega\tau}{2}\right) \tag{1.4.9}$$

其幅度谱为

$$|F(\Omega)| = E\tau\left|\mathrm{Sa}\left(\frac{\Omega\tau}{2}\right)\right| \tag{1.4.10}$$

相位谱为

$$\phi(\Omega) = \begin{cases} 0, & \dfrac{4n\pi}{\tau} < |\Omega| < \dfrac{2(2n+1)\pi}{\tau} \\ \mu\pi, & \dfrac{2(2n+1)\pi}{\tau} < |\Omega| < \dfrac{4(n+1)\pi}{\tau} \end{cases} \quad (n = 0, \pm1, \pm2, \cdots) \tag{1.4.11}$$

由于 $F(\Omega)$ 是一实数,可以只用一条曲线同时表示出幅度和相位谱,如图 1.4.3(b)所示。由图可见,单个矩形脉冲的频谱是一抽样函数,与周期矩形脉冲信号频谱的包络线相似,仅相差因子 $1/T_1$,当然,周期矩形脉冲频谱的包络线仅反映频谱的变化趋势而不是频谱。以后将会证明对于单脉冲(单周期)信号与其延拓后的周期信号的频谱之间都存在类似的规律。矩形脉冲在时域上是有限的,但在频域上是无限的。在 $\Omega = n \cdot 2\pi/\tau$ 处,$F(\Omega) = 0$,与周期信号中的带宽概念类似,信号的能量主要集中在频谱的第一个零点以内的全部频率分量上,一定条件下,带宽以外的高频分量可以忽略不计(参看 1.3.3 节),可以导出矩形脉冲的带宽为

$$\Omega_\mathrm{b} = \frac{2\pi}{\tau}$$

或

$$f_\mathrm{b} = \frac{1}{\tau} \tag{1.4.12}$$

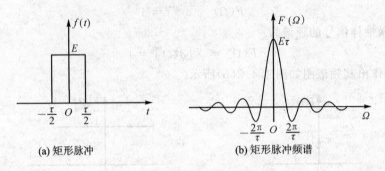

(a) 矩形脉冲 (b) 矩形脉冲频谱

图 1.4.3 矩形脉冲信号的频谱

3. 直流信号的频谱

直流信号的时域波形如图 1.4.4(a)所示。它不满足绝对可积的条件,但满足狄里赫利条件中的必要条件,应当存在傅里叶变换。可以把直流信号看作在时域上脉宽为 τ 的矩形脉冲,$\tau \to \infty$ 时的极限,其频谱也是矩形脉冲频谱的相应极限。

直流信号的傅里叶变换为

$$\mathscr{F}[E] = \lim_{\tau \to \infty} E\tau \mathrm{Sa}\left(\frac{\Omega\tau}{2}\right) = 2\pi E \lim_{\tau \to \infty} \frac{\tau/2}{\pi} \mathrm{Sa}\left(\frac{\tau}{2}\Omega\right) \qquad (1.4.13)$$

重写由抽样函数的极限定义 $\delta(t)$ 的定义式

$$\delta(t) = \lim_{k \to \infty}\left[\frac{k}{\pi}\mathrm{Sa}(kt)\right] \qquad (1.4.14)$$

比较上述式(1.4.12)和(1.4.14)可知,式(1.4.13)中的 $\tau/2$ 和 Ω 分别相当于式(1.4.14)中的 k 和 t,故得

$$\mathscr{F}[E] = 2\pi E \delta(\Omega)$$

或

$$\mathscr{F}[1] = 2\pi\delta(\Omega) \qquad (1.4.15)$$

作出其频谱图如图 1.4.4(b)所示,因此,直流信号的频谱是位于 $\Omega = 0$ 处的冲激函数。这一点从物理意义上也不难理解:直流信号被看成是一特殊的周期信号(除直流分量外,其他谐波均为零或者说是周期为零的周期信号),它由傅里叶级数得到的频谱是在 $\Omega = 0$ 处有一有限幅度值(直流分量),但傅里叶变换是频谱密度的概念,即在 $\Omega = 0$ 处附近无限小的频带($\mathrm{d}\Omega \to 0$)内取得有限频谱幅度值,则频谱密度为无穷大,而其他各处的频谱均为零,即为 $\Omega = 0$ 处的冲激函数。

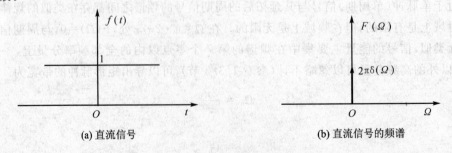

(a) 直流信号 (b) 直流信号的频谱

图 1.4.4 直流信号的频谱

4. 单边指数信号的频谱

单边指数信号的时域波形如图 1.4.5(a)所示。

单边指数信号在时域上可表示为

$$f(t) = \begin{cases} e^{-\alpha t}, & t \geqslant 0 \quad (\alpha > 0) \\ 0, & t < 0 \end{cases}$$

其傅里叶变换为

$$F(\Omega) = \int_{-\infty}^{\infty} f(t) e^{-j\Omega t} dt = \int_{-\infty}^{\infty} e^{-\alpha t} e^{-j\Omega t} dt = \int_{-\infty}^{\infty} e^{-(\alpha+j\Omega)t} dt = \frac{1}{\alpha + j\Omega} \quad (1.4.16)$$

幅度谱为

$$|F(\Omega)| = \frac{1}{\sqrt{\alpha^2 + \Omega^2}} \quad (1.4.17)$$

相位谱为

$$\phi(\Omega) = -\arctan\left(\frac{\Omega}{\alpha}\right) \quad (1.4.18)$$

幅谱与相谱图参见图 1.4.5(b)、(c)。

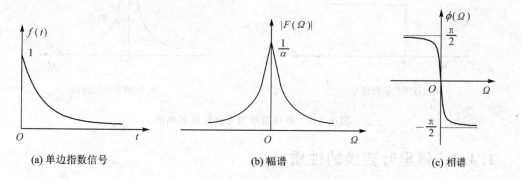

(a) 单边指数信号　　　　　(b) 幅谱　　　　　(c) 相谱

图 1.4.5　单边指数信号与频谱

5. 阶跃信号的频谱

阶跃信号波形如图 1.4.6(a)所示。阶跃信号不满足绝对可积的条件，不方便通过定义式的积分直接求出其频谱，可以把它看作单边指数信号 $e^{-\alpha t}$ 在时域上，当 $\alpha \to 0$ 时的极限，其频谱为 $e^{-\alpha t}$ 的频谱在 $\alpha \to 0$ 时的极限。

将单边指数信号的频谱分解为实频和虚频两部分，即

$$F(\Omega) = \frac{1}{\alpha + j\Omega} = \frac{\alpha}{\alpha^2 + \Omega^2} - j\frac{\Omega}{\alpha^2 + \Omega^2} = A(\Omega) + jB(\Omega)$$

实频谱 $A(\Omega)$ 和虚频谱 $B(\Omega)$ 在 $\alpha \to 0$ 时的极限，分别为阶跃信号频谱的实部 $A_\varepsilon(\Omega)$ 和虚部 $B_\varepsilon(\Omega)$。对于 $A_\varepsilon(\Omega)$，有

$$\begin{cases} A_\varepsilon(\Omega) = \lim_{\alpha \to 0} A(\Omega) = 0, & \Omega \neq 0 \\ A_\varepsilon(\Omega) = \lim_{\alpha \to 0} A(\Omega) \to \infty, & \Omega = 0 \end{cases}$$

而

$$\lim_{\alpha\to 0}\int_{-\infty}^{\infty}A(\Omega)\mathrm{d}\Omega = \lim_{\alpha\to 0}\int_{-\infty}^{\infty}\frac{\mathrm{d}\left(\frac{\Omega}{\alpha}\right)}{1+\left(\frac{\Omega}{\alpha}\right)^2} = \lim_{\alpha\to 0}\arctan\frac{\Omega}{\alpha}\Big|_{-\infty}^{+\infty} = \pi$$

由以上三式和冲激函数的定义可知，$A_\varepsilon(\Omega)$ 为一冲激函数，冲激强度为 π，即
$$A_\varepsilon(\Omega) = \pi\delta(\Omega)$$

对于 $B_\varepsilon(\Omega)$，有
$$B_\varepsilon(\Omega) = \lim_{\alpha\to 0}B(\Omega) = -\frac{1}{\Omega}$$

因此，阶跃信号的频谱为
$$F_\varepsilon(\Omega) = A_\varepsilon(\Omega) + \mathrm{j}B_\varepsilon(\Omega) = \pi\delta(\Omega) - \frac{1}{\Omega}\mathrm{j} = \pi\delta(\Omega) + \frac{1}{\Omega}\mathrm{e}^{-\mathrm{j}\frac{\pi}{2}} \qquad (1.4.19)$$

频谱图如图 1.4.6(b)所示。由于阶跃信号中含有直流分量，所以阶跃信号的频谱在 $\Omega=0$ 处存在一冲激，它在 $t=0$ 处有跳变，从而频谱中还有高频分量。

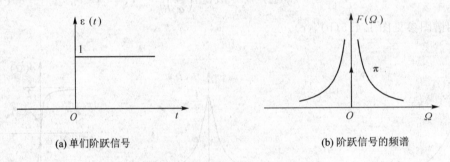

(a) 单们阶跃信号　　　　　　　　(b) 阶跃信号的频谱

图 1.4.6　单位阶跃信号波形及其频谱

1.4.3　傅里叶变换的性质

对一定信号而言，傅里叶正、反变换是唯一的，反映出信号时域和频域之间对应转换间的密切关系。在实际信号分析中，常常需要进一步研究信号时域特性和频域特性的重要联系及相应规律，这需要掌握傅里叶变换的一些基本性质，这些性质也对某些信号的傅里叶变换简化求解有帮助，一般可以根据傅里叶变换的定义证明这些性质，这里均不给出证明，读者可自行作出。

1. 奇偶性

实际信号一般为实函数，但其频谱是复函数，可以证明：若信号 $f(t)$ 为实函数，则幅频 $|F(\Omega)|$ 和实频 $R(\Omega)$ 为偶函数，相频 $\phi(\Omega)$ 和虚频 $X(\Omega)$ 为奇函数，表示为

$$\left.\begin{array}{l}R(\Omega) = R(-\Omega)\\|F(\Omega)| = |F(-\Omega)|\end{array}\right\} \qquad (1.4.22)$$

$$\left.\begin{array}{l}X(\Omega) = -X(-\Omega)\\\varphi(\Omega) = -\varphi(-\Omega)\end{array}\right\} \qquad (1.4.23)$$

若信号为虚函数，则幅频 $|F(\Omega)|$ 仍为偶函数；而相频 $\phi(\Omega)$ 仍为奇函数，但对称中心不再是原点，对此不作深入讨论，需要时可参阅其他参考书籍。

2. 线　性

若 $\mathscr{F}[f_i(t)]=F_i(\Omega)(i=1,2,\cdots,N)$，$a_i$ 为常量，则

$$\mathscr{F}\left[\sum_{i=1}^{N} a_i f_i(t)\right] = \sum_{i=1}^{N} a_i F_i(\Omega) \tag{1.4.24}$$

这一性质说明傅氏变换是一种线性运算，它具有均匀性和可叠加性，即

(1) 若信号增大 a 倍，频谱也相应增大 a 倍（均匀性或比例性）；

(2) 多个信号相加的频谱等于各单独信号频谱的叠加（可叠加性）。

3. 对偶性（互易性）

若

$$\mathscr{F}[f(t)] = F(\Omega)$$

则

$$\mathscr{F}[F(t)] = 2\pi f(-\Omega) \tag{1.4.25}$$

如果 $f(t)$ 是偶函数，则

$$\mathscr{F}[F(t)] = 2\pi f(\Omega) \tag{1.4.26}$$

式(1.4.26)表明：若 $f(t)$ 的频谱为 $F(\Omega)$，则信号 $F(t)$ 的频谱形状为 $f(\Omega)$，傅里叶变换相对称，此时的对偶性可以认为是对称性。

例如：冲激信号 $\delta(t)$ 的频谱为常值，则常数（直流信号）的频谱必为冲激函数，如图 1.4.7 所示。

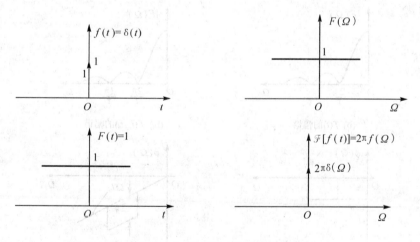

图 1.4.7　傅里叶变换的对偶性

相类似，由于矩形脉冲的频谱为抽样函数，则根据对偶性，抽样函数的频谱必然具有矩形脉冲函数的形状。

这种对偶性是傅里叶正反变换的对称性质决定的，傅里叶变换在时、频域中还有一系列的对偶关系，如：时移上是周期信号，频域上傅里叶变换必定是离散的；频域上是周期的，则时移上肯定是离散信号。一个域上是非周期的，另一个域必然是连续的。上述对偶关系今后将经常用到。

4. 时移特性

若

$$\mathscr{F}[f(t)] = F(\Omega) = |F(\Omega)| e^{j\phi(\Omega)}$$

则
$$\mathscr{F}[f(t-t_0)] = F(\Omega)e^{-j\Omega t_0} = |F(\Omega)|e^{j[\phi(\Omega)-\Omega t_0]} \tag{1.4.27}$$

以及
$$\mathscr{F}[f(t+t_0)] = F(\Omega)e^{j\Omega t_0} = |F(\Omega)|e^{j[\phi(\Omega)+\Omega t_0]} \tag{1.4.28}$$

这一特性表明：信号延时，并不改变信号的幅度谱，仅仅使相位谱产生一个与频率成线性关系的相移，或者说，信号的时延对应频域的相移。

例 1.4.1 矩形脉冲及延时 $t_0 = \dfrac{\tau}{2}$ 后的波形如图 1.4.8(a) 和图 1.4.8(a_1) 所示，求其频谱。

解：由时移特性，矩形脉冲延时后，幅谱不变，如图 1.4.8(b_1) 所示；相谱则产生一个附加的线性相移 $(-\Omega t_0)$，如图 1.4.8(c_1) 中所示。

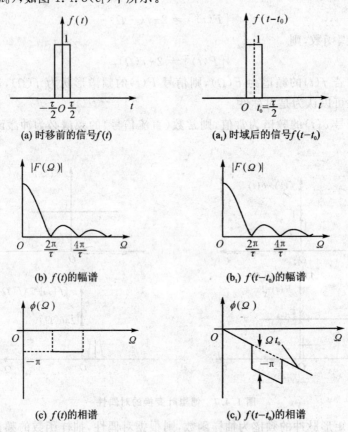

(a) 时移前的信号 $f(t)$ 　　(a₁) 时域后的信号 $f(t-t_0)$

(b) $f(t)$ 的幅谱　　(b₁) $f(t-t_0)$ 的幅谱

(c) $f(t)$ 的相谱　　(c₁) $f(t-t_0)$ 的相谱

图 1.4.8　时移特性举例

5. 频移特性

若
$$\mathscr{F}[f(t)] = F(\Omega)$$

则
$$\mathscr{F}[f(t)e^{\pm j\Omega_0 t}] = F(\Omega \mp \Omega_0) \tag{1.4.29}$$

上式表明：若信号频谱沿频率轴分别向左、右平移 Ω_0，则在时域上，信号相应乘以 $e^{-j\Omega_0 t}$，$e^{j\Omega_0 t}$。

频移特性也称为调制特性,在通讯和测控技术中有广泛应用。在实用中,通常是把信号 $f(t)$ 乘以正弦或余弦信号,时域上用 $f(t)$(调制信号)改变正弦或余弦信号(载波信号)的幅度,形成调幅信号,在频域上将使 $f(t)$ 的频谱产生左、右平移,下面做一简单分析。

由

$$\cos \Omega_0 t = \frac{1}{2}(e^{j\Omega_0 t} + e^{-j\Omega_0 t})$$

$$\sin \Omega_0 t = \frac{1}{2j}(e^{j\Omega_0 t} - e^{-j\Omega_0 t})$$

有

$$\mathscr{F}[f(t)\cos \Omega_0 t] = \frac{1}{2}[F(\Omega + \Omega_0) + F(\Omega - \Omega_0)] \quad (1.4.30)$$

或

$$\mathscr{F}[f(t)\sin \Omega_0 t] = \frac{j}{2}[F(\Omega + \Omega_0) - F(\Omega - \Omega_0)] \quad (1.4.31)$$

由式(1.4.30)和式(1.4.31)可见:调幅信号的频谱是将 $F(\Omega)$ 一分为二,并各向左、右平移 Ω_0,但幅频特性形状保持不变。

例 1.4.2 求矩形调幅信号 $f(t)$ 的频谱 $F(\Omega)$,设调制信号为矩形方波 $g(t)$、$f(t)$ 的波形(载波信号 $\cos \Omega_0 t$ 未画出)如图 1.4.9 中所示。

解:

$$G(\Omega) = \mathscr{F}[g(t)] = \tau \mathrm{Sa}\left(\frac{\Omega \tau}{2}\right)$$

由式(1.4.29)可得

$$F(\Omega) = \mathscr{F}[g(t)\cos \Omega_0 t] = \frac{\tau}{2}\left\{\mathrm{Sa}\left[\frac{(\Omega + \Omega_0)\tau}{2}\right] + \mathrm{Sa}\left[\frac{(\Omega - \Omega_0)\tau}{2}\right]\right\}$$

频谱 $F(\Omega)$ 如图 1.4.9 右半侧所示。

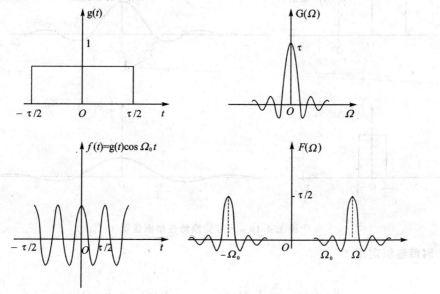

图 1.4.9 矩形调幅信号的频谱

6. 尺度变换特性

若
$$\mathscr{F}[f(t)] = F(\Omega)$$

则
$$\mathscr{F}[f(at)] = \frac{1}{|a|}F\left(\frac{\Omega}{a}\right) \tag{1.4.32}$$

式中, a 为非零实常数,通常称为压缩系数。

这一特性可参看图 1.4.10,图中形象地说明了矩形脉冲的持续时间 τ 改变时,频谱变化的情况。

由图 1.4.10,当 $a>1$,脉冲宽度 τ 缩小,相当于信号在时域中被压缩,其频带将展宽,意味着高频分量相对增加;若 $a<1$, τ 增大,相当于信号在时域中扩展,其频带被压缩,意味着低频分量比较丰富。显然,要压缩信号的持续时间,必须以展宽频带为代价,所以在通信技术中,通信的速度(正比于信号持续时间)与占用频带的宽度是相互矛盾的。

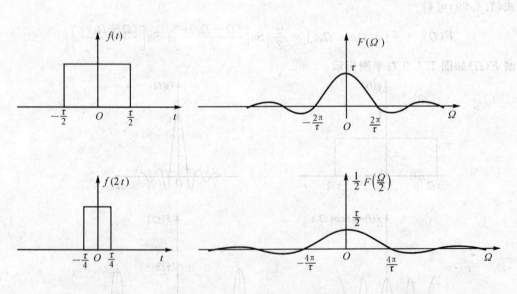

图 1.4.10　尺度变换特性举例说明

7. 时域卷积定理

若
$$\mathscr{F}[f_1(t)] = F_1(\Omega), \qquad \mathscr{F}[f_2(t)] = F_2(\Omega)$$

则

$$\mathscr{F}[f_1(t) * f_2(t)] = F_1(\Omega)F_2(\Omega) \tag{1.4.33}$$

时域卷积定理说明：两个信号在时域中卷积的频谱等于两信号频谱的乘积。

这一定理对于分析和求解线性系统的响应有重要意义。前面曾经指出：线性系统的输出 $y(t)$ 是输入信号 $x(t)$ 与系统冲激响应 $h(t)$ 的卷积，即

$$y(t) = h(t) * x(t)$$

由时域卷积定理可得

$$Y(\Omega) = H(\Omega)X(\Omega)$$

这里的 $H(\Omega)$ 是系统的频率响应，由系统理论可知，它是系统冲激响应 $h(t)$ 的傅里叶变换，表示为

$$H(\Omega) = \mathscr{F}[h(t)] \tag{1.4.34}$$

即输出信号的频谱 $Y(\Omega)$ 是系统频率响应 $H(\Omega)$ 与输入信号频谱 $X(\Omega)$ 的乘积，系统频率响应 $H(\Omega)$ 的作用可以认为是对输入信号的频谱进行加权，使某些频率分量加强，有些则削弱，使输出信号频谱中的频率成份满足预定的要求或产生某种程度的失真。

8. 频域卷积定理

若

$$\mathscr{F}[f_1(t)] = F_1(\Omega), \qquad \mathscr{F}[f_2(t)] = F_2(\Omega)$$

则

$$\mathscr{F}[f_1(t) \cdot f_2(t)] = \frac{1}{2\pi}F_1(\Omega) * F_2(\Omega) \tag{1.4.35}$$

频域卷积定理表明：在时域上两个函数相乘，其频谱为两个函数频谱的卷积乘以 $\frac{1}{2\pi}$，与时域卷积定理相对照，不难看出时域与频域卷积定理也形成对偶关系。

在进行信号处理时，往往要把无限长的信号（数据）截短成有限长，即进行"有限化"处理，这相当于无限长的信号与一矩形脉冲函数相乘，后文将用到这个概念。

9. 微分特性

若 $\mathscr{F}[f(t)] = F(\Omega)$，则有时域微分特性为

$$\mathscr{F}\left[\frac{\mathrm{d}f(t)}{\mathrm{d}t}\right] = j\Omega F(\Omega) \tag{1.4.36}$$

$$\mathscr{F}\left[\frac{\mathrm{d}^n f(t)}{\mathrm{d}t^n}\right] = (j\Omega)^n F(\Omega) \tag{1.4.37}$$

时域微分特性说明：在时域中对 $f(t)$ 进行一次微分，相当于在频域乘以因子 $j\Omega$，若进行 n 阶求导，则其频谱 $F(\Omega)$ 应乘以 $(j\Omega)^n$，显然，直流分量完全没有了，高频分量增强，低频分量相对变弱，因此，例如应用于图像的边缘或轮廓处，信号的变化较为剧烈的地方，微分运算可用于提取信号中快速变化的信息。

10. 积分特性

若 $\mathscr{F}[f(t)] = F(\Omega)$，则时域积分特性为

$$\mathscr{F}\left[\int_{-\infty}^{t} f(\tau)\mathrm{d}\tau\right] = \pi F(0)\delta(\Omega) + \frac{1}{j\Omega}F(j\Omega) \tag{1.4.38}$$

如果 $F(0) = 0$，则

$$\mathscr{F}\left[\int_{-\infty}^{t} f(\tau)\mathrm{d}\tau\right] = \frac{F(\Omega)}{j\Omega} \tag{1.4.39}$$

与微分运算不同,积分运算后的频谱幅度变为 $\left|\dfrac{F(\Omega)}{\Omega}\right|$,高频分量受到抑制,起"平滑滤波"的作用。

傅里叶变换的性质对于简化求解未知信号的频谱是非常有用的,同时,同一个信号的频谱可以有多种不同的方法求解,可以根据实际情况灵活运用。

现将傅里叶变换的基本性质加以归纳,列在表 1.4.1 中。

表 1.4.1 傅里叶变换的基本性质

序号	性质	$f(t)$	$F(\Omega)$
1	奇偶性	若信号是实函数	$\|F(\Omega)\|=\|F(-\Omega)\|,\phi(\Omega)=-\phi(-\Omega)$
2	线性	$\sum_{i=1}^{n}a_{i}f_{i}(t)$	$\sum_{i=1}^{n}a_{i}F_{i}(\Omega)$
3	对偶性	$F(t)$	$2\pi F(-\Omega)$
4	时移	$f(t\pm t_0)$	$F(\Omega)\mathrm{e}^{\pm j\Omega t_0}$
5	频移	$f(t)\mathrm{e}^{j\Omega_0 t}$	$F(\Omega\pm\Omega_0)$
6	尺度变换	$f(at)$	$\dfrac{1}{\|a\|}F\left(\dfrac{\Omega}{a}\right)$
7	时域卷积	$f_1(t)*f_2(t)$	$F_1(\Omega)\cdot F_2(\Omega)$
8	频域卷积	$f_1(t)\cdot f_2(t)$	$\dfrac{1}{2\pi}F_1(\Omega)*F_2(\Omega)$
9	微分	$\dfrac{\mathrm{d}f(t)}{\mathrm{d}t};\dfrac{\mathrm{d}^n f(t)}{\mathrm{d}t}$	$j\Omega(\Omega);(j\Omega)^n F(\Omega)$
10	积分	$\int_{-\infty}^{t}f(\tau)\mathrm{d}\tau$	$\dfrac{1}{j\Omega}F(\Omega)+\pi f(0)\delta(\Omega)$

1.5 周期信号的傅里叶变换

前面,已经通过傅里叶级数来研究周期信号的频谱,然后进一步把周期信号的周期 $T_1\to\infty$,定义了非周期信号的傅里叶变换,得到了非周期信号密度谱的概念。从另一个角度看,虽然周期信号不满足绝对可积这一傅里叶变换存在的充分条件,但满足傅里叶变换存在的必要条件,当引入冲激函数后,可求出周期信号的傅里叶变换。本节将导出周期信号的频谱密度函数,即求出其傅里叶变换,从而得出傅里叶级数是傅里叶变换特例的结论,把信号的频谱分析统一在傅里叶变换的基础上。

求解一般周期信号傅里叶变换的思路可归结为:利用傅里叶变换的线性特性,凡是能够展成傅里叶级数的所有周期信号,可以展成一系列不同频率的复指数分量或正、余弦分量的叠加,因此,我们先求出复指数分量和正、余弦分量的傅里叶变换,然后再讨论一般周期信号的傅里叶变换问题。

1.5.1 复指数、正弦、余弦信号的傅里叶变换

1. 复指数信号 $\mathrm{e}^{j\Omega_1 t}$ 的傅里叶变换

将 $\mathrm{e}^{j\Omega_1 t}$ 表示为 $(1\cdot\mathrm{e}^{j\Omega_1 t})$,利用傅里叶变换的频移特性,有

$$\mathscr{F}[e^{j\Omega_1 t}] = \mathscr{F}[1 \cdot e^{j\Omega_1 t}] = 2\pi\delta(\Omega - \Omega_1) \tag{1.5.1}$$

$$\mathscr{F}[e^{-j\Omega_1 t}] = \mathscr{F}[1 \cdot e^{-j\Omega_1 t}] = 2\pi\delta(\Omega + \Omega_1) \tag{1.5.2}$$

复指数信号在时域上可以看成：一单位长度的向量沿逆时针方向旋转，得到它的频谱为集中于 Ω_1 处，强度为 2π 的冲激，如图 1.5.1(a)、(b)所示。

2. 余弦信号 $\cos\Omega_1 t$ 的傅里叶变换

$$\mathscr{F}[\cos\Omega_1 t] = \mathscr{F}\left[\frac{1}{2}(e^{j\Omega_1 t} + e^{-j\Omega_1 t})\right] = \pi\delta(\Omega - \Omega_1) + \pi\delta(\Omega + \Omega_1) \tag{1.5.3}$$

余弦信号的频谱是在 $\pm\Omega_1$ 处，强度为 π 的冲激函数，如图 1.5.1(c)、(d)所示。

3. 正弦信号 $\sin\Omega_1 t$ 的傅里叶变换

$$\begin{aligned}\mathscr{F}[\sin\Omega_1 t] &= \left[\frac{1}{2j}(e^{j\Omega_1 t} - e^{-j\Omega_1 t})\right] = \\ &\frac{1}{j}\pi\delta(\Omega - \Omega_1) - \frac{1}{j}\pi\delta(\Omega + \Omega_1) = \\ &j\pi\delta(\Omega + \Omega_1) - j\pi\delta(\Omega - \Omega_1) = \\ &\pi\delta(\Omega - \Omega_1)e^{-j\frac{\pi}{2}} + \pi\delta(\Omega + \Omega_1)e^{j\frac{\pi}{2}}\end{aligned} \tag{1.5.4}$$

正弦信号的频谱是在 $\pm\Omega_1$ 处，强度为 π 的冲激函数，如图 1.5.1(e)、(f)所示。

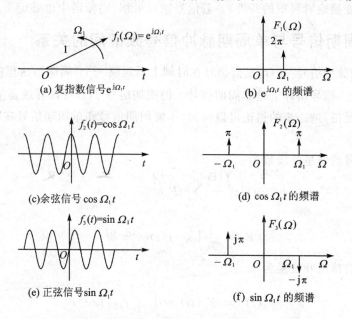

图 1.5.1 复指数、正弦和余弦信号的时域和频谱

1.5.2 一般周期信号的傅里叶变换

由周期信号的傅里叶级数

$$f(t) = \sum_{n=-\infty}^{\infty} F_n e^{jn\Omega_1 t}$$

$$F_n = \frac{1}{T_1}\int_{-\frac{T_1}{2}}^{\frac{T_1}{2}} f(t) e^{-jn\Omega_1 t} dt$$

对 $f(t)$ 等式两端取傅里叶变换,有

$$\mathscr{F}[f(t)] = \mathscr{F}\left[\sum_{n=-\infty}^{\infty} F_n e^{jn\Omega_1 t}\right] = \sum_{n=-\infty}^{\infty} F_n \mathscr{F}[e^{jn\Omega_1 t}]$$

而

$$\mathscr{F}[e^{jn\Omega_1 t}] = 2\pi\delta(\Omega - n\Omega_1)$$

因而得到 $f(t)$ 的傅里叶变换

$$\mathscr{F}[f(t)] = \sum_{n=-\infty}^{\infty} 2\pi F_n \delta(\Omega - n\Omega_1) \tag{1.5.5}$$

式(1.5.5)说明:周期信号的傅里叶变换是由一系列冲激函数组成的,冲激出现在离散的谐频点 $n\Omega_1$ 处,其冲激强度为 $f(t)$ 傅里叶级数系数 F_n 的 2π 倍,是离散的冲激谱,而周期信号用傅里叶级数表示频谱时,则是离散的有限幅度谱,两者是有区别的,同时也是有联系的。信号傅里叶变换是频谱密度的概念,对于周期信号来说,在各谐频点上,具有有限幅度,则在谐频点上的频谱密度必定趋于无穷大,变成冲激函数,反映了幅度谱和密度谱的联系,因此,可把傅里叶级数看作傅里叶变换的特例,从而将信号的频谱分析统一在傅里叶变换的基础上。

可以认为:若信号频谱中存在冲激,则该信号必然含有周期性分量(有周期分量的信号说明不满足傅里叶变换绝对可积的条件)。若信号绝对可积,则频谱中也必定不存在冲激。

1.5.3 周期信号与单周期脉冲信号频谱间的关系

所谓"单周期脉冲信号" $f_d(t)$ 是指信号在时域上只延续一个"周期",这里的"周期"已失去了周期的本意,这一信号实际上是非周期信号。但周期信号 $f(t)$ 可以看成是单周期信号 $f_d(t)$ 在时域上的周期延拓,进一步的讨论可以得知,了解周期信号和单周期信号在频域上的关系是有意义的。

重写周期信号的傅里叶级数为

$$f(t) = \sum_{n=-\infty}^{\infty} F_n e^{jn\Omega_1 t}$$

$$F_n = \frac{1}{T_1} \int_{-\frac{T_1}{2}}^{\frac{T_1}{2}} f(t) e^{-jn\Omega_1 t} dt \tag{1.5.6}$$

单周期信号的傅里叶变换为

$$\mathscr{F}[f_d(t)] = F_d(\Omega) = \int_{-\frac{T_1}{2}}^{\frac{T_1}{2}} f_d(t) e^{-j\Omega t} dt \tag{1.5.7}$$

比较上述式(1.5.6)和(1.5.7),$f(t)$ 与 $f_d(t)$ 的时域表达式是完全相同的,因而可得

$$F_n = \frac{1}{T_1} F_d(\Omega) \Big|_{\Omega = n\Omega_1} \tag{1.5.8}$$

式(1.5.8)说明:周期信号的傅里叶级数的系数 F_n 等于单周期信号的傅里叶变换 $F_d(\Omega)$ 在各谐频点 $n\Omega_1$ 处的值乘以 $\frac{1}{T_1}$,或者说是周期信号的频谱是单周期信号频谱在谐频点 $n\Omega_1$ 处的抽样值,再乘以系数 $\frac{1}{T_1}$。应用上述关系,可以比较方便地求解周期信号的傅里叶级数。下面来看一个例子。

例 1.5.1 周期为 T_1 的周期冲激信号 $\delta_T(t) = \sum_{n=-\infty}^{\infty} \delta(t - nT_1)$,如图 1.5.2(b)左侧所示。试求其傅里叶级数及傅里叶变换。

解:

1. 周期冲激信号的傅里叶级数

由前述,单个单位冲激信号的频谱(傅里叶变换)等于 1,如图 1.5.2(a)所示。由周期信号和单周期信号的频谱关系式(1.5.8),$\delta_T(t)$ 的傅里叶级数的系数 F_n 是单个冲激信号傅里叶变换在 $n\Omega_1$ 处的抽样值乘 $1/T_1$,即 $F_n = 1 \cdot (1/T_1) = 1/T_1$,如图 1.5.2(b)的右图所示。

2. 周期冲激信号的傅里叶变换

由式(1.5.5)和(1.5.8)可知:周期冲激信号的傅里叶变换为

$$F(\Omega) = \sum_{n=-\infty}^{\infty} 2\pi \frac{1}{T_1} \delta(\Omega - n\Omega_1) = \Omega_1 \sum_{n=-\infty}^{\infty} \delta(\Omega - n\Omega_1) \tag{1.5.9}$$

式(1.5.9)中,$\Omega_1 = 2\pi/T_1$。可见:周期冲激信号的傅里叶变换为周期冲激信号,其周期和冲激强度的值均为 Ω_1,如图 1.5.2(c)所示。

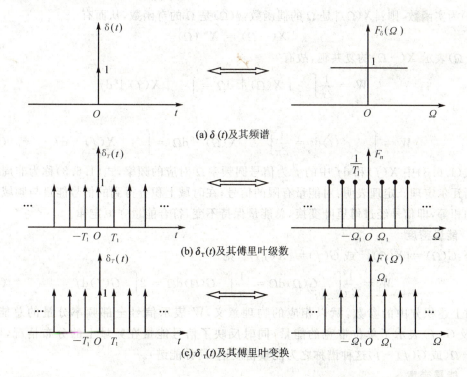

图 1.5.2 周期冲激信号的傅里叶级数和傅里叶变换

1.6 能量谱

在周期信号的功率谱中提到:时域上衰减的非周期信号或持续时间有限的信号为能量信号,其信号能量有限。与功率谱相对应,把信号能量随频率分布的关系,称为"能量谱"。

1. 非周期信号的帕斯瓦尔定理

在本节中,为了避免函数 $f(t)$ 关系辨识符 f 与信号频率 f 相混淆,将信号表示为 $x(t)$,相应的傅里叶变换,随之改为 $X(\Omega)$。

非周期信号的能量应为

$$W = \int_{-\infty}^{\infty} x^2(t)\mathrm{d}t \tag{1.6.1}$$

而

$$x(t) = \frac{1}{2\pi}\int_{-\infty}^{\infty} X(\Omega)\mathrm{e}^{\mathrm{j}\Omega t}\mathrm{d}\Omega$$

则

$$W = \int_{-\infty}^{\infty} x(t)\left[\frac{1}{2\pi}\int_{-\infty}^{\infty} X(\Omega)\mathrm{e}^{\mathrm{j}\Omega t}\mathrm{d}\Omega\right]\mathrm{d}t$$

变换上式中的积分次序,得

$$W = \frac{1}{2\pi}\int_{-\infty}^{\infty} X(\Omega)\left[\int_{-\infty}^{\infty} x(t)\mathrm{e}^{\mathrm{j}\Omega t}\mathrm{d}t\right]\mathrm{d}\Omega = \frac{1}{2\pi}\int_{-\infty}^{\infty} X(\Omega)X(-\Omega)\mathrm{d}\Omega$$

若 $x(t)$ 为实函数,则:$|X(\Omega)|$ 是 Ω 的偶函数,$\phi(\Omega)$ 是 Ω 的奇函数,从而有

$$X(-\Omega) = X^*(\Omega)$$

$X^*(-\Omega)$ 表示 $X(-\Omega)$ 的复共轭,故有

$$W = \frac{1}{2\pi}\int_{-\infty}^{\infty} |X(\Omega)|^2 \mathrm{d}\Omega = \int_{-\infty}^{\infty} |X(f)|^2 \mathrm{d}f \tag{1.6.2}$$

并有

$$W = \int_{-\infty}^{\infty} x^2(t)\mathrm{d}t = \frac{1}{2\pi}\int_{-\infty}^{\infty} |X(\Omega)|^2 \mathrm{d}\Omega = \int_{-\infty}^{\infty} |X(f)|^2 \mathrm{d}f \tag{1.6.3}$$

式(1.6.3)中 $X(f)$ 和 $\mathrm{d}f$ 中的 f 为信号圆频率 Ω 对应的频率,式(1.6.3)称为非周期信号的帕斯瓦尔定理。定理表明:对能量有限的信号,在时域上积分得到的信号能量与频域上积分得到的相等,即信号经过傅里叶变换,总能量保持不变,符合能量守恒定律。

2. 能量密度

令:$G(\Omega) = |X(\Omega)|^2$ 或 $G(f) = |X(f)|^2$,则

$$W = \frac{1}{2\pi}\int_{-\infty}^{\infty} G(\Omega)\mathrm{d}\Omega = \frac{1}{\pi}\int_{0}^{\infty} G(\Omega)\mathrm{d}\Omega = 2\int_{0}^{\infty} G(f)\mathrm{d}f \tag{1.6.4}$$

对上述积分中的参数,赋以相应的物理意义,W 表示信号全部频率分量的总能量,则 $G(\Omega)$ 及 $G(f)$ 表示了单位带宽的能量,同时反映了信号能量在频域上的分布情况,因此把 $G(\Omega)-\Omega$(或 $G(f)-f$)这种谱称之为能量密度谱(简称能谱)。

3. 能量带宽

利用能量定义式,可以确定一些虽然衰减但持续时间很长的非周期脉冲信号的有效脉宽和带宽。

有效脉宽 τ_0 定义为:集中了脉冲中绝大部分能量的时间段,即

$$\int_{-\frac{\tau_0}{2}}^{\frac{\tau_0}{2}} x^2(t)\mathrm{d}t = \eta W = \eta \int_{-\infty}^{\infty} x^2(t)\mathrm{d}t \tag{1.6.5}$$

式中,η 是指时间间隔 τ_0 内的能量与信号总能量的比值,一般取 0.9 以上。

带宽 Ω_b 定义为:

$$\frac{1}{\pi}\int_0^{\Omega_b} |X(\Omega)|^2 d\Omega = \eta W = \eta \frac{1}{\pi}\int_0^{\infty} |X(\Omega)|^2 d\Omega \tag{1.6.6}$$

式中,η是指Ω_b频段内的能量与信号总能量的比值,一般也取0.9以上。

例 1.6.1 求矩形脉冲频谱的第一个零点内所含的能量。矩形脉冲如图1.6.1所示。

解:由前述可知,矩形脉冲信号的频谱为

$$X(\Omega) = E\tau \mathrm{Sa}\left(\frac{\Omega\tau}{2}\right)$$

它的第一个零点的位置在$\Omega = \frac{2\pi}{\tau}$处,则$[0, 2\pi/\tau]$内的能量为

$$W = \frac{1}{\pi}\int_0^{\frac{2\pi}{\tau}} |X(\Omega)|^2 d\Omega = \frac{1}{\pi}\int_0^{\frac{2\pi}{\tau}} E^2\tau^2 \left[\mathrm{Sa}\left(\frac{\Omega\tau}{2}\right)\right]^2 d\Omega$$

令$v = \frac{\Omega\tau}{2}$,$d\Omega = \frac{2}{\tau}dv$,若$\Omega_b = \frac{2\pi}{\tau}$,则$v_b = \frac{\Omega_b \tau}{2} = \pi$,从而有

$$W = \frac{2E^2\tau}{\pi}\int_0^{v_b} \left(\frac{\sin v}{v}\right)^2 dv = \frac{2E^2\tau}{\pi}\int_0^{\pi} \left(\frac{\sin v}{v}\right)^2 dv$$

对上式进行数值积分可得:

$$W = 0.903 E^2 \tau$$

而矩形脉冲的总能量在$(0,\infty)$频段,应为$E^2\tau$ $\left(\text{由于}: \int_0^{\infty}\left(\frac{\sin v}{v}\right)^2 dv = \frac{\pi}{2}\right)$,即第一个零点内的能量约占总能量的90.3%,所以把第一个零点以内的频段称为矩形脉冲的带宽。

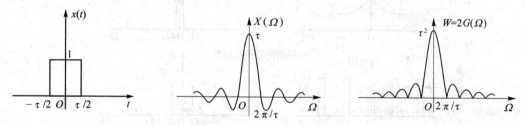

图 1.6.1 矩形脉冲信号的能量谱

1.7 抽样信号的傅里叶变换

自然界的信号绝大多数是模拟信号,如声音、图像、温度、压力、流量、位移、速度、加速度等。计算机(微处理器)只能处理数字信号,而现代信号分析处理技术几乎都是基于计算机的,这是一个矛盾。解决这个矛盾的最基本方法和技术是"抽样",即每隔一定时间(或频率)间隔抽取连续时间(模拟)信号的瞬时值,得到"抽样信号",若抽样的间隔相等,为"均匀抽样",否则是"非均匀抽样",最常见的是均匀抽样。抽样也可以称作采样或取样,信号的抽样过程,实质上是连续信号的离散化过程,时间的离散化为时域抽样,频率的离散化为频域抽样。可以认为:对信号抽样是联系连续信号与离散信号之间的桥梁。抽样信号经量化后即转换为数字信号,在工程中,抽样和量化是应用A/D芯片实现的,模拟信号数字化的基本过程如图1.7.1中的方框所示。

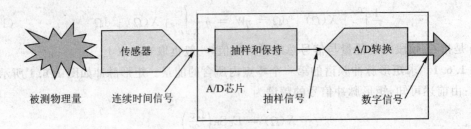

图 1.7.1 模拟信号转换为数字信号

1.7.1 时域抽样

从原理上看,抽样过程是通过"抽样器"来实现的。抽样器实质上是一个电子开关,其数学模型可抽象为一个"乘法器",其原理如图 1.7.2 所示。

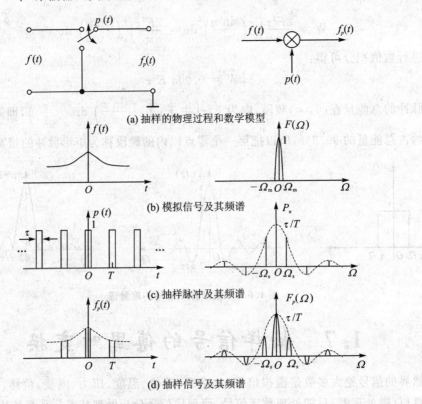

(a) 抽样的物理过程和数学模型

(b) 模拟信号及其频谱

(c) 抽样脉冲及其频谱

(d) 抽样信号及其频谱

图 1.7.2 矩形脉冲冲激抽样信号及其频谱

图 1.7.2(a)中,电子开关每隔一定时间 T 接通一次,每次接通的时间为 τ,然后接地,这一开关动作的时间过程用 1.7.2(c)的矩形脉冲序列 $p(t)$ 描述,$p(t)$ 称为抽样脉冲,其间隔为 T(抽样间隔或抽样周期)、脉冲宽度为 τ,幅度设为 1。当一连续信号 $f(t)$ 通过电子开关后,将输出一系列脉冲序列,脉冲的幅度在脉宽时间 τ 内,信号值为输入信号的瞬时幅值,其他时间为 0,得到图 1.7.2(d)所示的信号 $f_p(t)$,$f_p(t)$ 称为抽样信号。

从时域上看,抽样过程虽然获得了信号离散的效果,但丢失了信号在抽样间隔内的信息,这就产生了一个必须面对的问题:抽样使信号在时域丢失了部分信息,抽样信号在时域上的信息已经不是原输入信号的100%,那么对丢掉部分信息的抽样信号进行分析处理,与直接对输入的原信号进行分析处理,是否完全等效?是否还有实际意义?下面的理论分析就要回答这个问题。分析表明:时域失去的信息,其实并没有真正丢失(在频域上还保留着),只要满足一定条件,可以完全恢复原模拟信号的全部信息。

讨论上述问题的目的可以归结到一点:如果能够建立连续信号和相应抽样信号时、频域间的正确联系,就为连续信号的离散化,应用计算机进行信号的数字处理找到了依据、方向和方法,下面将讨论这一方面的问题。抽样的理论分析,根据采用的抽样脉冲不同分为矩形脉冲抽样和冲激抽样两类。

1. 矩形脉冲抽样

这一抽样过程(参见图 1.7.2)也可以看成是矩形脉冲序列 $p(t)$ 和连续信号 $f(t)$ 相乘,也称为"自然抽样",抽样信号所抽取的幅值与原函数的相应时刻的瞬时值完全相同,表示为

$$f_p(t) = f(t)p(t) \tag{1.7.1}$$

而 $p(t)$ 的傅里叶级数应为

$$p(t) = \sum_{n=-\infty}^{\infty} P_n e^{jn\Omega_s t} \tag{1.7.2}$$

式中 Ω_s——抽样角频率($=2\pi/T$);

T——抽样周期。

相应的傅里叶级数的频谱为

$$P_n = \frac{\tau}{T} \text{Sa}\left(\frac{n\Omega_s \tau}{2}\right) \tag{1.7.3}$$

将式(1.7.3)代入式(1.7.1)和(1.7.2)可得

$$f_p(t) = \sum_{n=-\infty}^{\infty} P_n f(t) e^{jn\Omega_s t} \tag{1.7.4}$$

对式(1.7.4)两边作傅里叶变换,右端应用频移定理,有

$$F_p(\Omega) = \sum_{n=-\infty}^{\infty} P_n F(\Omega - n\Omega_s) \tag{1.7.5}$$

根据式(1.7.5)作出其频谱图,如图 1.7.2(d)所示。由图可知:矩形脉冲抽样的信号频谱 $F_p(\Omega)$ 是原连续信号频谱 $F(\Omega)$ 在频率轴上的周期延拓,延拓周期为抽样频率 Ω_s,频谱幅度按抽样函数的规律随频率增高而衰减。式(1.7.5)的表示形式实际是一个"周期延拓"的概念(包括在时域时间轴上的周期延拓)。

2. 冲激抽样

若抽样脉冲是冲激序列,它是矩形脉冲序列 $\tau \to 0$ 时的极限情况,称为"冲激抽样"或"理想抽样",冲激抽样的抽样结果由一系列的冲激信号组成,技术上是难以实现的,但理论上更有意义,其频谱能够更充分地反映出抽样信号频谱的本质。

与矩形脉冲抽样类似,冲激抽样的信号可表示为

$$f_\delta(t) = f(t)\delta_T(t) \tag{1.7.6}$$

将 $\delta_T(t)$ 展成傅里叶级数,由前述(例1.5.1)有

$$\delta_T(t) = \frac{1}{T} \sum_{n=-\infty}^{\infty} e^{jn\Omega_s t} \tag{1.7.7}$$

将式(1.7.7)代入式(1.7.6)可得

$$f(t) = \frac{1}{T}\sum_{n=-\infty}^{\infty} f(t) e^{jn\Omega_s t} \tag{1.7.8}$$

对式(1.7.8)两边进行傅里叶变换,右端应用频移定理,可得

$$F_\delta(\Omega) = \frac{1}{T}\sum_{n=-\infty}^{\infty} F(\Omega - n\Omega_s) \tag{1.7.9}$$

连续信号冲激抽样的时域波形和频谱图如图 1.7.3 所示。由图可知:冲激抽样的信号频谱 $F_\delta(\Omega)$ 是原连续信号频谱 $F(\Omega)$ 在频率轴上的周期延拓,延拓周期为抽样频率 Ω_s,它与矩形脉冲抽样所不同的是,冲激抽样信号的频谱幅度保持不变,不随频率增高而衰减。后面章节的原理论述,一般都是基于冲激抽样进行分析的。

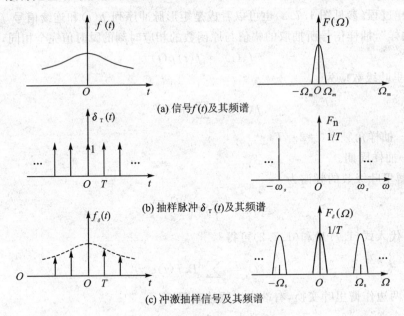

图 1.7.3 冲激抽样信号及其频谱

实际中广泛应用的是"平顶抽样"或称"零阶保持采样",因为平顶抽样在技术上相对比较容易实现。所谓"平顶抽样",即对信号某一瞬时抽样,并保持这一样本值不变,直到下一个样本值被采到为止,即抽样后的信号顶部是平的,这可由采样保持电路实现,如图 1.7.4 所示。显然,平顶抽样与理想抽样、自然抽样不同,其频谱不再是上述抽样那样是 $F(\Omega)$ 在频率轴上的周期延拓,而是发生了频谱的畸变,信号恢复时必须进行补偿。有关这方面的问题,可参看其他参考文献。

1.7.2 抽样定理

时域和频域的取样定理的实质是相同的,下面主要讨论时域抽样定理。

由时域抽样信号的频谱分析可知:抽样过程使连续信号在时域丢失了抽样间隔内的部分信息,则在频域内表现为频谱中增加了以 Ω_s 为周期的无限多个高频分量。显然,要从抽样信号 $f_\delta(t)$ 不失真地恢复原信号 $f(t)$,从频域上可以看出,应使抽样信号通过一个理想低通滤波器,滤去所有高频分量,只保留原点附近的低频分量,即周期延拓频谱低频段的第一个完整频谱。此时,滤波器输出信号的频谱就和原连续信号的频谱完全一样,仅仅相差一比例系数,从

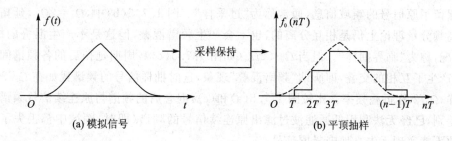

图 1.7.4 平顶抽样

而就能够恢复原连续信号,也就是说,将在频域中保留的原信号全部信息得到完全恢复。但是这需要一个前提:假设抽样信号出现的周期频谱,在各周期间是互相分离的,不存在所谓的"频谱混叠"现象,从而就可使抽样信号能不失真地恢复原连续信号。也就是说,信号的完全恢复必须满足一定的条件,这个条件就是要满足抽样定理。抽样定理是数字系统的重要理论基础,在引出抽样定理之前,首先来分析频谱混叠现象。

1. 频谱混叠现象

以理想抽样信号为例,频谱在两种情况下,将产生混叠现象:其一,连续信号是带限信号,即信号频谱为有限带宽,频谱混叠是由于抽样频率过低造成的;其二,连续信号频谱为无限带宽,频谱混叠不可避免。

先看带限信号的情况。设信号最高频率为 Ω_m,抽样频率为 Ω_s,抽样信号的频谱 $F_\delta(\Omega)$,如图 1.7.5 所示。

由图 1.7.5(a),$\Omega_s > 2\Omega_m$,延拓后的频谱周期高频分量是相互分离的,不产生频谱混叠,各

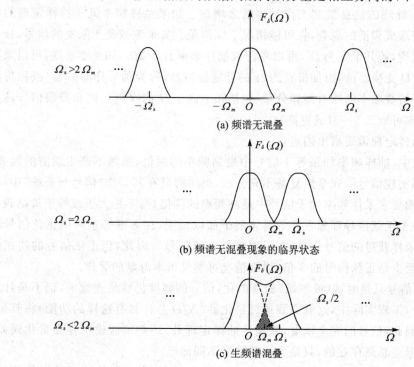

图 1.7.5 带限信号的频谱混叠现象

分量都保留了原信号的频域信息,通常称为"过采样"。图 1.7.5(b)中,$\Omega_s=2\Omega_m$,延拓后的周期频谱高频分量理论上仍是相互分离的,也不会产生频谱混叠,但这是不产生混叠的极限(或临界)情况,称为"临界抽样"。但当 $\Omega_s<2\Omega_m$(如图 1.7.5(c)),周期延拓后的各频谱间不再是分离的,产生了互相的交叠,即所谓"频谱混叠"现象,这时抽样信号的频谱犹如在 $\Omega_s/2$ 处发生折叠一样,$\Omega_s/2$ 称折叠频率。比较图 1.7.5(a)和(c),混叠后的频谱与原连续信号频谱出现了很大的差别,已经无法利用低通滤波过滤出原连续信号的频谱(即时、频域中都丢失了部分信息),以致不能实现无失真地恢复原信号。

其次,对于无限带宽(要处理的实际信号一般都如此)的连续信号,$\Omega_m\to\infty$,无论怎样提高抽样频率 Ω_s,频谱混叠都是不可避免的。

由以上分析,可得出抽样定理。

2. 时域抽样定理

时域抽样定理是指:对于一频带有限的信号,设 Ω_m(或 f_m)为信号最高频率,抽样信号能无失真地恢复原信号的条件是抽样频率要大于信号最高频率的两倍,即

$$\Omega_s > 2\Omega_m \quad (\text{或 } f_s > 2f_m \quad \text{或 } \Omega_m < \Omega_s/2) \tag{1.7.10}$$

抽样频率 $f_s=2f_m$($\Omega_s=2\Omega_m$)称为"奈奎斯特(Nyquist)频率",把允许最大抽样间隔 $T_s=\dfrac{\pi}{\omega_m}=\dfrac{1}{2f_m}$,称为"奈奎斯特间隔",时域抽样定理也称为"奈奎斯特抽样定理"。以奈奎斯特频率进行抽样称"临界抽样",理论上不产生频谱的混叠,抽样信号在频域保留了信号的全部信息;采用 $\Omega_s>2\Omega_m$ 的抽样称"过抽样";$\Omega_s<2\Omega_m$ 的抽样称"欠抽样"。

实际应用时,抽样频率的选择要适当,首先考虑满足抽样定理的要求,但也不是越高越好,越高,硬件的成本、处理的信息量和工作量将随之增加。如果抽样频率低于抽样定理的要求值,为"欠抽样",将造成频谱的混叠,在可能情况下应避免。如果频带是无限宽的信号,技术上不可能满足抽样定理,若其带宽为 Ω_b,可以考虑取抽样频率 $\Omega_s \geqslant 2\Omega_b$,如果要求高,可以采取预采样滤波,即在 A/D 变换器前,附加带宽为 Ω_b 的低通滤波器,称为预采样滤波器(或称抗混叠滤波器),滤去大于折叠频率的所有高频分量(包括频率高于 Ω_b 的噪声),把非带限信号转换为带限信号,抽样频率可取 2.5~3(或更高)Ω_b。

对于抽样和抽样定理需要指出四点:

(1) 抽样定理中,抽样频率如果等于信号中最高频率的两倍,虽然不产生频谱的混叠,但要在任意情况下都实现信号的完全恢复是不充分的,奥本海默在其著作"信号与系统"中,明确指出:采样定理明确要求采样频率大于信号中最高频率的两倍,而不是大于或等于最高频率的两倍。他通过对一个正弦信号理想采样的具体例子加以说明,在频率等于两倍正弦信号最高频率的采样率下,采样获得的信号全是零,无法恢复正弦信号。因此,当正弦信号的初相位未知时,其抽样频率至少是正弦信号的 3 倍,详细情况可参见奥本海默的著作。

(2) 抽样后的信号只是时域(或频域)的离散化,信号的幅度仍然是连续的,仍不是计算机能处理的数字信号,工程实际中,这就需要通过量化器(A/D 芯片具有这样的功能)将其量化,变换为数字信号,因此,信号的完全恢复,除满足抽样定理外,还必须假设不存在量化误差,实际应用当中,量化误差总是存在的,只是大小即精度不同而已。

(3) 信号的恢复,是采用 D/A 芯片来实现的,若输入 D/A 变换器是冲激抽样信号时,输出是阶梯状连续信号,需要通过重构(低通)滤波器获得平滑的连续信号。有关信号恢复更详

细的内容,请参看有关的文献资料。

(4) 一般实际应用中,都要求尽可能避免混叠现象的发生,但有时候,混叠还有点用,例如在自动目标检测中,可通过有意的"混叠",检测出特定的频率信号,采用带通滤波器提取出包含特定频率的目标信号,选择适当的采样频率,采用"欠采样",然后通过产生混叠的频带位置,即可推出目标信号的情况。

需要说明的一点是:理想的抗混叠滤波器要求是"锐截止"的,但工程上实现,特别是使用模拟器件的滤波器是极其困难的,甚至是不可能的。可以先采取一个比较简单的抗混叠滤波器,使其具有一个明显衰减但逐渐截止的特性,这可能会留下部分的高频分量,在采样完成后再通过高阶的数字滤波器,对可能的频谱混叠部分做进一步处理,以获得信号的最主要信息。

一个输入、输出均为模拟信号,比较完整的的数字处理系统如图 1.7.6 所示。

图 1.7.6 模拟信号的数字处理系统

习题与思考题

1.1 只要是周期信号,就能展成傅里叶级数,这样的说法对吗? 为什么? 试指出周期信号频谱的主要特点。

1.2 任何确定性信号,只要满足狄里赫利条件,就能展成傅里叶变换,这样的说法对吗? 为什么? 试指出非周期信号频谱的主要特点。

1.3 有人认为"只要是频带有限的信号,就一定不会产生频谱混叠",说明这一看法对或是不对的理由。分别说明临界抽样、欠抽样和过抽样的概念。如何理解抽样定理中,抽样频率应当大于而不是大于等于信号最大频率两倍的准则?

1.4 求题图 1-1 所示周期方波信号的频谱与复频谱。

1.5 求题图 1-2 所示周期三角信号的傅里叶级数,并画出其频谱图。

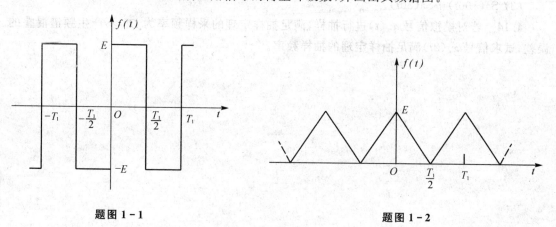

题图 1-1   题图 1-2

1.6 周期矩形脉冲信号如书中例 1.3.1 的图 1.3.4 所示，其频率 $f=5\text{ kHz}$，脉宽 $\tau=20\text{ μs}$，幅度 $E=10\text{ V}$，求直流分量、基波、二次及三次谐波的有效值，以及信号带宽。

1.7 试画出 $f(t)=3\cos\Omega_1 t+5\sin 2\Omega_1 t$ 的复频谱图（幅度谱及相位谱）。

1.8 若已知 $\mathscr{F}[f(t)]=F(\Omega)$，利用傅里叶变换的性质求下列信号的傅立叶变换：

(1) $2f(3t-1)$；

(2) $f(t)\cos t$；

(3) $f(2t-5)$；

(4) $f(at-b)\varepsilon(t)$。

1.9 利用卷积定理求 $f(t)=e^{-at}\cos\Omega_0 t\varepsilon(t),a>0$ 的傅立叶变换。

1.10 利用卷积定理求 $f(t)=\cos\Omega_0 tG(t)$ 的频谱，$G(t)$ 为矩形脉冲，脉幅为 1，脉宽为 τ，$f(t)$ 的图形见题图 1-3。

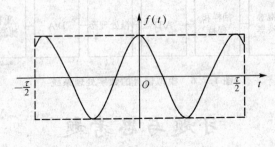

题图 1-3

1.11 对三个余弦信号 $x_1(t)=\cos 2\pi t,x_2(t)=\cos 6\pi t,x_3(t)=\cos 10\pi t$ 作理想冲激抽样，抽样频率为 $\Omega_s=8\pi$，求三个抽样信号表达式，画出三连续信号的时域波形、抽样点位置、频谱图，进行比较，指出存在频谱混叠现象的信号并解释其混叠现象。

1.12 若对信号 $f(t)$ 进行抽样，当抽样频率 $\Omega_s=2\pi$ 时，不产生频谱的混叠，试求信号 $f(t)$ 在频率为多少时可以保证其频谱值为零。

1.13 确定下列信号的最低抽样率及抽样间隔：

(1) 抽样信号 $\text{Sa}(100t)$；

(2) $\text{Sa}^2(100t)$；

(3) $\text{Sa}(100t)+\text{Sa}(50t)$。

1.14 若对模拟信号 $x_a(t)$ 进行抽样，满足抽样定理的采样频率为 Ω_s，不产生频谱混叠的误差，试求信号 $x_a(2t)$ 满足抽样定理的抽样频率。

第 2 章 离散时间信号分析

基本内容
  序列与 z 变换
  序列的傅里叶变换(DTFT)
  拉氏变换、傅氏变换与 z 变换之间的关系
  离散傅里叶级数(DFS)
  离散傅里叶变换(DFT)
  快速傅里叶变换
  快速傅里叶变换的应用
  二维傅里叶变换

  前面所讲到的傅里叶级数和傅里叶变换是连续信号分析和处理的基础和最重要的工具，它也是本章要讲的离散时间信号分析和处理的基础。由于序列及其 z 变换是离散信号分析和处理中基本的数学工具，它在离散系统中的地位与作用，相当于连续系统中的拉氏变换，是实现数字信号处理的基础之一，故首先引入其基本概念。

2.1 离散时间信号——序列及其 z 变换

2.1.1 序 列

  把只在某些不连续的瞬时给出函数值的信号，称为离散时间信号，简称为离散信号。它可以来自于模拟信号的抽样，或者直接是时间和幅度均不连续的数字信号。在离散信号的分析与处理中，通常把按一定先后次序排列，在时间上不连续的一组数的集合，称之为"序列"。序列可以用一集合符号 $\{x(n)\}$ ($-\infty<n<\infty$) 来表示，其中 n 为整数，表示序列的序号，花括号中的 $x(n)$ 是表示序号第 n 个离散时间点的序列值，序列可直接写成为

$$\{x(n)\} = \{x(-\infty), \cdots, x(-2), x(-1), x(0), x(1), \cdots, x(\infty)\}$$

为简化书写，通常可直接用通项 $x(n)$ 代替序列 $\{x(n)\}$ 的集合符号。序列的图形表示如图 2.1.1 所示(俗称"火柴棍"图形，在后续章节中，为简便，将表示序列值的直线末端黑点省略不画)。n 在实际离散

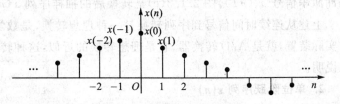

图 2.1.1 序列的图形表示

信号中，是表示信号的时间(或空间)变量，$x(n)$ 是时刻(或位置) n 时的信号值(序列值)。

  序列与连续时间信号一样，是信息的载体，它通过序列的顺序(n 的先后)和序列值 $x(n)$ 的大小承载信息，例如不同季节中日气温的变化或降雨量的信息都可以通过序列(数据)反映出来，它包含着客观世界及其变化的信息，可以表现变化的动态过程，故序列有时也称为"动态

数据"。对序列进行分析与处理,根本目的就是为了提取所承载的信息,即为了揭示序列所表征的系统特性,分析推断系统的变化规律等。

2.1.2 基本序列

与常见的连续信号相对应,作为基本的离散信号—基本序列有以下几种。

1. 单位抽样序列(单位脉冲序列)$\delta(n)$

$$\delta(n) = \begin{cases} 1, & n=0 \\ 0, & n \neq 0 \end{cases} \tag{2.1.1}$$

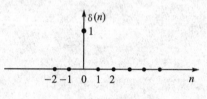

图 2.1.2 单位抽样序列

这一序列只在 $n=0$ 处的值为 1,其余各点都为零,如图 2.1.2 所示。它在离散系统中的作用类似于连续系统中的单位冲激函数 $\delta(t)$。

这里需要特别强调的是:抽样序列与单位冲激抽样信号表示的是性质完全不同的两种信号。当序列是由时域连续信号经均匀抽样转换得到时,它在抽样的瞬间保留了原连续信号的幅度值,把这种信号称为抽样数据信号,也称为抽样序列,表示为 $x(n)$,与上一章中理想抽样得到的冲激抽样信号有概念上的区别。冲激抽样信号是由一系列冲激函数构成的,在出现冲激处的离散瞬时,其函数值趋于无穷,在其他时刻函数值是零,是有定义的,可表示为 $x_s(nT)$。但抽样序列 $x(n)$ 在离散瞬时,其函数值为有限值,而在其他时刻函数值不能理解为零值,并无定义。严格意义上说,序列才是真正的离散时间信号的表征,而冲激抽样信号 $x_s(nT)$ 是一系列连续脉冲脉宽趋于零的极限情况,仍然属于连续时间信号,也称为冲激串信号。冲激信号能够作用于连续系统产生连续的输出信号响应,序列则不能作用于连续系统,只能作用在离散系统上而产生离散输出响应。

通过适当的数学处理,可以把冲激抽样信号转换为抽样序列对待,即

$$x(n) = x_s(nT), \quad -\infty < n < \infty \tag{2.1.2}$$

式中,T 是抽样周期。转换的过程和结果如图 2.1.3 所示,认为在抽样的瞬间不是冲激而是原连续信号的幅度值。

图 2.1.3(a)中的 $x(t)$ 是指输入的连续时间信号,$\delta_T(t)$ 是周期单位冲激信号,图 2.1.3(b) 是冲激串信号 $x_s(nT)$,图 2.1.3(c)是转换后的抽样序列 $x(n)$。

上述从连续时间信号到序列转换是一种理想转换,是数学上分析和处理的需要,实现转换的实际装置,就是 A/D 转换器,它是理想转换的近似,这种转换处理,后文将直接采用,不再另作说明。

2. 单位阶跃序列 $\varepsilon(n)$

$\varepsilon(n)$ 定义为

$$\varepsilon(n) = \begin{cases} 1, & n \geq 0 \\ 0, & n < 0 \end{cases} \tag{2.1.3}$$

$\varepsilon(n)$ 如图 2.1.4 所示。它的作用与连续系统中的单位阶跃信号 $\varepsilon(t)$ 类似,但 $\varepsilon(t)$ 在 $t=0$ 处为跳变点,其左、右极限不相等,而 $\varepsilon(n)$ 则在 $n=0$ 处明确定义为 1。

单位阶跃序列也可表示为

第 2 章 离散时间信号分析

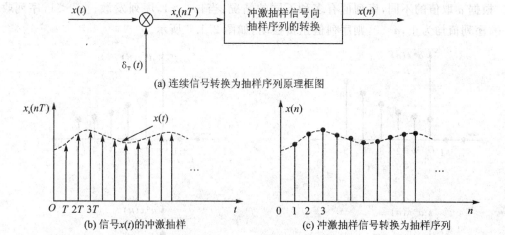

(a) 连续信号转换为抽样序列原理框图

(b) 信号 $x(t)$ 的冲激抽样

(c) 冲激抽样信号转换为抽样序列

图 2.1.3 连续时间信号通过冲激抽样转换为抽样序列

$$\varepsilon(n) = \sum_{m=0}^{\infty} \delta(n-m) \qquad (2.1.4)$$

从而单位抽样序列可表示为

$$\delta(n) = \varepsilon(n) - \varepsilon(n-1) \qquad (2.1.5)$$

$\varepsilon(n)$ 的作用与连续信号中的 $\varepsilon(t)$ 类似,可把一个序列限定为单边序列,如 $x(n)\varepsilon(n)$,表示 $x(n)$ 为单边序列(序列从 $n=0$ 开始,更一般的单边序列定义见后)。

3. 矩形序列 $R_N(n)$

矩形序列定义为

$$R_N(n) = \begin{cases} 1, & 0 \leqslant n \leqslant N-1 \\ 0, & \text{其他 } n \end{cases} \qquad (2.1.6)$$

它从 $n=0$ 开始,直至 $n=N-1$,共 N 个幅度为 1 的序列值,其余均为零,如图 2.1.5 所示。若表示为 $R_N(n-m)$,则表示序列取值为 1 的范围是: $m \leqslant n \leqslant N+m-1$,它在离散系统中的作用类似于连续系统中的矩形脉冲。

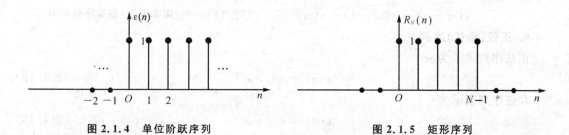

图 2.1.4 单位阶跃序列　　　　　图 2.1.5 矩形序列

矩形序列也可用阶跃序列表示为

$$R_N(n) = \varepsilon(n) - \varepsilon(n-N) \qquad (2.1.7)$$

4. 单边指数序列

可表示为

$$x(n) = a^n \varepsilon(n) \tag{2.1.8}$$

根据 a 取值的不同,序列值有多种不同的情况:当$|a|>1$,序列发散;$|a|<1$,序列收敛;$a>0$,序列值均为正;$a<0$,则序列值正负摆动,如图 2.1.6 所示。

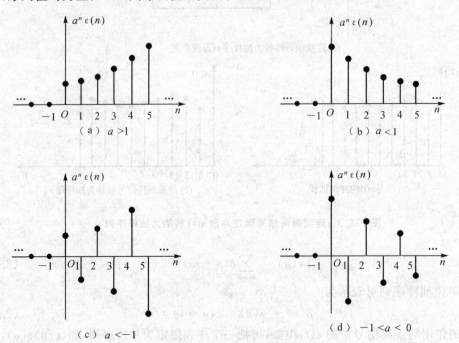

图 2.1.6 单边指数序列

5. 斜变序列 r(n)

$$r(n) = n\varepsilon(n) \tag{2.1.9}$$

如图 2.1.7 所示,斜变序列 $r(n)$ 与连续斜变信号 $r(t) = t\varepsilon(t)$ 相似。

序列 $r(n)$ 与 $\varepsilon(n)$ 之间存在下列关系:

$$r(n) = \sum_{m=0}^{n} \varepsilon(m-1) \tag{2.1.10}$$

$$\varepsilon(m-1) = r(m-1) - r(m) \tag{2.1.11}$$

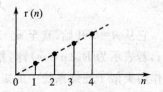

图 2.1.7 斜变序列 r(n)

6. 正弦(余弦)序列

正弦序列表示为

$$x(n) = \sin n\omega_0 \tag{2.1.12}$$

余弦序列表示为

$$x(n) = \cos n\omega_0 \tag{2.1.13}$$

式中,ω_0 是正弦序列的频率,称为数字角频率,现以周期序列为例来理解它的意义,它反映序列值依次按正弦包络线变化的速率,例如 $\omega_0 = 0.2\pi$,指序列值每隔 10 个重复一次,$\omega_0 = 0.02\pi$,则序列值要隔 100 个才重复一次。正弦序列的图形参如图 2.1.8 所示。

若对连续的正(余)弦信号进行抽样并经转换,可得正(余)弦序列。设连续余弦信号为

$$f(t) = \cos(\Omega_0 t)$$

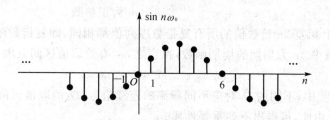

图 2.1.8 正弦序列

它的抽样信号(抽样周期是 T)是

$$f(nT) = \cos(n\Omega_0 T)$$

余弦抽样序列即为

$$x(n) = \cos n\omega_0 = \cos(n\Omega_0 T)$$

从而有

$$\omega_0 = \Omega_0 T$$

相类似,可由连续正弦信号得到正弦序列。需要特别注意的是:尽管连续的正(余)弦信号必定是周期信号,但正(余)弦序列不一定是周期序列,这一重要区别是因为连续正弦信号时域参数 t 是连续变量,而序列中的对应参数 n 限定为整数引起的,下面来进一步说明这一问题。

所谓"周期序列",是对于所有整数 n,如果序列存在以下关系:

$$x(n) = x(n+N), \quad N \text{ 为整数} \tag{2.1.14}$$

称 $x(n)$ 为周期序列,N 是周期(时域的概念)。

由式(2.1.14),对于正弦序列,若是周期序列,应有

$$\sin n\omega_0 = \sin(n+N)\omega_0$$

则

$$N\omega_0 = 2\pi m$$

即

$$\frac{2\pi}{\omega_0} = \frac{N}{m} \quad \text{或} \quad N = \frac{2\pi}{\omega_0} m \tag{2.1.15}$$

上式中的 N、m 均为常数,因此,$2\pi/\omega_0$ 必须为整数或有理数时,正弦序列才是周期序列,否则就不是周期序列。如

$$\sin \frac{\pi}{6} n, \quad N = \frac{2\pi}{\omega_0} = \frac{2\pi}{\pi/6} = 12$$

N 为整数,所以是周期序列;而

$$\sin \frac{1}{6} n, \quad N = \frac{2\pi}{\omega_0} = \frac{2\pi}{1/6} = 12\pi$$

N 为无理数,不存在周期,所以是非周期序列。

7. 复指数序列

序列值是复数的称复数序列,简称复序列。复指数序列是常用的复序列,表示为

$$x(n) = e^{jn\omega_0} = \cos n\omega_0 + j\sin n\omega_0 \tag{2.1.16}$$

与正弦序列相同,只有满足式(2.1.15)的复指数序列才是周期序列。

另外由于 n 是整数,通过复指数(或正弦)序列,还可以得到数字角频率 ω_0 相对于模拟角频率另一个不同的重要特性,下面来讨论这个问题。

设复指数序列中,有

$$e^{j\omega_0 n} = e^{j(\omega_0 + 2k\pi)n}, \quad k \text{ 为正整数}$$

即:在数字频率轴上相差 2π 整数倍的所有复指数序列值都相同,即复指数序列在频域上(注意不是时域 n)是以频率 2π 为周期的周期函数,换言之,ω_0 有效取值区间只限于

$$-\pi \leqslant \omega_0 \leqslant \pi \quad \text{或} \quad 0 \leqslant \omega_0 \leqslant 2\pi$$

而连续指数信号 $e^{j\Omega_0 t}$ 中,不同的 Ω_0 对应不同频率的连续信号,Ω_0 的取值区间并不受限制,可以是 $-\infty < \Omega_0 < \infty$。由此,可得出下列重要性质。

如果把正弦或复指数信号经过取样,变换为离散时间信号(序列),就相应地把无限的频率范围(对于连续信号)映射(变换)到有限的频率范围。明确这一变换的特点极为重要,它表明:在进行数字信号分析和处理时,序列的频率只能在 $-\pi \leqslant \omega_0 \leqslant \pi$ 或 $0 \leqslant \omega_0 \leqslant 2\pi$ 的区间内取值,这就意味着 $\pm \pi$ 是序列的最高角频率,0(或 2π)是序列在频率域的最低角频率,由于复指数序列与连续时间信号中的 $e^{j\Omega t}$ 一样,有着重要作用,这一特性必然影响到数字信号分析处理的过程。但不管复指数(或正弦)序列是否为周期序列,ω_0 都被称为数字角频率。

2.1.3 序列 z 变换的定义

z 变换的定义可以由对模拟信号进行冲激抽样再经拉氏变换引出(定义一),也可直接给出定义(定义二),定义一从数学上看,并不严格,但易于理解。定义二直接由离散信号出发,定义是严格的。为了更好地理解两种定义的区别与联系,以及 z 变换、拉氏变换与傅氏变换之间的关系,对两种定义一并给出。

1. 由冲激抽样信号的拉氏变换来定义

若对一模拟信号 $x_a(t)$ 作冲激抽样,得到其冲激抽样信号 $x_s(t)$,表示为

$$x_s(t) = x_a(t)\delta_T(t) = \sum_{n=-\infty}^{\infty} x_a(nT)\delta(t - nT)$$

对上式两边进行(双边)拉氏变换,得 $x_s(t)$ 的拉氏变换 $X_s(s)$

$$X_s(s) = \int_{-\infty}^{\infty} x_s(t) e^{-st} dt = \int_{-\infty}^{\infty} \left[\sum_{n=-\infty}^{\infty} x_a(nT)\delta(t-nT) \right] e^{-st} dt$$

将上式中的积分与求和的运算次序对调,然后利用冲激函数的抽样性,可得

$$X_s(s) = \sum_{n=-\infty}^{\infty} \int_{-\infty}^{\infty} [x_a(nT) e^{-st}]\delta(t-nT) dt = \sum_{n=-\infty}^{\infty} x_a(nT) e^{-snT} \qquad (2.1.17)$$

对上式引入复变量

$$z = e^{sT}$$

得到一个 z 的函数 $X(z)$

$$X(z) = \sum_{n=-\infty}^{\infty} x_a(nT) z^{-n} \qquad (2.1.18)$$

对离散时间信号来说,令 $T=1$,并不失一般性,即 nT 和 n 表示相同的时刻,式(2.1.18)可直接写为

$$X(z) = \sum_{n=-\infty}^{\infty} x(n) z^{-n} \qquad (2.1.19)$$

式(2.1.19)中,$x(n)$ 由 $x_a(nT)$ 转换得到,为冲激抽样信号转换为抽样序列后的双边 z 变换定义式,即 z 变换的定义一。

考虑到工程上遇到的 $x_a(t)$ 一般为因果信号,即:$x_a(t)=0, t<0$,则应采用单边拉氏变换,

从而得到单边 z 变换定义式

$$X(z) = \sum_{n=0}^{\infty} x_a(nT) z^{-n} \qquad (2.1.20)$$

或

$$X(z) = \sum_{n=0}^{\infty} x(n) z^{-n}$$

这种定义方法把 z 变换看成理想抽样信号由 S 平面映射到 Z 平面的变换($z = e^{sT}$)。

2. 直接定义

由于序列是严格意义上的离散信号,它在时间上是不连续的,把序列的 z 变换直接定义为

$$X(z) = \mathscr{Z}[x(n)] = \sum_{n=-\infty}^{\infty} x(n) z^{-n} \qquad (2.1.21)$$

上式为双边 z 变换,单边 z 变换则可定义为

$$X(z) = \mathscr{Z}[x(n)] = \sum_{n=0}^{\infty} x(n) z^{-n} \qquad (2.1.22)$$

式中的符号 $\mathscr{Z}$ 表示对序列进行 z 变换。

直接定义,是把 z 变换定义为离散信号由时域到 z 域的数学映射,是复变量 z^{-1} 的幂级数,即罗朗(Laurent)级数。

这里需要引出"单位圆"的重要概念。z 是一个连续复变量,包括实部分量 $\mathrm{Re}(z)$ 和虚部分量 $\mathrm{jIm}(z)$,表示成直角坐标形式,则实部为横坐标,虚部为纵坐标,所构成的平面称为 Z 平面。z 也可以用极坐标表示,$z = |z| e^{j\phi}$,$|z|$ 为 z 的模,ϕ 为 z 的极(相)角。在 Z 平面上,$|z| = 1$ 形成的围线是半径等于 1 的圆,把 $|z| = 1$ 的所有复变量形成的圆叫单位圆,从而,单位圆可表示成 $z = e^{j\phi}$ 或 $|z| = 1$。在定义一中的变换关系涉及 z 与 s 变量之间的映射关系 $z = e^{sT}$,下面对这种映射关系作进一步的说明,s 采用直角坐标形式,z 用极坐标的表达形式,有

$$s = \sigma + j\Omega$$
$$z = re^{j\omega}$$

代入映射关系 $z = e^{sT}$,得

$$re^{j\omega} = e^{(\sigma + j\Omega)T} = e^{\sigma T} e^{j\Omega T}$$

从而有

$$r = e^{\sigma T} \qquad (2.1.23)$$
$$\omega = \Omega T \qquad (2.1.24)$$

式(2.1.23)表明,z 的模 r 仅对应于 s 的实部 σ,r 与 σ 之间有如下映射关系:

$\sigma = 0 \to r = 1$, S 平面上的虚轴映射到 Z 平面的单位圆上;
$\sigma < 0 \to r < 1$, S 平面的左半平面映射到 Z 平面的单位圆内;
$\sigma > 0 \to r > 1$, S 平面的右半平面映射到 Z 平面的单位圆外。

式(2.1.24)表明:z 的 ω(数字角频率)只与 s 的虚部参数 Ω(模拟角频率)相对应,并成线性对应关系。当 s 在虚轴上,Ω 由 $-\dfrac{\pi}{T}$ 变化到 $+\dfrac{\pi}{T}$ 时,则 z 在单位圆上,ω 由 $-\pi$ 变化至 $+\pi$,相应地绕单位圆一周,因此 Ω 每增加一个抽样频率 $\Omega_s = \dfrac{2\pi}{T}$,$\omega$ 就相应地增加一个 2π,再重复绕单位圆旋转一周。ω 与 Ω 这种线性对应关系,也反映了数字角频率与模拟角频率的几何意

义以及分别在 Z 平面与 S 平面间的映射关系,这种关系十分重要,对于用数字系统模仿数字系统的实际应用有着重要影响。同时可进一步看到:s 与 z 的映射关系是一种多值的函数映射关系,s 平面内的每一个宽度为 $\Omega_s = \dfrac{2\pi}{T}$ 的带状区域都将重复地映射到整个 Z 平面上,这一映射关系(有线状阴影与无阴影区域的分别在 s 与 Z 平面的对应)如图 2.1.19 所示。

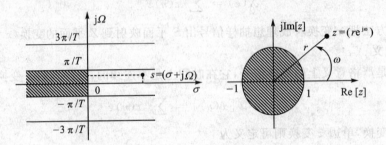

图 2.1.19 S 平面与 Z 平面的映射关系

顺便指出:z 变换与傅里叶变换不同,而与拉氏变换相仿,具有单边和双边 z 变换。单边 z 变换的主要特点是可以考虑起始条件,在离散系统的分析中,既可以求零输入响应,也可以获得零状态响应,这对于自动控制系统中瞬态响应的求解是非常有用的。由于实际离散信号多为因果序列(即右边的单边序列),此时,单边和双边 z 变换是相同的,同时单边 z 变换相对容易收敛,因而,在实际应用中单边 z 变换居多。而在数字信号处理中,一般关注的是稳态响应,因此无需考虑初值,在信号处理理论分析中,多采用双边 z 变换,但其收敛域复杂,逆变换较困难,双边 z 变换在理论上的意义更大些。

2.1.4 z 变换的收敛域

z 变换是复变量 z^{-1} 的幂级数,一般是无穷级数,只有级数收敛时,z 变换才有意义;另外判定 z 变换收敛域的必要性还在于:对于双边 z 变换,只有明确指定 z 变换的收敛域,才能单值确定其所对应的序列。因此有必要对级数的收敛进行讨论。与收敛直接相关的是收敛域问题,使级数在 Z 平面上收敛的所有点 z_i 的集合,称之为 z 变换的收敛域(定义域)(ROC,Region of Convergence)。

由级数理论可知,所谓级数收敛,是对于级数

$$X(z) = \sum_{n=-\infty}^{\infty} x(n) z^{-n}$$

当 z 在 Z 平面上取值 z_i,求出级数前 n 项的和,记为 $S_n(z)$,若下式成立,即

$$\lim_{n \to \infty} S_n(z) \big|_{z=z_i} = S(z) < \infty \tag{2.1.25}$$

则称级数 $X(z)$ 收敛,记为

$$X(z) \big|_{z=z_i} = S(z)$$

仍根据级数理论,级数收敛的充分条件是级数绝对可和,即级数满足

$$\sum_{n=-\infty}^{\infty} |x(n) z^{-n}| < \infty \tag{2.1.26}$$

时,级数必定收敛,式(2.1.26)中不等式左边是一正项级数,这就把一般无穷级数收敛的判定转换为相对应正项级数的收敛判定。通常可以用比值判定法或根值判定法来判定正项级数的

收敛性,从而求出收敛域。两种方法在高等数学中已经学过,不再细述(也可结合下文作适当回顾)。

收敛域通常也用图形来形象表示,如图 2.1.10 所示。$|z|>|a|$,称圆外域(收敛域在半径大于 a 的圆外);$|z|<|a|$,称圆内域(收敛域在半径小于 a 的圆内)。收敛域为图中的阴影区域,图形中的收敛域只包括实线不包括虚线,在画收敛域的图形时要引起注意。

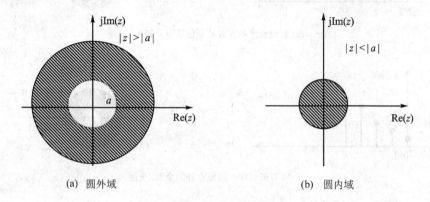

(a) 圆外域　　　　　　　(b) 圆内域

图 2.1.10　收敛域的图形表示

序列可以分成四类基本序列,下面分别讨论他们 z 变换的收敛域。

1. 有限长序列(有始有终序列)

这类序列只在有限区间内($n_1 \leqslant n \leqslant n_2$)具有非零值。根据 n_1 和 n_2 相对于零点的位置不同(本节中,n_1 始终作为序列定义区间的下限,n_2 为上限),有三种情况:① $n_1<0,n_2>0$;② $n_1 \geqslant 0,n_2>0$;③ $n_1<0,n_2 \leqslant 0$。

分析第①种情况:

$$x(n) = \begin{cases} x(n), & n_1 \leqslant n \leqslant n_2 (n_1<0, n_2>0) \\ 0, & n<n_1, n>n_2 \end{cases} \tag{2.1.27}$$

则其 z 变换为

$$X(z) = \sum_{n=n_1}^{n_2} x(n) z^{-n} \tag{2.1.28}$$

上式是一有限项级数,是否收敛根据级数收敛的定义,只要看 z^{-n} 的情况就能确定。

若 $n_1<0$,有:$|z^{-n}|=|z|^{|n|}$,当 $z \to \infty$,$X(z) \to \infty$,收敛域不包括 $z \to \infty$;

又若 $n_2>0$,则 $|z^{-n}|=\dfrac{1}{|z|^n}$,$z=0$,$X(z) \to \infty$,收敛域不包括 $z=0$。

所以除 $z=0$ 和 $z \to \infty$ 外,有限长序列 $x(n)$ 在 Z 平面上处处收敛。序列和收敛域的情况如图 2.1.11(a)所示。其他两种情况,请读者自行思考和分析,他们的序列和收敛域情况,也一并表示在图 2.1.11(b)、2.1.11(c)中。如果图示收敛域的圆心是一空心圆圈,表示序列在原点不收敛,否则收敛域应包括原点。

2. 右边序列(有始无终序列)

右边序列是指序列 $x(n)$,当 $n<n_1$ 时,$x(n)=0$。

序列与其 z 变换可表示为

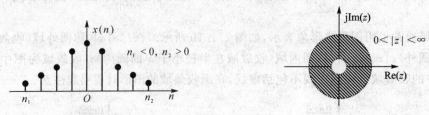

(a) 有限长序列收敛域不包括原点和∞

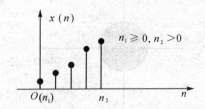 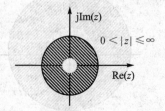

(b) 有限长序列除原点外的全部Z平面

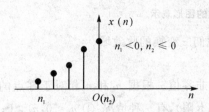 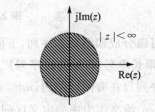

(c) 有限长序列收敛于全部Z平面

图 2.1.11 有限长序列及其 z 变换的收敛域

$$x(n) = \begin{cases} x(n), & n \geqslant n_1 \\ 0, & n < n_1 \end{cases}$$

$$X(z) = \sum_{n=n_1}^{\infty} x(n) z^{-n}$$

由根值判定法,上述 z 变换要收敛,应满足

$$\lim_{n \to \infty} \sqrt[n]{|x(n)z^{-n}|} < 1$$

即

$$|z| > \lim_{n \to \infty} \sqrt[n]{|x(n)|} < R_n$$

式中的 R_n 为级数的收敛半径,因此右边序列的收敛域是以 R_n 为半径的圆外域。当 $n_1 = 0$,右边序列为因果序列,是实际中最常见的一类序列,其收敛域包括 $z \to \infty$,序列及其收敛域示于图 2.1.12。

若 $n_1 \geqslant 0$,则收敛域也应包括 $z \to \infty$,即收敛域为 $R_n < |z| \leqslant \infty$。但若 $n_1 < 0$,则不应包括 $z \to \infty$,即 $R_n < |z| < \infty$。

3. 左边序列(无始有终序列)

这类序列当 $n > n_2$ 时,$x(n) = 0$,可表示为

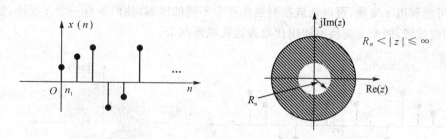

图 2.1.12 右边(因果)序列及其 z 变换的收敛域

$$x(n) = \begin{cases} x(n), & n \leqslant n_2 \\ 0, & n > n_2 \end{cases}$$

其 z 变换为

$$X(z) = \sum_{n=-\infty}^{n_2} x(n) z^{-n}$$

把上式改写为

$$X(z) = \sum_{n=-n_2}^{\infty} x(-n) z^n$$

由根值判定法,可知上述级数收敛的条件为

$$\lim_{n \to \infty} \sqrt[n]{|x(-n) z^n|} < 1$$

有

$$|z| < \frac{1}{\lim_{n \to \infty} \sqrt[n]{|x(-n)|}} = R_m$$

可见:左边序列收敛域为以收敛半径 R_m 的圆内域。若 $n_2 > 0$,收敛域不包含 $z=0$ 点,即 $0 < |z| < R_m$;若 $n_2 \leqslant 0$,收敛域包含 $z=0$ 点,即 $|z| < R_m$,如图 2.1.13 所示。

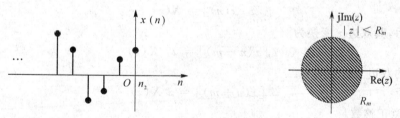

图 2.1.13 左边序列及其 z 变换的收敛域

4. 双边序列(无始无终序列)

双边序列 $x(n), -\infty < n < \infty$,其 z 变换为

$$X(z) = \sum_{n=-\infty}^{\infty} x(n) z^{-n} = \sum_{n=-\infty}^{-1} x(n) z^{-n} + \sum_{n=0}^{\infty} x(n) z^{-n}$$

显然,上述双边序列可以看成是一个左边序列和一个右边序列相加构成。左边序列的 z 变换收敛于 $|z| < R_m$ 的圆内域,而右边序列的 z 变换收敛于 $|z| > R_n$ 的圆外域,若 $R_m > R_n$,则双边序列左、右边两个序列收敛域的重叠部分,即是一个圆环状域 $R_n < |z| < R_m$,如图 2.1.14 所示。若 $R_m < R_n$,则左、右边两个序列收敛域无重叠部分,即双边序列不收敛。如果这种情况

出现,仍可能利用 z 变换,可以把该序列当作两个不同的序列,他们各有一个 z 变换,但由于没有公共的收敛域,两个 z 变换不能用代数表达式联系起来。

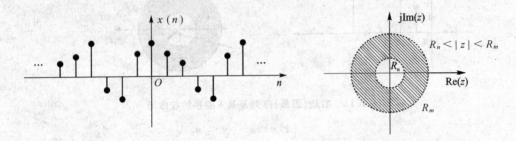

图 2.1.14 双边序列及其 z 变换的收敛域

由以上序列收敛域的讨论,可以得出:序列 z 变换的收敛域与序列的类型有关,最常见的序列为右边序列(包括因果序列),其 z 变换的收敛域为圆外域。

2.1.5 z 变换的性质

在离散时间信号的分析和处理中,常常要对序列进行相加、相乘、延时和卷积等运算,z 变换的特性对于简化运算非常有用。由于 z 变换的性质与拉氏变换和傅氏变换所具有的性质相类似,下面将从应用的角度(不给出证明),简要介绍 z 变换的时移特性。其他性质只在表 3.1 中简单列出,如果读者有进一步的需要,可参看相关的参考书。

z 变换的时移特性(位移性)

时移特性表征序列时移后的 z 变换与时移前原序列 z 变换的关系。这种关系对单边、双边 z 变换有所不同,下面分别加以讨论。

(1) 双边 z 变换的时移特性

若序列 $x(n)$ 的双边 z 变换为

$$\mathscr{Z}[x(n)] = X(z)$$

则序列右移后,其双边 z 变换为

$$\mathscr{Z}[x(n-m)] = z^{-m}X(z) \tag{2.1.29}$$

序列左移后的双边 z 变换为

$$\mathscr{Z}[x(n+m)] = z^{m}X(z) \tag{2.1.30}$$

式中 m 为任意正整数。

由上述特性表达式可见(出现了 z^{-m} 或 z^m):如果原序列 z 变换的收敛域包括 $z=0$ 或 $z\to\infty$,则序列位移后 z 变换的零极点可能有变化;如果原序列 z 变换的收敛域不包括 $z=0$ 或 $z\to\infty$,则序列位移后 z 变换的零极点不会发生变化,例如序列为双边序列,其 z 变换的收敛域为圆环域,序列的移位不影响收敛域。

(2) 单边 z 变换的时移特性

若序列 $x(n)$ 的单边 z 变换为

$$\mathscr{Z}[x(n)\varepsilon(n)] = X(z)$$

则序列左移后的单边 z 变换为

$$\mathscr{Z}[x(n+m)\varepsilon(n)] = z^{m}X(z) - \sum_{k=0}^{m-1}x(k)z^{m-k} \tag{2.1.31}$$

序列右移后的单边 z 变换为

$$\mathscr{Z}[x(n-m)\varepsilon(n)] = z^{-m}X(z) + \sum_{k=-m}^{-1} x(k)z^{-m-k} \quad (2.1.32)$$

式中 m 为任意正整数，对于 $m=1$ 和 2，可由上两式写出具体的表达式为

$$\mathscr{Z}[x(n+1)\varepsilon(n)] = zX(z) - zx(0)$$
$$\mathscr{Z}[x(n+2)\varepsilon(n)] = z^2X(z) - z^2x(0) - zx(1)$$
$$\mathscr{Z}[x(n-1)\varepsilon(n)] = z^{-1}X(z) + x(-1)$$
$$\mathscr{Z}[x(n-2)\varepsilon(n)] = z^{-2}X(z) + z^{-1}x(-1) + x(-2)$$

如果序列 $x(n)$ 为因果序列，右移后的单边 z 变换，由于式(2.1.32)右边第二项均为零，则应为

$$\mathscr{Z}[x(n-m)\varepsilon(n)] = z^{-m}X(z) \quad (2.1.33)$$

因果序列左移后的单边 z 变换仍应为

$$\mathscr{Z}[x(n+m)\varepsilon(n)] = z^m X(z) - \sum_{k=0}^{m-1} x(k)z^{m-k} \quad (2.1.34)$$

由于实际中经常应用的是因果序列，所以上述两式(2.1.33)和(2.1.34)最为常用。

现将 z 变换的主要性质列于表 2.1.1，以备查用。

表 2.1.1 z 变换的主要性质

性质类别	序列	z 变换	收敛域
线性	$x(n)$ $y(n)$ $ax(n)+by(n)$	$X(z)$ $Y(z)$ $aX(z)+bY(z)$	$R_{xn}<|z|<R_{xm}$ $R_{yn}<|z|<R_{ym}$ $\max(R_{xn},R_{yn})<|z|$ $<\min(R_{xm},R_{ym})$
时移	$x(n\pm m)$ $x(n-m)$ $x(n+m)$	双边：$z^{\pm m}X(z)$ 左移单边：$z^m X(z) - \sum\limits_{k=0}^{m-1} x(k)z^{m-k}$ 右移单边：$z^{-m}X(z) + \sum\limits_{k=-m}^{-1} x(k)z^{-m-k}$	$R_{xn}<|z|<R_{xm}$
频移	$a^n x(n)$	$X(z/a)$	$R_{xn}<|z/a|<R_{xm}$
微分	$nx(n)$	$-z\dfrac{\mathrm{d}}{\mathrm{d}z}X(z)$	$R_{xn}<|z|<R_{xm}$
共轭	$x^*(n)$	$X^*(z^*)$	$R_{xn}<|z|<R_{xm}$
时移卷积	$x(n)*y(n)$	$X(z)H(z)$	$\max(R_{xn},R_{yn})<|z|$ $<\min(R_{xm},R_{ym})$
z 域卷积	$x(n)\cdot y(n)$	$\dfrac{1}{2\pi\mathrm{j}}\oint_c X(v)Y\left(\dfrac{z}{v}\right)\dfrac{\mathrm{d}v}{v}$	$R_{x1}R_{y1}<|z|<$ $R_{x2}R_{y2}$
帕斯瓦尔定理	$\sum\limits_{n=-\infty}^{\infty}|x(n)|^2$	$\dfrac{1}{2\pi\mathrm{j}}\oint_c X(v)X^*\left(\dfrac{1}{v^*}\right)\dfrac{\mathrm{d}v}{v}$	
初值	$x(n)$——因果序列	$x(0)=\lim\limits_{z\to\infty}X(z)$	$|z|>R_{xn}$
终值	$x(n)$——因果序列	$x(\infty)=\lim\limits_{z\to 1}(z-1)X(z)$	$|z|\geqslant 1$

2.1.6 z 反变换

已知序列 $x(n)$ 的 z 变换为 $X(z)$，则由 $X(z)$ 及其收敛域求出所对应序列 $x(n)$ 的运算，称为 z 反变换(逆变换)，记作

$$x(n) = Z^{-1}[X(z)]$$

计算 z 反变换的过程，一般来说较为复杂，z 反变换通常有围线积分法(留数法)、幂级数展开法(长除法)和部分分式展开法三种求解方法，需要具体了解这三种方法的读者，可查阅有关参考书，但是围线积分法的公式在下一节要用到，这里作简要的引述。

若已知 $X(z)$ 及其收敛域 $R_n < |z| < R_m$ (参见图 2.1.15)，

$$X(z) = \sum_{n=-\infty}^{\infty} x(n) z^{-n}$$

将上式两端各乘以 z^{m-1}，然后沿一围线 C 积分，积分路径 C 是一条在 $X(z)$ 收敛域 (R_n, R_m) 以内，逆时针方向围绕原点一周的闭合曲线，通常选择 Z 平面收敛域内以原点为中心的圆，如图 2.1.15 所示。

围线积分表示为

$$\oint_C X(z) z^{m-1} \mathrm{d}z = \oint_C \left[\sum_{n=-\infty}^{\infty} x(n) z^{-n} \right] z^{m-1} \mathrm{d}z$$

将积分与求和的次序调换，可得

$$\oint_C X(z) z^{m-1} \mathrm{d}z = \sum_{n=-\infty}^{\infty} x(n) \oint_C z^{m-n-1} \mathrm{d}z \tag{2.1.35}$$

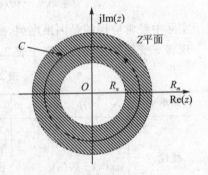

图 2.1.15 围线积分路径

由复变函数中的柯西定理，有

$$\oint_C z^{k-1} \mathrm{d}z = \begin{cases} 2\pi \mathrm{j}, & k = 0 \\ 0, & k \neq 0 \end{cases}$$

从而，式(2.1.35)的右端仅存在 $m=n$ 一项有值，其余各项都为零，则式(2.1.35)变成

$$\oint_C X(z) z^{n-1} \mathrm{d}z = 2\pi \mathrm{j} x(n)$$

经整理可得：

$$x(n) = \mathscr{Z}^{-1}[X(z)] = \frac{1}{2\pi \mathrm{j}} \oint_C X(z) z^{n-1} \mathrm{d}z, C \in (R_n, R_m) \tag{2.1.36}$$

对于一些基本的序列 z 反变换求解，实际应用中可根据一些前人已经建立的基本序列与其 z 变换对的基本关系表(参看表 2.1.2)，经简单转换即可得出，例如，前迹已知

$$\mathscr{Z}[a^n \varepsilon(n)] = \frac{z}{z-a} \qquad |z| > |a|$$

如果要求以下 z 变换的反变换：

$$X(z) = \frac{z}{z - 0.2} \qquad |z| > 0.2$$

就可以直接得到序列：

$$x(n) = (0.2)^n \varepsilon(n)$$

表 2.1.2　常用序列的 z 变换对

序　号	序列 $x(n)$	z 变换 $X(z) = \sum\limits_{n=-\infty}^{\infty} x(n) z^{-n}$	收敛域
1	$\delta(n)$	1	$|z| \geqslant 0$
2	$R_N(n)$	$\dfrac{1-z^{-N}}{1-z^{-1}}$	$|z| > 0$
3	$\varepsilon(n)$	$\dfrac{z}{z-1}$	$|z| > 1$
4	$n\varepsilon(n)$	$\dfrac{z}{(z-1)^2}$	$|z| > 1$
5	$a^n \varepsilon(n)$	$\dfrac{z}{z-a}$	$|z| > |a|$
6	$na^n \varepsilon(n)$	$\dfrac{az}{(z-a)^2}$	$|z| > |a|$
7	$(n+1)a^n \varepsilon(n)$	$\dfrac{z^2}{(z-a)^2}$	$|z| > |a|$
8	$a^{n-1} \varepsilon(n-1)$	$\dfrac{1}{z-a}$	$|z| > |a|$
9	$a^n \varepsilon(n-1)$	$\dfrac{az}{z-a}$	$|z| > |a|$
10	$na^{n-1} \varepsilon(n)$	$\dfrac{z}{(z-a)^2}$	$|z| > |a|$
11	$e^{j\omega_0 n} \varepsilon(n)$	$\dfrac{z}{z-e^{j\omega_0}}$	$|z| > 1$
12	$\sin(\omega n)\varepsilon(n)$	$\dfrac{z \sin \omega}{z^2 - 2z \cos \omega + 1}$	$|z| > 1$
13	$\cos(\omega n)\varepsilon(n)$	$\dfrac{z(z-\cos \omega)}{z^2 - 2z \cos \omega + 1}$	$|z| > 1$
14	$\beta^n \sin(\omega n)\varepsilon(n)$	$\dfrac{\beta z \sin \omega}{z^2 - 2\beta z \cos \omega + \beta^2}$	$|z| > 1$
15	$\beta^n \cos(\omega n)\varepsilon(n)$	$\dfrac{z(z-\beta \cos \omega)}{z^2 - 2\beta z \cos \omega + \beta^2}$	$|z| > 1$
16	$-a^n \varepsilon(-n-1)$	$\dfrac{z}{z-a}$	$|z| < |a|$
17	$-na^n \varepsilon(-n-1)$	$\dfrac{az}{(z-a)^2}$	$|z| < |a|$
18	$-(n+1)a^n \varepsilon(-n-1)$	$\dfrac{z^2}{(z-a)^2}$	$|z| < |a|$
19	$-na^{n-1} \varepsilon(-n-1)$	$\dfrac{az}{(z-a)^2}$	$|z| < |a|$

　　随着计算机技术的出现和迅速发展,采用数字的方法和技术进行信号的分析与处理,毫无疑问已经成为信息处理领域的主流。离散时间信号分析(或信号的数字谱分析)是数字信号处理的基本内容之一,也是本课程的重点内容之一。

　　本章后面这几节,主要讨论数字谱分析的理论基础和数字谱分析的应用方法,包括:序列的傅里叶变换、离散傅里叶级数、离散傅里叶变换和快速傅里叶变换。本章还简要介绍了二维傅里叶变换的一些基本概念。

2.2 序列的傅里叶变换

这里的序列是指非周期序列,"序列的傅里叶变换"是非周期序列的傅里叶变换,与非周期连续信号的傅里叶变换相对应。在实际的离散时间信号当中,大量的是非周期序列,他们或是一组数据,或是对连续非周期信号进行抽样得到的抽样序列,或是难以用准确的解析表达式来描述的信号,如何分析这些信号的频谱是一个重要问题,把这类问题归结为:离散时间信号时域和频域间的变换,称作序列的傅里叶变换或者求非周期序列的频谱。序列的傅里叶变换也称为离散时间傅里叶变换(DTFT,Discrete Time Fourier Transform),这里"时间"两个字不能省略,因为"离散傅里叶变换"是另外一个不同的概念,后面将会作专门讨论。

1. 定 义

在上一章给出序列 $x(n)$ 的 z 变换为

$$X(z) = \sum_{n=-\infty}^{\infty} x(n) z^{-n}$$

如果 $X(z)$ 在单位圆上是收敛的,则把在单位圆上的 z 变换定义为序列的傅里叶变换,表示为

$$X(e^{j\omega}) = X(z)\big|_{z=e^{j\omega}} = \sum_{n=-\infty}^{\infty} x(n) e^{-jn\omega} \tag{2.2.1}$$

式(2.2.1)是计算不同 ω 所对应的 $X(e^{j\omega})$,是一个对序列 $x(n)$ 进行分解和分析的表达式,因而是离散时间信号的正变换形式。

相对应的序列傅里叶反变换,根据 2.1 节 z 反变换的围线积分公式

$$x(n) = \frac{1}{2\pi j} \oint_C X(z) z^{n-1} dz$$

若把积分围线 C 取在单位圆上,则有

$$x(n) = \frac{1}{2\pi j} \oint_{z=e^{j\omega}} X(e^{j\omega}) (e^{jn\omega} e^{-j\omega}) d(e^{j\omega}) = \frac{1}{2\pi} \int_{-\pi}^{\pi} X(e^{j\omega}) e^{jn\omega} d\omega \tag{2.2.2}$$

2. 物理意义

通常把序列的傅里叶变换称作非周期序列的频谱。为什么把序列的傅里叶变换和序列的频谱联系在一起,可以通过与第 1 章所得到的连续信号傅里叶变换进行比较来说明,并作进一步的分析。已知连续信号的傅里叶变换为

$$F(\Omega) = \mathscr{F}[f(t)] = \int_{-\infty}^{\infty} f(t) e^{-j\Omega t} dt$$

$$f(t) = \mathscr{F}^{-1}[F(\Omega)] = \frac{1}{2\pi} \int_{-\infty}^{\infty} F(\Omega) e^{j\Omega t} d\Omega$$

对于以上两式中的第 1 个式子,在第 1 章中指出:它是连续时间非周期信号的频谱,将它与式(1.4.9)进行比较,表达式中的各项有许多相仿之处:$e^{-j\Omega t} \Leftrightarrow e^{-j\omega n}$,前者是连续信号不同频率的复指数分量,后者是离散信号不同频率的复指数分量;$\Omega \Leftrightarrow \omega$,都是频域中频率的概念,$\Omega$ 是模拟角频率,ω 是数字角频率;$f(t) \Leftrightarrow x(n)$,前者是连续信号在时域的表示,而后者是序列在时域的表示;$F(\Omega) \Leftrightarrow X(e^{j\omega})$,前者是非周期连续信号分解的概念,分解为一系列不同频率的复指数分量的叠加,后者是非周期离散序列分解的概念,也可以分解为一系列不同数字角频率分量的叠加,因此 $F(\Omega)$ 与 $X(e^{j\omega})$ 相当,在连续非周期信号傅里叶变换中,$F(\Omega)$ 有频谱密度的意

义,是频谱的概念,在式(2.2.1)中,$X(e^{j\omega})$是序列的傅里叶变换,与$F(\Omega)$在连续信号傅里叶变换的表达式中一样,起着相同的作用,所以看作是序列的频谱。但需要指出它们之间一个明显的区别:Ω是模拟角频率,变化的范围是没有限制的,高频部分可以趋向于∞,而频率ω虽然也可以连续的的变化,但在2.1节中已指出:其变化范围限制在$\pm\pi$内,由序列傅里叶反变换积分表达式(1.4.9)中的上、下限,也反映了这一点。

连续时间信号的傅里叶反变换与式(2.2.2)比较,$f(t)$和$x(n)$的两个表达式都具有叠加重构(综合)时域信号即傅里叶反变换的作用,因此把式(2.2.2)称为序列的傅里叶反变换,而式(2.2.1)是由时域的序列求频域分量,有分解分析的意义,是序列的傅里叶正变换,从而两个表达式构成了序列的傅里叶变换对,将式(2.2.1)和(2.2.2)重写并表示为

$$\mathscr{F}[x(n)] = X(e^{j\omega}) = \sum_{n=-\infty}^{\infty} x(n) e^{-jn\omega} \qquad (2.2.3)$$

$$\mathscr{F}^{-1}[X(e^{j\omega})] = x(n) = \frac{1}{2\pi} \int_{-\pi}^{\pi} X(e^{j\omega}) e^{jn\omega} d\omega \qquad (2.2.4)$$

需要再次强调指出:在离散时间信号分析中,后文还会引出另一个很重要的概念,离散傅里叶变换(DFT,Discrete Fourier Transform),与这里的序列傅里叶变换,虽然都叫傅里叶变换,英文的缩写也只有一字之差,但概念上是有区别的,这是需要特别注意的。

3. 特点

由式(2.2.3),序列频谱$X(e^{j\omega})$的特点在于是$e^{jn\omega}$的函数,而$e^{jn\omega}$在频域上是ω以2π为周期的函数,并且由于序列在时域上是非周期的(即信号在时域是离散和非周期的),因而根据时、频域之间的对偶关系,非周期序列的频谱应是连续的周期频谱(信号在频域应是周期和连续的)。同时$X(e^{j\omega})$是ω的复函数,可进一步表示为

$$X(e^{j\omega}) = |X(e^{j\omega})| e^{j\varphi(\omega)} = \text{Re}[X(e^{j\omega})] + j\text{Im}[X(e^{j\omega})] \qquad (2.2.5)$$

按惯例,延用连续信号中频谱的称呼,仍然把$|X(e^{j\omega})|-\omega$称幅(度)谱,$\varphi(\omega)-\omega$称相(位)谱,他们都是ω的连续周期函数,其幅度谱如图2.2.1所示。

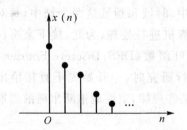
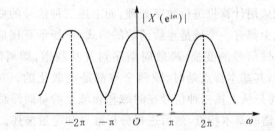

图 2.2.1 序列及其幅谱图

换个角度看,不管时域、频域参数的实际物理含义,只考虑其抽象的数学关系:$X(e^{j\omega})$是连续周期函数,对它作连续傅里叶级数展开,式(2.2.1)正好是$X(e^{j\omega})$的傅里叶级数展开式,与以前所作的连续周期信号傅里叶级数展开相比,只是时域和频域变量表达的对应关系倒换了一下,数学关系是完全一样的。可以证明:序列$x(n)$与其傅里叶变换两者正好是互为傅里叶级数的变换关系,$X(e^{j\omega})$的表达式是序列频谱傅里叶级数的展开式,而序列值$x(n)$正是这一傅里叶级数的各项系数,这是对序列傅里叶变换的另一种理解,感兴趣的读者可自行证明加以理解。

另外需要指出序列傅里叶变换的存在条件。由于序列的傅里叶变换是单位圆上的 z 变换，所以，如果它要存在，序列的 z 变换在单位圆上必须收敛，即

$$X(z)\mid_{z=e^{j\omega}} = \sum_{n=-\infty}^{\infty} x(n)e^{-j\omega n}$$

要上式收敛，由 z 变换收敛域可知，要求

$$\sum_{n=-\infty}^{\infty} \mid x(n)e^{-j\omega n}\mid \leqslant \sum_{n=-\infty}^{\infty} \mid x(n)\mid \mid e^{-j\omega n}\mid \leqslant \sum_{n=-\infty}^{\infty} \mid x(n)\mid < \infty$$

即

$$\sum_{n=-\infty}^{\infty} \mid x(n)\mid < \infty \tag{2.2.6}$$

成立，式(2.2.6)表明，序列傅里叶变换存在的条件是：序列必须绝对可和，但这个条件也只是充分条件，不是必要条件。并不是所有序列都满足这个条件，例如单位阶跃序列、正实指数序列等，单位圆上的 z 变换并不收敛，因此并不是所有的序列都存在傅里叶变换。但另一方面，像有些周期序列，尽管不满足绝对可和的条件，但序列傅里叶变换(级数)可能存在，下面将要讲述的序列傅里叶级数就是这样。序列傅里叶变换存在的充分必要条件至今尚未找到。

2.3 离散傅里叶级数(DFS)

到目前为止，已经讨论了三种类型信号的变换，这三类信号在时域和频域上的函数关系分别是：

连续非周期信号：时域连续，频域连续；

连续周期信号：时域连续，频域离散；

非周期序列：时域离散，频域连续。

对信号进行变换的根本目的是为了便于对信号进行准确、有效、快速地分析与处理，特别是能应用计算机进行数字处理，而上述三种信号的变换对中，时域和频域这两个域中，每对变换至少都有一个域是连续函数的形式，不便于直接应用计算机进行处理，为此，接下来将讨论第四种信号的变换，离散周期序列及其频谱，即离散傅里叶级数(DFS, Discrete Fourier Series)，其基本特点是时、频两个域都是离散化的。对其进行研究时，一开始先不直接给出定义，而是从上述三种信号在时域和频域上的对偶性总结出某些规律，定性地推断出离散周期序列频谱的基本特点，然后进行分析推导和定量描述。

2.3.1 傅里叶变换在时域和频域中的对偶规律

如图 2.3.1(a)，一连续非周期信号 $x_a(t)$，其傅里叶变换(图中仅画出幅谱，当然也可以看成信号频谱的定性描述，以下同) $X_a(\Omega)$ 是非周期的连续谱，时域上的非周期对应频域上的连续，或频域上的连续对应时域上的非周期，由此可以得到时、频域的第一个对偶规律：时域上的非周期将产生连续频谱，或者说，频域上的连续变化导致时域上的非周期性，总之一个域中函数的连续对应另一个域的函数为非周期。连续非周期信号的傅里叶变换对为

$$X_a(\Omega) = \mathscr{F}[x_a(t)] = \int_{-\infty}^{\infty} x_a(t)e^{-j\Omega t}dt$$

$$x_a(t) = \mathscr{F}^{-1}[X_a(\Omega)] = \frac{1}{2\pi}\int_{-\infty}^{\infty} X_a(\Omega) e^{j\Omega t}d\Omega$$

如图 2.3.1(b),一周期信号 $x_p(t)$,其频谱是离散谱 $X_p(k\Omega_1)$。图 2.3.1(b)也可以从另一个角度来理解:$X_p(k\Omega_1)$ 正是对图 2.3.1(a)中的频谱 $X_a(\Omega)$ 以采样频率 Ω_1 进行抽样,即频域被离散化,从而在时域上产生单周期信号 $x_a(t)$ 的周期延拓,延拓周期为 $T_1 = 2\pi\Omega_1$,形成周期延拓波形 $x_p(t)$,由此又可得到时、频域的第二个对偶规律:时域上的周期化将导致频域的离散化,或者说,频域的离散化引起时域的周期化,总之,一个域的离散化对应另一个域的周期化,周期信号的傅里叶级数变换对表示为

$$X_p(k\Omega_1) = \frac{1}{T_1}\int_0^{T_1} x_p(t) e^{-jk\Omega_1 t}dt$$

$$x_p(t) = \sum_{n=-\infty}^{\infty} X_p(k\Omega_1) e^{jk\Omega_1 t}$$

再来看图 2.3.1(c),时域是一离散非周期信号,直接根据非周期序列傅里叶变换频谱的特点,其频谱是连续周期的。另一方面也可以看成是对图 2.3.1(a)中的非周期连续信号 $x_a(t)$ 抽样得到 $x_a(nT)$ (设抽样周期为 T),或进一步转换为非周期的抽样序列 $x(n)$,频域上则对应连续周期频谱,这种变换关系也完全符合上述两个对偶规律,非周期序列的傅里叶变换对表示为

$$X(e^{j\omega}) = \sum_{n=-\infty}^{\infty} x(n) e^{-jn\omega}$$

$$x(n) = \frac{1}{2\pi}\int_{-\pi}^{\pi} X(e^{j\omega}) e^{jn\omega}d\omega$$

从而由上述两条对偶规律,可以明确得出第四种信号(图 2.3.1(d))离散周期信号频谱的基本特点。对于时域上的周期序列 $x_p(n)$,或离散周期信号 $x_{ps}(nT)$,根据对偶规律,其频谱应当是离散的周期谱,相应地表示为 $X(e^{jk\omega_1})$,或 $X_{ps}(k\Omega_1)$,把这种信号的时、频域的变换关系称为离散傅里叶级数变换对。

根据上面的分析和图解说明,把各种信号傅里叶变换在时域、频域上对偶性概括归纳为一般规律:

① 在某一个域(时域或频域)中函数关系是连续的,相应地在另一个域(频域或时域)中肯定是非周期性的。

② 在某一个域(时域或频域)中函数关系是离散的,相应地在另一个域(频域或时域)中肯定是周期性的。

上述规律是由傅里叶变换的对偶性(对称性)所决定的。

2.3.2 离散傅里叶级数 DFS

2.3.1 节从时、频域的对偶规律,定性地说明了离散周期信号的频谱特点,本节要进一步给出数学的描述,定量分析离散傅里叶级数 DFS 的变换对。

公式推导的出发点:把离散周期信号看成是对连续周期信号进行抽样的结果,推导过程紧紧抓住这种信号在时域和频域都是周期和离散的特点。

由图 2.3.1(b)和周期信号傅里叶级数的表达式,对于连续周期函数 $x_p(t)$,有

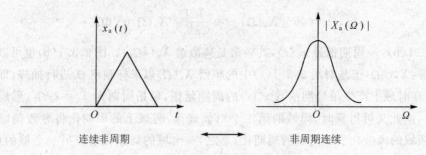

(a) 连续非周期信号与频谱

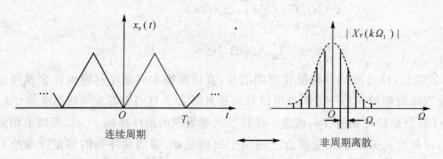

(b) 连续周期信号与频谱

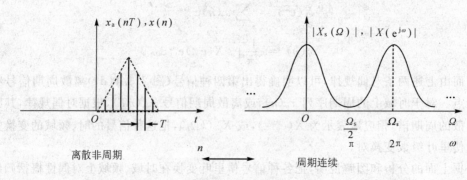

(c) 非周期序列与频谱

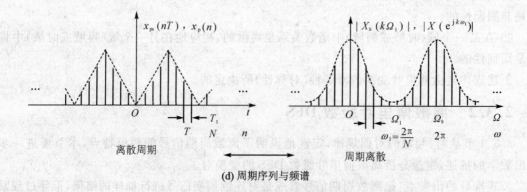

(d) 周期序列与频谱

图 2.3.1 信号在时、频域中的对偶规律

$$\left.\begin{aligned}x_p(t) &= \sum_{k=-\infty}^{\infty} X_p(k\Omega_1) e^{jk\Omega_1 t} \\ X_p(k\Omega_1) &= \frac{1}{T} \int_0^{T_1} x_p(t) e^{-jk\Omega_1 t} dt\end{aligned}\right\} \quad (2.3.1)$$

对 $x_p(t)$ 进行抽样,变成了离散时间周期信号 $x_{ps}(nT)$ 或 $x_p(n)$(下面的推导仅以抽样序列 $x_p(n)$ 为例),周期序列在时域可以用复指数序列形式的傅里叶级数来表示,在式(2.3.1)中,分别以 $x_p(t)=x_p(nT)=x_p(n)$、$X_p(k\Omega_1)=X_p(k)$ 代入,得

$$x_p(nT) = x_p(n) = \sum_{k=-\infty}^{\infty} X_p(k) e^{jk(\frac{\omega_1}{T})nT} = \sum_{k=-\infty}^{\infty} X_p(k) e^{jk\omega_1 n} \quad (2.3.2)$$

式(2.3.2)中的参数有以下关系:

$$\omega_1 = \Omega_1 T, \quad \Omega_1 = \frac{2\pi}{T_1}, \quad T_1 = NT$$

所以

$$\omega_1 = \frac{2\pi}{T_1} T = \frac{2\pi}{NT} T = \frac{2\pi}{N}$$

式中 ω_1——频域上的频率间隔;
Ω_1——对连续频谱抽样的抽样间隔;
T_1——周期信号的周期;
T——序列的间隔(时域采样间隔,抽样周期);
N——周期序列的周期(或序列中一个周期的样点总数);
k——谐波阶次($k=0,\pm1,\pm2,\cdots$);
n——序列分量的序号。

从而有

$$e^{jk\omega_1 n} = e^{j\frac{2\pi}{N}kn}$$

记作

$$\Phi_k(n) = e^{j\frac{2\pi}{N}kn}$$

当 k 变化一个 N 的整数倍时,即当 $k=0,1,2,\cdots,N-1$;或 $k=N,N+1,\cdots,2N-1$;或 $k=rN,rN+1,\cdots,(r+1)N-1(r=0,1,2,\cdots)$ 简记为:$\Phi_{k+rN}(n)$。由于复指数序列的周期性,显然有

$$\Phi_{k+rN}(n) = \Phi_k(n)$$

由上述分析可知:周期离散信号在时、频域上均为周期序列,根据周期信号的特点,当 k 变化一个 N 的整数倍时,得到的是完全一样的序列,所以,一个周期序列可以表示成一个有限项(N 项)指数序列分量的叠加(即用任一个周期的序列情况,可以描述、代表所有其他周期序列的情况),式(2.3.2)写成

$$x_p(n) = \sum_{n=-\infty}^{\infty} X_p(k) \Phi_{k+rN}(n) = \frac{1}{N} \sum_{k=0}^{N-1} X_p(k) \Phi_k(n) = \frac{1}{N} \sum_{k=0}^{N-1} X_p(k) e^{j\frac{2\pi}{N}kn}$$

从而有

$$x_p(n) = \frac{1}{N} \sum_{k=0}^{N-1} X_p(k) e^{j\frac{2\pi}{N}kn} \quad (2.3.3)$$

式(2.3.3)就是离散傅里叶级数(DFS)的定义式,这是一个有限项级数,对于离散周期信号,最高阶次就是 N,意味着对离散周期信号,最高频率是有限值,为($N\omega_1$),这是连续时间与离散时间周期信号用傅里叶级数表示的一个重要区别。式(2.3.3)是各分量的合成、综合,求解时域

函数,是反变换的概念。有关式(2.3.3)中的 $1/N$,为了理解上的方便,可以认为是为了定义式表达格式上的需要人为加上的,并不影响定义的性质。更严密的推导,可参阅郑君理等编著由高等教育出版社出版的"信号与系统(第2版)"第九章的相关部分。

根据反变换的表达式来导出正变换 $X_p(k)$ 的解析表达式。

将式(2.3.3)的两边乘以 $\mathrm{e}^{-\mathrm{j}\frac{2\pi}{N}rn}$ 后,再进行 $\sum_{n=0}^{N-1}$ 的运算,可得

$$\sum_{n=0}^{N-1} x_p(n) \mathrm{e}^{-\mathrm{j}\frac{2\pi}{N}rn} = \sum_{n=0}^{N-1}\left\{\left[\frac{1}{N}\sum_{k=0}^{N-1} X_p(k) \mathrm{e}^{\mathrm{j}\frac{2\pi}{N}kn}\right]\mathrm{e}^{-\mathrm{j}\frac{2\pi}{N}rn}\right\}$$

$$(\text{改变求和次序}) = \sum_{k=0}^{N-1} X_p(k)\left[\frac{1}{N}\sum_{n=0}^{N-1} \mathrm{e}^{\mathrm{j}\frac{2\pi}{N}(k-r)n}\right]$$

而

$$\left[\sum_{n=0}^{N-1}\mathrm{e}^{\mathrm{j}\frac{2\pi}{N}(k-r)n}\right] = \frac{1-\mathrm{e}^{\mathrm{j}\frac{2\pi}{N}(k-r)N}}{1-\mathrm{e}^{\mathrm{j}\frac{2\pi}{N}(k-r)}} = \begin{cases} N, & k=r \\ 0, & k \neq r \end{cases}$$

因此,有

$$\sum_{n=0}^{N-1} x_p(n)\mathrm{e}^{-\mathrm{j}\frac{2\pi}{N}rn} = \sum_{k=0}^{N-1} X_p(k)\left[\frac{1}{N}\begin{cases}N, & k=r\\ 0, & k\neq r\end{cases}\right] = X_p(r)$$

再将上式中的变量 r 换成 k,可得

$$X_p(k) = \sum_{n=0}^{N-1} x_p(n) \mathrm{e}^{-\mathrm{j}\frac{2\pi}{N}kn} \tag{2.3.4}$$

对于式(2.3.4),有两种理解,一种认为其是一个 N 点的有限长序列,它代表 $k=0,1,2,\cdots,N-1$ 个复指数分量的系数,其他 k 值处为零。另一种则认为:该式表示一个对所有 k 值均有定义的周期序列,其周期为 N,有分解得到周期序列频谱的意义,起正变换的作用;从上述定性讨论,周期序列的频谱是周期离散频谱,由这一分析推导,得到了确认。因此,对式(2.3.4)的理解通常按后一种来理解,即式(2.3.4)表示的是与 $x_p(n)$ 对应的频谱,从而式(2.3.3)和(2.3.4)构成了离散傅里叶级数的变换对。式(2.3.4)是傅里叶级数的正变换,以符号 $\mathrm{DFS}[\cdot]$ 表示,式(2.3.3)是离散傅里叶级数的反变换,以符号 $\mathrm{IDFS}[\cdot]$ 表示,写成

$$X_p(k) = \mathrm{DFS}[x_p(n)] = \sum_{n=0}^{N-1} x_p(n)\mathrm{e}^{-\mathrm{j}\frac{2\pi}{N}kn} \tag{2.3.5}$$

$$x_p(n) = \mathrm{IDFS}[X_p(k)] = \frac{1}{N}\sum_{k=0}^{N-1} X_p(k)\mathrm{e}^{\mathrm{j}\frac{2\pi}{N}kn} \tag{2.3.6}$$

为表达简洁,引入符号 W_N

$$W_N = \mathrm{e}^{-\mathrm{j}\frac{2\pi}{N}} \tag{2.3.7}$$

W_N 可称为傅里叶变换的"核",将其代入式(2.3.5)和(2.3.6),得

$$X_p(k) = \mathrm{DFS}[x_p(n)] = \sum_{n=0}^{N-1} x_p(n) W_N^{kn} \tag{2.3.8}$$

$$x_p(n) = \mathrm{IDFS}[X_p(k)] = \frac{1}{N}\sum_{k=0}^{N-1} X_p(k) W_N^{-kn} \tag{2.3.9}$$

在连续时间信号分析时,非周期信号傅里叶变换是由周期信号的傅里叶级数,将周期 $T_1 \to \infty$ 而得到的,对离散时间信号,与此类似,也可以由离散傅里叶级数导出序列傅里叶变换。

当周期序列 $x_p(n)$ 的周期 $N \to \infty$ 时,变成非周期序列,对应的频谱间隔 $\omega_1 = \frac{2\pi}{N} \to 0$,即离

散谱趋向连续谱,而

$$X_p(k) = \sum_{n=0}^{N-1} x_p(n) e^{-j\frac{2\pi}{N}kn}$$

当 $N \to \infty$ 时,定义

$$X(e^{j\omega}) = \lim_{N \to \infty} X_p(k) = \lim_{N \to \infty} \sum_{n=0}^{N-1} x_p(n) e^{-j\frac{2\pi}{N}kn}$$

而且有 $k\omega_1 = k\frac{2\pi}{N} \to \omega, x_p(n) \to x(n)$,则有

$$X(e^{j\omega}) = \sum_{n=0}^{\infty} x(n) e^{-j}$$

周期序列应包括 $N \to -\infty$,所以,上式应写为

$$X(e^{j\omega}) = \sum_{n=-\infty}^{\infty} x(n) e^{-j}$$

上式正是序列的傅里叶正变换定义式。用类似的处理,可以得到序列傅里叶反变换的定义式,请读者自己思考推出。

2.4 离散傅里叶变换(DFT)

离散傅里叶级数的正、反变换 DFS、IDFS,对于数字信号的处理来说,理论上是完整的,已经为数字信号的分析和处理完成了理论准备,因为信号在时、频域都已经离散化了,已经能被计算机所识别。但是仍有一个问题:信号在时、频域均是无限长的周期序列,尚需对无限长序列进行有限化,才能彻底解决离散时间信号的分析、处理或系统的设计以及实现等实际应用的问题。离散傅里叶变换的引入就可以同时解决信号的离散化和有限化问题,而且由于计算它的快速算法——快速傅里叶变换(FFT)的发明,使得数字信号处理在科学技术领域迅速得到了广泛的实际应用。本节先讨论离散傅里叶变换 DFT,下一节再讨论 FFT 方面的问题。

2.4.1 离散傅里叶变换(DFT)定义式

在 z 变换一节,已给出主值序列的概念。对于一个周期为 N 的周期序列 $x_p(n)$,它的第一个周期的有限长序列即定义为这一周期序列的主值序列,用 $x(n)$ 表示(去掉 $x_p(n)$ 的下标 p),为

$$x(n) = \begin{cases} x_p(n), & 0 \leq n \leq N-1 \\ 0, & \text{其他} \end{cases} \tag{2.4.1}$$

主值序列也可以表示成周期序列和一个矩形序列相乘的结果,即

$$x(n) = x_p(n) R_N(n) \tag{2.4.2}$$

而周期序列 $x_p(n)$ 可以看做是有限长序列 $x(n)$ 以 N 为周期延拓而形成的,表示为

$$x_p(n) = \sum_{r=-\infty}^{\infty} x(n+rN)$$

则主值序列 $X(k)$ 和 $X_p(k)$ 的关系也可表示为

$$X(k) = \begin{cases} X_p(k), & 0 \leq k \leq N-1 \\ 0, & \text{其他} \end{cases} \tag{2.4.3}$$

$$X_p(k) = \sum_{r=-\infty}^{\infty} X(k+rN) \tag{2.4.4}$$

有了主值序列的这些概念,我们再来考察 DFS 的定义式

$$X_p(k) = \text{DFS}[x_p(n)] = \sum_{n=0}^{N-1} x_p(n) W_N^{kn}$$

$$x_p(n) = \text{IDFS}[X_p(k)] = \frac{1}{N} \sum_{k=0}^{N-1} X_p(k) W_N^{-kn}$$

在上述定义式中,用主值序列 $X(k)$、$x(n)$ 来置换周期序列 $X_p(k)$、$x_p(n)$,得到两个有限长序列的变换对,并表示为

$$X(k) = \text{DFT}[x(n)] = \sum_{n=0}^{N-1} x(n) W_N^{kn}, \quad 0 \leqslant k \leqslant N-1 \tag{2.4.5}$$

$$x(n) = \text{IDFT}[X(k)] = \frac{1}{N} \sum_{k=0}^{N-1} X(k) W_N^{-kn}, \quad 0 \leqslant n \leqslant N-1 \tag{2.4.6}$$

式(2.4.5)为离散傅里叶正变换,采用了符号 DFT[·] 来表示,式(2.4.6)是离散傅里叶反变换,以符号 IDFT[·] 表示。以上两式还可以写成矩阵形式

$$\begin{bmatrix} X(0) \\ X(1) \\ \vdots \\ X(N-1) \end{bmatrix} = \begin{bmatrix} W^0 & W^0 & \cdots & W^0 \\ W^0 & W^{1\times 1} & W^{2\times 1} & \cdots & W^{(N-1)\times 1} \\ \vdots & \vdots & \vdots & & \vdots \\ W^0 & W^{1\times(N-1)} & W^{2\times(N-1)} & \cdots & W^{(N-1)\times(N-1)} \end{bmatrix} \begin{bmatrix} x(0) \\ x(1) \\ \vdots \\ x(N-1) \end{bmatrix} \tag{2.4.7}$$

$$\begin{bmatrix} x(0) \\ x(1) \\ \vdots \\ x(N-1) \end{bmatrix} = \frac{1}{N} \begin{bmatrix} W^0 & W^0 & W^0 & \cdots & W^0 \\ W^0 & W^{-1\times 1} & W^{-1\times 2} & \cdots & W^{-1\times(N-1)} \\ \vdots & \vdots & \vdots & & \vdots \\ W^0 & W^{-(N-1)\times 1} & W^{-(N-1)\times 2} & \cdots & W^{-(N-1)\times(N-1)} \end{bmatrix} \begin{bmatrix} X(0) \\ X(1) \\ \vdots \\ X(N-1) \end{bmatrix} \tag{2.4.8}$$

为表达简便,上述各式中的 W_N^{nk} 下标 N 通常省略不写,并简写为矢量表达式:

$$\boldsymbol{X}(k) = \boldsymbol{W}^{nk} x(n) \tag{2.4.9}$$

$$x(n) = \frac{1}{N} \boldsymbol{W}^{-nk} \boldsymbol{X}(k) \tag{2.4.10}$$

式(2.4.9)和(2.4.10)中,$\boldsymbol{X}(k)$ 与 $x(n)$ 分别为 N 行的列矩阵,而 $\boldsymbol{W}^{nk}$ 与 $\boldsymbol{W}^{-nk}$ 分别为 $N \times N$ 的对称方阵。

例 2.4.1 用矩阵形式求矩形序列 $x(n) = R_4(n)$ 的 DFT,再由所得 $X(k)$ 经 IDFT 求 $x(n)$,验证所求结果的正确性。

解:

$N=4$,故 $W_4^1 = W^1 = e^{-j\frac{2\pi}{N}} = e^{-j\frac{2\pi}{4}} = -j$

$$\begin{bmatrix} X(0) \\ X(1) \\ X(2) \\ X(3) \end{bmatrix} = \begin{bmatrix} W^0 & W^0 & W^0 & W^0 \\ W^0 & W^1 & W^2 & W^3 \\ W^0 & W^2 & W^4 & W^6 \\ W^0 & W^3 & W^6 & W^9 \end{bmatrix} \begin{bmatrix} x(0) \\ x(1) \\ x(2) \\ x(3) \end{bmatrix} = \begin{bmatrix} 1 & 1 & 1 & 1 \\ 1 & -j & -1 & j \\ 1 & -1 & 1 & -1 \\ 1 & j & -1 & -j \end{bmatrix} \begin{bmatrix} 1 \\ 1 \\ 1 \\ 1 \end{bmatrix} = \begin{bmatrix} 4 \\ 0 \\ 0 \\ 0 \end{bmatrix}$$

上式 $\boldsymbol{W}$ 矩阵中的元素都省去了下标 4,下同。

再由 $X(k)$ 反变换求 $x(n)$

$$\begin{bmatrix} x(0) \\ x(1) \\ x(2) \\ x(3) \end{bmatrix} = \frac{1}{N} \begin{bmatrix} W^0 & W^0 & W^0 & W^0 \\ W^0 & W^{-1} & W^{-2} & W^{-3} \\ W^0 & W^{-2} & W^{-4} & W^{-6} \\ W^0 & W^{-3} & W^{-6} & W^{-9} \end{bmatrix} \begin{bmatrix} X(0) \\ X(1) \\ X(2) \\ X(3) \end{bmatrix} = \frac{1}{4} \begin{bmatrix} 1 & 1 & 1 & 1 \\ 1 & j & -1 & -j \\ 1 & -1 & 1 & -1 \\ 1 & -j & -1 & j \end{bmatrix} \begin{bmatrix} 4 \\ 0 \\ 0 \\ 0 \end{bmatrix} = \begin{bmatrix} 1 \\ 1 \\ 1 \\ 1 \end{bmatrix}$$

$x(n)$ 与 $X(k)$ 的图形如图 2.4.1 所示。

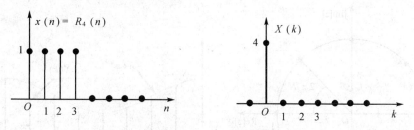

图 2.4.1　例 2.4.1 计算结果表示

2.4.2　离散傅里叶变换与序列傅里叶变换的关系

在连续时间信号部分,通常都把信号的傅里叶变换等同于信号的频谱,序列傅里叶变换是非周期序列的频谱,那么离散傅里叶变换,也是"傅里叶变换",因此 DFT 的结果 $X(k)$ 是序列的频谱吗？显然不是,在 DFT 的定义式中,时域的 $x(n)$ 是主值序列,是有限长序列,有限长序列是非周期序列,真正的频谱应当用序列的傅里叶变换描述,应为连续周期性频谱,而有限长序列的 DFT 却是离散的序列,不应是其频谱,正如在序列傅里叶变换一节中曾经指出的那样,序列傅里叶变换(DTFT)和离散傅里叶变换(DFT),两者概念上是不同的。但另一方面,也存在着重要的联系,从频谱分析的角度看,由于序列频谱 $X(\mathrm{e}^{\mathrm{j}\omega})$ 的特点在于它是 $\mathrm{e}^{\mathrm{j}\omega}$ 的函数,而 $\mathrm{e}^{\mathrm{j}\omega}$ 是 ω 以 2π 为周期的函数,又数字频率范围是有限的,$0 \leqslant \omega \leqslant 2\pi$ 或 $-\pi \leqslant \omega \leqslant \pi$,因此,$x(n)$ 的谱也只限制于取区间 $0 \leqslant \omega \leqslant 2\pi$ 或 $-\pi \leqslant \omega \leqslant \pi$ 对应频率的周期性频谱主值。序列在单位圆的 z 变换就是序列傅里叶变换(DTFT),即序列的频谱,可以证明,离散傅里叶变换(DFT)是这一序列在单位圆上 z 变换(频谱)即序列傅里叶变换的均匀抽样值。下面给出这一结论的证明。

设一有限长序列 $x(n)$ 的长度为 N 点,其 z 变换为

$$X(z) = \sum_{n=0}^{N-1} x(n) z^{-n}$$

因序列为有限长,满足绝对可和的条件,其 z 变换的收敛域为整个 Z 平面,必定包含单位圆,则序列的傅里叶变换为

$$X(\mathrm{e}^{\mathrm{j}\omega}) = X(z)\big|_{z=\mathrm{e}^{\mathrm{j}\omega}} = \sum_{n=0}^{N-1} x(n) \mathrm{e}^{-\mathrm{j}n\omega}$$

现以 $\omega_1 = \dfrac{2\pi}{N}$ 为间隔,把单位圆(表示为 $\mathrm{e}^{\mathrm{j}\omega}$)均匀等分为 N 个点,则在第 k 个等分点,$\omega = k\omega_1 = k\dfrac{2\pi}{N}$ 点上,上式的值为

$$X(\mathrm{e}^{\mathrm{j}\omega})\big|_{\omega=\frac{2\pi}{N}k} = \sum_{n=0}^{N-1} x(n) \mathrm{e}^{-\mathrm{j}\frac{2\pi}{N}kn} = \mathrm{DFT}[x(n)] = X(k)$$

再写为
$$X(k) = \text{DFT}[x(n)] = X(e^{j\omega})|_{\omega=\frac{2\pi}{N}k} = X(z)|_{z=e^{j\frac{2\pi}{N}k}} \quad (2.4.11)$$

由上式(2.4.11)可以得出:有限长序列的 DFT 就是序列傅里叶变换在单位圆上以 $\omega_1 = \dfrac{2\pi}{N}$ 为间隔的抽样值,如图 2.4.2(图中只给出主值区间上的序列频谱)所示。

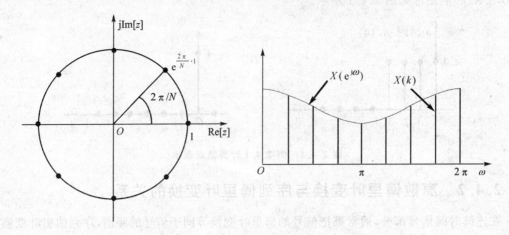

图 2.4.2 DFT 与序列傅里叶变换对比

2.4.3 离散傅里叶变换的性质

从实际应用的角度来看,DFT 由于在时、频域都是有限长的序列,并同时与序列傅里叶变换和离散傅里叶级数均密切相关,因而更具工程价值,它的性质对于实际的信号处理技术有很重要的意义,与前面的连续信号傅里叶变换和序列 z 变换的性质相似,除时域特性作简要介绍外,其他主要性质则列于表 2.4.1,供查阅。

表 2.4.1 离散傅里叶变换的性质

特 性	时域表示	DFT 性质
	$x(n)$	$X(k)$
	$y(n)$	$Y(k)$
线性	$ax(n)+by(n)$	$aX(k)+bY(k)$
时移	$x_p(n\pm m)R_N(n)$	$X(k)W^{\mp mk}$
频移	$x(n)W^{\pm ln}$	$X_p(k\pm l)R_N(k)$
时域圆卷积	$x(n)\circledast y(n)$	$X(k)Y(k)$
频域圆卷积	$x(n)y(n)$	$(1/N)X(k)\circledast Y(k)$
奇偶性	设 $x(n)$ 为实数序列	$X(k)=X^*(N-k)$ $\|X(k)\|=\|X^*(N-k)\|=\|X(N-k)\|$ $\arg[X(k)]=\arg[X^*(N-k)]=-\arg[X(N-k)]$
帕斯瓦尔定理	$\sum\limits_{n=0}^{N-1}\|x(n)\|^2$	$\dfrac{1}{N}\sum\limits_{k=0}^{N-1}\|X(k)\|^2$

时移特性

先引入圆周移位的概念。

(1) 圆周移位

圆周移位也叫循环移位,简称圆移位。它是指序列的这样一种移位:将一有限长序列 $x(n)$,进行周期延拓,周期为 N,构成周期序列 $x_p(n)$,然后对周期序列 $x_p(n)$ 作 m 位的移位处理得移位序列 $x_p(n-m)$,再取其主值序列($x_p(n-m)$ 与一矩形序列 $R_N(n)$ 相乘),得到 $x_p(n-m)R_N(n)$,就是所谓的圆周移位序列。这样的移位过程有一个特点,有限长序列经过了周期延拓,例如当序列的第一个周期右移 m 位后,紧靠第一个周期左边的序列的序列值就依次填补了第一个周期序列右移后左边的空位,如同序列 $x(n)$ 排列在一个 N 等分的圆周上,N 个等分点首尾相衔接,圆周移 m 位相当于 $x(n)$ 在圆周上旋转 m 位,因此称为圆周移位,简称圆移位或循环移位。

下面看一个例子:一序列 $x(n)$($N=5$)圆周右移 $m=2$ 位,其移位过程如图 2.4.3 所示。

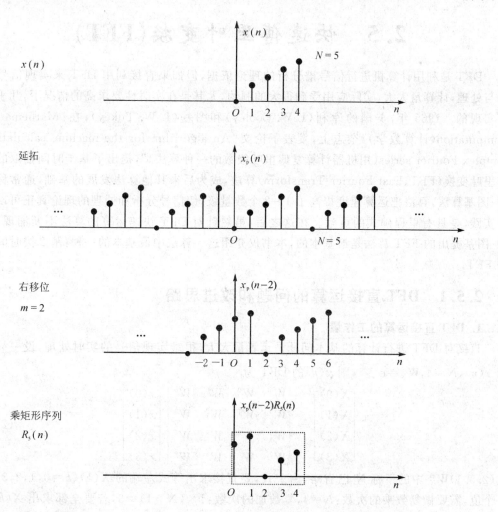

图 2.4.3 序列的圆周移位

由图 2.4.3 可以看出:当序列 $x(n)$ 右移 $m=2$ 时,超出序号($N-1=4$)左边的两个空位,又被左边另一周期的序列值依次填补,就好像序列 $x(n)$ 是排列在 5 等分的圆周上(圆周上的 5 个点,表示 $n=0,1,2,3,4$ 这 5 个序列点位置),5 个序列点首尾相连,当序列右移 $m=2$ 位时,相当于 $x(n)$ 在圆周上逆时针旋转 $m=2$ 位,如图 2.4.4 所示。

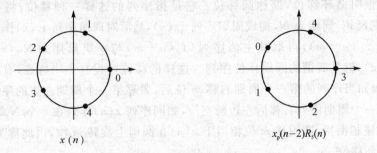

图 2.4.4 圆周移位说明

2.5 快速傅里叶变换(FFT)

DFT 是利用计算机进行信号谱分析的理论依据,但如果直接利用 DFT 来实现信号的分析与处理,计算量太大,实际应用受到很大的制约,尤其是在实时性要求高的情况下,几乎是难以实现的。1965 年,美国的库利(I. W. Cooley)和图基(J. W. Tukey),在《Mathematics of Computation(计算数学)》杂志上,发表了论文"An algorithm for the machine calculation of complex Fourier series(用机器计算复傅里叶级数的一种算法)",提出了基于时间抽取的快速傅里叶变换(FFT,Fast Fourier Transform)算法,成为后来其他算法发展的基础,通常称为库利-图基算法,算法把运算速度提高了 1~2 个数量级,使信号分析和处理的理论真正可以应用于实践,是具有里程碑式的贡献。在这之后,虽然针对 DFT 快速运算的算法不断涌现,但库利-图基提出的 FFT 算法是最基本的,本书仅介绍这一算法中最基本的一种:基 2 按时间抽取的 FFT。

2.5.1 DFT 直接运算的问题和改进思路

1. DFT 直接运算的工作量

直接对 DFT 进行计算的基本问题是运算量太大,很难实现信号的实时处理,设一简单序列 $x(n)$,$N=4$,$W_N = e^{-j\frac{2\pi}{N}}$,则 $x(n)$ 的 DFT 为

$$\begin{bmatrix} X(0) \\ X(1) \\ X(2) \\ X(3) \end{bmatrix} = \begin{bmatrix} W^0 & W^0 & W^0 & W^0 \\ W^0 & W^1 & W^2 & W^3 \\ W^0 & W^2 & W^4 & W^6 \\ W^0 & W^3 & W^6 & W^9 \end{bmatrix} \begin{bmatrix} x(0) \\ x(1) \\ x(2) \\ x(3) \end{bmatrix} \tag{2.5.1}$$

式(2.5.1)W_N^{nk} 中的下标 N 已省略,由上式,要直接求出等式左端的 $X(k)$($k=0,1,2,3$)的任一个值,需要做复数乘的次数:$N=4$,复数加的次数:$1\times(N-1)=3$,若要全部求出 $X(k)$ 的 4 个值,复数乘的次数:$N^2=4^2=16$,复数加的次数:$N\times(N-1)=12$,这样简单的 DFT 计算,其计算量已经不小。如果 $N=2^{10}=1\,024$,则复数乘的次数:$N^2=1\,048\,576$,复数加次数约为 $N^2=1\,048\,576$,即便计算速度再高,实现信号的实时处理已很难,若点数 N 大大增加(例如图像

处理),运算量也会随之大大增加,实时处理几乎就变得不可能了,因此必须改进 DFT 的算法。

2. 改进思路

由 DFT 的定义式

$$X(k) = \text{DFT}[x(n)] = \sum_{n=0}^{N-1} x(n) W_N^{nk}$$

首先对定义式中的 W_N^{nk} 进行分析后,不难看出: W_N^{nk} 具有周期和对称的特性,可加以利用,简化计算。

(1) W_N^{nk} 的周期性。有

$$W_N^{nk} = W_N^{(n+N)k} = W_N^{(n+lN)k} = W_N^{(k+mN)n} \tag{2.5.2}$$

式中,l 和 m 为整数,如对于 $N=4$,有 $W_4^2 = W_4^6, W_4^1 = W_4^9$。

(2) W_N^{nk} 的对称性。有

$$W_N^{\frac{N}{2}} = e^{-j\frac{2\pi N}{N 2}} = -1 \tag{2.5.3}$$

所以

$$W_N^{(nk+\frac{N}{2})} = W_N^{nk} W_N^{\frac{N}{2}} = -W_N^{nk}$$

对 $N=4$,有 $W_4^3 = -W_4^1, W_4^2 = -W_4^0$。

将上述(1)、(2)中的结果,代入式(2.5.1)中的矩阵 W,W 可以简化为

$$\begin{bmatrix} W^0 & W^0 & W^0 & W^0 \\ W^0 & W^1 & W^2 & W^3 \\ W^0 & W^2 & W^4 & W^6 \\ W^0 & W^3 & W^6 & W^9 \end{bmatrix} = \begin{bmatrix} W^0 & W^0 & W^0 & W^0 \\ W^0 & W^1 & -W^0 & -W^1 \\ W^0 & -W^0 & W^0 & -W^0 \\ W^0 & -W^1 & -W^0 & W^1 \end{bmatrix}$$

上式右端的矩阵 W 中,许多元素是相等的,有些元素只要对相应的元素取负,不需要再做重复的具体计算,可明显减少计算量。

另外考虑到:运算量正比于 N^2,因此可以采取(3)的做法减小计算量。

(3) 把大点数(大 N)DFT 的计算化为小点数(如 $N/2$),又可大幅度地把 DFT 计算量大大减少。

综合应用上述的改进思路,实现傅里叶变换的快速计算的算法,就是快速傅里叶变换,简写为 FFT。下面介绍基本的库利-图基 FFT 时析型算法。

2.5.2 基 2 按时间抽取的 FFT 算法(时析型)

1. 算法原理

对序列 $x(n)$,设: $N=2^M$ (M 为整数),如果 N 不是 2 的幂次,应在序列后面补零到 2^M,这就是"基 2"的意思。随后按照 n 的奇偶性以及时间的先后,抽取序列值,从而把序列分成奇数序号与偶数序号的两组子序列之和(将大点数序列化为小点数的分序列),这也就是所谓的"按时间抽取"的基本含意。经过对序列的"基 2 按时间抽取",序列 $x(n)$ 变为

$$\left. \begin{aligned} y(r) &= x(2r+1) \quad \text{(序列中为奇序列号的子序列)} \\ z(r) &= x(2r) \quad \text{(序列中为偶序列号的子序列)} \end{aligned} \right\}, \ r=0,1,2,\cdots,\frac{N}{2}-1 \right\} \tag{2.5.4}$$

则序列 $x(n)$ 的 DFT 可化为:

$$X(k) = \text{DFT}[x(n)] = \sum_{n=0}^{N-1} x(n) W_N^{nk} \quad (x(n) \text{ 的 } N \text{ 点 DFT}) \rightarrow$$

$$\sum_{r=0}^{\frac{N}{2}-1} x(2r)W_N^{2rk} + \sum_{r=0}^{\frac{N}{2}-1} x(2r+1)W_N^{(2r+1)k} \quad (\text{注意}: \text{仅 } x(n) \text{ 进行了 } N/2 \text{ 点的 DFT})。$$

进一步对上述表达式中的参数(W_N)的上标进行适当的处理,有

$$\sum_{r=0}^{\frac{N}{2}-1} x(2r)W_N^{2rk} + \sum_{r=0}^{\frac{N}{2}-1} x(2r+1)W_N^{(2r+1)k} = \sum_{r=0}^{\frac{N}{2}-1} x(2r)(W_N^2)^{rk} + W_N^k \sum_{r=0}^{\frac{N}{2}-1} x(2r+1)(W_N^2)^{rk} \tag{2.5.5}$$

而

$$W_N^2 = e^{-j\frac{2\pi}{N}2} = e^{-j\frac{2\pi}{N/2}} = W_{N/2} \tag{2.5.6}$$

将式(2.5.6)代入(2.5.5),可得

$$X(k) = \sum_{r=0}^{\frac{N}{2}-1} x(2r)W_{N/2}^{rk} + W_N^k \sum_{r=0}^{\frac{N}{2}-1} x(2r+1)W_{N/2}^{rk} =$$
$$\sum_{r=0}^{\frac{N}{2}-1} y(r)W_{N/2}^{rk} + W_N^k \sum_{r=0}^{\frac{N}{2}-1} z(r)W_{N/2}^{rk} = Y(k) + W_N^k Z(k) \tag{2.5.7}$$

式(2.5.7)中

$$\left.\begin{aligned} Y(k) &= \sum_{r=0}^{\frac{N}{2}-1} y(r)W_{N/2}^{rk} \\ Z(k) &= \sum_{r=0}^{\frac{N}{2}-1} z(r)W_{N/2}^{rk} \end{aligned}\right\} \tag{2.5.8}$$

由上述所求得的 $X(k)$ 是对应 $r=0,1,2,\cdots,(N/2)-1$,这 $N/2$ 个点的 DFT,相应的为 $k=0,1,2,\cdots,(N/2)-1$ 的 $X(k)$。

下面再求另外 $N/2$ 个点的 DFT,即 $k_1 = \frac{N}{2}, \frac{N}{2}+1, \cdots, N-1$ 的 $X(k_1)$,表示成

$$X(k_1) = X\left(k+\frac{N}{2}\right) = \sum_{r=0}^{\frac{N}{2}-1} y(r)W_{N/2}^{r(k+\frac{N}{2})} + W_N^{(k+\frac{N}{2})} \sum_{r=0}^{\frac{N}{2}-1} z(r)W_{N/2}^{r(k+\frac{N}{2})} \tag{2.5.9}$$

根据周期性,注意这 $N/2$ 个点的 DFT,周期是 $N/2$,则

$$W_{N/2}^{r(k+\frac{N}{2})} = W_{N/2}^{rk}$$

由对称性

$$W_N^{k+\frac{N}{2}} = -W_N^k$$

则式(2.5.9)可写为

$$X\left(k+\frac{N}{2}\right) = \sum_{r=0}^{\frac{N}{2}-1} y(r)W_{N/2}^{rk} - W_N^k \sum_{r=0}^{\frac{N}{2}-1} z(r)W_{N/2}^{rk} = Y(k) - W_N^k Z(k) \tag{2.5.10}$$

将式(2.5.7)和(2.5.10)的结果列出如下:

$$\left.\begin{aligned} X(k) &= Y(k) + W_N^k Z(k) \\ X\left(k+\frac{N}{2}\right) &= Y(k) - W_N^k Z(k) \end{aligned}\right\} \tag{2.5.11}$$

进行上述"基 2"按时间抽取的基本过程,是把一个 N 点的 DFT 按时间先后顺序,转化成了两

组序列号分别为奇、偶数,点数为 N 点一半的 N/2 点序列,并同时利用序列的周期性和对称性,使运算过程大大简化和缩短。上述运算过程可以用一流程图来表示,流程图状如"蝴蝶",被称为"蝶形图",如图 2.5.1 所示。

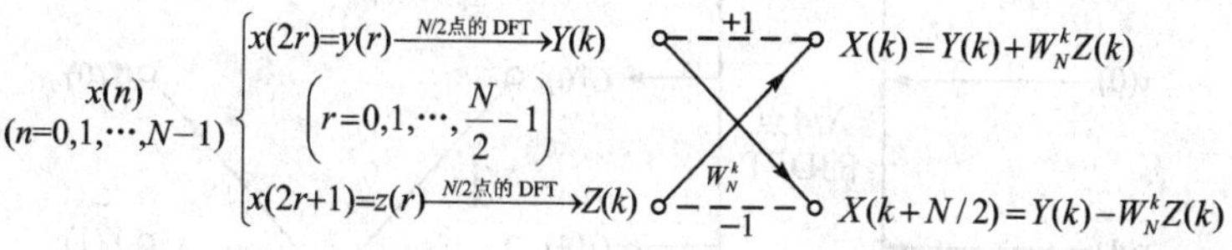

$$\left.\begin{array}{l}x(n)\\(n=0,1,\cdots,N-1)\end{array}\right\}\begin{cases}x(2r)=y(r)\xrightarrow{N/2\text{点的 DFT}}Y(k)\\\left(r=0,1,\cdots,\dfrac{N}{2}-1\right)\\x(2r+1)=z(r)\xrightarrow{N/2\text{点的 DFT}}Z(k)\end{cases}$$

得 $X(k)=Y(k)+W_N^k Z(k)$ 和 $X(k+N/2)=Y(k)-W_N^k Z(k)$

图 2.5.1 FFT 运算流程图——蝶形图

图 2.5.1 中的蝶形图,形象地说明了式(2.5.11)的运算过程。图中虚线上方的(+1)和(-1)表示 $+W_N^k Z(k)$ 和 $-W_N^k Z(k)$ 的运算,为简化和图形的清晰,在画蝶形图时,虚线略去不画,数字+1、-1 也予以省略,如图 2.5.2 所示。

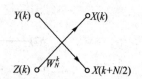

图 2.5.2 蝶形图的简略画法

下面用一个例子,了解一下蝶形运算的具体过程。
设:序列 $x(n)$,$N=8$,由式(2.5.11)可得出

$$X(0)=Y(0)+W_8^0 Z(0) \qquad X(4)=Y(0)-W_8^0 Z(0)$$
$$X(1)=Y(1)+W_8^1 Z(1) \qquad X(5)=Y(1)-W_8^1 Z(1)$$
$$X(2)=Y(2)+W_8^2 Z(2) \qquad X(6)=Y(2)-W_8^2 Z(2)$$
$$X(3)=Y(3)+W_8^3 Z(3) \qquad X(7)=Y(3)-W_8^3 Z(3)$$

按照"基 2"按时间抽取的算法,可将上述运算形象地表示为如图 2.5.3 所示的蝶形图。

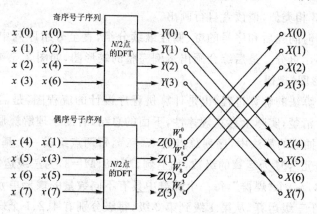

图 2.5.3 N=8 序列 $x(n)$ 的 N/2 点 DFT 的蝶形运算图

进一步应用算法原理,继续对上述两组序列进行再分组,按新的奇、偶数序号分成

$$\begin{cases}x(0),x(4)(\text{奇序号})\\x(2),x(6)(\text{偶序号})\end{cases}; \qquad \begin{cases}x(1),x(5)(\text{奇序号})\\x(3),x(7)(\text{偶序号})\end{cases}$$

对上述分组序列的蝶形运算与上面的相似,以 $x(0)$ 和 $x(4)$、$x(2)$ 和 $x(6)$ 这一组子序列为例,仍根据式(2.5.11),只是 N 由 8 变为 4,可得

$$Y(k)=G(k)+W_{N/2}^k H(k)$$
$$Y(k+N/4)=G(k)-W_{N/2}^k H(k)$$

$$\left(k = 0, 1, \cdots, \frac{N}{4} - 1\right)$$

从而画出相应的蝶形图,如图 2.5.4 所示。

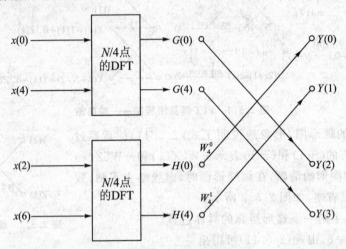

图 2.5.4　N/4 点的蝶形图

与上述相仿,对于 $x(1)$ 和 $x(5)$、$x(3)$ 和 $x(7)$ 的另一组,有

$$Z(k) = I(k) + W_{N/2}^k J(k)$$

$$Z\left(k + \frac{N}{4}\right) = I(k) - W_{N/2}^k J(k)$$

其蝶形图与图 2.5.3 相类似,请读者自行画出。

类推,序列可按时间先后和序号的奇、偶性继续分组,直至分组序列中只剩 2 点为止。本例已经是 2 点了,不用再分。最后综合画出本例完整的蝶形图,如图 2.5.4 所示。

2. 流程图(蝶形图)规律

蝶形图是 FFT 算法的解算过程,也是计算机程序设计的流程图,是需要理解的。表面上看,蝶形图不容易看清楚,实际上存在规律性,下面的总结,有助于理解蝶形图。

① 基 2 按时间抽取的算法中,序列总点数 $N = 2^M$,每两点组成一个基本的运算单元(一个"蝴蝶"),称"蝶形单元",M 为运算的级数,如上例,$N=8,M=3$,为三级运算,每级由 1 至若干个蝶形单元组成,称为一个"蝶群",每一个蝶群中具有不同数量的蝶形单元。整个蝶形图由一系列蝶群构成。对于三级运算,从第 1 级到第 3 级,每级分别有 4、2、1 个蝶群。蝶形单元的宽度为蝶距(即为序列的序号差),蝶群宽度为蝶群的宽度,由图 2.5.5 可见,显然,每级的蝶距和蝶群宽是不相等的,图 2.5.5 中的蝶距和蝶群宽是对第 3 级的蝶群而言。上述参数之间存在一定关系,如表 2.5.1 所列。

② 全部 M 级蝶形运算,每一级都是"同位运算",每级的数值都只用一次,即后级不用前级的数值,在计算机处理中无需另占存储空间,这对于计算机内存资源十分紧张或存贮空间有限的处理器是非常有意义的。当然随着计算机技术的发展,为了提高整体运算速度,若需要中间运算的输入输出结果时,也可以分别占用存贮单元。在蝶形图中,中间的运算结果不必标注,也不用标出。

③ 每个蝶形单元的运算,都包括乘 W_N^k,并与相应的 DFT 结果加减各一次,如图中的 W_2^0,

W_4^0, W_4^1 等。

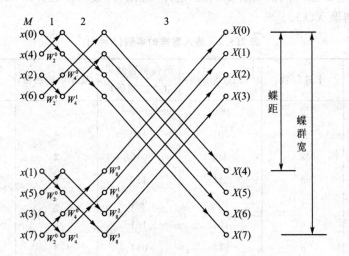

图 2.5.5 $N=8$ 时，三级（$M=3$）蝶形运算图

表 2.5.1 蝶形图参数

蝶群序号	蝶距（序号差）	蝶群宽（点数）	蝶群数
第一级（2 点 DFT）	2^0	2^1	$N/2^1$
第二级（4 点 DFT）	2^1	2^2	$N/2^2$
⋮	⋮	⋮	⋮
第 i 级（2^i 点 DFT）	2^{i-1}	2^i	$N/2^i$
⋮	⋮	⋮	⋮
第 M 级（2^M 点 DFT）	2^{M-1}	2^M	$N/2^M=1$

④ 同一级中，W_N^k 的分布规律相同，各级 W_N^k 的分布规律为

第 1 级（2 点 DFT）：W_2^0；

第 2 级（4 点 DFT）：W_4^0, W_4^2；

⋮

第 i 级（2^i 点 DFT）：$W_{2^i}^0, W_{2^i}^1, \cdots, W_{2^i}^{\frac{2^i}{2}-1}$。

⑤ 由于输入 $x(n)$ 是按时间先后顺序排列的，是"自然顺序"，但进行 FFT 运算时，要按序列序号的奇、偶性进行"抽取"，需要一种"乱序"。所谓的"乱"是相对于自然顺序而言，实际仍需符合所采用算法的一定规则，例如"基 2"按时间抽取的方法，抽取按奇偶数先后顺序排列的要求，才能够获得 DFT 结果 $X(k)$ 按自然顺序的输出，因而在应用计算机编程计算时，需要对输入进行相应处理，即所谓的"码位倒置"处理，或称输入重排。下面讨论这个问题。

3. 输入重排

序列的输入：自然顺序；

输出 DFT 的结果：自然顺序；

FFT 的输入：要求乱序。

以 $N=8$ 的情况为例，其输入情况如表 2.5.2 所列。按自然顺序排列的序列，经过码位倒置处理后,成为"基2"按时间抽取所要求的"乱序"规则,经过蝶形运算后,就获得了按自然顺序排列的DFT结果$X(k)$。

表 2.5.2 输入重排的实例($N=8$)

序列输入的自然顺序	十进制数	二进制码	码位倒置结果（二进制码）	乱序十进制数	序列乱序的输入顺序
$x(0)$	0	000	000	0	$x(0)$
$x(1)$	1	001	100	4	$x(4)$
$x(2)$	2	010	010	2	$x(2)$
$x(3)$	3	011	110	6	$x(6)$
$x(4)$	4	100	001	1	$x(1)$
$x(5)$	5	101	101	5	$x(5)$
$x(6)$	6	110	011	3	$x(3)$
$x(7)$	7	111	111	7	$x(7)$

4. 运算量比较

应用上述FFT算法,大大简化和加快了DFT的运算过程。改进有多大呢?下面作一个简单的定量分析,使读者有一个基本估计。

由于$N=2^M$,有$M=\text{lb } N$,对于FFT的算法来说,M级蝶形运算,每级有$N/2$个蝶形运算,每个蝶形运算次数:一次复乘,二次复加。其运算总次数为(N为大数时)

复乘: $M \cdot N/2 = (N/2) \cdot \text{lb } N$

复加: $M \cdot 2 \cdot N/2 = N \cdot \text{lb } N$

而对于DFT,运算总次数为

复乘: N^2

复加: $N(N-1) \approx N \cdot \text{lb } N$

FFT和DFT运算时间的量级对比,如表2.5.3所列。

表 2.5.3 FFT和DFT运算量的比较

M	$N=2^M$	DFT(复乘 N^2)	FFT(复乘 $(N/2) \cdot \text{lb } N$)	改善比(DFT/FFT)
6	64	4 096	192	21.3
10	1 024	1 058 576	5 120	2 048

由表中数据可以看出:运算级数越多,数据量越大,效果越明显,对于$N=1\,024$,运算速度已经可以改善3个数量级以上,效果非常显著。

前面介绍了"基2"按时间抽取的FFT算法的原理。正如前文所指出的,FFT的算法是建立在库利-图基算法的基础上的,其目的是为了进一步加速DFT运算的过程。算法仍在不断的改进和发展中,需要了解更多算法的读者,可参阅有关参考文献和书籍。

2.5.3 IDFT的快速算法(IFFT)

所谓IFFT(快速傅里叶反变换)就是对IDFT(傅里叶反变换)进行快速运算。为了更好

地理解 IFFT,先对 DFT 与 IDFT 两者的定义式作一比较:

$$\text{DFT}[x(n)] = X(k) = \sum_{n=0}^{N-1} x(n) W_N^{nk}$$

$$\text{IDFT}[X(k)] = x(n) = \frac{1}{N} \sum_{k=0}^{N-1} X(k) W_N^{-nk}$$

比较上述两式,如果抛开 $x(n)$ 和 $X(k)$ 在信号变换中的物理意义,单从数学运算的角度看。他们几乎是相同的序列运算表达式,并没有本质上的区别,细小的差异有以下三点:

① IDFT 表达式比 DFT 中多了一常数项 $\frac{1}{N}$;

② DFT 和 IDFT 中矩阵 W 项,相差一个正、负号,是一对共轭复数,即
$$W_N^{nk}(\text{对 DFT}), W_N^{-nk}(\text{对 IDFT});$$

③ $x(n)$ 和 $X(k)$ 互换了位置,亦即 $x \leftrightarrow X, n \leftrightarrow k$。

上述差异,从数学运算的角度,只需对 FFT 的蝶形运算针对上述差异作适当修正,FFT 即可作为 IFFT 的算法,其蝶形图除字符根据上面的对应关系作改动外,与 FFT 也基本一样,如图 2.5.6 所示。

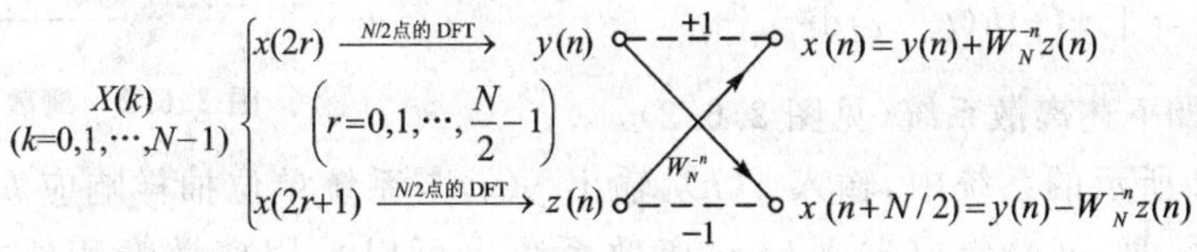

图 2.5.6 IFFT 蝶形运算图

将上述 IFFT 的结果乘以 $\frac{1}{N}$,就是 IDFT 的最后结果 $x(n)$。

FFT 是离散傅里叶变换 DFT 的快速算法,离散傅里叶变换及其快速算法不仅有理论上的意义,而且还具有工程中广泛的实用性,凡是可以利用傅里叶变换进行分析、综合和处理的技术问题,都能利用 FFT 有效快捷地解决。在各种离散傅里叶变换的应用中,其软件部分,实现 FFT 运算的程序段是必不可少的,并且一般均作为一个主要的子程序调用。FFT 算法程序的基本部分,现在已经是一个常规的程序了,从早期使用 FORTRAN 语言到现在采用 C(C++)语言编写的,都能比较方便地找到参考程序。一些较为著名的应用软件,如 MATLAB、MATHMATICA、MATHCAD 等,把 FFT 算法程序作为它们的一个内部函数,用一条语句直接调用即可完成运算。但在某些应用场合,掌握 FFT 程序的编写还是有一定实际价值的。用 C(C++)语言编写的参考程序,可以在许多不同的文献和书中找到,如应启珩等编著、由清华大学出版社出版的《离散时间信号分析和处理》中就附有"基 2"按时间抽取的 FFT 算法程序,可以直接移植使用,在学习了 FFT 算法原理以后,理解、读懂或在这些参考程序的基础上,结合自己的实际应用修改或编写类似的程序也不太难,这里就不专门介绍了。

2.6 离散傅里叶变换的应用

前面已经指出,FFT 的应用十分广泛,下面介绍的只是有限的几个方面,是一些原理性的应用,供实际应用参考。

2.6.1 用 FFT 实现快速卷积

1. 离散卷积

在线性时不变连续系统(见图 2.6.1)中,可以利用卷积积分的方法求系统的零状态响应,其原理是:

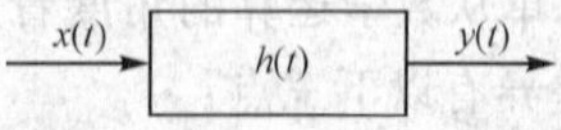

![图2.6.1 连续系统框图]

图 2.6.1 连续系统框图

其运算过程如下:

第一步:把激励信号(输入 $x(t)$)分解为冲激信号($t=\tau$ 时的冲激信号可表示为 $x(\tau)\Delta\tau\delta(t-\tau)$)的叠加 $x(t)=\int_{-\infty}^{\infty}x(\tau)\delta(t-\tau)\mathrm{d}\tau$。

第二步:求每一冲激信号($x(\tau)\delta(t-\tau)\Delta\tau$)单独作用时的冲激响应,由线性非时变和卷积性质,产生的响应为 $x(\tau)\Delta\tau h(t-\tau)$。

第三步:将单独的冲激响应叠加 $\lim_{\Delta\tau\to 0}\sum_{\tau=0}^{t}x(\tau)\Delta\tau h(t-\tau)$。

第四步:得系统的总响应(输出)。这种方法称为连续卷积,表示为 $y(t)=\int_{0}^{t}x(\tau)h(t-\tau)\mathrm{d}\tau$。

相类似,例如下述离散系统(见图 2.6.2)。

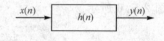

图 2.6.2 离散系统原理框图

在图 2.6.2 所示的系统中,输入 $x(n)$、输出 $y(n)$ 与系统单位抽样响应 $h(n)$ 之间的关系是线卷积的关系,即 $y(n)=x(n)*h(n)$ 离散系统也可以采用离散卷积法求系统响应,思路是:

输入序列分解→求分解后序列各个分量单独作用的响应→将单独作用响应的叠加(求和,离散卷积和)→离散系统总响应。这种方法相应称为离散卷积法。

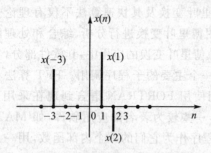

图 2.6.3 序列分解示例

根据上述离散卷积求解系统响应的过程,下面结合具体实例进行分析,导出离散卷积的表达式。

(1) 输入序列分解

任一序列可以分解成一系列抽样序列 $\delta(n)$ 的延时并加权之和。例如,序列 $x(n)$,如图 2.6.3 所示。

根据抽样序列的定义,对于任意一个序号 $n=m$ 处的序列值,可表示成通式:

$$x(m)\delta(n-m) \tag{2.6.1}$$

即任一序列值等于单位抽样序列 $\delta(n)$ 移 m 位,幅度加权 $x(m)$,图 2.6.3 所示序列可表示成

$$x(n)=x(-3)\delta(n+3)+x(1)\delta(n-1)+x(2)\delta(n-2)$$

以此类推,任意序列都可以分解成这一系列加权移序的单位抽样序列之和,即

$$x(n)=\sum_{m=-\infty}^{\infty}x(m)\delta(n-m) \tag{2.6.2}$$

(2) 序列各分量单独作用的系统响应

系统在零状态下,线性非移变离散系统的输入(激励)与输出(响应)有如下关系

$$\delta(n) \rightarrow h(n) \quad \text{——单位抽样响应}$$
$$\delta(n-m) \rightarrow h(n-m) \quad \text{——系统非移变性质}$$
$$x(m)\delta(n-m) \rightarrow x(m)h(n-m) \quad \text{——线性(均匀性)特性}$$

(3) 单独作用响应的叠加

根据系统叠加原理,将上述分序列单独作用时的响应叠加,就可得到由这些各序列分量合成的输入序列 $x(n)$ 的输出(响应) $y(n)$

$$y(n) = \sum_{m=-\infty}^{\infty} x(m)h(n-m) \tag{2.6.3}$$

上式称为离散卷积和,简称离散卷积,或线卷积,并记为

$$y(n) = x(n) * h(n) \tag{2.6.4}$$

由式(2.6.4),可知离散系统的零状态响应是输入序列与系统单位抽样响应序列的离散卷积。

离散卷积的运算规则(性质)与连续卷积基本相似,例如:

任意序列与单位抽样序列的离散卷积即为序列本身,即

$$x(n) = x(n) * \delta(n) \tag{2.6.5}$$

$\sum_{m=-\infty}^{\infty} x(m)h(n-m)$ 运算的过程包括:

变量置换 → 反褶 → 平移 → 相乘 → 求和

$x(n) \rightarrow x(m)$

$h(n) \rightarrow h(m) \rightarrow h(-m) \rightarrow h(n-m) \rightarrow x(m)h(n-m) \rightarrow \sum_{m=-\infty}^{\infty} x(m)h(n-m)$

即使是两个短序列的卷积,工作量也比较大,手工运算是不容易的;对于有规律性的长序列离散卷积,可以直接利用定义式(2.6.3)求解,也可以利用 z 变换时域卷积定理进行解算,即应用以下两式

$$\mathscr{Z}[x(n) * h(n)] = X(z)H(z)$$
$$x(n) * h(n) = \mathscr{Z}^{-1}[X(z)H(z)]$$

离散卷积与卷积积分有所不同,卷积积分在连续系统中主要是理论上的意义,而离散卷积不仅有理论上的重要性,而且由于可以求出在任意输入作用下的输出响应,又能够实现快速卷积,因此可为离散系统的实现提供一条重要途径。

离散卷积不仅用于离散系统的分析处理,而且可以用作连续系统中卷积积分的数值近似计算,这一点可以通过对他们的定义式加以对比就可以理解。

2. 用 FFT 计算线卷积的基本原理和方法

DFT 性质一节中,讲到一个重要性质—时域圆卷积定理,该定理认为:若对三个 N 点的序列,有

$$X(k) = \text{DFT}[x(n)], H(k) = \text{DFT}[h(n)], Y(k) = \text{DFT}[y(n)]$$

并且存在

$$Y(k) = X(k) H(k)$$

的关系,则

$$y(n) = \text{IDFT}[Y(k)] = \sum_{m=0}^{N-1} x(m)h_p(n-m)R_N(n)$$

记作

$$y(n) = x(n) \circledast h(n)$$

上式称为圆卷积，显然，由于 $y(n)$ 是 $Y(k)$ 的 IDFT，所以圆卷积可以采用 IFFT 的算法。

但实际问题往往需要求解的是线卷积，$y(n)=x(n) * h(n)$。卷积运算是高级运算，直接计算往往是比较麻烦的，需要相当的工作量，能否用圆卷积代替线卷积，并且使 IFFT 计算圆卷积的结果等于线卷积？一般情况，两者是不相等的，但可以证明计算的结果相等是有可能的，这需要满足一个条件：将进行卷积的两序列长度（即两序列的点数，分别为 N_1 和 N_2），均加长至 $N \geq N_1 + N_2 - 1$，然后再进行圆卷积，则其圆卷积的结果与线卷积的结果相同。下面来证明这个结论。

设：$x(n)$、$h(n)$ 均分别由 N_1 和 N_2 点通过补零长至 N 点，其线卷积为 y_1，可表示为

$$y_1(n) = x(n) * h(n) = \sum_{m=0}^{N-1} x(m)h(n-m)$$

计算结果的长度可能多出一些零值，非零长度仍为 (N_1+N_2-1) 点。

而 $x(n)$、$h(n)$ 的圆卷积为

$$y_2(n) = x(n) \circledast h(n) = \sum_{m=0}^{N-1} x(m)h_p(n-m)R_N(n) = \Big[\sum_{m=0}^{N-1} x(m)h_p(n-m)\Big]R_N(n)$$

而

$$\sum_{m=0}^{N-1} x(m)h_p(n-m) = \sum_{m=0}^{N-1} x(m) \sum_{r=-\infty}^{\infty} h(n+rN-m)$$

将上式右端的求和次序颠倒一下，有

$$\sum_{m=0}^{N-1} x(m)h_p(n-m) = \sum_{r=-\infty}^{\infty} \sum_{m=0}^{N-1} x(m)h(n+rN-m) = \sum_{r=-\infty}^{\infty} y_1(n+rN) = y_{1p}(n)$$

所以可得

$$y_2(n) = y_{1p}(n)R_N(n) = y_1(n) \tag{2.6.6}$$

式中，下标 p 表示序列的周期化；$y_{1p}(n)$ 是指对线卷积 $y_1(n)$ 进行周期为 N 的延拓后得到的周期序列；$y_2(n)=y_{1p}(n)R_N(n)$ 是两序列的圆卷积的结果，是 $y_{1p}(n)$ 的主值序列。

从而证得：加长至 N 的 $x(n)$、$h(n)$ 两序列的圆卷积 $y_2(n)$，与线卷积 $y_1(n)$ 作周期延拓所得到序列 $y_{1p}(n)$ 的主值序列 $y_1(n)$ 相同。在这个条件下（两序列均加长至 N 点），就可以通过计算序列的圆卷积来求解线卷积。从上面的推导过程还可以看出：如果两序列不加长至 N，其线卷积的周期延拓序列将发生重叠或叫混叠现象（因为线卷积 $y_1(n)$ 长度为 (N_1+N_2-1)，相应计算出的圆卷积也将产生失真，圆卷积的主值序列和线卷积就不相同。

根据上述原理，可以得出用 FFT 求解两序列线卷积的原理框图，如图 2.6.4 所示。

另外，还要指出：序列加长后的长度 N 除应满足 $N \geq N_1 + N_2 - 1$ 外，同时其长度应为 2 的正整数次幂，以适应基 2 类型 FFT 运算的要求。

由图 2.6.4 可知，利用 FFT 作线卷积，需做三次（包括一次 IFFT）FFT 和 N 次复乘运算，工作量并不少，对于短序列，与直接卷积的计算量相比，计算效率并没有优势，而对长序列，并且两个序列长度接近或相等时该方法是比较适用的。

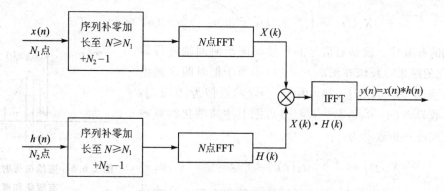

图 2.6.4　应用 FFT 计算线卷积

2.6.2　连续时间信号的数字谱分析

信号的频谱分析,在工程上有着广泛应用,但所遇到的信号,包括传感器的输出,大量的是连续非周期信号,对于这种信号在时域或频域都是连续的(信号的下标用 a 表示),表示为下面的傅里叶积分形式并如图 2.6.5 所示。

$$X_a(\Omega) = \int_{-\infty}^{\infty} x_a(t) e^{-j\Omega t} dt$$

$$x_a(t) = \frac{1}{2\pi} \int_{-\infty}^{\infty} X_a(\Omega) e^{j\Omega t} d\Omega$$

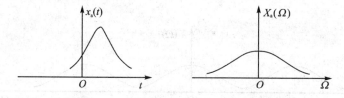

图 2.6.5　连续非周期信号时域波形和频谱

由此,可以看出两点:

① 积分式中时间与频率参数的积分区间均为 $(-\infty, \infty)$;
② $X_a(\Omega)$、$x_a(t)$ 都是连续的函数。

显然,上述两点,无法满足计算机进行数字处理的要求,若要应用 FFT 进行分析和处理,必须在时、频域对连续量进行:① 有限化;② 离散化处理。必须明确指出,有限化和离散化处理是在时、频域对被处理的连续信号的近似或逼近,是一种近似处理。下面进一步来讨论这种处理的原理和方法。

1. 时域的有限化和离散化

时域的离散化。就是对连续信号进行抽样(抽样信号的下标用 s 表示),若采样周期为 T,有

$$t = nT \quad (n = 0, 1, 2, \cdots, N-1)$$

则 $x_a(t) \rightarrow x_s(t)$,时域离散化的结果如图 2.6.6 所示。原连续信号经离散化处理后的频谱应近似表示为(积分运算也相应变为累加)

$$X_a(\Omega) = \int_{-\infty}^{\infty} x_a(t) e^{-j\Omega t} dt \approx \sum_{n=-\infty}^{\infty} x_a(nT) e^{-j\Omega nT} \cdot T$$

时域的有限化。就是对信号的延续时间沿时间轴进行截断,有限化的结果也反映在图 2.6.6 中,相当于把时间区间由 $(-\infty,\infty)$ 限定为 $[0,T_1]$。即 t 由 $(-\infty,\infty)$ 近似为 $[0,T_1]$,设采样点数为 $N(n=0,1,2,\cdots,N-1)$,把上述离散化的频谱近似表达式进一步表示为

$$X_a(\Omega) \approx T \sum_{n=0}^{N-1} x_a(nT) e^{-j\Omega nT} \qquad (2.6.7)$$

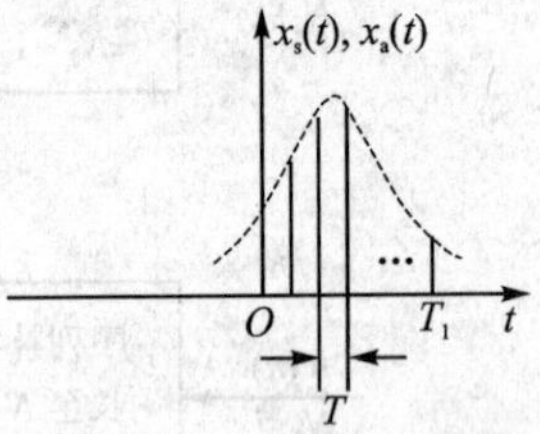

图 2.6.6 连续信号时域的有限化和离散化

由式(2.6.7)不难看出,上述时域的离散化有限化处理结果,要进行数字谱分析还是不够的,因为式中的频域参数 Ω 仍然是连续的,也同样需要进行有限化和离散化处理。

2. 频域的有限化和离散化

在频域的有限化和离散化以前,需要对式(2.6.7)作进一步分析。因为时域所作的离散化处理,必然引起频域上的变化,因此,傅里叶的变换对也随之发生变化,故式(2.6.7)中的 $X_a(\Omega)$,实际上还不能简单地理解为已经是有限的离散时间信号 $x_s(t)$ 的频谱近似,这是由于在时域上对 $x_a(t)$ 进行了抽样,则在频域上将引起频谱的周期化,由抽样信号的傅里叶变换一节可知,$x_s(t)$ 的频谱 $X_s(\Omega)$,应是原连续信号频谱 $X_a(\Omega)$ 的周期延拓,延拓周期为抽样频率 Ω_s,由于是周期频谱,式(2.6.7)应理解为周期频谱的表示,下面要用到这个概念,$X_s(\Omega)$ 如图 2.6.7 所示。

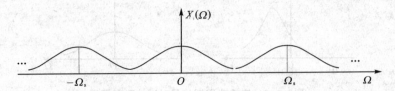

图 2.6.7 时域离散化后的 $x_s(t)$ 的频谱 $X_s(\Omega)$

对 $X_s(\Omega)$ 在频域上进行有限化和离散化处理,与时域相类似。

频域的有限化。在频率轴上取一个周期的频率区间,显然应取所谓的"主值区间",即 $[0,\Omega_s]$。

频域的离散化(频域抽样)。就是对一个周期内(主值区间)的频谱进行抽样,若频域的采样周期为 Ω_1,采样点数为 N,有

$$\Omega = k\Omega_1 \qquad (k=0,1,2,\cdots,N-1)$$

则

$$\Omega_1 = \frac{\Omega_s}{N} = \frac{2\pi/T}{N} = \frac{2\pi}{NT} = \frac{2\pi}{T_1} \qquad (2.6.8)$$

需要指出:式(2.6.8)中,T_1 代表信号截断的时间长度,不是信号周期的概念,因为原信号是非周期信号;Ω_1 也不是基频的概念,而是频谱离散化相邻离散点的频率间隔。因此为了与周期信号离散频谱的符号 $X_a(n\Omega_1)$ 相区别,用 $X_a(k\Omega_1)$ 来表示非周期信号频谱离散化后的频谱,见式(2.6.9)和图 2.6.8。

$$X_a(k\Omega_1) \approx T\sum_{n=0}^{N-1} x_a(nT) e^{-jk\frac{2\pi}{NT}nT} = T\sum_{n=0}^{N-1} x_a(nT) e^{-j\frac{2\pi}{N}nk} =$$

$$T \cdot \text{DFT}[x(n)] = T \cdot \text{DFT}[x_a(nT)] = T \cdot X(k) \tag{2.6.9}$$

由上式可知:$X_a(k\Omega_1)$与$X(k)$,仅差一个系数T,把$\text{DFT}[x_a(nT)]$称为"连续信号零阶近似"。

类似地,可得

$$x_a(nT) \approx \frac{1}{T}\text{IDFT}[X_a(k\Omega_1)] \tag{2.6.10}$$

通过式(2.6.9)和式(2.6.10),能把对连续信号$x_a(t)$的谱分析用$x_a(nT)$的数字谱分析来逼近,从而可用FFT算法,这就是对非周期连续信号进行数字谱分析的基本原理。

对连续非周期信号的数字谱分析,其实质就是对信号的波形与频谱在有限化的基础上,对波形与其频谱进行抽样,采样点越密,分析的结果和

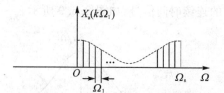

图 2.6.8 信号$x_s(t)$频谱一个周期上的有限化和离散化

原信号越接近,近似的程度越好。但误差总是存在的,下面对产生的误差进行分析。

3. 误差分析

由上述,对一非周期连续信号数字谱分析,需要对t和Ω作有限化和离散化处理,就会发生三方面的改变:

① 时域的有限化;

② 时域的离散化过程(如果不满足抽样定理的要求);

③ 在频域上,用一有限长抽样序列的DFT来近似无限长连续信号的频谱。

而上述三方面,除②之外,其他两个是必然出现的,从而导致分析的结果必定会产生误差。另外,要用实际的数字系统,例如不同的计算机实现DFT的快速运算,也会产生误差,如有限字长引起的误差等,这里只讨论由于信号的逼近过程所产生的误差,主要包括混叠误差、截断误差(或频谱泄漏)和栅栏效应三种。

(1) 混叠误差

产生混叠误差的原因是由于信号的离散化是通过抽样实现的,而抽样频率再高总是有限的,除带限信号外,如果信号的最高频率$\Omega_m \to \infty$,则实际器件不可能满足抽样定理的要求,即$\Omega_s < 2\Omega_m$。根据第2章中抽样信号傅里叶变换一节所分析的,抽样过程如果不满足抽样定理,就会产生频谱的混叠,即混叠误差,要减少或避免混叠误差,应提高抽样频率,以设法满足抽样定理,或者采用第2章中所说到的抗混叠滤波这样的信号预处理措施。

(2) 栅栏效应

对于非周期信号来说,理论上应当具有连续的频谱,但数字谱分析是用DFT来近似,是用频谱的抽样值逼近连续频谱值,分析的结果只能观察到有限(N)个频谱值,每一个间隔中的频谱都观察不到了,如同通过"栅栏"观察景物一样,看到的只是"栅栏的栏杆"处的谱线,其他景物被"栅栏"所阻挡,看不见,这种现象称为"栅栏效应",连续时间信号只要采用数字谱分析的方法,就必定产生栅栏效应,只能减小而无法避免。但有时会出现实际需要的频谱分量恰好被阻挡,为了能获得需要的谱值,就需要做些补偿或调整,以减少栅栏效应。反映栅栏效应的指标是频谱分辨力,把能够感受的频谱最小间隔值,称为频谱分辨力,一般表示为$[F]$。若抽

样周期为 T,抽样点数为 N,则有

$$[F] = 1/(NT) \tag{2.6.11}$$

NT 实际就是信号在时域上的截断长度 T_1,分辨力 $[F]$ 与 T_1 成反比,因此为了减小栅栏效应,应当增加 T_1。

(3) 截断误差(频谱泄漏)

截断误差就是由于对信号进行截断,把无限长的信号限定为有限长,使信号在限定区间以外的非零值均改变为零值的近似处理而产生的,这种处理相当于用一个矩形(窗)信号乘待分析的连续时间信号,如图 2.6.9 所示。

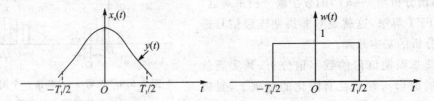

图 2.6.9 用矩形窗截断信号

由图 2.6.9,$y(t) = x_a(t) \cdot w(t)$,则信号被截断后的频谱为

$$Y(\Omega) = \frac{1}{2\pi} X_a(\Omega) * W(\Omega) = \frac{1}{2\pi} \int_{-\infty}^{\infty} X_a(\lambda) W(\Omega - \lambda) d\lambda$$

而原信号 $x_a(t)$ 的频谱是

$$X(\Omega) = \int_{-\infty}^{\infty} x_a(t) e^{-j\Omega t} dt$$

比较 $Y(\Omega)$ 和 $X(\Omega)$,两者显然是不同的。

下面用具体例子说明这一误差。

设

$$x_a(t) = \cos \Omega_0 t, \quad -\infty < t < \infty$$

则有

$$X_a(\Omega) = \pi[\delta(\Omega + \Omega_0) + \delta(\Omega - \Omega_0)]$$

$$W(\Omega) = T_1 \text{Sa}\left(\frac{\Omega T_1}{2}\right)$$

$$Y(\Omega) = \frac{1}{2\pi} X_a(\Omega) * W(\Omega) = \frac{1}{2\pi} W(\Omega) * \{\pi[\delta(\Omega + \Omega_0) + \delta(\Omega - \Omega_0)]\} =$$

$$\frac{1}{2} W(\Omega + \Omega_0) + \frac{1}{2} W(\Omega - \Omega_0)$$

将上述结果表示成谱图,如图 2.6.10 所示。

由图 2.6.10 可以看出:余弦信号被矩形窗信号截断后,两根冲激谱线变成了以 $\pm \Omega_0$ 为中心的 $\text{Sa}()$ 形的连续谱,相当于频谱从 Ω_0 处"泄漏"到其他频率处,也就是说,原来一个周期内只有一个频率上有非零值,而现在几乎所有频率上都有非零值,这就是频谱泄漏现象。

更为复杂的信号,造成更复杂的"泄漏",互相叠加的结果,使信号难以分辨。减小频谱泄漏的方法一般有两种:

(1) 增加截断长度 T_1

若当 $T_1 \to \infty$,$W(\Omega) \to 2(\Omega)$,则 $Y(\Omega) \to X(\Omega)$。但随着 T_1 的增长,计算量则随之迅速增

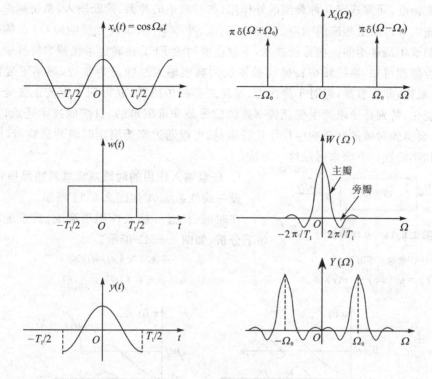

图 2.6.10 频谱泄漏现象

加,也就是说,频谱泄漏误差的减少是以计算量的增加为代价的。

(2) 改变窗口形状

从原理上看,要减少截断误差,应使主瓣和旁瓣同时压缩,从而使实际频谱接近原频谱。但是从能量守恒的角度分析:旁瓣减小,主瓣必然要增大;或旁瓣变"胖",使主瓣"瘦长",是不可能使主瓣和旁瓣同时缩小的,但旁瓣变"胖"的效果,容易造成旁瓣、主瓣分辨不清,引起有两个主瓣或者将旁瓣当成主瓣的的误解。因此,一般宁可以增大主瓣为代价,缩小旁瓣,使能量集中于主瓣,主瓣、旁瓣"泾渭分明"。这种方法的实质是:因为旁瓣是高频分量,缩小旁瓣,就是设法减小高频分量,适当加大低频分量。最简单的截断采用矩形信号为窗口,则由于矩形信号在时域上变化十分激烈,信号波形直上直下,高频分量极为丰富且衰减缓慢,造成频谱泄漏相当严重。可以考虑改用幂窗、三角函数窗和指数窗。幂窗如三角形、梯形或其他形式的高次幂窗;三角函数窗,它们由三角函数组合形成的复合函数窗,如升余弦窗(Hanning 海宁窗)、改进升余弦窗(Hamming 哈明窗)等;所谓指数窗是高斯窗等。由于这些窗口函数相对矩形窗,在时域上变化相对平缓,窗口的边缘值是零,使高频分量衰减增快,旁瓣明显受到抑制,减少了频谱泄漏。但旁瓣受到抑制的同时,主瓣相应加宽,而且旁瓣只是受到抑制,不可能完全被消除,因此不管采用哪种窗函数,频谱泄漏只能减弱,不能消除,抑制旁瓣和减小主瓣也不可能同时兼顾,应根据实际需要进行综合考虑。

2.6.3 FFT 在动态测试数据处理中的应用

动态测试重点是进行不失真复现分析(响应分析)。其数据处理的任务是进行动态标定,得出动态的数学模型,确定动态性能指标。为了对传感器、仪表或测量系统的动态性能有一个统一的评定标准,通常选定几种典型的外作用(如时域中的冲激、阶跃输入,系统频率响应测试时的正弦输入等),测量相应的响应。像阶跃响应、冲激响应(单位方波响应)以及频率响应等都是动态测试中最常用的一些分析技术,下面主要讨论FFT在确定系统频率特性中的应用。

由自控原理可知,系统频率特性实验测量的典型输入是幅值为常数,频率可变的正弦信号,对电量来说,非常容易,但对于像压力、温度之类的传感器,要得到一个按正弦变化的温度场或压力变化,特别是要求产生变化频率高的信号是非常困难的,目前的技术还难以实现,但相对来说,要得到时域的冲激响应往往比较容易,可以通过实验测定时域冲激响应,应用FFT来求取其频率特性。下面来讨论这一方法。

1. 任意输入作用的时域响应求系统频率特性

设一线性系统 A 如图 2.6.11 所示。

图 2.6.11 系统框图

在时域,任意一输入作用于系统,其系统响应可作如下分析,如图 2.6.12 所示。

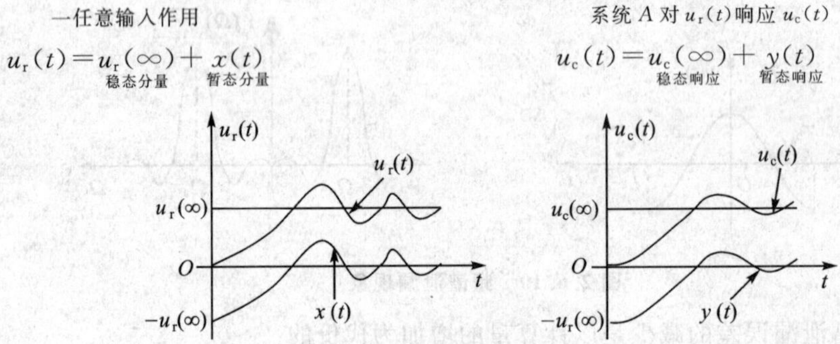

一任意输入作用

$$u_r(t) = \underbrace{u_r(\infty)}_{\text{稳态分量}} + \underbrace{x(t)}_{\text{暂态分量}}$$

系统 A 对 $u_r(t)$ 响应 $u_c(t)$

$$u_c(t) = \underbrace{u_c(\infty)}_{\text{稳态响应}} + \underbrace{y(t)}_{\text{暂态响应}}$$

图 2.6.12 系统 A 对任意输入的响应

分别对系统输入和输出进行傅里叶变换并应用傅里叶变换的积分特性,系统的频率响应是输入、输出的傅里叶变换之比(连续和离散信号均如此),可得系统 A 的频率响应 $H(j\Omega)$ 为

$$\left. \begin{array}{l} H(j\Omega) = \dfrac{U_c(j\Omega)}{U_r(j\Omega)} \\[6pt] U_r(j\Omega) = \displaystyle\int_{-\infty}^{\infty} u_r(t) e^{-j\Omega t} dt = \dfrac{u_r(\infty)}{j\Omega} + \int_{-\infty}^{\infty} x(t) e^{-j\Omega t} dt \\[6pt] U_c(j\Omega) = \displaystyle\int_{-\infty}^{\infty} u_c(t) e^{-j\Omega t} dt = \dfrac{u_c(\infty)}{j\Omega} + \int_{-\infty}^{\infty} y(t) e^{-j\Omega t} dt \end{array} \right\} \quad (2.6.12)$$

通常有:$t<0$ 时,$x(t)=0$,$y(t)=0$,所以式(2.6.12)可进一步写为

$$\left. \begin{array}{l} U_r(j\Omega) = \dfrac{u_r(\infty)}{j\Omega} + \displaystyle\int_0^{\infty} x(t) e^{-j\Omega t} dt = R_1(\Omega) + jI_1(\Omega) \\[6pt] U_c(j\Omega) = \dfrac{u_c(\infty)}{j\Omega} + \displaystyle\int_0^{\infty} y(t) e^{-j\Omega t} dt = R_2(\Omega) + jI_2(\Omega) \end{array} \right\} \quad (2.6.13)$$

系统的频率特性进一步表示为

$$H(j\Omega) = \dfrac{U_c(j\Omega)}{U_r(j\Omega)} = \dfrac{R_2(\Omega) + jI_2(\Omega)}{R_1(\Omega) + jI_1(\Omega)} = R(\Omega) + jI(\Omega) \quad (2.6.14)$$

式(2.6.14)中

$$\left.\begin{aligned} R(\Omega) &= \frac{R_1(\Omega)R_2(\Omega)+I_1(\Omega)I_2(\Omega)}{R_1^2(\Omega)+I_1^2(\Omega)} \\ I(\Omega) &= \frac{R_1(\Omega)I_2(\Omega)-I_1(\Omega)R_2(\Omega)}{R_1^2(\Omega)+I_1^2(\Omega)} \end{aligned}\right\} \tag{2.6.15}$$

可得其幅、相频特性为

$$\left.\begin{aligned} A(\Omega) &= \sqrt{R^2(\Omega)+I^2(\Omega)} \\ \phi(\Omega) &= \arctan\frac{I(\Omega)}{R(\Omega)} \end{aligned}\right\} \tag{2.6.16}$$

由以上各式，就可以从任意输入作用下的时域响应求出系统 A 的频率特性，对于式(2.6.13)中积分项的计算，可用数值积分的方法来计算。若利用快速傅里叶变换来得到系统的频率响应，计算显得更为便捷，下面通过由阶跃响应求频率特性的计算方法加以说明。

2. 由阶跃响应求频率特性的计算方法

阶跃的输入和响应分别表示为

$$\left.\begin{aligned} u_\text{r} &= \varepsilon(t) = \begin{cases} u_\text{r}(\infty)=1, & t \to \infty \\ x(t)=0, & t=0 \end{cases} \\ u_\text{c}(t) &= \begin{cases} u_\text{c}(\infty)=1, & t \to \infty \\ y(t)+u_\text{c}(\infty), & \text{其他 } t \end{cases} \end{aligned}\right\} \tag{2.6.17}$$

将式(2.6.17)中相应的参数，代入式(2.6.12)，可得

$$U_\text{r}(\text{j}\Omega) = \frac{u_\text{r}(\infty)}{\text{j}\Omega} + \int_0^\infty x(t)\text{e}^{-\text{j}\Omega t}\text{d}t = R_1(\Omega)+\text{j}I_1(\Omega) = -\text{j}\frac{1}{\Omega}+0 = -\text{j}\frac{1}{\Omega} \tag{2.6.18}$$

$$U_\text{c}(\text{j}\Omega) = \frac{u_\text{c}(\infty)}{\text{j}\Omega} + \int_0^\infty y(t)\text{e}^{-\text{j}\Omega t}\text{d}t = R_2(\Omega)+\text{j}I_2(\Omega) = -\text{j}\frac{1}{\Omega}+R_y(\Omega)+\text{j}I_y(\Omega) \tag{2.6.19}$$

分别对式(2.6.18)以及式(2.6.19)两个等式的两端进行比较，有

$$\left.\begin{aligned} R_1(\Omega) &= 0 \\ I_1(\Omega) &= -\frac{1}{\Omega} \\ R_2(\Omega) &= R_y(\Omega) \\ I_2(\Omega) &= -\frac{1}{\Omega}+I_y(\Omega) \end{aligned}\right\}$$

将上述结果代入式(2.6.15)，有

$$R(\Omega) = \frac{R_1(\Omega)R_2(\Omega)+I_1(\Omega)I_2(\Omega)}{R_1^2(\Omega)+I_1^2(\Omega)} = 1-\Omega I_y(\Omega) \tag{2.6.20}$$

$$I(\Omega) = \frac{I_2(\Omega)R_1(\Omega)-I_1(\Omega)R_2(\Omega)}{R_1^2(\Omega)+I_1^2(\Omega)} = \Omega R_y(\Omega) \tag{2.6.21}$$

上两式中的 $R_y(\Omega),I_y(\Omega)$，由式(2.6.19)可知，是系统阶跃响应中的瞬态分量 $y(t)$ 的傅里叶变换的实部和虚部，即

$$Y(\text{j}\Omega) = \int_0^\infty y(t)\text{e}^{-\text{j}\Omega t}\text{d}t = R_y(\Omega)+\text{j}I_y(\Omega) \tag{2.6.22}$$

式(2.6.22)为连续信号的傅里叶变换，为了运用快速傅里叶变换(FFT)，采取如同数字谱分析

一样的方法,进行有限化、离散化处理(这里只需计算频谱),可得

$$Y(j\Omega) = \int_0^\infty y(t)e^{-j\Omega t}dt \approx \sum_{k=0}^{N-1} y(k)e^{-j\Omega k(\Delta t)} \cdot \Delta t = \Delta t Y_c(\Omega) \quad (2.6.23)$$

$$Y_c(\Omega) = \sum_{k=0}^{N-1} y(k)e^{-j\Omega k(\Delta t)} \quad (2.6.24)$$

并有:$\Omega = n\Delta\Omega$,$\Delta\Omega = \dfrac{2\pi}{N \cdot \Delta t}$,$W_N = e^{-j\frac{2\pi}{N}}$,这里几个字符的意义可参阅式(2.6.8),其中的 $\Delta\Omega$、Δt 相当于式(2.6.8)中的 Ω_1、T_1,将 $\Delta\Omega$、Δt 代入式(2.6.24)。离散化后,频率 Ω 改成数字角频率 ω 来表示,则有

$$Y_c(\Omega) = Y_c(n\Delta\Omega) = Y_c(n) = \sum_{k=0}^{N-1} y(k)W_N^{nk} = R_c(n) + jI_c(n) \quad (2.6.25)$$

$$n = 0, 1, 2, \cdots, N-1$$

对上式,利用 FFT,可求出 $R_c(n)$,$I_c(n)$,与式(2.6.22)和式(2.6.23)对照,有

$$\left. \begin{array}{l} R_y(\omega) \approx \Delta t R_c(n) \\ I_y(\omega) \approx \Delta t I_c(n) \end{array} \right\} \quad (2.6.26)$$

从而可求出系统的频率特性

$$\left. \begin{array}{l} \hat{A}(\omega) = \sqrt{\hat{R}^2(\omega) + \hat{I}^2(\omega)} \\ \hat{\varphi}(\omega) = \arctan \dfrac{\hat{I}(\omega)}{\hat{R}(\omega)} \end{array} \right\} \quad (2.6.27)$$

$$\left. \begin{array}{l} \hat{R}(\omega) = 1 - \omega \Delta t I_c(n) \\ \omega = n\Delta\omega \\ \hat{I}(\omega) = \omega \Delta t R_c(n) \end{array} \right\} \quad (2.6.28)$$

需要注意:当引用 FFT 算法后,$\Delta\omega$ 不能随意选择,因为 $\Delta\omega = \dfrac{2\pi}{N\Delta t} = \dfrac{2\pi}{T}$,要改变 $\Delta\omega$ 的值,必须改变 T,而 T 是进行 FFT 的数据长度,根据实际情况一般是给定的,即 $T = N\Delta t$,因此只能在 N 一定时改变 Δt,或 Δt 一定时,改变 N,而且一般应满足 2^M,M 为整数。

另外,式(2.6.27)和(2.6.28)中字符的上方有符号"^",如 $\hat{A}(\omega)$,$\hat{\varphi}(\omega)$ 等,表示他们是 $A(\omega)$,$\phi(\omega)$ 等的近似值或称估计值。

例 2.6.1 有一二阶系统,阻尼比 $\zeta = 0.47$,固有频率 $\omega_n = 500(1/s)$,采样间隔 $\Delta t = 0.0004(s)$,采样点数 $N = 256$。试计算理论幅频特性与由系统阶跃响应计算出的幅频特性数据值,并画出两个计算结果的幅频特性曲线。

解:

```
% example 4.6MATLAB PROGRAM
N = 256;                          % 采样点数
dt = 0.0004                       % 采样时间间隔
wn = 500;                         % 二阶系统的固有频率
seta = 0.47;                      % 系统阻尼比
dw = 2 * pi/(N * dt);             % 频率间隔
a = wn^2;
```

```
b = [1,2 * seta * wn,a];
t = [0:dt:(N-1) * dt];
c = step(a,b,t);                    % 求二阶系统的阶跃响应
w = [0:dw:(N-1) * dw];
[mag,phase] = bode(a,b,w);          % 计算二阶系统理论频率特性
ycw = fft(c);                       % 求系统阶跃响应瞬态分量的傅里叶变换
Re = real(ycw);                     % ycw 的实部
Im = imag(ycw);                     % ycw 的虚部
for  i = 1:N
Rw(i,1) = 1 - Im(i,1) * (i-1) * dw * dt;
Iw(i,1) = Re(i,1) * (i-1) * dw * dt;
end                                 % 计算频率特性的实部和虚部分量
ffw = Rw + Iw * sqrt(-1);
Aw = abs(ffw);                      % 系统幅频特性
semilogx(w,20 * log10(mag),'r-');
                                    % 理论幅频特性曲线
axis([100,10000,-30,10]);
text(600,12,'对数幅频特性');
ylabel('A(ω)(dB)');
hold on
semilogx(w,20 * log10(Aw));         % 由阶跃响应求得的对数幅频特性曲线
axis([100,10000,-30,10]);
xlabel('ω(1/s)');
grid on
```

图 2.6.13 中,尾端上翘的曲线是应用 FFT,由阶跃响应求出的幅频特性,另外一条则是所求系统的理论幅频曲线(根据二阶系统幅频特性的理论公式求出),表明两者在实际需要了解的频率范围内,特性是相近的。

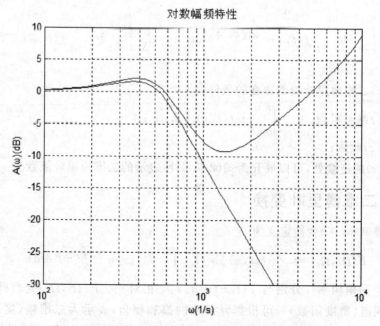

图 2.6.13 例 2.6.1 中的二阶系统幅频特性

2.7 二维傅里叶变换

前面所讲的傅里叶变换,是针对自变量为一维的信号,但实际要处理的信号,自变量可能是二维甚至是多维的,例如平面图像信号通常需要两个自变量描述,合理的处理方法是将一维的傅里叶变换推广到二维傅里叶变换。

2.7.1 二维傅里叶级数

设:二元函数 $f(t,x)$ 对 t 和 x 均为周期函数,t 的周期为 T,x 的周期为 X,即有

$$\begin{cases} f(t,x) = f(t+mT,x), & m=1,2,\cdots \\ f(t,x) = f(t,x+nX), & n=1,2,\cdots \end{cases} \tag{2.7.1}$$

例如:

$$f(t,x) = \sin m\Omega_1 t \sin n\Omega_2 x;$$
$$q(t,x) = e^{jm\Omega_1 t + jn\Omega_2 t}$$

上述两个具体信号(函数)中,$\Omega_1 = \dfrac{2\pi}{T}$,$\Omega_2 = \dfrac{2\pi}{X}$。

类似于一维傅里叶级数,二维傅里叶级数的展开式为:

$$f(t,x) = \sum_{m=-\infty}^{\infty} \sum_{n=-\infty}^{\infty} c_{m,n} e^{j(m\Omega_1 t + n\Omega_2 x)} \tag{2.7.2}$$

式(2.7.2)中傅里叶级数的系数 $c_{m,n}$,类似于一维傅里叶级数的推导,利用指数函数的正交性,由式(2.7.2),可得下面的二重积分为

$$\int_{-T/2}^{T/2} \mathrm{d}t \int_{-X/2}^{X/2} f(t,x) e^{-j2\pi(\frac{m}{T}t + \frac{n}{X}x)} \mathrm{d}x = \int_{-T/2}^{T/2} \mathrm{d}t \int_{-X/2}^{X/2} f(t,x) e^{-j(m\Omega_1 t + n\Omega_2 x)} \mathrm{d}x = c_{m,n} TX$$

从而 $c_{m,n}$ 为

$$c_{m,n} = \frac{1}{TX} \int_{-T/2}^{T/2} \mathrm{d}t \int_{-X/2}^{X/2} f(t,x) e^{-j2\pi(\frac{m}{T}t + \frac{n}{X}x)} \mathrm{d}x = \frac{1}{TX} \int_{-T/2}^{T/2} \mathrm{d}t \int_{-X/2}^{X/2} f(t,x) e^{-j(m\Omega_1 t + n\Omega_2 x)} \mathrm{d}x$$

$$\tag{2.7.3}$$

信号 $f(t,x)$ 二维傅里叶级数存在的条件为:

① 二重积分绝对可积:$\int_{-T/2}^{T/2} \int_{-X/2}^{X/2} |f(t,x)| \mathrm{d}t \mathrm{d}x$;

② 式(2.7.2)收敛;

③ 在 $f(t,x)$ 的连续处,可以展开为式(2.7.2)所表示的二维傅里叶级数。

2.7.2 二维傅里叶变换

二维连续傅里叶(正)变换定义为

$$F(\Omega_1, \Omega_2) = \mathscr{F}[f(t,x)] = \int_{-\infty}^{\infty} \int_{-\infty}^{\infty} f(t,x) e^{-j2\pi(\Omega_1 t + \Omega_2 x)} \mathrm{d}t \mathrm{d}x \tag{2.7.4}$$

Ω_1、Ω_2 被称为"空间角频率",分别与 $f(t,x)$ 中的 t、x 相对应。$F(\Omega_1, \Omega_2)$ 是空间频率的复函数,称为"二维频谱(密度函数)",可根据复函数的模和幅角,表示为二维幅(度)谱和二维相(位)谱。与一维傅里叶变换相似,二维傅里叶变换具有变换的"唯一性"和"可逆性",定义二维

连续傅里叶反变换为

$$f(t,x) = \mathscr{F}^{-1}[F(\Omega_1,\Omega_2)] = \frac{1}{(2\pi)^2}\int_{-\infty}^{\infty}\int_{-\infty}^{\infty} F(\Omega_1,\Omega_2) e^{j2\pi(\Omega_1 t+\Omega_2 x)} d\Omega_1 d\Omega_2 \quad (2.7.5)$$

式(2.7.4)和(2.7.5)构成二维连续傅里叶变换对。$e^{-j2\pi(\Omega_1 t+\Omega_2 x)}$ 和 $e^{j2\pi(\Omega_1 t+\Omega_2 x)}$ 则称为二维连续傅里叶变换的"核"或"特征函数"。

二维连续傅里叶变换存在的充分条件与一维时类同,对于二维信号 $f(t,x)$,若它:

① 绝对可积;

② 只有有限个极大和极小值;

③ 只有有限个间断点。

则二维信号 $f(t,x)$ 傅里叶变换存在。并有类似于一维傅里叶变换的性质,这里不再列出,需要时可参看相关文献。但有两个性质,建立了一维与二维傅里叶变换之间的关系,现引出但不作证明:

① 二维傅里叶正、反变换可以先沿一个方向(如变量 t 的方向)进行一维的正、反变换,然后再沿另一个方向(如变量 x 的方向)进行变换。

② 可分离性。若:$f(t,x) = f_t(t) \cdot f_x(x)$,则有

$$\mathscr{F}[f(t,x)] = F(\Omega_1,\Omega_2) = \mathscr{F}[f_t(t)]\mathscr{F}[f_x(x)] = F_t(\Omega_1)F_x(\Omega_2) \quad (2.7.6)$$

若:$F(\Omega_1,\Omega_2) = F_{\Omega_1}(\Omega_1) \cdot F_{\Omega_2}(\Omega_2)$,则

$$\mathscr{F}^{-1}[F(\Omega_1,\Omega_2)] = f(t,x) = \mathscr{F}^{-1}[F_{\Omega_1}(\Omega_1)]\mathscr{F}^{-1}[F_{\Omega_2}(\Omega_2)] = f_t(t)f_x(x) \quad (2.7.7)$$

式(2.7.6)和(2.7.7)表明:如果二元函数的两个自变量是可分离的,则可以按自变量分离开的两个函数进行一维正反变换,结果是两者的乘积。

应用这两个性质,可以借助一维傅里叶变换的结论,研究二维傅里叶变换。

在一维的典型信号中,有一个很重要的信号,即单位冲激信号 $\delta(t)$,现在也将其推广到二维。二维单位冲激信号 $\delta(t,x)$ 的定义是满足

$$\left.\begin{array}{l}\int_{-\infty}^{\infty}\int_{-\infty}^{\infty}\delta(t,x)dtdx = 1 \\ \delta(t,x) = 0, \quad |t|+|x| \neq 0\end{array}\right\} \quad (2.7.8)$$

的函数。或者

$$\delta(t,x) = \begin{cases} 1, & t = x = 0 \\ 0, & \text{其他} \end{cases} \quad (2.7.9)$$

它与一维 $\delta(t)$ 相似,$\delta(t,x)$ 有以下性质:

① 抽样性(筛选性)。

$$f(t,x)\delta(t-t_0,x-x_0) = f(t_0,x_0)\delta(t-t_0,x-x_0) \quad (2.7.10)$$

② 平(搬)移特性。

$$f(t,x) * \delta(t-t_0,x-x_0) = f(t-t_0,x-x_0) \quad (2.7.11)$$

式(2.7.11)中的 $f(t,x) * \delta(t-t_0,x-x_0)$,表示二维卷积积分,定义为

$$f(t,x) * g(t,x) = (f * g)(t,x) = \int_{-\infty}^{\infty}\int_{-\infty}^{\infty} f(\xi,\eta)g(t-\xi)g(x-\eta)d\xi d\eta \quad (2.7.12)$$

例 2.7.1 已知:$f(t,x) = R_1(t)R_1(x)$,R_1 表示脉宽和幅度为 1 的矩形脉冲,求 $f(t,x)$ 的傅里叶变换。

解:由已知条件可知:$f(t,x)$ 是自变量可分离二维信号,由式(2.7.6),有

$$\mathscr{F}[f(t,x)] = \mathscr{F}[f_t(t)] \cdot \mathscr{F}[f_x(x)] = \mathscr{F}[R_1(t)] \cdot \mathscr{F}[R_1(x)]$$

而

$$\mathscr{F}[R_1(t)] = \int_{-\infty}^{\infty} R_1(t) e^{-j2\pi\Omega_1 t} dt = \int_{-1/2}^{1/2} e^{-j2\pi\Omega_1 t} dt = \frac{\sin(2\pi\Omega_1 t)}{2\pi\Omega_1 t} \bigg|_{-\frac{1}{2}}^{\frac{1}{2}} = \mathrm{Sa}(\pi\Omega_1)$$

类似可得：

$$\mathscr{F}[R_1(x)] = \mathrm{Sa}(\pi\Omega_2)$$

所以，有

$$\mathscr{F}[f(t,x)] = \mathscr{F}[R_1(t)] \cdot \mathscr{F}[R_1(x)] = \mathrm{Sa}(\pi\Omega_1) \cdot \mathrm{Sa}(\pi\Omega_2)$$

二维离散傅里叶变换

二维序列 $x(n_1,n_2)$，可能本身就表示一个二维离散信号，例如：一幅黑白图像可在水平方向（沿 n_1 取值的方向）上分为 N_1 个点（$n_1=0,1,2,\cdots,N_1-1$），在垂直方向（沿 n_2 取值的方向）上分为 N_2 个点（$n_2=0,1,2,\cdots,N_2-1$），则 n_1 和 n_2 的每一对取值 (n_1,n_2) 均代表图像上的一个点即像素，若 $x(n_1,n_2)$ 是这一点的幅值，那么，$x(n_1,n_2)$ 代表这一像素的灰度。对一般序列来说，n_1 和 n_2 的取值范围应当是 $(-\infty,\infty)$。

对二维连续信号 $f(t,x)$，若分别沿 t 和 x 方向进行均匀抽样，可得二维抽样数据序列：

$$f(t,x) \approx f(mT_s, nX_s) \quad (0 \leqslant m \leqslant M-1, 0 \leqslant n \leqslant N-1)$$

上式中的 T_s 和 X_s 分别是 t 和 x 方向的抽样周期。与一维序列类似，经过适当的转换，可以将二维抽样数据序列转换为二维抽样序列：

$$f(m,n) \approx f(mT_s, nX_s) \quad (0 \leqslant m \leqslant M-1, 0 \leqslant n \leqslant N-1)$$

同样，一般来说，整数 m 和 n 的取值范围应当是 $(-\infty,\infty)$。

为了表示方便，下面都采用 $x(n_1,n_2)$ 表示一般的二维序列。对于二维序列 $x(n_1,n_2)$，如果可以表示为两个一维序列的乘积，即

$$x(n_1,n_2) = x_1(n_1) \cdot x_2(n_2) \tag{2.7.13}$$

则称 $x(n_1,n_2)$ 为可分离的二维序列。

二维序列与一维序列或二维连续信号一样，也有一些典型的重要信号，这里仅举两个：

① 单位抽样序列 $\delta(n_1,n_2)$

$$\delta(n_1,n_2) = \begin{cases} 1, & n_1 = n_2 = 0 \\ 0, & \text{其他} \end{cases} \tag{2.7.14}$$

$\delta(n_1,n_2)$ 是一个可分离二维序列，可以分离为两个一维单位抽样序列的乘积：

$$\delta(n_1,n_2) = \delta(n_1) \cdot \delta(n_2) \tag{2.7.15}$$

② 复指数序列，也是一个可分离的二维序列，表示为

$$x(n_1,n_2) = e^{j\omega_1 n_1} e^{j\omega_2 n_2} = e^{j(\omega_1 n_1 + \omega_2 n_2)} = \cos(\omega_1 n_1 + \omega_2 n_2) + j\sin(\omega_1 n_1 + \omega_2 n_2)$$
$$\tag{2.7.16}$$

式（2.7.16）中的 ω_1、ω_2 也称为空间角频率，同时也可以看出：复指数序列也可以看成是复正弦序列。

对于二维序列 $x(n_1,n_2)$ 的 z 变换，定义为

$$X(z_1,z_2) = \sum_{n_1=-\infty}^{\infty} \sum_{n_2=-\infty}^{\infty} x(n_1,n_2) z_1^{-n_1} z_2^{-n_2} \tag{2.7.17}$$

z 反变换定义为

$$x(n_1,n_2) = \frac{1}{2\pi j}\oint_{c_1}\oint_{c_2} X(z_1,z_2)z_1^{n_1-1}z_2^{n_2-1}\mathrm{d}z_1\mathrm{d}z_2 \qquad (2.7.18)$$

若 $x(n_1,n_2)$ 的 z 变换收敛域包括单位圆,围线 c_1、c_2 取单位圆,从而 $z_1=\mathrm{e}^{j\omega_1}$,$z_1=\mathrm{e}^{j\omega_1}$,与一维序列傅里叶变换的定义相似,定义二维序列在单位圆上的 z 变换,为二维序列傅里叶变换,其正变换表示为

$$X(\mathrm{e}^{j\omega_1},\mathrm{e}^{j\omega_2}) = \sum_{n_1=-\infty}^{\infty}\sum_{n_2=-\infty}^{\infty} x(n_1,n_2)\mathrm{e}^{-j\omega_1 n_1}\mathrm{e}^{j\omega_2 n_2} \qquad (2.7.19)$$

反变换为

$$x(n_1,n_2) = \frac{1}{(2\pi)^2}\int_{-\pi}^{\pi}\int_{-\pi}^{\pi} X(\mathrm{e}^{j\omega_1},\mathrm{e}^{j\omega_2})\mathrm{e}^{j\omega_1 n_1}\mathrm{e}^{j\omega_2 n_2}\mathrm{d}\omega_1\mathrm{d}\omega_2 \qquad (2.7.20)$$

类似一维离散系统,设二维离散系统的单位抽样响应为

$$h(n_1,n_2) \qquad (2.7.21)$$

将复指数序列(复正弦序列) $x(n_1,n_2)=\mathrm{e}^{j\omega_1 n_1}\mathrm{e}^{j\omega_2 n_2}=\mathrm{e}^{j(\omega_1 n_1+\omega_2 n_2)}$ 作为具有 $h(n_1,n_2)$ 抽样响应的二维离散系统输入,依据一维系统分析中输入、输出与单位抽样响应间的关系特性,二维离散系统的输出(响应) $y(n_1,n_2)$ 为

$$y(n_1,n_2) = h(m_1,m_2) * x(n_1-m_1, n_2-m_2) =$$
$$\sum_{m_1=-\infty}^{\infty}\sum_{m_2=-\infty}^{\infty} h(m_1,m_2)\mathrm{e}^{j(n_1-m_1)\omega_1}\mathrm{e}^{j(n_2-m_2)\omega_2} =$$
$$\mathrm{e}^{j(\omega_1 n_1+\omega_2 n_2)}\sum_{m_1=-\infty}^{\infty}\sum_{m_2=-\infty}^{\infty} h(m_1,m_2)\mathrm{e}^{-j\omega_1 m_1}\mathrm{e}^{-j\omega_2 m_2} \qquad (2.7.22)$$

式(2.7.22)为二维系统分析的离散卷积公式。借鉴一维系统中系统的频率响应是单位抽样响应 $h(n)$ 的傅里叶变换,则二维系统的频率响应表示为

$$H(\mathrm{e}^{j\omega_1},\mathrm{e}^{j\omega_2}) = \sum_{m_1=-\infty}^{\infty}\sum_{m_2=-\infty}^{\infty} h(m_1,m_2)\mathrm{e}^{-j\omega_1 m_1}\mathrm{e}^{-j\omega_2 m_2} \qquad (2.7.23)$$

从而离散系统的输出 $y(n_1,n_2)$ 即式(2.7.22)可进一步表示为

$$y(n_1,n_2) = \mathrm{e}^{j(\omega_1 n_1+\omega_2 n_2)} H(\mathrm{e}^{j\omega_1},\mathrm{e}^{j\omega_2}) \qquad (2.7.24)$$

二维离散傅里叶变换的性质与一维的相似,不再一一列出,有一个性质是一维傅里叶变换中所没有的,实际是序列可分离性的体现。这个性质可表述为:

若:$x(n_1,n_2) = x_1(n_1) \cdot x_2(n_2)$,则

$$\mathscr{F}[x(n_1,n_2)] = \mathscr{F}[x_1(n_1) \cdot x_2(n_2)] = X_1(\mathrm{e}^{j\omega_1})X_2(\mathrm{e}^{j\omega_2}) \qquad (2.7.25)$$

实际在应用二维序列傅里叶变换时,与一维序列傅里叶变换一样,也需要做有限化处理,需要将二维序列傅里叶变换变为二维离散傅里叶变换(2D(dimensions)-DFT)处理,$x(n_1,n_2)$ 截为有限长:$n_1=0,1,2,\cdots,N_1-1$,$n_2=0,1,2,\cdots,N_2-1$,仿照一维DFT,有

$$X(k_1,k_2) = X(\mathrm{e}^{j\omega_1},\mathrm{e}^{j\omega_2})\Big|_{\omega_1=\frac{2\pi}{N_1}k_1,\omega_2=\frac{2\pi}{N_2}k_2} \qquad (2.7.26)$$

需要说明的是在二维序列傅里叶变换也是周期的,空间角频率 ω_1、ω_2 的周期为 2π。

由式(2.7.26),定义 2D-DFT 对为:

$$X(k_1,k_2) = \sum_{n_1=0}^{N_1-1}\sum_{n_2=0}^{N_2-1} x(n_1,n_2)\mathrm{e}^{-j\frac{2\pi}{N_1}n_1 k_1}\mathrm{e}^{-j\frac{2\pi}{N_2}n_2 k_2}$$

$$k_1 = 0, 1, \cdots, N_1 - 1; \quad k_2 = 0, 1, \cdots, N_2 - 1 \tag{2.7.27}$$

$$x(n_1, n_2) = \frac{1}{N_1 N_2} \sum_{k_1=0}^{N_1-1} \sum_{k_2=0}^{N_2-1} X(k_1, k_2) e^{j\frac{2\pi}{N_1} n_1 k_1} e^{j\frac{2\pi}{N_2} n_2 k_2} \tag{2.7.28}$$

$$n_1 = 0, 1, \cdots, N_1 - 1; \quad n_2 = 0, 1, \cdots, N_2 - 1$$

与一维 DFT 类似,引入:

$$W_{N_1} W_{N_2} = e^{-j\frac{2\pi}{N_1}} e^{-j\frac{2\pi}{N_2}} \tag{2.7.29}$$

上式称为 2D-DFT 的变换"核",并代入式(2.7.27)和(2.7.28),可得:

$$X(k_1, k_2) = \sum_{n_1=0}^{N_1-1} \sum_{n_2=0}^{N_2-1} x(n_1, n_2) W_{N_1}^{n_1 k_1} W_{N_2}^{n_2 k_2} \tag{2.7.30}$$

$$k_1 = 0, 1, \cdots, N_1 - 1; \quad k_2 = 0, 1, \cdots, N_2 - 1$$

$$x(n_1, n_2) = \frac{1}{N_1 N_2} \sum_{k_1=0}^{N_1-1} \sum_{k_2=0}^{N_2-1} X(k_1, k_2) W_{N_1}^{-n_1 k_1} W_{N_2}^{-n_2 k_2} \tag{2.7.31}$$

$$n_1 = 0, 1, \cdots, N_1 - 1; \quad n_2 = 0, 1, \cdots, N_2 - 1$$

和一维 DFT 相似,可以把 $x(n_1, n_2)$、$X(k_1, k_2)$ 看成周期二维序列,在 n_1、k_1 方向上的周期为 N_1,n_2、k_2 方向上的周期为 N_2,N_1、N_2 对应的空间频率为 2π。另外,2D-DFT 的运算结果对应的是二维圆卷积,这里就不展开了。

为了计算,也可以把 2D-DFT 的表达式(2.7.30)表示成矩阵形式。先将式(2.7.30)做些改动,有

$$\boldsymbol{X}(k_1, k_2) = \sum_{n_1=0}^{N_1-1} \Big[\sum_{n_2=0}^{N_2-1} x(n_1, n_2) W_{N_2}^{n_2 k_2} \Big] W_{N_1}^{n_1 k_1} \tag{2.7.32}$$

令

$$\boldsymbol{C}(n_1, k_2) = \Big[\sum_{n_2=0}^{N_2-1} x(n_1, n_2) W_{N_2}^{n_2 k_2} \Big] = \boldsymbol{x}(n_1, n_2) \boldsymbol{W}_{N_2}^{n_2 k_2} \tag{2.7.33}$$

则式(2.7.32)可表示为

$$\boldsymbol{X}(k_1, k_2) = \boldsymbol{C}(n_1, k_2) \boldsymbol{W}_{N_1}^{n_1 k_1} \tag{2.7.34}$$

矩阵表达式(2.7.34)的运算过程可以从式(2.7.32)~(2.7.33)看得很清楚,先按行进行计算:从 $\boldsymbol{x}$ 矩阵的第 n_1 行,求出 $\boldsymbol{C}$ 矩阵的第 n_1 行(每行 N_1 个点),重复各行(共 N_2 行),算出 $\boldsymbol{C}$ 矩阵;再按列计算:由 $\boldsymbol{C}$ 矩阵的第 k_2 列(每列 N_2 个点),求出矩阵 $\boldsymbol{X}$ 的第 k_2 列,重复各列(共 N_1 列),最后得到矩阵 $\boldsymbol{X}$,显然上述每行每列的计算可以采用 FFT 来计算。

为比较直观地理解上面的计算过程,下面来看一个较为简单的计算 2D-DFT 的例子。

例 2.7.2 已知二维序列表示为向量形式:

$$\boldsymbol{x}(n_1, n_2) = \boldsymbol{x}(4, 4) = \begin{bmatrix} 0 & 0 & 0 & 0 \\ 0 & 1 & 1 & 0 \\ 0 & 1 & 1 & 0 \\ 0 & 0 & 0 & 0 \end{bmatrix}$$

求出其 2D-DFT。

解: 由式(2.7.34),有

$$W_{N_1} = W_{N_2} = W_4 = e^{-j\frac{2\pi}{4}} = e^{-j\frac{\pi}{2}} = -j$$

则
$$W_4^0 = 1, W_4^1 = -j, W_4^0 = -1, W_4^3 = j, W_4^4 = 1$$

与一维计算相似，具有周期性(本例中，周期为4)，如：$W_4^6 = W_4^2$。

先按行进行 DFT 计算。由已知的矩阵 x 可知，显然只需计算出 C 矩阵的第 2 和第 3 行，并且两行的结果相等，因此计算第 2 行，这一行有 4 个点(元素)，分别为：

$$C_{20} = \sum_{n_2=0}^{3} x(2, n_2) W_4^0 = x(2,1) + x(2,2) = 2$$

$$C_{21} = \sum_{n_2=0}^{3} x(2, n_2) W_4^{n_2} = x(2,1) W_4^1 + x(2,2) W_4^2 = -j - 1 = -1 - j$$

$$C_{22} = \sum_{n_2=0}^{3} x(2, n_2) W_4^{2n_2} = x(2,1) W_4^2 + x(2,2) W_4^4 = -1 + 1 = 0$$

$$C_{23} = \sum_{n_2=0}^{3} x(2, n_2) W_4^{3n_2} = x(2,1) W_4^3 + x(2,2) W_4^6 = j - 1 = -1 + j$$

由上述计算结果，可得 C 矩阵为

$$C(n_1, k_2) = \begin{bmatrix} 0 & 0 & 0 & 0 \\ 2 & -1-j & 0 & -1+j \\ 2 & -1-j & 0 & -1+j \\ 0 & 0 & 0 & 0 \end{bmatrix}$$

再按列进行 DFT 计算，由式(2.7.34)从矩阵 C 得出矩阵 X。由于矩阵 C 中的各列除第 2 列为 0 向量外，其他列均需计算，现以计算矩阵 X 的 $k_2 = 1$ 列为例，有：

$$X_{01} = \sum_{n_1=0}^{3} C_{n_1 1} W_4^0 = C_{11} + C_{21} = -2 - 2j$$

$$X_{11} = \sum_{n_1=0}^{3} C_{n_1 1} W_4^{n_1} = C_{11} W_4^1 + C_{21} W_4^2 = (-1-j)(-j) + (-1-j)(-1) = 2j$$

$$X_{21} = \sum_{n_1=0}^{3} C_{n_1 1} W_4^{2n_1} = C_{11} W_4^2 + C_{21} W_4^4 = (-1-j)(-1) + (-1-j)(1) = 0$$

$$X_{31} = \sum_{n_1=0}^{3} C_{n_1 1} W_4^{3n_1} = C_{11} W_4^3 + C_{21} W_4^6 = (-1-j)(j) + (-1-j)(-1) = 2$$

对其他 k_2，重复上述过程，最后可得矩阵 X 为

$$X(4,4) = \begin{bmatrix} 4 & -2-2j & 0 & -2+2j \\ -2-2j & 2j & 0 & 2 \\ 0 & 0 & 0 & 0 \\ -2+2j & 2 & 0 & -2j \end{bmatrix}$$

如果先按列再按行进行 DFT，结果是相等的。

对二维离散傅里叶反变换 2D-IDFT 的计算，基本相同，与一维时的计算思路一致，计算时，数学运算本身不需要做任何改变，计算结果与相应的变换对应，求反变换时，数学上做如下处理：

① 将 $X(k_1,k_2) \to x(n_1,n_2)$；

② $W_N^{n_1k_1} \to W_{N_1}^{-n_1k_1}$, $W_N^{n_2k_2} \to W_{N_2}^{-n_2k_2}$；

③ 按正变换计算的结果除以 $\dfrac{1}{N_1N_2}$。

习题与思考题

2.1 分析说明冲激抽样信号与抽样序列之间的区别与联系。

2.2 序列的 z 变换肯定存在收敛域，只是收敛域有圆内域、圆外域或圆环域之分，这种说法对吗？为什么？

2.3 说明数字角频率和模拟角频率的物理意义，并指出其区别。

2.4 简要说明序列傅里叶变换、离散傅里叶级数、离散傅里叶变换、快速傅里叶变换的区别和联系。试说明二维傅里叶变换、分数傅里叶变换和基本概念，并简要分析他们与基本傅里叶变换之间的关系。

2.5 对一序列，利用 DFT 所求得的结果是否就是该序列的频谱？为什么？

2.6 如何理解 FFT 是 DFT 的高效算法？

2.7 说明对模拟信号进行数字谱分析基本思路，并解释可能产生的误差、产生误差的原因以及减少误差的相应措施。

2.8 什么是圆移位？圆移位就是序列在圆周上的移位，这种说法对吗？为什么？

2.9 为什么对于某些非电量如压力、温度的频率特性要通过时域响应来求取？

2.10 求以下序列 $x(n)$ 的频谱：

① $\delta(n)$；

② $\delta(n-n_0)$；

③ $\delta(n)-\delta(n-1)$；

④ $\delta(n)-\delta(n-8)$；

2.11 已知序列的频谱 $X(e^{j\omega})$，求序列 $x(n)$ 并作图 $\left(作图时设 \omega_0 = \dfrac{\pi}{4}\right)$：

$$X(e^{j\omega}) = \begin{cases} 1, & |\omega| < \omega_0 \\ 0, & \omega_0 \leqslant |\omega| \leqslant \pi \end{cases}$$

2.12 试求下列长度为 N 的有限长序列 $x(n)$ 的 DFT：

① $x(n) = \delta(n)$；

② $x(n) = \delta(n-n_0), 0 < n_0 < N$；

③ $x(n) = a^n, 0 \leqslant n \leqslant N-1$；

2.13 若 $x(n)$ 为矩形序列 $R_N(n)(0 \leqslant n \leqslant N-1)$ 试求

① $\mathscr{Z}[x(n)]$；

② $\text{DFT}[x(n)]$；

③ $X(e^{j\omega})$。

2.14 画出序列 $x(n)$ 的长度 $N=16$ 时的 FFT 蝶形运算图。

第3章 测试中几种重要的信号检测和变换方法和技术

基本内容
  信号的相关分析与检测
  沃尔什变换
  希尔伯特变换
  主成分分析法

3.1 信号的相关分析与检测

  所谓相关是反映客观事物或过程中两种特征量之间联系的紧密性,相关的分析与检测主要是在时域进行的。在确定性信号处理中,经常要研究两个信号的相似性,或一个信号经过一段延迟后自身的相似性,以实现信号的检测、识别和提取等。例如静态测量中,数据(如对系统误差的处理)间存在严格的对应关系,为完全线性相关,若没有对应关系,称为不相关,若有某种对应关系,为部分相关,通过相关分析,使误差的分析和估计更接近实际情况。动态测试中,利用信号的相关性可以衡量信号波形相互联系紧密程度的特性,又如在测控系统中,输入信号的有用分量往往被噪声污染或受到干扰,利用信号和噪声间不相关的特点,可以通过相关运算检测出有用的确定性信号。相关性通常用相关函数来描述。

3.1.1 信号的相关函数

1. 信号的互相关函数

(1) 连续信号

  若 $x(t)$ 和 $y(t)$ 是两个连续的实能量信号,τ 为两信号之间的时差,则它们的互相关函数 $R_{xy}(\tau)$ 定义为

$$R_{xy}(\tau) = \int_{-\infty}^{\infty} x(t)y(t+\tau)dt = \int_{-\infty}^{\infty} x(t-\tau)y(t)dt \tag{3.1.1}$$

上式中的两个积分运算相等,表示 $x(t)$ 不动,$y(t)$ 左移时间 τ,或者是 $y(t)$ 不动,$x(t)$ 右移 τ,两者效果完全相同。若交换互相关函数下标 x 和 y 的先后次序,则有

$$R_{yx}(\tau) = \int_{-\infty}^{\infty} y(t)x(t+\tau)dt = \int_{-\infty}^{\infty} y(t-\tau)x(t)dt \tag{3.1.2}$$

比较上面两式,有

$$R_{yx}(\tau) = R_{xy}(-\tau) \tag{3.1.3}$$

可见,$R_{yx}(\tau)$ 只是 $R_{xy}(\tau)$ 以 $R_{xy}(0)(\tau=0)$ 为中心的反褶,因此,两者对度量 $x(t)$ 和 $y(t)$ 的相似性或相依程度具有相同的信息。

  $x(t)$ 和 $y(t)$ 是周期为 T 的周期信号,互相关函数 $R_{xy}(\tau)$ 则定义为

$$R_{xy}(\tau) = \frac{1}{T}\int_0^T x(t)y(t+\tau)dt = \frac{1}{T}\int_0^T x(t-\tau)y(t)dt \tag{3.1.4}$$

若 $x(t)$ 和 $y(t)$ 是两个实功率信号,式(3.1.1)或(3.1.4)已不适用,而定义为

$$R_{xy}(\tau) = \lim_{T\to\infty} \frac{1}{T}\int_0^T x(t)y(t+\tau)\mathrm{d}t \tag{3.1.5}$$

$$R_{yx}(\tau) = \lim_{T\to\infty} \frac{1}{T}\int_0^T y(t)x(t+\tau)\mathrm{d}t \tag{3.1.6}$$

(2) 离散信号

若 $x(n)$ 和 $y(n)$ 是两个实能量序列,m 为序列的时移差,则它们的互相关函数 $R_{xy}(m)$ 定义为

$$R_{xy}(m) = \sum_{n=-\infty}^{\infty} x(n)y(n+m) = \sum_{n=-\infty}^{\infty} x(n-m)y(n) \qquad m=0,\pm 1,\pm 2,\cdots \tag{3.1.7}$$

而

$$R_{yx}(m) = \sum_{n=-\infty}^{\infty} y(n)x(n+m) = \sum_{n=-\infty}^{\infty} y(n-m)x(n) \qquad m=0,\pm 1,\pm 2,\cdots \tag{3.1.8}$$

并有

$$R_{yx}(m) = R_{xy}(-m) \qquad m=0,\pm 1,\pm 2,\cdots \tag{3.1.9}$$

若 $x(n)$ 和 $y(n)$ 是两个实功率序列,则

$$R_{xy}(m) = \lim_{N\to\infty} \frac{1}{N}\sum_{n=0}^{N} x(n)y(n+m) \tag{3.1.10}$$

m 的范围同上,以下亦同此,不再另说明。

若信号同是周期为 N 的序列,有

$$R_{xy}(m) = \frac{1}{N}\sum_{n=0}^{N-1} x(n)y(n+m) \tag{3.1.11}$$

需要说明的是以上定义都明确指明针对的是实信号,为了便于分析运算,可表示为复信号的形式,本书不打算引入。

2. 连续和离散确定性信号的自相关函数

对于实能量的连续和离散确定性信号的自相关函数,分别表示为

$$R_{xx}(\tau) = \int_{-\infty}^{\infty} x(t)x(t+\tau)\mathrm{d}t = \int_{-\infty}^{\infty} x(t)x(t-\tau)\mathrm{d}t \tag{3.1.12}$$

$$R_{xx}(m) = \sum_{n=-\infty}^{\infty} x(n)x(n+m) = \sum_{n=-\infty}^{\infty} x(n-m)x(n) \tag{3.1.13}$$

显然,有

$$\left.\begin{array}{l} R_{xx}(\tau) = R_{xx}(-\tau) \\ R_{xx}(m) = R_{xx}(-m) \end{array}\right\} \tag{3.1.14}$$

对于实功率信号,为

$$R_{xx}(\tau) = \lim_{T\to\infty} \frac{1}{T}\int_{-T/2}^{T/2} x(t)x(t+\tau)\mathrm{d}t = \lim_{T\to\infty} \frac{1}{2T}\int_{-T}^{T} x(t)x(t+\tau)\mathrm{d}t \tag{3.1.15}$$

$$R_{xx}(m) = \lim_{N\to\infty} \frac{1}{N}\sum_{n=0}^{N} x(n)x(n+m) = \lim_{N\to\infty} \frac{1}{2N}\sum_{n=-N}^{N} x(n)x(n+m) \tag{3.1.16}$$

对于周期信号,有

$$R_{xx}(\tau) = \frac{1}{T}\int_0^T x(t)x(t+\tau)\mathrm{d}t \tag{3.1.17}$$

$$R_{xx}(m) = \frac{1}{N}\sum_{n=0}^{N-1} x(n)x(n+m) \tag{3.1.18}$$

由上述各式不难看出:相关函数反映出两个相互间存在时移信号的相似程度,含有信号之间在一段时间间隔内的信息(同时也可以反映位移、速度等信息)。

3. 相关函数的计算

两个连续的能量信号 $x(t)$ 和 $y(t)$,由卷积的定义表示为

$$x(t)*y(t) = \int_{-\infty}^{\infty} x(\tau)y(t-\tau)\mathrm{d}\tau$$

或

$$x(\tau)*y(\tau) = \int_{-\infty}^{\infty} x(t)y(\tau-t)\mathrm{d}t$$

而其互相关函数是

$$R_{xy}(\tau) = \int_{-\infty}^{\infty} x(t)y(t+\tau)\mathrm{d}t$$

不难看出:两个信号的卷积与相关运算非常相似,不同的是卷积运算在作移位 τ 前必须先将 $y(t)$ 翻转为 $y(-t)$,即

$$x(\tau)*y(-\tau) = \int_{-\infty}^{\infty} x(t)y(t-\tau)\mathrm{d}t \tag{3.1.19}$$

而相关运算不需作翻转,直接移位,从而有

$$R_{yx}(\tau) = R_{xy}(-\tau) = \int_{-\infty}^{\infty} x(t)y(t-\tau)\mathrm{d}t = x(\tau)*y(-\tau) \tag{3.1.20}$$

相应地自相关运算

$$R_{xx}(\tau) = R_{xx}(-\tau) = x(\tau)*x(-\tau) \tag{3.1.21}$$

对于离散时间的确定性信号,相关函数的运算有类似的方法,即

$$R_{yx}(m) = R_{xy}(-m) = x(n)*y(-n) \tag{3.1.22}$$

$$R_{xx}(m) = R_{xx}(-m) = x(n)*x(-n) \tag{3.1.23}$$

如果 $x(t)$、$y(t)$ 以及 $x(n)$、$y(n)$ 均为实偶函数,则相关函数等于卷积的结果,即

$$R_{yx}(\tau) = R_{xy}(\tau) = x(\tau)*y(\tau) \tag{3.1.24}$$

$$R_{yx}(m) = R_{xy}(m) = x(m)*y(m) \tag{3.1.25}$$

上述各式表明:相关函数的运算可以通过卷积的运算实现,卷积的计算可以利用 FFT 实现快速卷积,把这种相关运算称为快速相关。需要指出:求解两个信号相关不能只作一次积分(或加法)运算,而是要对一系列不同的时移 τ(或 m)作相关积分(或加法),才能得到相关函数,绝不是某一时刻的积分,否则有可能得到错误的结果,把完全相关(波形完全一致,只是相位相反)的两个信号,误认为完全不相关,或者将完全不相关的两个信号误认为相关,因此,只有求得相关函数的最大值才能反映信号相接近的程度。

对于功率信号相关函数的求解,参看下面的相关定理。

4. 相关的性质

相关函数具有下列重要特性:

① 自相关函数是 τ 的偶函数,即

$$\left.\begin{array}{l} R_{xx}(\tau) = R_{xx}(-\tau) \\ R_{xx}(m) = R_{xx}(-m) \end{array}\right\} \tag{3.1.26}$$

而互相关函数是互为镜像对称,即

$$\left.\begin{array}{l} R_{xy}(\tau) = R_{yx}(-\tau) \\ R_{xy}(m) = R_{yx}(-m) \end{array}\right\} \tag{3.1.27}$$

② 自相关函数在 $\tau=0$(或 $m=0$)点处最大,并等于信号的均方值,即有

$$\left.\begin{array}{l} R_{xx}(0) \geqslant R_{xx}(\tau) \\ R_{xx}(0) \geqslant R_{xx}(-m) \end{array}\right\} \tag{3.1.28}$$

如果两个函数之间互相完全没有关系(如信号与噪声),则它们的互相关函数是一常数,该常数等于这两个函数平均值的乘积。若其中有一个函数(例如噪声)的平均值为零,则它们的互相关函数恒为零。

③ 周期信号的自相关函数也是周期性的,而且它们的周期相等。自相关函数的基波和各谐波分量只与原周期信号的基波和谐波的幅度有关,而丢失了原函数基波和所有谐波的相位信息,参看下面的例子。

例 3.1.1 求一周期信号

$$x(t) = A_1\cos(\Omega_1 t + \theta_1) + A_2\cos(\Omega_2 t + \theta_2)$$

的自相关函数。

解:由周期信号自相关函数的定义,有

$$R_{xx}(\tau) = \frac{1}{T}\int_0^T [A_1\cos(\Omega_1 t + \theta_1) + A_2\cos(\Omega_2 t + \theta_2)]\{A_1\cos[\Omega_1(t+\tau) + \theta_1] +$$

$$A_2\cos[\Omega_2(t+\tau) + \theta_2]\}dt =$$

$$\frac{A_1^2}{2}\cos\Omega_1\tau + \frac{A_2^2}{2}\cos\Omega_2\tau$$

上述计算结果表明:周期信号的自相关函数仍然是周期性的,信号的每一个频率分量都对自相关函数 $R_{xx}(\tau)$ 有影响,但不反映原信号的相位信息。

具有相同基波频率的两个周期函数的互相关函数保留了原函数部分相位信息。即保存有它们的基波成分以及两者共有的谐波成分,互相关函数中的基波(或谐波)的相位为两个原函数基波(或相应谐波)的相位差,也就是说,互相关函数基波(或谐波)的幅度不仅与原函数基波(或相应谐波)的幅度有关,还与其相位差有关,参见例 3.1.2。

例 3.1.2 设正弦信号 $s(t)$ 受噪声 $n(t)$ 的影响,即输入 $x(t)$ 是

$$x(t) = s(t) + n(t) = A\sin(\Omega t + \theta) + n(t)$$

现与 $s(t)$ 同频的信号 $y(t)$

$$y(t) = B\sin\Omega t$$

进行互相关运算,试求 $x(t)$ 与 $y(t)$ 的互相关函数。

解:由于是周期信号,有

$$R_{xy}(\tau) = \frac{1}{T}\int_0^T [A\sin(\Omega t + \theta) + n(t)]B\sin\Omega(t-\tau)dt =$$

$$\frac{1}{T}\int_0^T AB\sin\Omega(t-\tau)\sin(\Omega t + \theta)dt + \frac{1}{T}\int_0^T B\sin\Omega(t-\tau)n(t)dt =$$

$$\frac{AB}{2}\cos(\Omega\tau-\theta)+R_{sn}(\tau)$$

显然,有 $R_{sn}(\tau)=0$(确定性周期信号与噪声间不相关),互相关函数 $R_{xy}(\tau)$ 中就只剩下幅值为 $(AB/2)$、频率与信号同频 Ω、相位为 θ 的周期余弦函数,检测出了原正弦信号的主要参数:幅值、频率和相位。

④ 两个不相关信号之和的自相关函数,等于这两个信号自相关函数之和,即

若:$z(t)=x(t)+y(t)$,$R_{xy}(\tau)=0$,并对所有 τ 都成立,则

$$R_{zz}(\tau)=R_{xx}(\tau)+R_{yy}(\tau) \tag{3.1.29}$$

类似有

$$R_{zz}(m)=R_{xx}(m)+R_{yy}(m) \tag{3.1.30}$$

⑤ 相关定理。如果能量信号 $x(t)$ 的傅里叶变换 $\mathscr{F}[x(t)]=X(\Omega)$,自能量密度谱为 $E(\Omega)=|X(\Omega)|^2$,由信号理论,信号的自相关函数 $R_{xx}(\tau)$ 与这个信号自能量密度谱 $E(\Omega)$ 是一对傅里叶变换对,即

$$\left.\begin{array}{l} R_{xx}(\tau)=\dfrac{1}{2\pi}\displaystyle\int_{-\infty}^{\infty}|X(\Omega)|^2 e^{j\Omega\tau}d\Omega \\ E(\Omega)=|X(\Omega)|^2=\displaystyle\int_{-\infty}^{\infty}R_{xx}(\tau)e^{-j\Omega\tau}d\tau \end{array}\right\} \tag{3.1.31}$$

由式(3.1.31),有

$$E(\Omega)=R_{xx}(0)=\frac{1}{2\pi}\int_{-\infty}^{\infty}|X(\Omega)|^2 e^{j\Omega\cdot(0)}d\Omega=\frac{1}{2\pi}\int_{-\infty}^{\infty}|X(\Omega)|^2 d\Omega \tag{3.1.32}$$

即能量信号的自相关函数在原点的值等于信号的总能量,根据式(3.1.32)的物理意义,也就不难理解把 $E(\Omega)=|X(\Omega)|^2$ 称为自能量密度谱的缘由。

对功率信号,自相关函数是

$$R_{xx}(\tau)=\lim_{T\to\infty}\frac{1}{T}\int_{-T/2}^{T/2}x(t)x(t+\tau)dt$$

由信号理论,自功率密度谱 $p(\Omega)$ 与自相关函数也是一对傅里叶变换,即

$$p(\Omega)=\int_{-\infty}^{\infty}R_{xx}(\tau)e^{-j\Omega\tau}d\tau=\lim_{T\to\infty}\frac{|X(\Omega)|^2}{T} \tag{3.1.33}$$

把上述信号的自能量(自功率)密度与自相关函数间为傅里叶变换对的关系称之为自相关定理。由式(3.1.33)可以看出:自功率密度谱 $p(\Omega)$ 是频率 Ω 的偶函数,它只保留了频谱 $X(\Omega)$ 的幅度信息,而失去了相位信息,因此,凡是具有同样幅度谱和不同相位谱的信号都具有相同的功率谱。功率信号的平均功率为

$$P=\frac{1}{2\pi}\int_{-\infty}^{\infty}p(\Omega)d\Omega \tag{3.1.34}$$

相应地,若:$\mathscr{F}[y(t)]=Y(\Omega)$,$\mathscr{F}[y(-t)]=Y(-\Omega)$,则由傅里叶变换时域卷积性质,可得

$$\mathscr{F}[x(t)*y(-t)]=X(\Omega)Y(-\Omega) \tag{3.1.35}$$

如果 $y(t)$ 表示为复函数,有 $Y(-\Omega)=Y^*(\Omega)$,根据互相关与卷积的关系,有

$$\mathscr{F}[R_{yx}(\tau)]=\mathscr{F}[R_{xy}(-\tau)]=X(\Omega)Y^*(\Omega) \tag{3.1.36}$$

称 $X(\Omega)Y^*(\Omega)$ 为互能量密度谱,$Y^*(\Omega)$ 是 $Y(\Omega)$ 的共轭复数,式(3.1.36)称为互相关定理。

3.1.2 信号的相关检测技术

利用相关原理进行信号的检测是信号处理的一种基本方法或技术,可应用于微弱信号检测、机械振动分析、声学测量等实际测试中,对提高信噪比,进行系统识别和各种运动体的速度测量有应用价值。下面简要介绍相关检测和系统识别的基本原理。

利用信号和噪声在相关特性上的特点,相关检测是微弱信号检测中的一种常用的方法,根据信号的相关原理可分为自相关检测和互相关检测。

(1) 自相关检测

以连续功率信号为例,实现自相关检测,依据的原理如式(3.1.12),框图如图3.1.1所示。

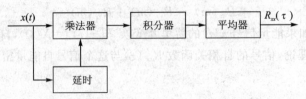

图 3.1.1 自相关检测

设输入 $x(t)$ 由被测信号 $s(t)$ 和噪声 $n(t)$ 组成,即

$$x(t) = s(t) + n(t) \tag{3.1.37}$$

输入经延时、相乘、积分和平均等运算后,得到自相关输出 $R_{xx}(\tau)$ 为

$$R_{xx}(\tau) = \lim_{T \to \infty} \frac{1}{2T} \int_{-T}^{T} x(t)x(t+\tau)\mathrm{d}t =$$
$$R_{ss}(\tau) + R_{sn}(\tau) + R_{ns}(\tau) + R_{nn}(\tau) \tag{3.1.38}$$

根据相关函数的性质,由于信号 $s(t)$ 和噪声 $n(t)$ 不相关,并且噪声的平均值为零,则有 $R_{ns}(\tau)=0$ 和 $R_{sn}(\tau)=0$,式(3.1.38)就变为

$$R_{xx}(\tau) = R_{ss}(\tau) + R_{nn}(\tau) \tag{3.1.39}$$

随着 τ 的增大,根据噪声的相关性质,$R_{nn}(\tau)$ 趋向于零,对于足够大的 τ,有

$$R_{xx}(\tau) = R_{ss}(\tau) \tag{3.1.40}$$

经过上述的自相关运算,最后得到包含着 $s(t)$ 信息的自相关函数 $R_{xx}(\tau)$,抑制了噪声的影响,提高了信噪比,检测出受噪声"污染"的弱信号 $s(t)$。

(2) 互相关检测

功率信号的互相关检测所依据的原理分别为式(3.1.1),框图如图3.1.2所示。

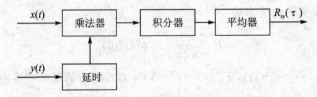

图 3.1.2 互相关检测

设输入 $x(t)$ 由被测信号 $s(t)$ 和噪声 $n(t)$ 组成,即

$$x(t) = s(t) + n(t) \tag{3.1.41}$$

输入经延时、相乘、积分和平均等运算后,得到互相关输出 $R_{xy}(\tau)$ 为

$$R_{xy}(\tau) = \lim_{T \to \infty} \frac{1}{2T} \int_{-T}^{T} x(t)y(t+\tau)dt = R_{sy}(\tau) + R_{ny}(\tau) \tag{3.1.42}$$

如果 $y(t)$ 与信号 $s(t)$ 有某种相关性,而 $y(t)$ 与噪声 $n(t)$ 没有相关性,而且噪声的平均值为零,则根据互相关函数的性质 $R_{ny}(\tau)=0$,则式(3.1.42)变为

$$R_{xy}(\tau) = R_{sy}(\tau) \tag{3.1.43}$$

$R_{xy}(\tau)$ 中包含了信号 $s(t)$ 所携带的信息,从而把被测信号 $s(t)$ 检测出来。与自相关检测相比较,由于互相关检测可以获得一定的互相关增益(参看例3.1.2),检测效果较好,在实际中经常被采用。

3.1.3 相关检测在硅谐振式微传感器动力学特性检测中的应用

硅谐振微传感器是目前微传感器的发展的热点技术。对于航空测试仪表和系统来说,最大限度地缩小其体积、减轻其重量、降低其功耗以及提高其可靠性等问题始终是发展工业,尤其是航空航天科学技术的人们所追求的最重要目标之一,到目前,完全依靠挖掘传统和成熟技术的潜力、单纯追求现有系统的最优化来实现上述目标,难度越来越大。微传感器,对解决上述航空上的课题,具有突出的优势,引起了航空航天领域的广泛关注。从目前国内外微传感器发展趋势看,最具特色和综合技术优势的是硅谐振式微传感器。相关内容也可参阅本书12.5.5硅谐振式压力微传感器一节。

微传感器的基本特征是尺寸微型化,微传感器的敏感器件尺寸与传统传感器的相比,尺寸减小了3~4个数量级,微尺寸所带来的竞争优势是:降低功耗,减轻体积和重量,由此而引发的问题是输出信号微弱而且信噪比极低,对传感器系统内的信号处理带来相当大的难度。

动力学特性测试(俗称开环频率特性测试或简称开环测试)是研制谐振式微传感器的关键一步。非谐振式传感器一般都是开环式的测量,调理变换电路相对简单。而谐振式传感器工作状态是谐振状态,在测量过程中,是一个受被测量调制的正反馈自激振荡系统,环路的增益与相位要满足正反馈的幅值相位条件。对于谐振式传感器,实验测试的关键就是开环频率特性测试,来测定谐振式微传感器的动力学特性,以获得设计闭环系统所需的基本参数(如谐振敏感元件的固有频率)为目的。开环频率特性测试,可以获得敏感元件的谐振频率、品质因数、中心增益、中心相移、温度稳定性等信息。但归根结底,传感器工作在被测参数的全量程,要实时输出量程范围内对应被测参数的所有谐振频率,而不是一个固定的固有频率,这就是所谓的"闭环自激"。开环测试与闭环自激两者的功能和任务完全不同,开环测试是闭环实现的必由之路,而要研制出可实用的谐振式微传感器,就必须研究适应于闭环系统的技术方案。因此对谐振式传感器来说,开环测试和闭环自激系统都需要研究和实现,这里仅介绍有关谐振式压力微传感器开环特性测量中,相关检测的原理和技术的应用。

硅谐振压力微传感器芯片样机如图3.1.3所示,其敏感结构如图3.1.4所示。

传感器是一个复合敏感结构,采用的是二次敏感原理:由方膜片敏感被测压力 p(由图中膜片的空腔中通入),将其转换为谐振梁所受轴向应力 σ_x,σ_z 的变化,从而同时改变谐振梁的固有频率 ω_n,测出 ω_n 就可知道被测压力 p。

复合敏感结构将被测压力 p 变换成谐振梁的固有频率 ω_n,于是,全部的问题便归结为如何测量 ω_n。无法直接测量 ω_n,但可以直接测量谐振梁的谐振频率 ω_r,若谐振梁的理想品质因数 Q 足够高(如达到 10^4 量级以上),即阻尼比 $\xi=1/2Q$ 足够小,就有

图 3.1.3　硅谐振压力微传感器样机芯片

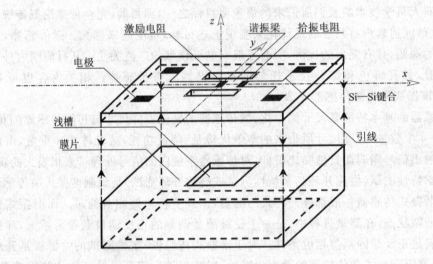

图 3.1.4　硅谐振微传感器复合敏感结构

$$\omega_r = \omega_n \sqrt{1-\xi^2} \approx \omega_n \qquad (3.1.44)$$

于是可以用 ω_r 近似代替 ω_n,由此,压力的测量最终转换为谐振频率的测量,通常将基于这一原理的传感器称为"谐振式传感器"。

要测量谐振频率,唯一可行的方法就是设法使谐振梁保持在谐振状态,同时测出其振动频率,显然,此时测出的振动频率在量值上等于其谐振频率。可见,这里有两个问题必须解决,一个是如何使谐振梁振动,另一个是如何测出其振动频率。将这两个问题用一个基本概念来概括,就是传感器的激励—拾振方式。下面以电阻激励—电阻拾振方式为例,有时根据其激励和检测的原理,也称电热激励—压阻拾振。激励电阻位于谐振梁中央,拾振电阻位于谐振梁根部,如图 3.1.4 所示。可以用从激励信号—拾振信号的信号流来直观地表示其工作原理。

交变的激励信号激励电阻产生相应的脉动热功率,谐振梁内部产生相应的 x 向脉动热应力,谐振梁发生相应 z 向机械振动,谐振梁表面拾振电阻所在位置的应变发生相应的波动,使拾振电阻阻值发生相应的波动,即通过一个以谐振梁为中心的变换环节,将输入的交变或脉动电信号(电压或电流信号)变换为输出的脉动电信号(电阻信号),该变换环节的输入—输出特性,直接取决于同时也反映了谐振梁的机械特性。显然,这一输入—输出特性是一个带通特性,中心频率通常设置为零输入时谐振梁的固有频率。

综合以上分析,硅谐振压力微传感器的本质是一个受控变换环节,说得更具体些,就是一个中心频率 f_c 受被测压力 p 控制的带通滤波器。所谓传感器的开环测试,就是用激励—响应的方法,从外部测试该带通滤波器的频率特性。如果敏感结构外加一个由适当的放大、滤波、移相和幅度控制电路组成的反馈网络,构成正反馈电路,使其维持频率为 f_c 的等幅自激状态,这就是硅谐振微传感器的闭环自激电路的基本原理。

谐振式微传感器的典型特点是信号极微弱(这种传感器对应的电压信号在微伏或亚微伏量级)、理想的品质因数很高(10^4 或更高)。由于传感器的研制过程中可能需要对大量样件进行测试,工作量将会很大,对于采取热激励原理的微传感器,在特性不明的情况下长时间连续工作很可能发生永久性变化甚至损坏,因此实现开环测试并不容易。下面讨论其测量的基本原理。

开环频率特性测试的基本原理,可概括为黑箱测试和扫描原理。即将被测对象当作黑箱,施加特殊的激励信号 $x(t)$,检测响应输出 $y(t)$。根据线性系统的叠加原理,这种测试方法用拉氏变换描述为

$$\boldsymbol{Y}(s) = \boldsymbol{H}(s)\boldsymbol{X}(s) \tag{3.1.45}$$

式中

$$\boldsymbol{X}(s) = [X_1(s)\ X_2(s)\cdots X_i(s)\cdots X_n(s)]^\mathrm{T} \tag{3.1.46}$$

$$\boldsymbol{Y}(s) = [Y_1(s)\ Y_2(s)\cdots Y_i(s)\cdots Y_n(s)]^\mathrm{T} \tag{3.1.47}$$

式(3.1.46)、(3.1.47)中,$i=1,2,\cdots,n$,并有

$$X_i(s) = \mathscr{L}\{X_m\cos[2\pi(f_{\min} + \Delta f \cdot i)t + \phi]\} \tag{3.1.48}$$

根据式(3.1.48),将激励信号从所预选测试频段的下限(预选的测试最小频率 $f_{\min}$ 可根据具体情况确定)到频段上限,以一定步长逐步递增,同时全程记录响应输出,即可得到该频段内的频率特性数据。对数据进行适当处理,便可得到所需要的频率特性信息。

实现谐振式微传感器的开环频率特性测试,必须解决两个关键技术问题:

① 微弱信号检测:信号为亚 μV 级,而噪声通常为 mV 量级;

② 准确稳定的细小步长的频率扫描:根据所研制的传感器工作状况,步长为 0.1 Hz 量级为宜。

对连续的频域微弱信号检测则可以采用相关原理。根据定义,信号 x,y 的相关函数为:

$$R_{xy}(\tau) = \lim_{T\to\infty}\frac{1}{T}\int_0^T x(t)y(t-\tau)\mathrm{d}t \tag{3.1.49}$$

相关函数具有如下性质:

当 x,y 不相关,则

$$R_{xy} \equiv 0 \tag{3.1.50}$$

当 x,y 相关,则

$$R_{xy} \neq 0 \tag{3.1.51}$$

显然,对有规律的周期信号 $s(t)$,这相当于输出的有用信号(对谐振梁式的传感器来说,谐振时的理想输出为正弦信号),它们自身在理想条件下,是完全自相关的,即 $R_{ss}\neq 0$;若参考信号 $r(t)$ 取自 $s(t)$(或与 $s(t)$ 同频率),$s(t)$ 与 $r(t)$ 之间也应完全相关,有 $R_{sr}\neq 0$;$s(t)$ 与噪声 $n(t)$ 则

完全不相关,意味着 $R_{sn} \equiv 0$。总之,由于有规律的周期信号 $s(t)$ 自相关,与参考信号 $r(t)$ 互相关,与噪声 $n(t)$ 不相关,即有

$$R_{ss} \neq 0, R_{sr} \neq 0, R_{sn} \equiv 0$$

利用上述特性,就可以用自相关或互相关方法,实现信噪比 SNIR 的极大改善:

$$\text{SNIR} = \text{SNR}_{\text{out}}/\text{SNR}_{\text{in}} \gg 1 \tag{3.1.52}$$

式(3.1.52)中的 SNR_{in}、SNR_{out} 分别是输入、输出的信噪比,但由于实际积分时间总是有限的,因而只能进行持续时间有限的相关运算。设相关运算的持续时间为 T,有

$$R_{xy}(\tau) = \frac{1}{T}\int_0^T x(t) y(t - \tau) dt \tag{3.1.53}$$

此时,不相关的信号与噪声的相关运算将出现残差

$$R_{sn} \neq 0 \tag{3.1.54}$$

且残差随积分时间缩短而增加,这将导致 SNIR 的降低。因此,SNIR 与测量时间是一对矛盾。必须设法解决这个矛盾。若要将相关原理用于闭环自激系统,原则上是可行的,但也必须克服这一原理应用于闭环自激先天上的不足,需要尽可能提高运算速度,缩短解算过程,其效果相当于与低速运算相比,增加了相关过程的相对持续时间,以减少误差。

开环测试中的核心技术,就是利用相关原理,采用实现低信噪比微弱信号检测的锁相放大器技术,锁相放大器通常由鉴相器 PSD(Phase Detector)和积分器组成,积分器常用低通滤波器 LPF(Low Pass Filter)代替,如图 3.1.5 所示。

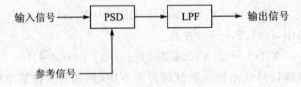

图 3.1.5 锁相放大原理框图

设:图 3.1.5 中的输入为被测信号 v_s 或经过前置放大和适当带通滤波的输入信号,其中有用信号设为 v_{su},是频率为 f_s 的正弦波,而参考端输入的信号 v_r 是应与 v_{su} 同频、同相的正弦波(可以取自输入信号,当然需要处理),即有

$$\left.\begin{array}{l} v_{su} = V_{su}\cos(\omega_s t + \varphi_s) \\ v_r = V_r\cos(\omega_s t + \varphi_s) \end{array}\right\} \tag{3.1.55}$$

将这两个信号送往 PSD,若 PSD 采用模拟乘法器,可得到输出:

$$v_{mo} = v_{su} \cdot v_r/V_M = (V_{su}V_r/2V_M)(\cos 2(\omega_s t + \varphi_s) + 1) \tag{3.1.56}$$

式中 V_M——模拟乘法器的基准电压。

设法使参考信号保持足够长的时间,并随后对 v_{mo} 进行低通滤波,低通滤波器的截止频率远低于信号频率,则达到稳态后,式(3.1.56)中交流部分将被抑制,只剩下直流部分电压信号 V_a:

$$V_a = V_{su}V_r/2V_M \tag{3.1.57}$$

经过电压放大,得到输出信号

$$V_o = AV_{su}V_r/2V_M \tag{3.1.58}$$

其中 A, V_r, V_M 都是已知常量,测出 V_o,便可知道被测信号幅度:

$$V_{su} = V_o V_M / AV_r \tag{3.1.59}$$

3.2 沃尔什变换

沃尔什变换的数学基础是美国数学家 Joseph Leonard Walsh 于 1923 年提出的沃尔什 (Walsh)函数集,这是一组完备的正交函数集。沃尔什函数只取 +1 和 -1 两个可能的离散数值,取代了傅里叶变换中复指数函数(或正、余弦函数),与数字逻辑电路的两个状态值一致,其波形为矩形脉冲,非常适应计算机和数字技术发展的需要,从而迅速成为数字信号处理中重要的正交变换方法之一。

3.2.1 沃尔什函数

沃尔什函数有不同的定义方法,各有特点和一定的局限性,只介绍其中的:沃尔什函数的三角函数定义、离散沃尔什函数和哈达玛矩阵定义。

三角函数定义的沃尔什函数

定义。用三角函数定义的第 k 个沃尔什函数表示为

$$\text{Wal}(k,t) = \prod_{r=0}^{n-1} \text{sgn}(\cos k_r 2^r \pi t) \quad (0 \leqslant t < 1) \tag{3.2.1}$$

式中,k——沃尔什函数的编号,为非负整数,计算时用二进制式表示为 $k = \sum_{r=0}^{n-1} k_r 2^r$;

k_r——为 0 或 1,是 k 的二进制表示式中各位数字的值;

n——k 的二进制表示式中的位数;

sgn——符号函数,其定义为

$$\text{sgn}(x) = \begin{cases} 1, & x > 0 \\ -1, & x < 0 \end{cases} \tag{3.2.2}$$

沃尔什函数 $\text{Wal}(k,t)$ 定义区间是 $0 \leqslant t < 1$(如采用沃尔什递推定义式中,也可以是 $-1/2 \leqslant t < 1/2$)。对确定的 k,$\text{Wal}(k,t)$ 是 t 的函数。在定义区间之外,将函数以 1 为周期,将定义延拓到整个 t 轴上,$\text{Wal}(k,t)$ 就是周期为 1 的周期函数,表示为

$$\text{Wal}(k,t \pm 1) = \text{Wal}(k,t) \tag{3.2.3}$$

下面依次给出前 8 个 $\text{Wal}(k,t)$ 的定义式及相应的函数波形(见图 3.2.1)。

先以 $k=7$ 为例,说明沃尔什函数定义式的求法。由于 $k = 1 \cdot 2^2 + 1 \cdot 2^1 + 1 \cdot 2^0$,可看出相应的 $k_r: k_2 = 1, k_1 = 1, k_0 = 1$,因而有

$$\text{Wal}(7,t) = \text{sgn}(\cos 1 \cdot 2^2 \pi t) \cdot \text{sgn}(\cos 1 \cdot 2^1 \pi t) \cdot \text{sgn}(\cos 1 \cdot 2^0 \pi t) =$$
$$\text{sgn}(\cos 4\pi t) \cdot \text{sgn}(\cos 2\pi t) \cdot \text{sgn}(\cos \pi t)$$

类推由式(3.2.1),可得

$$\text{Wal}(0,t) = \text{sgn}(\cos 0 \cdot 2^0 t) = \text{sgn}(\cos 0t) = \text{sgn}(\cos 0) = 1$$
$$\text{Wal}(1,t) = \text{sgn}(\cos 1 \cdot 2^0 \pi t) = \text{sgn}(\cos \pi t)$$
$$\text{Wal}(2,t) = \text{sgn}(\cos 1 \cdot 2^1 \pi t) \cdot \text{sgn}(\cos 0 \cdot 2^0 \pi t) = \text{sgn}(\cos 2\pi t)$$
$$\text{Wal}(3,t) = \text{sgn}(\cos 1 \cdot 2^1 \pi t) \cdot \text{sgn}(\cos 1 \cdot 2^0 \pi t) = \text{sgn}(\cos 2\pi t) \cdot \text{sgn}(\cos \pi t) =$$
$$\text{Wal}(2,t) \cdot \text{Wal}(1,t)$$

$$\mathrm{Wal}(4,t) = \mathrm{sgn}(\cos 1 \cdot 2^2 \pi t) \cdot \mathrm{sgn}(\cos 0 \cdot 2^1 \pi t) \cdot \mathrm{sgn}(\cos 0 \cdot 2^0 \pi t) = \mathrm{sgn}(\cos 4\pi t)$$

$$\mathrm{Wal}(5,t) = \mathrm{sgn}(\cos 1 \cdot 2^2 \pi t) \cdot \mathrm{sgn}(\cos 0 \cdot 2^1 \pi t) \cdot \mathrm{sgn}(\cos 1 \cdot 2^0 \pi t) =$$
$$\mathrm{sgn}(\cos 4\pi t) \cdot \mathrm{sgn}(\cos \pi t) = \mathrm{Wal}(4,t) \cdot \mathrm{Wal}(1,t)$$

$$\mathrm{Wal}(6,t) = \mathrm{sgn}(\cos 1 \cdot 2^2 \pi t) \cdot \mathrm{sgn}(\cos 1 \cdot 2^1 \pi t) \cdot \mathrm{sgn}(\cos 0 \cdot 2^0 \pi t) =$$
$$\mathrm{sgn}(\cos 4\pi t) \cdot \mathrm{sgn}(\cos 2\pi t) = \mathrm{Wal}(4,t) \cdot \mathrm{Wal}(2,t)$$

$$\mathrm{Wal}(7,t) = \mathrm{sgn}(\cos 1 \cdot 2^2 \pi t) \cdot \mathrm{sgn}(\cos 1 \cdot 2^1 \pi t) \cdot \mathrm{sgn}(\cos 1 \cdot 2^0 \pi t) =$$
$$\mathrm{sgn}(\cos 4\pi t) \cdot \mathrm{sgn}(\cos 2\pi t) \cdot \mathrm{sgn}(\cos \pi t) =$$
$$\mathrm{Wal}(4,t) \cdot \mathrm{Wal}(2,t) \cdot \mathrm{Wal}(1,t)$$

需要指出:由式(3.2.2)可知:$\mathrm{sgn}(x)$在$x=0$时无定义,因此当$\mathrm{Wal}(k,t)$定义式(3.2.1)中,$\cos k_r 2^r \pi t$值为0的这些点时,$\mathrm{sgn}(0)$无定义,则相应的$\mathrm{Wal}(k,t)$无定义,就需要在这些点上补充定义,使其成为右连续。例如:$k=1$,有$\mathrm{Wal}(1,t)=\mathrm{sgn}(\cos \pi t)$,当$t<1/2$,由左向右趋向$1/2$,$\cos \pi t \to \cos \pi/2 \to 0$,定义其右极限为1,保证右连续。

由式(3.2.1)及前8个$\mathrm{Wal}(k,t)$的表示式和波形图可以看出:$\mathrm{Wal}(k,t)$为若干因子$\mathrm{sgn}(\cos k_r 2^r \pi t)$的连乘积,并且对于$t=1/2$是对称的;当$k$为奇数时,$\mathrm{Wal}(k,t)$对$t=1/2$呈奇对称,有$k_0=1$,存在$\mathrm{sgn}(\cos \pi t)$项;而当$k$为偶数时,$\mathrm{Wal}(k,t)$对$t=1/2$呈偶对称,有$k_0=0$,没有$\mathrm{sgn}(\cos \pi t)$项。

若按式(3.2.3)将$\mathrm{Wal}(k,t)$周期延拓到整个t轴时,上述对称性对于$t=0$成立,即当k为奇数时,$\mathrm{Wal}(k,t)$对$t=0$呈奇对称(为奇函数);而当k为偶数时,$\mathrm{Wal}(k,t)$对$t=0$呈偶对称(为偶函数)。这种性质类似于正弦、余弦函数,据此,将$\mathrm{Wal}(k,t)$分成两类,也可看成两类新的函数定义,图3.2.1相应表示为

$$\mathrm{Wal}(k,t) = \begin{cases} \mathrm{sal}(m,t), & (k=2m-1, m=1,2,3,\cdots) \\ \mathrm{cal}(m,t), & (k=2m, m=1,2,3,\cdots) \end{cases} \tag{3.2.4}$$

式(3.2.4)中,sal类似于三角函数的sin,是奇函数;cal与cos类似,为偶函数。

沃尔什函数可以是一个周期函数,与三角函数的频率有一个相仿的参数,叫"序率"(或"列率"),但沃尔什函数在$0 \leqslant t < 1$的区间内的波形,不一定周期重复,因此他们在概念上不完全等同,序率可以采用单位时间内波形过零的次数来表征。对于三角函数$\sin(n2\pi t)$和$\cos(n2\pi)$在$0 \leqslant t < 1$内的过零次数的$1/2$是n,它为基波频率等于1时的n次谐波频率。而对于沃尔什函数,在单位时间内(时基为1),$\mathrm{sal}(m,t)$和$\mathrm{cal}(m,t)$过零次数的$1/2$等于m,m即为"序率",其单位记作zps(每秒过零数,zero per second),有人建议以"哈姆(Harm)"为单位,记作Hm。

通常依据沃尔什函数导出的分析方法,将沃尔什函数分析方法称之为"序域法",与常用的"频域法"相区别。

需要指出:$\mathrm{Wal}(k,t)$中的t表示函数的自变量,可以表示时间,也可以是空间位置的变量等。

3.2.2 沃尔什函数的性质

下面引出沃尔什函数的性质,不作证明。

1. 相乘关系

两个沃尔什函数相乘,有

$$\mathrm{Wal}(k,t) \cdot \mathrm{Wal}(i,t) = \mathrm{Wal}(k \oplus i, t) \tag{3.2.5}$$

式中的$\oplus$表示二进制数0或1的模2不进位加法运算,如

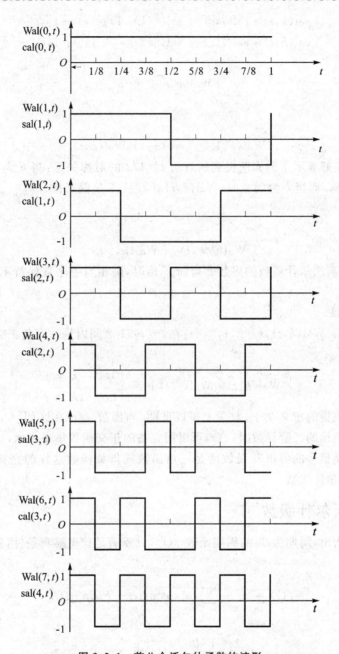

图 3.2.1 前八个沃尔什函数的波形

$$\mathrm{Wal}(4,t) \cdot \mathrm{Wal}(7,t) = \mathrm{Wal}(4 \oplus 7, t) = \mathrm{Wal}(3,t)$$

$$\begin{array}{r} (4)_{10} = (1\ \ 0\ \ 0)_2 \\ \oplus\ (7)_{10} = (1\ \ 1\ \ 1)_2 \\ \hline (3)_{10} = (0\ \ 1\ \ 1)_2 \end{array}$$

上式中各数字的下标 10 和 2，分别表示十进制和二进制。

由这一性质可进一步得到类似三角函数的和差化积的推论：

$$\mathrm{cal}(k,t) \cdot \mathrm{cal}(i,t) = \mathrm{cal}(k \oplus i, t) \tag{3.2.6}$$

$$\mathrm{sal}(k,t) \cdot \mathrm{sal}(i,t) = \mathrm{cal}[(k-1) \oplus (i-1), t] \tag{3.2.7}$$

$$\mathrm{sal}(k,t) \cdot \mathrm{cal}(i,t) = \mathrm{sal}\{[(k-1) \oplus i)+1], t\} \quad (3.2.8)$$

$$\mathrm{cal}(k,t) \cdot \mathrm{sal}(i,t) = \mathrm{sal}\{[k \oplus (i-1)]+1, t\} \quad (3.2.9)$$

另有

$$[\mathrm{Wal}(k,t)]^2 = 1 \quad (3.2.10)$$

2. 对称关系

$$\mathrm{Wal}(k, 1-t) = (-1)^k \mathrm{Wal}(k,t) \quad (3.2.11)$$

式(3.2.11)正好表示了前面所提到的对于 $t=1/2$ 的对称关系：当 k 为奇数时，$\mathrm{Wal}(k,t)$ 对 $t=1/2$ 呈奇对称，而当 k 为偶数时，$\mathrm{Wal}(k,t)$ 对 $t=1/2$ 呈偶对称。

3. 对偶关系

$$\mathrm{Wal}(2^p k, t) = \mathrm{Wal}(k, 2^p t) \quad (3.2.12)$$

式(3.2.12)表明：当沃尔什函数的序数 k 增加 2^p 倍时，则相当于序数保持不变，而变量 t 相应增加 2^p 倍。

4. 完备正交性

沃尔什函数系 $\{\mathrm{Wal}(k,t), k=0,1,2,\cdots\}$ 在 $0 \leqslant t < 1$ 区间内是一完备正交函数集。正交关系表示为

$$\int_0^t \mathrm{Wal}(k,t) \cdot \mathrm{Wal}(j,t) \mathrm{d}t = \begin{cases} 0, & k \neq j \\ 1, & k = j \end{cases} \quad (3.2.13)$$

完备正交函数集的意义在于，数学上可以证明，当函数 $f(t)$ 在区间 $[t_1, t_2]$ 内具有连续的一阶导数和逐段连续的二阶导数时，$f(t)$ 可以用完备的正交函数集来表示，这就是所谓的函数"正交分解"。周期信号的傅里叶级数就是三角函数或指数函数这样的完备正交函数集的表示，由此可引出沃尔什级数。

3.2.3 沃尔什级数

在第 2 章中指出，周期为 T_1 的周期函数 $f(t)$，只要满足狄里赫利条件，就可以展开为傅里叶级数，重写为

$$f(t) = a_0 + \sum_{n=1}^{\infty}(a_n \cos n\Omega_1 t + b_n \sin n\Omega_1 t) \quad (3.2.14)$$

式中，

$$a_0 = \frac{1}{T_1} \int_{t_0}^{t_0+T_1} f(t) \mathrm{d}t$$

$$a_n = \frac{2}{T_1} \int_{t_0}^{t_0+T_1} f(t) \cos n\Omega_1 t \mathrm{d}t$$

$$b_n = \frac{2}{T_1} \int_{t_0}^{t_0+T_1} f(t) \sin n\Omega_1 t \mathrm{d}t$$

与上述相仿，应用沃尔什函数，$f(t)$ 的正交展开式可表示为

$$f(t) = c_0 + \sum_{m=1}^{\infty}[c_m \mathrm{cal}(m,t) + s_m \mathrm{sal}(m,t)] \quad (3.2.15)$$

式(3.2.15)中的各系数为：

$$c_0 = \int_0^1 f(t)\mathrm{cal}(0,t)\mathrm{d}t = \int_0^1 f(t)\mathrm{d}t$$

$$c_m = \int_0^1 f(t)\mathrm{cal}(m,t)\mathrm{d}t$$

$$s_m = \int_0^1 f(t)\mathrm{sal}(m,t)\mathrm{d}t$$

也可以统一表示为

$$a_k = \int_0^1 f(t)\mathrm{Wal}(k,t)\mathrm{d}t \tag{3.2.16}$$

式(3.2.16)称为沃尔什—傅里叶级数,简称沃尔什级数。应用傅里叶级数,可以将一周期信号,分解为基波和一系列正弦—余弦谐波之和,相类似,也可以应用沃尔什函数,将一周期信号,分解为许多沃尔什函数的和。

需要说明的是:在展开为傅里叶级数时,周期信号 $f(t)$ 的周期为 T_1。而在展开为沃尔什级数时,$f(t)$ 的周期应为 1,如果不是 1 而是 T,周期的时间应归一,时间变量采用 τ,并用 τ/T 取代 t,进行展开。

同一周期函数,展开为傅里叶级数和沃尔什级数,从原理上讲都是可以的,并且都可以根据线性叠加原理实现复杂波形的综合,一般而言,所取项数越多,逼近程度越好。如果是信号波形为平滑的连续波,要达到相同的逼近效果,所需的沃尔什级数的分量个数要比相应傅里叶级数的项数多,如果信号波形接近方波时,则情况相反,应用沃尔什级数的分量数相比要少。

可以证明:对于沃尔什级数的展开,与傅里叶级数的展开一样,也满足帕斯瓦尔定理,符合能量守恒定律,即有

$$\int_0^1 f^2(t)\mathrm{d}t = \sum_{k=0}^{\infty} a_k^2 \tag{3.2.17}$$

3.2.4 离散沃尔什函数

对前 N 个沃尔什函数,在等距的 N 个点上抽样,抽样结果为正值时记作 1,抽样结果为负值时记作"-1",然后将所得的 1 和"-1"表示为矩阵形式,得到 $N \times N$ 矩阵,就是离散沃尔什函数的定义式。例如,$N=8$,离散沃尔什函数可表示为

$$\begin{array}{c} m:0\quad 1\quad 2\quad 3\quad 4\quad 5\quad 6\quad 7 \\ k \end{array} \quad \mathrm{Wal}(k,t)$$

$$\begin{array}{c} 0 \\ 1 \\ 2 \\ 3 \\ 4 \\ 5 \\ 6 \\ 7 \end{array} \begin{bmatrix} 1 & 1 & 1 & 1 & 1 & 1 & 1 & 1 \\ 1 & 1 & 1 & 1 & -1 & -1 & -1 & -1 \\ 1 & 1 & -1 & -1 & -1 & -1 & 1 & 1 \\ 1 & 1 & -1 & -1 & 1 & 1 & -1 & -1 \\ 1 & -1 & -1 & 1 & 1 & -1 & -1 & 1 \\ 1 & -1 & -1 & 1 & -1 & 1 & 1 & -1 \\ 1 & -1 & 1 & -1 & -1 & 1 & -1 & 1 \\ 1 & -1 & 1 & -1 & 1 & -1 & 1 & -1 \end{bmatrix} = \begin{bmatrix} \mathrm{Wal}(0,t) \\ \mathrm{Wal}(1,t) \\ \mathrm{Wal}(2,t) \\ \mathrm{Wal}(3,t) \\ \mathrm{Wal}(4,t) \\ \mathrm{Wal}(5,t) \\ \mathrm{Wal}(6,t) \\ \mathrm{Wal}(7,t) \end{bmatrix} \tag{3.2.18}$$

式(3.2.18)中的矩阵的列序 m 表示抽样时间的顺序号,$m=0,1,2,\cdots,7$。矩阵的行序 k 表示沃尔什函数的序号,$k=0,1,2,\cdots,7$。

对于任意 N 的离散沃尔什函数,矩阵中的任一元素 x_{km} 如何确定呢?

先将十进制数 k、n 转换为二进制数表示,有

$$(k)_{10} = (k_{n-1}, k_{n-2}, \cdots, k_2, k_1)_2$$

$$(m)_{10} = (m_{n-1}, m_{n-2}, \cdots, m_2, m_1)_2$$

上式中,$n = \log_2 N$,则矩阵中的元素 x_{km} 由下式确定

$$x_{km} = (-1)^{\sum\limits_{j=0}^{n-1} r_j(k) m_j} \tag{3.2.19}$$

式中,

$$r_0(k) = k_{n-1}$$

$$r_1(k) = k_{n-1} + k_{n-2}$$

$$r_2(k) = k_{n-2} + k_{n-3}$$

$$\vdots$$

$$r_{n-1}(k) = k_1 + k_0$$

现以 $N=8$ 矩阵中的第 5 行第 2 列的元素 x_{52} 的求解为例来说明。

由 $N=8$,得 $n = \log_2 N = \log_2 8 = 3$,从而

$$(k)_{10} = (k_2, k_1, k_0)_2 = (5)_{10} = (101)_2$$

有:$k_2 = 1, k_1 = 0, k_0 = 1$,则

$$r_0(k) = k_2 = 1$$

$$r_1(k) = k_2 + k_1 = 1$$

$$r_2(k) = k_1 + k_0 = 1$$

类似可得

$$(m)_{10} = (m_2, m_1, m_0)_2 = (2)_{10} = (010)_2$$

有:$m_2 = 0, m_1 = 1, m_0 = 0$,将上述中间结果代入式(3.2.19),得

$$\sum_{j=0}^{n-1} r_j(k) m_j = \sum_{j=0}^{2} r_j(k) m_j = r_0(k) m_0 + r_1(k) m_1 + r_2(k) m_2 = r_1(k) m_1 = 1 \times 1 = 1$$

最后可算出

$$x_{km} = (-1)^{\sum\limits_{j=0}^{n-1} r_j(k) m_j} = x_{52} = (-1)^1 = -1$$

这正是式(3.2.18)中矩阵第 5 行第 2 列的元素值,其他值也可类似得到。

为了在下面导出快速沃尔什变换,需要引出哈达玛矩阵表示的沃尔什函数。

先给出哈达玛矩阵的定义。哈达玛矩阵都是方阵,用符号 $\boldsymbol{H}_N$ 表示,他们的元素只有 1 和"-1",矩阵中的各行向量与各列向量相互正交。下面是几个最简单的哈达玛矩阵:

$$\boldsymbol{H}_1 = [1]$$

$$\boldsymbol{H}_2 = \begin{bmatrix} 1 & 1 \\ 1 & -1 \end{bmatrix}$$

$$\boldsymbol{H}_4 = \begin{bmatrix} 1 & 1 & 1 & 1 \\ 1 & -1 & 1 & -1 \\ 1 & 1 & -1 & -1 \\ 1 & -1 & -1 & 1 \end{bmatrix}$$

哈达玛矩阵的序数 N，符合 $N=2^n$ 的规律，从 1 阶到 2^n 阶的哈达玛矩阵，可利用矩阵的克罗内克积(Kronecker product)（又称矩阵的直积）递推得到。克罗内克积的定义是：

$p \times q$ 的矩阵 $\boldsymbol{A}$ 与 $m \times n$ 的矩阵 $\boldsymbol{B}$ 的克罗内克积记作 $\boldsymbol{A} \otimes \boldsymbol{B}$，为 $pm \times qn$ 矩阵，表示为

$$\boldsymbol{A} \otimes \boldsymbol{B} = \begin{bmatrix} a_{11}\boldsymbol{B} & \cdots & a_{1q}\boldsymbol{B} \\ \vdots & \vdots & \vdots \\ a_{p1}\boldsymbol{B} & \cdots & a_{pq}\boldsymbol{B} \end{bmatrix} \tag{3.2.20}$$

一般情况下，有

$$\boldsymbol{H}_N = \boldsymbol{H}_2 \otimes \boldsymbol{H}_{N/2} = \begin{bmatrix} \boldsymbol{H}_{N/2} & \boldsymbol{H}_{N/2} \\ \boldsymbol{H}_{N/2} & -\boldsymbol{H}_{N/2} \end{bmatrix} \tag{3.2.21}$$

例如：

$$\boldsymbol{H}_4 = \boldsymbol{H}_2 \otimes \boldsymbol{H}_2 = \begin{bmatrix} \boldsymbol{H}_2 & \boldsymbol{H}_2 \\ \boldsymbol{H}_2 & -\boldsymbol{H}_2 \end{bmatrix} = \begin{bmatrix} 1 & 1 & 1 & 1 \\ 1 & -1 & 1 & -1 \\ 1 & 1 & -1 & -1 \\ 1 & -1 & -1 & 1 \end{bmatrix}$$

哈达玛矩阵是对称矩阵，$\boldsymbol{H}_N^T$ 表示为 $\boldsymbol{H}_N$ 的转置矩阵，有

$$\boldsymbol{H}_N^T = \boldsymbol{H}_N \tag{3.2.22}$$

由矩阵正交性可得

$$\boldsymbol{H}_N \boldsymbol{H}_N^T = N\boldsymbol{I} \tag{3.2.23}$$

式中，$\boldsymbol{I}$——单位矩阵。

若 $\boldsymbol{H}_N^{-1}$ 表示矩阵 $\boldsymbol{H}_N$ 的逆矩阵，则有

$$\boldsymbol{H}_N \boldsymbol{H}_N^{-1} = \boldsymbol{I} \tag{3.2.24}$$

从而有

$$\left(\frac{1}{N}\right)\boldsymbol{H}_N \boldsymbol{H}_N^T = \boldsymbol{I} \tag{3.2.25}$$

或

$$\left(\frac{1}{N}\right)\boldsymbol{H}_N \boldsymbol{H}_N = \boldsymbol{I} \tag{3.2.26}$$

沃尔什函数的矩阵也具有与上述哈达玛矩阵相同的特性，这对于随后讲到的沃尔什变换的正、逆变换的计算将会带来很大的便利。

哈达玛矩阵与沃尔什函数之间有确定的关系，下面以哈达玛矩阵 $\boldsymbol{H}_8$ 为例，说明这两者之间的关系，并由此推出一般的关系。

$$\boldsymbol{H}_8 = \begin{bmatrix} \boldsymbol{H}_4 & \boldsymbol{H}_4 \\ \boldsymbol{H}_4 & -\boldsymbol{H}_4 \end{bmatrix} = \begin{bmatrix} 1 & 1 & 1 & 1 & 1 & 1 & 1 & 1 \\ 1 & -1 & 1 & -1 & 1 & -1 & 1 & -1 \\ 1 & 1 & -1 & -1 & 1 & 1 & -1 & -1 \\ 1 & -1 & -1 & 1 & 1 & -1 & -1 & 1 \\ 1 & 1 & 1 & 1 & -1 & -1 & -1 & -1 \\ 1 & -1 & 1 & -1 & -1 & 1 & -1 & 1 \\ 1 & 1 & -1 & -1 & -1 & -1 & 1 & 1 \\ 1 & -1 & -1 & 1 & -1 & 1 & 1 & -1 \end{bmatrix} = \begin{bmatrix} \mathrm{Wal}_h(0,t) \\ \mathrm{Wal}_h(1,t) \\ \mathrm{Wal}_h(2,t) \\ \mathrm{Wal}_h(3,t) \\ \mathrm{Wal}_h(4,t) \\ \mathrm{Wal}_h(5,t) \\ \mathrm{Wal}_h(6,t) \\ \mathrm{Wal}_h(7,t) \end{bmatrix}$$

$$\tag{3.2.27}$$

式(3.2.27)中的 $Wal_h(k_h,t)$ 也是沃尔什函数,但其序数为 k_h,与式(3.2.18)所表示的沃尔什函数 $Wal(k,t)$ 的序数 k 值并不完全相同,k 一般称为沃尔什序数,是按照沃尔什函数过零次数的升序确定的,而这里的 k_h 称为"哈达玛序数",为避免混淆,将按照哈达玛序数确定的沃尔什函数表示为 $Wal_h(k_h,t)$,下标以"h"区分。通过与式(3.2.18)系数对照,可以得到 $Wal_h(k_h,t)$ 与 $Wal(k,t)$ 的对应关系为

$$\begin{bmatrix} Wal_h(0,t) \\ Wal_h(1,t) \\ Wal_h(2,t) \\ Wal_h(3,t) \\ Wal_h(4,t) \\ Wal_h(5,t) \\ Wal_h(6,t) \\ Wal_h(7,t) \end{bmatrix} = \begin{bmatrix} Wal(0,t) \\ Wal(7,t) \\ Wal(3,t) \\ Wal(4,t) \\ Wal(1,t) \\ Wal(6,t) \\ Wal(2,t) \\ Wal(5,t) \end{bmatrix} \qquad (3.2.28)$$

哈达玛序数与沃尔什序数之间的转换关系,可以通过哈达玛序数 k_h 与自然序数 k_b 二进制"码位倒置"的关系来实现,对于 $N=8$ 的情况,k、k_h 和 k_b 间的关系如表 3.1 所列,这种关系已经在快速傅里叶变换一节中见到过,不再解释。

表 3.2.1　k 与 k_h 间的转换关系

沃尔什序数 k	自然序数 k_b	二进制 k_b	倒置二进制 k_b	哈达玛序数 k_h
0	0	000	000	0
1	1	001	100	4
3	2	010	010	2
2	3	011	110	6
7	4	100	001	1
6	5	101	101	5
4	6	110	011	3
5	7	111	111	7

表 3.2.1 说的是 $N=8$ 的情况,二进制的数字为三位数,一般 N 的情况,其转换规律是相同的,就不细述了。

3.2.5　沃尔什变换

有了沃尔什函数的基础,参见式(3.2.15)和(3.2.16),可以引出下面的沃尔什变换对(周期函数用 $x(t)$ 表示):

$$x(t) = \sum_{k=0}^{\infty} a_k Wal(k,t) \qquad (0 \leqslant t < 1) \qquad (3.2.29)$$

$$a_k = \int_0^1 x(t) Wal(k,t) dt \qquad (3.2.30)$$

为实现信号的数字处理,在 $0 \leqslant t < 1$ 的区间内,对上述的连续值进行离散化(均匀抽样),取 N 个离散点,函数 $x(t)$ 就展成只包含 N 个离散项的沃尔什级数。若抽样后 $x(t)$ 的序列值

为 $x(n)$，$\mathrm{Wal}(k,t)$ 的序列值用 W_{kn} 表示（只取值 +1 或 -1），其中，$n=0,1,2,\cdots,N-1$，则类似离散傅里叶变换，定义离散沃尔什变换 DWT(Discrete Walsh Transform)为

$$X(k) = \frac{1}{N}\sum_{n=0}^{N-1} x(n)W_{kn} \quad (k=0,1,2,\cdots,N-1) \tag{3.2.31}$$

式(3.2.31)中，N 表示 DWT 的阶数。在 $0 \leqslant t < 1$ 的区间内，t 的抽样点取在 $t=\dfrac{2n+1}{2N}$ 处，抽样点避开跳变点（也有人认为，间断点的抽样值可取其左、右极限的平均值）。

离散沃尔什逆变换 IDWT(Inverse Discrete Walsh Transform)定义为

$$x(n) = \sum_{k=0}^{N-1} X(k)W_{kn} \tag{3.2.32}$$

n 与 k 的取值与离散沃尔什正变换相同。式(3.2.31)中的系数 $1/N$ 也可以移到离散沃尔什逆变换定义式中。

式(3.2.31)和(3.2.32)即为离散沃尔什变换对。他们也可以表示为矩阵形式：

$$\boldsymbol{X} = \frac{1}{N}\boldsymbol{x}\boldsymbol{W}_N \tag{3.2.33}$$

$$\boldsymbol{x} = \boldsymbol{X}\boldsymbol{W}_N \tag{3.2.34}$$

上述两式中，$\boldsymbol{x}$ 和 $\boldsymbol{X}$ 均为行向量：

$$\boldsymbol{x} = [x(0),x(1),x(2),\cdots,x(N-1)]$$
$$\boldsymbol{X} = [X(0),X(1),X(2),\cdots,X(N-1)]$$

如果 $\boldsymbol{x}$ 和 $\boldsymbol{X}$ 表示为列向量，则式(3.2.33)和(3.2.34)变为

$$\boldsymbol{X} = \frac{1}{N}\boldsymbol{W}_N\boldsymbol{x} \tag{3.2.35}$$

$$\boldsymbol{x} = \boldsymbol{W}_N\boldsymbol{X} \tag{3.2.36}$$

离散沃尔什矩阵 $\boldsymbol{W}_N$ 为一方阵，表示为

$$\boldsymbol{W}_N = \begin{bmatrix} W_{00} & W_{01} & \cdots & W_{0,(N-1)} \\ W_{10} & W_{11} & \cdots & W_{1,(N-1)} \\ \vdots & \vdots & \vdots & \vdots \\ W_{(N-1),0} & W_{(N-1),1} & \cdots & W_{(N-1),(N-1)} \end{bmatrix} \tag{3.2.37}$$

离散沃尔什矩阵 $\boldsymbol{W}_N$ 具有正交特性，有

$$\frac{1}{N}\boldsymbol{W}_N\boldsymbol{W}_N = \boldsymbol{I} \tag{3.2.38}$$

利用这一正交特性，将式(3.2.38)代入(3.2.34)可得

$$\boldsymbol{x} = \boldsymbol{X}\boldsymbol{W}_N = \frac{1}{N}\boldsymbol{x}\boldsymbol{W}_N\boldsymbol{W}_N = \boldsymbol{x}\boldsymbol{I} = \boldsymbol{x} \tag{3.2.39}$$

式(3.2.39)表明：离散沃尔什变换对的定义式是正确的。

DWT 与 DFT 相比，有许多相似的地方，例如，傅里叶变换在时域和频域内，满足帕斯瓦尔定理，对同一信号的能量守恒，DWT 在时域和序域中，同一信号也能量守恒，也满足帕斯瓦尔定理，表示为

$$\frac{1}{N}\sum_{n=0}^{N-1} |x(n)|^2 = \sum_{k=0}^{N-1} |X(k)|^2 \tag{3.2.40}$$

但 DWT 又不像 DFT 那样,需要进行复数运算,DWT 中的沃尔什函数只取值+1 或 -1,只需进行实数的加、减法运算,计算要简单得多,另外沃尔什正、反变换的运算规律相同,结果仅差一个因子 $1/N$。

特别需要指出:在沃尔什变换中,并不存在对应于傅里叶变换的卷积定理,系统分析时的依据不同。设:两个序列 $x(n)$ 和 $y(n)$ 的沃尔什变换分别为 $X(k)$ 和 $Y(k)$,$Z(k)=X(k)Y(k)$,则

$$z(m) = \text{IDWT}[Z(k)] = \sum_{k=0}^{N-1} X(k)Y(k)W_{km} =$$

$$\frac{1}{N}\sum_{k=0}^{N-1} Y(k) \sum_{n=0}^{N-1} x(n) W_{kn} \cdot W_{km} =$$

$$\frac{1}{N}\sum_{n=0}^{N-1} x(n) \left[\sum_{k=0}^{N-1} Y(k) W_{k\cdot m\oplus n}\right] =$$

$$\frac{1}{N}\sum_{n=0}^{N-1} x(n) \left[\sum_{k=0}^{N-1} Y(k) \text{Wal}(k, m\oplus n)\right] =$$

$$\frac{1}{N}\sum_{n=0}^{N-1} x(n) y(m\oplus n) \tag{3.2.41}$$

式(3.2.41)表明:不存在类似傅里叶变换的时域卷积定理,即 $z(n)\neq x(n)*y(n)$,而是如式中所示的模 2 加法运算的求和公式,这种运算称为"并矢卷积(dyadic convolution)"。

对一般卷积的运算,递推的延时是按变量的算术相减得出,但在并矢卷积中,则为变量的模 2 和,而模 2 和的运算对加、减都是相同的,因而,并矢相关运算与并矢卷积运算形式一样。

3.2.6 快速沃尔什变换

离散傅里叶变换的快速算法称快速傅里叶变换 FFT,相应的沃尔什变换的快速算法称快速沃尔什变换 FWT(Fast Walsh Transform),FWT 有不同的算法实现,由哈达玛序数为编号的沃尔什变换的快速算法称沃尔什—哈达玛变换,与 FFT 思路比照,易于理解,计算较为简便,下面以 $N=8$ 为例介绍这一算法。

沃尔什—哈达玛变换通常以符号 $(\text{DWT})_h$ 表示($(\text{DWT})_h$ 与 DWT 的区别仅仅在于排列序数不同),变换对的矩阵形式表示为

$$B = \frac{1}{N} x H_N \tag{3.2.42}$$

$$x = B H_N \tag{3.2.43}$$

式(3.2.42)和式(3.4.43)中,H_N 为 N 阶哈达玛矩阵;B 和 x 为行向量,表示为

$$B = [B(0), B(1), B(2), \cdots, B(N-1)]$$
$$x = [x(0), x(1), x(2), \cdots, x(N-1)]$$

如果 B 和 x 表示成列向量,则沃尔什—哈达玛变换对应为

$$B = \frac{1}{N} H_N x \tag{3.2.44}$$

$$x = H_N B \tag{3.2.45}$$

$N=8$ 的哈达玛矩阵为

$$\boldsymbol{H}_8 = \begin{bmatrix} \boldsymbol{H}_4 & \boldsymbol{H}_4 \\ \boldsymbol{H}_4 & -\boldsymbol{H}_4 \end{bmatrix} \tag{3.2.46}$$

将式(3.2.46)代入(3.2.44),向量 x 分成前四、后四个序号两部分,可得到

$$\begin{bmatrix} B(0) \\ B(1) \\ B(2) \\ B(3) \\ \hdashline B(4) \\ B(5) \\ B(6) \\ B(7) \end{bmatrix} = \frac{1}{8} \begin{bmatrix} \boldsymbol{H}_4 & \boldsymbol{H}_4 \\ \boldsymbol{H}_4 & -\boldsymbol{H}_4 \end{bmatrix} \begin{bmatrix} x(0) \\ x(1) \\ x(2) \\ x(3) \\ \hdashline x(4) \\ x(5) \\ x(6) \\ x(7) \end{bmatrix} \tag{3.2.47}$$

由矩阵运算法则,可表示为两个运算关系式,有

$$\begin{bmatrix} B(0) \\ B(1) \\ B(2) \\ B(3) \end{bmatrix} = \frac{1}{8} \boldsymbol{H}_4 \begin{bmatrix} x(0) \\ x(1) \\ x(2) \\ x(3) \end{bmatrix} + \frac{1}{8} \boldsymbol{H}_4 \begin{bmatrix} x(4) \\ x(5) \\ x(6) \\ x(7) \end{bmatrix} = \frac{1}{8} \boldsymbol{H}_4 \begin{bmatrix} x(0)+x(4) \\ x(1)+x(5) \\ x(2)+x(6) \\ x(3)+x(7) \end{bmatrix} \tag{3.2.48}$$

和

$$\begin{bmatrix} B(4) \\ B(5) \\ B(6) \\ B(7) \end{bmatrix} = \frac{1}{8} \boldsymbol{H}_4 \begin{bmatrix} x(0) \\ x(1) \\ x(2) \\ x(3) \end{bmatrix} - \frac{1}{8} \boldsymbol{H}_4 \begin{bmatrix} x(4) \\ x(5) \\ x(6) \\ x(7) \end{bmatrix} = \frac{1}{8} \boldsymbol{H}_4 \begin{bmatrix} x(0)-x(4) \\ x(1)-x(5) \\ x(2)-x(6) \\ x(3)-x(7) \end{bmatrix} \tag{3.2.49}$$

为简洁表示,经如下处理:

$$x_1(m) = \begin{cases} x(m)+x(4+m), & (m=0,1,2,3) \\ x(m-4)-x(m), & (m=4,5,6,7) \end{cases} \tag{3.2.50}$$

整理后,则式(3.2.48)和(3.2.49)可改写为

$$\begin{bmatrix} B(0) \\ B(1) \\ B(2) \\ B(3) \end{bmatrix} = \frac{1}{8} \boldsymbol{H}_4 \begin{bmatrix} x_1(0) \\ x_1(1) \\ x_1(2) \\ x_1(3) \end{bmatrix} \tag{3.2.51}$$

$$\begin{bmatrix} B(4) \\ B(5) \\ B(6) \\ B(7) \end{bmatrix} = \frac{1}{8} \boldsymbol{H}_4 \begin{bmatrix} x_1(4) \\ x_1(5) \\ x_1(6) \\ x_1(7) \end{bmatrix} \tag{3.2.52}$$

再依据

$$\boldsymbol{H}_4 = \begin{bmatrix} \boldsymbol{H}_2 & \boldsymbol{H}_2 \\ \boldsymbol{H}_2 & -\boldsymbol{H}_2 \end{bmatrix} \tag{3.2.53}$$

仿照式(3.2.47)→(3.2.48)→(3.2.49)→(3.2.50)→(3.2.51)→(3.2.52)→(3.2.53)的类似处理方法,可以将两个第一级运算关系式(3.2.51)和(3.2.52),进一步分解为下面四个关系式

的求解：

$$\begin{bmatrix} B(0) \\ B(1) \end{bmatrix} = \frac{1}{8} \boldsymbol{H}_2 \begin{bmatrix} x_1(0)+x_1(2) \\ x_1(1)+x_1(3) \end{bmatrix} = \frac{1}{8} \boldsymbol{H}_2 \begin{bmatrix} x_2(0) \\ x_2(1) \end{bmatrix} \quad (3.2.54)$$

$$\begin{bmatrix} B(2) \\ B(3) \end{bmatrix} = \frac{1}{8} \boldsymbol{H}_2 \begin{bmatrix} x_1(0)-x_1(2) \\ x_1(1)-x_1(3) \end{bmatrix} = \frac{1}{8} \boldsymbol{H}_2 \begin{bmatrix} x_2(2) \\ x_2(3) \end{bmatrix} \quad (3.2.55)$$

$$\begin{bmatrix} B(4) \\ B(5) \end{bmatrix} = \frac{1}{8} \boldsymbol{H}_2 \begin{bmatrix} x_1(4)+x_1(6) \\ x_1(5)+x_1(7) \end{bmatrix} = \frac{1}{8} \boldsymbol{H}_2 \begin{bmatrix} x_2(4) \\ x_2(5) \end{bmatrix} \quad (3.2.56)$$

$$\begin{bmatrix} B(6) \\ B(7) \end{bmatrix} = \frac{1}{8} \boldsymbol{H}_2 \begin{bmatrix} x_1(4)-x_1(6) \\ x_1(5)-x_1(7) \end{bmatrix} = \frac{1}{8} \boldsymbol{H}_2 \begin{bmatrix} x_2(6) \\ x_2(7) \end{bmatrix} \quad (3.2.57)$$

将

$$\boldsymbol{H}_2 = \begin{bmatrix} 1 & 1 \\ 1 & 1 \end{bmatrix} \quad (3.2.58)$$

代入式(3.2.54)~(3.2.57)，仍作一分为二的处理，可得

$$\left. \begin{aligned} 8B(0) &= x_2(0)+x_2(1) = x_3(0) \\ 8B(1) &= x_2(0)-x_2(1) = x_3(1) \\ 8B(2) &= x_2(2)+x_2(3) = x_3(2) \\ 8B(3) &= x_2(2)-x_2(3) = x_3(3) \\ 8B(4) &= x_2(4)+x_2(5) = x_3(4) \\ 8B(5) &= x_2(4)-x_2(5) = x_3(5) \\ 8B(6) &= x_2(6)+x_2(7) = x_3(6) \\ 8B(6) &= x_2(6)-x_2(7) = x_3(6) \end{aligned} \right\} \quad (3.2.59)$$

将上述过程画成一个算法流程图，如图 3.2.2 所示。

图中，迭代 1 对应式(3.2.48)~(3.2.49)的运算，标有"-1"的为相应的减法运算，未标注的表示加法；迭代 2 和迭代 3 分别表示(3.2.54)~(3.2.56)和式(3.2.58)的运算过程。不难看出：图 3.2.2 与"基 2"按时间抽取的 FFT 蝶形算法图极其相似，但快速沃尔什变换 FWT 只有加减运算，没有复数的复乘和复加运算，显然相比 FFT，运算速度有更大的提高。

为了能够获得 $N=2^n$ 的一般 FWT 流程图，和 FFT 一样，总结出算法流程图的构成规律：

① 迭代总数为 $n=\log_2 N$，若迭代级次的序号为 $r, r=0,1,2,\cdots,n$。

② 第 r 次迭代构成 2^{r-1} 个"群"，每个群中有 $\dfrac{N}{2^{r-1}}$ 次加减运算，加、减次数各一半。

③ 运算的总次数为 $N\log_2 N$，与不采用快速算法的式(3.2.33)的沃尔什变换或沃尔什-哈达玛变换(DWT)$_h$ 的式(3.2.44)所需要的运算次数 N^2 相比，明显提高了计算速度，因此称为快速沃尔什变换 FWT。

④ 沃尔什反变换与上述正变换快速算法相比，仅差一个因子 $1/N$，因此快速算法对反变换同样适用。

下面通过一具体的个例子，对 FWT 算法在运算速度方面的提高有一个量的概念。

例 3.2.1 设有限长序列 $x(n)$ 的表示为列向量形式

$$x(n) = [1,2,1,1,3,2,1,2]^\mathrm{T}$$

(1) 用定义式(3.2.33)直接求沃尔什变换。

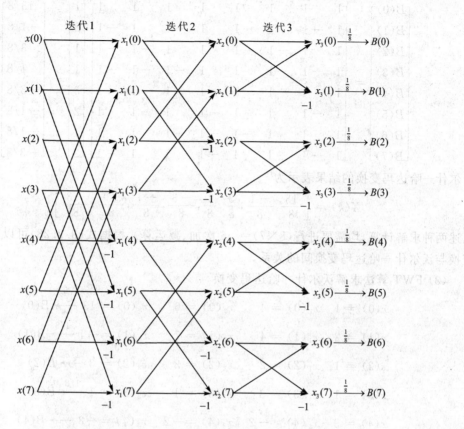

图 3.2.2　$N=8$ 的快速沃尔什变换 FWT 算法流程图

(2) 用定义式(3.2.44)直接求沃尔什—哈达玛变换。

(3) 使用 FWT 算法求沃尔什—哈达玛变换。

解：(1) 求解沃尔什变换

$$\begin{bmatrix} X(0) \\ X(1) \\ X(2) \\ X(3) \\ X(4) \\ X(5) \\ X(6) \\ X(7) \end{bmatrix} = \frac{1}{8} \begin{bmatrix} 1 & 1 & 1 & 1 & 1 & 1 & 1 & 1 \\ 1 & 1 & 1 & 1 & -1 & -1 & -1 & -1 \\ 1 & 1 & -1 & -1 & -1 & -1 & 1 & 1 \\ 1 & 1 & -1 & -1 & 1 & 1 & -1 & -1 \\ 1 & -1 & -1 & 1 & 1 & -1 & -1 & 1 \\ 1 & -1 & -1 & 1 & -1 & 1 & 1 & -1 \\ 1 & -1 & 1 & -1 & -1 & 1 & -1 & 1 \\ 1 & -1 & 1 & -1 & 1 & -1 & 1 & -1 \end{bmatrix} \begin{bmatrix} 1 \\ 2 \\ 1 \\ 1 \\ 3 \\ 2 \\ 1 \\ 2 \end{bmatrix} = \begin{bmatrix} 13/8 \\ -3/8 \\ -1/8 \\ 3/8 \\ 1/8 \\ -3/8 \\ -1/8 \\ -1/8 \end{bmatrix}$$

沃尔什变换的结果表示为

$$X(k) = \left[\frac{13}{8}, \frac{-3}{8}, \frac{-1}{8}, \frac{3}{8}, \frac{1}{8}, \frac{-3}{8}, \frac{-1}{8}, \frac{-1}{8} \right]^T$$

(2) 沃尔什—哈达玛变换

$$\begin{bmatrix} B(0) \\ B(1) \\ B(2) \\ B(3) \\ B(4) \\ B(5) \\ B(6) \\ B(7) \end{bmatrix} = \begin{bmatrix} 1 & 1 & 1 & 1 & 1 & 1 & 1 & 1 \\ 1 & -1 & 1 & -1 & 1 & -1 & 1 & -1 \\ 1 & 1 & -1 & -1 & 1 & 1 & -1 & -1 \\ 1 & -1 & -1 & 1 & 1 & -1 & -1 & 1 \\ 1 & 1 & 1 & 1 & -1 & -1 & -1 & -1 \\ 1 & -1 & 1 & -1 & -1 & 1 & -1 & 1 \\ 1 & 1 & -1 & -1 & -1 & -1 & 1 & 1 \\ 1 & -1 & -1 & 1 & -1 & 1 & 1 & -1 \end{bmatrix} \begin{bmatrix} 1 \\ 2 \\ 1 \\ 1 \\ 3 \\ 2 \\ 1 \\ 2 \end{bmatrix} = \begin{bmatrix} 13/8 \\ -1/8 \\ 3/8 \\ 1/8 \\ -3/8 \\ -1/8 \\ -1/8 \\ -3/8 \end{bmatrix}$$

沃尔什—哈达玛变换的结果表示为

$$X(k) = \left[\frac{13}{8}, \frac{-1}{8}, \frac{3}{8}, \frac{1}{8}, \frac{-3}{8}, \frac{-1}{8}, \frac{-1}{8}, \frac{-3}{8} \right]^{\mathrm{T}}$$

上述两种求解计算,均需要进行$(8\times 7) = 56$次加、减运算。根据式(3.2.28)可以建立沃尔什变换与沃尔什—哈达玛变换间的关系。

(3) FWT算法求解沃尔什—哈达玛变换

$$x(0) = 1 \quad x_1(0) = 4 \quad x_2(0) = 6 \quad x_3(0) = 13 \xrightarrow{1/8} B(0)$$
$$x(1) = 2 \quad x_1(1) = 4 \quad x_2(1) = 7 \quad x_3(1) = -1 \xrightarrow{1/8} B(1)$$
$$x(2) = 1 \quad x_1(2) = 2 \quad x_2(2) = 2 \quad x_3(2) = 3 \xrightarrow{1/8} B(2)$$
$$x(3) = 1 \quad x_1(3) = 3 \quad x_2(3) = 1 \quad x_3(3) = 1 \xrightarrow{1/8} B(3)$$
$$x(4) = 3 \quad x_1(4) = -2 \quad x_2(4) = -2 \quad x_3(4) = -3 \xrightarrow{1/8} B(4)$$
$$x(5) = 2 \quad x_1(5) = 0 \quad x_2(5) = -1 \quad x_3(5) = -1 \xrightarrow{1/8} B(5)$$
$$x(6) = 1 \quad x_1(6) = 0 \quad x_2(6) = -2 \quad x_3(6) = -1 \xrightarrow{1/8} B(6)$$
$$x(7) = 2 \quad x_1(7) = -1 \quad x_2(7) = 1 \quad x_3(7) = -3 \xrightarrow{1/8} B(7)$$

得到与(2)相同的结果

$$X(k) = \left[\frac{13}{8}, \frac{-1}{8}, \frac{3}{8}, \frac{1}{8}, \frac{-3}{8}, \frac{-1}{8}, \frac{-1}{8}, \frac{-3}{8} \right]^{\mathrm{T}}$$

但加减运算次数只需 $N \log_2 N = 8\log_2 8 = 24$ 次,这从上述运算过程的每一行进行3次加或减计算,共24次的运算过程,也可以看出,运算速度得到了显著提高。

3.3 希尔伯特变换

3.3.1 希尔伯特变换定义

希尔伯特变换是信号分析处理的重要工具之一,以著名数学家戴维·希尔伯特(David Hilbert)来命名,通常也表示为 Hilbert 变换。它可以用于构造解析信号,使信号只有正频率分量,从而降低信号的抽样频率。利用 Hilbert 变换可以求得一个实信号所对应的解析复信号,利用 Hilbert 变换,还可以实现信号的 90 度相移,可用来求信号的包络谱、瞬时频率,在锁相环鉴相器中可用于求相位误差等。

1. 连续信号的希尔伯特变换

对于一给定的连续时间信号 $x(t)$,希尔伯特变换定义为

$$\hat{x}(t) = \mathscr{H}[x(t)] = x(t) * h(t) = \int_{-\infty}^{\infty} x(\tau) \cdot h(t-\tau)d\tau = \frac{1}{\pi}\int_{-\infty}^{\infty} \frac{x(\tau)}{t-\tau}d\tau = \frac{1}{\pi}\int_{-\infty}^{\infty} \frac{x(t-\tau)}{\tau}d\tau = x(t) * \frac{1}{\pi t} \quad (3.3.1)$$

上述定义式中 $\mathscr{H}[x(t)]$ 的 $\mathscr{H}$ 表示对 $x(t)$ 进行希尔伯特变换。上式可以理解为一个希尔伯特变换器(系统),$\hat{x}$ 是输入 $x(t)$、单位冲激响应 $h(t) = \frac{1}{\pi t}$ 的希尔伯特变换器的输出,其框图如图 3.3.1 所示。

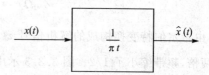

图 3.3.1 希尔伯特变换器的框图

对 $h(t) = \frac{1}{\pi t}$ 进行傅里叶变换,可算得其结果是符号函数 $j \cdot \text{sgn}(\Omega)$,系统冲激响应 $h(t)$ 的傅里叶 $j \cdot \text{sgn}(\Omega)$ 变换就是系统的频率响应,表示为

$$H(j\Omega) = -j \cdot \text{sgn}(\Omega) = \begin{cases} -j, & \Omega > 0 \\ j, & \Omega < 0 \end{cases} \quad (3.3.2)$$

频率响应可表示为幅频、相频的形式:$H(j\Omega) = |H(j\Omega)|e^{j\phi(\Omega)}$,并有:

$$|H(j\Omega)| = 1$$

$$\phi(\Omega) = \begin{cases} -\pi/2, & \Omega > 0 \\ \pi/2, & \Omega < 0 \end{cases} \quad (3.3.3)$$

上述幅频、相频特性曲线如图 3.3.2 所示。

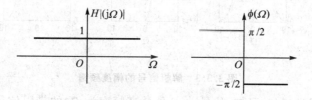

图 3.3.2 希尔伯特变换器的频率响应

由式(3.3.3)或图 3.3.2,不难看出:希尔伯特变换器是幅频特性为 1 的全通滤波器,信号 $x(t)$ 通过希尔伯特变换器后,负频率分量做 $+\pi/2$ 相移,正频率成分有 $-\pi/2$ 相移。

根据式(3.3.1)和(3.3.2),有

$$\hat{X}(j\Omega) = X(j\Omega)H(j\Omega) = X(j\Omega)[-j\text{sgn}(\Omega)] = jX(j\Omega)\text{sgn}(-\Omega) \quad (3.3.4)$$

对式(3.3.4)移项,考虑到 $\text{sgn}(\Omega)$ 的特点,可得

$$X(j\Omega) = -j\text{sgn}(-\Omega)\hat{X}(j\Omega) \quad (3.3.5)$$

则由式(3.3.5),可得希尔伯特逆变换定义式为

$$x(t) = -\frac{1}{\pi t} * \hat{x}(t) = -\frac{1}{\pi}\int_{-\infty}^{\infty} \frac{\hat{x}(\tau)}{t-\tau}d\tau \quad (3.3.6)$$

式(3.3.1)和(3.3.6)构成希尔伯特变换对。

设 $\hat{x}(t)$ 是 $x(t)$ 的希尔伯特变换,定义信号

$$z(t) = x(t) + j\hat{x}(t) \tag{3.3.7}$$

为 $x(t)$ 的解析信号(analytic signal)。对式(3.3.7)两边进行傅里叶变换,有

$$Z(j\Omega) = X(j\Omega) + j\hat{X}(j\Omega) = X(j\Omega) + jH(j\Omega)X(j\Omega) \tag{3.3.8}$$

根据式(3.3.2)和(3.3.8),有

$$Z(j\Omega) = \begin{cases} 2X(j\Omega), & \Omega > 0 \\ 0, & \Omega < 0 \end{cases} \tag{3.3.9}$$

因而,由希尔伯特变换构成的解析信号 $z(t)$ 只含有正频率分量,并且是原信号 $x(t)$ 正频率分量的两倍,频带缩小了 1/2。图 3.3.3 示出了信号 $x(t),\hat{x}(t)$ 和 $z(t)$ 的 $X(j\Omega),\hat{X}(j\Omega)$(图中用 $|HX(j\Omega)|$ 表示)和 $Z(j\Omega)$ 的幅谱部分。

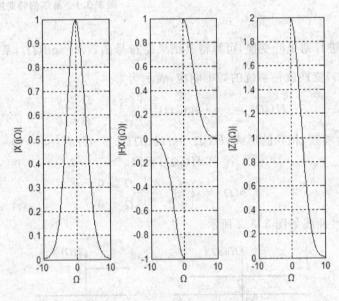

图 3.3.3 解析信号的幅度频谱

由图 3.3.3 和式(3.3.9)可知:信号 $x(t)$ 是最高频率为 Ω_m 的带限信号,为了使 $x(t)$ 的抽样信号 $x(n)$ 不失真地恢复信号 $x(t)$,抽样频 Ω_s 率必须满足抽样定理: $\Omega_s > 2\Omega_m$。当 $x(t)$ 构成解析信号 $z(t)$ 后,最高频率仍为 Ω_m,但由于不存在负频率成分,相当于频带缩小了 1/2,从而降低信号的抽样频率,对 $z(t)$ 而言,$\Omega_s > \Omega_m$ 即可不失真地恢复原信号 $x(t)$。

例 3.3.1 若 $x(t) = A\sin(\Omega_0 t)$,求出它的希尔伯特变换及其构成的解析信号。

解:$x(t)$ 的傅里叶变换为:

$$X(j\Omega) = j\pi A\delta(\Omega + \Omega_0) - j\pi A\delta(\Omega - \Omega_0)$$

由式(3.3.4),有

$$\hat{X}(j\Omega) = -\pi A\delta(\Omega + \Omega_0) - \pi A\delta(\Omega - \Omega_0) = -\pi A[\delta(\Omega + \Omega_0) + \delta(\Omega - \Omega_0)]$$

由傅里叶反变换的概念,则 $x(t)$ 的希尔伯特反变换为

$$\hat{x}(t) = A\cos(\Omega_0 t)$$

由式(3.3.8),有

$$Z(j\Omega) = X(j\Omega) + j\hat{X}(j\Omega) = -2j\pi A\delta(\Omega - \Omega_0)$$

由傅里叶反变换,可得

$$z(t) = -jAe^{j\Omega_0 t}$$

可以类似的方法推得 $x(t) = A\cos(\Omega_0 t)$ 的希尔伯特变换为 $\hat{x}(t) = A\sin(\Omega_0 t)$,解析信号为 $z(t) = Ae^{j\Omega_0 t}$。由此可以判定:正、余弦函数构成一对希尔伯特变换对。

MATLAB 提供了函数 hilbert 计算信号的希尔伯特变换,函数的格式是

$$y = \text{hilbert}(x)$$

式中,x 是原信号,函数作用的结果返回一个相同定义区间范围的复数 y(解析信号),y 的实部是原信号 x,虚部是信号 x 的希尔伯特变换,信号 x 与希尔伯特变换之间有 90°的相移。下面是一个应用的例子,求正弦信号的希尔伯特变换。

例 3.3.2 用 Matlab 中的函数 hilbert,计算信号 $x(t) = \sin(2\pi ft)$ 的希尔伯特变换,设 $f = 50$ Hz。

解:MATLAB 的程序为

```
t = 0:1/1023:1;
x = sin(2*pi*50*t);
y = hilbert(x);
plot(t(1:50),real(y(1:50))),hold on
plot(t(1:50),imag(y(1:50))),':'),hold off
xlabel('t')
ylabel('x(t),z(t)')
```

图 3.3.4 中分别用实线和虚线表示了正弦信号 $x(t)$ 及其希尔伯特变换的结果-解析信号 $z(t)$。

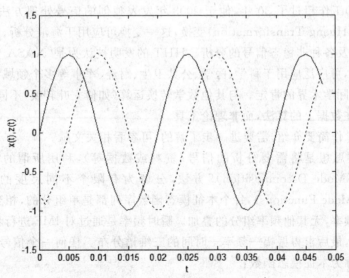

图 3.3.4 信号 $x(t)$ 与解析信号 $z(t)$

2. 离散信号的希尔伯特变换

可采用类似于连续信号的希尔伯特变换的方法,定义离散信号 $x(n)$ 的希尔伯特变换

$\hat{x}(n)$。设离散希尔伯特变换器的单位抽样响应 $h(n)$,相应的频率响应 $H(e^{j\omega})$ 为

$$H(e^{j\omega}) = \begin{cases} -j, & (0 \leqslant \omega < \pi) \\ j, & (-\pi \leqslant \omega < 0) \end{cases} \tag{3.3.10}$$

对上式表示的 $H(e^{j\omega})$ 进行傅里叶反变换,可得 $h(n)$ 为

$$h(n) = \frac{1}{2\pi}\int_{-\pi}^{\pi} H(e^{j\omega})e^{j\omega n}d\omega = \frac{1}{2\pi}\int_{-\pi}^{0} je^{j\omega n}d\omega - \frac{1}{2\pi}\int_{0}^{\pi} je^{j\omega n}d\omega$$

求解上述积分,得

$$h(n) = \frac{1-(-1)^n}{n\pi} = \begin{cases} 0, & n \text{ 为偶数} \\ \frac{2}{n\pi}, & n \text{ 为奇数} \end{cases} \tag{3.3.11}$$

则定义信号 $x(n)$ 的希尔伯特变换对为

$$\hat{x}(n) = x(n) * h(n) = \frac{2}{\pi}\sum_{m=-\infty}^{\infty} \frac{x(n-2m-1)}{2m+1} \tag{3.3.12}$$

$$\hat{X}(e^{j\omega}) = X(e^{j\omega})H(e^{j\omega}) = \begin{cases} -jX(e^{j\omega}), & 0 < \omega < \pi \\ jX(e^{j\omega}), & -\pi < \omega < 0 \end{cases} \tag{3.3.13}$$

即可进一步写出离散解析信号 $z(n)$ 为

$$z(n) = x(n) + j\hat{x}(n) \tag{3.3.14}$$

由上述可以看出:希尔伯特变换与傅里叶变换一个显著的不同:傅里叶变换过程是在时域和频域两个域之间进行,而希尔伯特变换只在同一个域(时域)进行变换。

3.3.2 希尔伯特—黄变换

享誉国际学术界及工程界的著名学者和科学家,中国台湾地区的黄锷院士,曾在美国航空航天总署(NASA)工作超过了30年,他于2003年发表独创的信号处理方法:希尔伯特—黄(HHT,Hilbert - Huang Transformation)变换,这一变换可应用于海浪分析、应力波谱分析及地震波谱分析,以及各种非稳态信号的分析。HHT 的发明被认为是"NASA 史上最重要的应用数学发现之一",可广泛应用于科学、医学、公共卫生、财经、军事等多个领域,应用范围广泛,结果精确,得到国际学术界的肯定。与其他数学转换运算(如傅立叶转换)不同,希尔伯特—黄转换是一种应用在数据上的算法,而非理论工具。

下面对 HHT 作简要介绍,需要进一步了解的,可参看相关文献。

HHT 的主要思想是将需要分析的信号(资料或数据等),利用所谓的"经验模态分解(EMD,Empirical Mode Decomposition)"方法,分解为有限个不同尺度的本征模态函数(IMFs,Intrinsic Mode Functions),每个本征模态函数序列都是单组分的,相当于序列的每一点只有一个瞬时频率,无其他频率组分的叠加。瞬时频率是通过对 IMF 进行希尔伯特变换得到,同时求得振幅,最后求得振幅—频率—时间的三维谱分布。任何一个信号(数据),满足下列两个条件即可称为本征模态函数:

① 局部极大值(local maxima)以及局部极小值(local minima)的数目之和必须与过零点(zero crossing)的数目相等或最多只能差 1。

② 在任何时间点,局部最大值所定义的上包络线(upper envelope)与局部极小值所定义的下包络线的平均值为零。

因此,一个函数若属于 IMF,表示其波形局部对称于零平均值,可以直接使用希尔伯特转换,求得有意义的瞬时频率。

设信号为 $x(t)$,如图 3.3.5 所示。

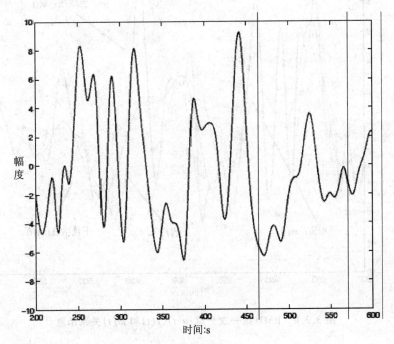

图 3.3.5　信号 $x(t)$

$x(t)$ 的上下包络线分别为 $u(t)$ 和 $v(t)$,则上下包络线的平均曲线为 $m(t)$,表示为

$$m(t) = \frac{u(t) + v(t)}{2} \tag{3.3.15}$$

这一处理过程,如图 3.3.6 所示。

$x(t)$ 与 $m(t)$ 的相减得到的差值 $h_1(t)$ 为

$$h_1(t) = x(t) - m(t) \tag{3.3.16}$$

$h_1(t)$ 和 $x(t)$ 的关系如图 3.3.7 所示。

但是,往往由于包络线样条产生"过冲"或"俯冲"的现象,而产生新的极值并影响原来极值的位置与大小,因此,分解得到的 $h_1(t)$ 并没有完全满足 IMF 条件。将得到的 $h_1(t)$ 视作新的 $x(t)$,再求上下包络线 $u_1(t)$ 和 $v_1(t)$,重复以上过程,参见图 3.3.8,有:

$$m_1(t) = \frac{u_1(t) + v_1(t)}{2} \tag{3.3.17}$$

$$h_2(t) = x_1(t) - m_1(t) \tag{3.3.18}$$

继续重复以上操作,即

$$m_n(t) = \frac{u_n(t) + v_n(t)}{2} \tag{3.3.19}$$

$$h_n(t) = x_{n-1}(t) - m_{n-1}(t) \tag{3.3.20}$$

直到 $h_n(t)$ 满足 IMF 条件,EMD 分解得到第 1 个 IMF $c_1(t)$ 及剩余部分 $r_1(t)$,记为

$$c_1(t) = h_n(t) \tag{3.3.21}$$

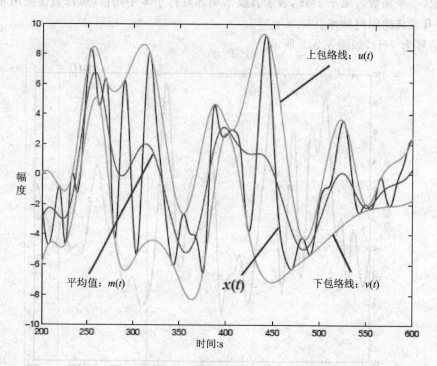

图 3.3.6 EMD 第一次分解：$u(t)$、$v(t)$ 和 $m(t)$ 关系示意

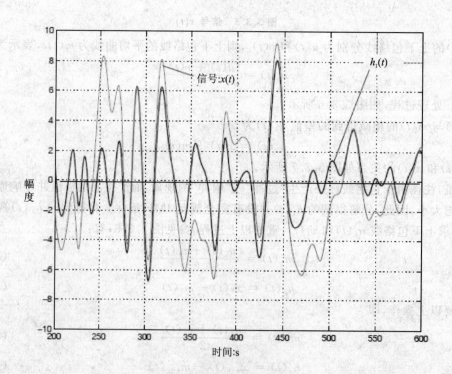

图 3.3.7 $h_1(t)$ 和 $x(t)$

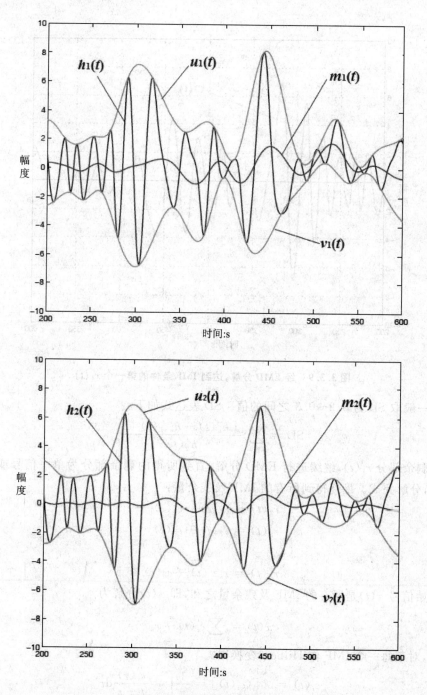

图 3.3.8 重复操作,获得 $h_2(t)$

$$r_1(t) = x(t) - c_1(t) \tag{3.3.22}$$

经 EMD 多次分解,达到 IMF 条件的第一个 $c_1(t)$ 如图 3.3.9 所示。

然而,过多地重复上述处理过程,会导致基本模式分量变成纯粹的频率调制信号,而幅度变成为恒定量。为了基本模式分量保存足够反映物理实际的幅度与频率调制,必须确定一个筛选过程停止的准则,这一准则可以通过限制两个连续的处理结果之间的标准差 SD 的大小

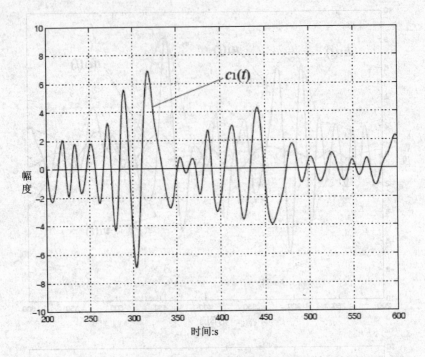

图 3.3.9 经 EMD 分解,达到 IMF 条件的第一个 $c_1(t)$

来实现。一般取 SD 为 0.2～0.3 之间的值。SD 表达式如下：

$$\mathrm{SD} = \sum_{t=0}^{T} \frac{|h_n(t) - h_{n-1}(t)|^2}{h_n^2(t)} \tag{3.3.23}$$

对信号的剩余部分 $r_1(t)$，继续进行 EMD 分解，直到所得的剩余部分为单一信号或其值小于设定值时，分解完成。最终得到所有的 IMF 及残余量：

$$\left.\begin{array}{l} r_2(t) = r_1(t) - c_2(t) \\ r_3(t) = r_2(t) - c_3(t) \\ \vdots \\ r_n(t) = r_{n-1}(t) - c_n(t) \end{array}\right\} \tag{3.3.24}$$

而原始信号 $x(t)$ 是所有的 IMF 及残余量之和，即 $x(t)$ 分解为

$$x(t) = \sum_{i=1}^{n} c_i(t) + r_n \tag{3.3.25}$$

然后，对于每一个 IMF 作 Hilbert 变换得

$$\hat{c}_i(t) = \mathscr{H}[c_i(t)] = \frac{1}{\pi} \int_{-\infty}^{\infty} \frac{c_i(\tau)}{t-\tau} \mathrm{d}\tau \tag{3.3.26}$$

并构造解析信号

$$z_i(t) = c_i(t) + \mathrm{j}\hat{c}_i(t) = |z_i(t)| \mathrm{e}^{\mathrm{j}\phi_i(t)} \tag{3.3.27}$$

由式(3.3.27)，解析信号 $z_i(t)$ 的幅度函数 $|z_i(t)|$ 为

$$|z_i(t)| = \sqrt{c_i^2(t) + \hat{c}_i^2(t)} \tag{3.3.28}$$

$z_i(t)$ 的相位函数 $\phi_i(t)$ 为

$$\phi_i(t) = \arctan \frac{\hat{c}_i(t)}{c_i(t)} \tag{3.3.29}$$

每一个 IMF 分量的瞬时频率定义为

$$f_i(t) = \frac{1}{2\pi} \frac{\mathrm{d}\phi_i(t)}{\mathrm{d}t} \tag{3.3.30}$$

并有

$$\omega_i(t) = \frac{\mathrm{d}\phi_i(t)}{\mathrm{d}t} \tag{3.3.31}$$

式中,ω_i 是相应 IMF 的角频率(角速率)。

所有的 IMF 作 Hilbert 变换后,忽略残余函数 r 的部分,并取实部,可以得到以下的结果

$$|x(t)| = \operatorname{Re} \sum_{i=1}^{N} |z(t)| e^{j\phi_i(t)} = \operatorname{Re} \sum_{i=1}^{N} |z(t)| e^{j\int \omega_i(t)\mathrm{d}t} \tag{3.3.32}$$

式(3.3.32)称为"希尔伯特幅度谱",表示为

$$H(\omega,t) = \operatorname{Re} \sum_{i=1}^{N} |z(t)| e^{j\int \omega_i(t)\mathrm{d}t} \tag{3.3.33}$$

进一步可定义边际谱,为

$$h(\omega) = \int_{-\infty}^{\infty} H(\omega,t)\mathrm{d}t \tag{3.3.34}$$

由上述得到了信号的瞬时频率和幅值,从而可得到相应的信号的时频图、时频谱和边际谱,所有这些方法构成了希尔伯特—黄变换。

3.4 主成分分析法

3.4.1 主成分分析法

主成分分析(PCA,principal components analysis)法,也称主分量分析或主元分析法。它利用了压缩变量(数据)维数的"降维"思想,是一种简化数据集的技术,也是一种数学上正交变换的方法。

一般来说,一个随机信号向量经过正交变换后,能够在一定程度上消除分量之间的相关性,使他们之间互不相关,降低信号的维数,使处理量得到压缩,例如,图像信号是一种维数很高的随机信号向量,而且各分量间相关性又很强,采用像主成分分析法这样的正交变换是非常有意义的。

测控系统中受随机干扰的影响,如过程的微小波动或噪声的影响而产生的随机误差,一般需要利用数字滤波,包括:高通滤波、低通滤波、平均值滤波、一阶惯性滤波(针对频率很低,例如频率为 0.01Hz 的干扰)等,滤除噪声和干扰。不少情况下,还可以进一步采用数据协调技术(data reconciliation)或称数据一致性技术来处理。其基本思想是:通过建立精确的数学模型,将估计值与测量值的方差最小为优化目标,构建一个估计模型,为测量数据提供最优估计,数据协调技术的实现方法之一是主元分析方法。采用主元分析法可以在保持尽可能多的过程信息变化量的前提下,对由一个相互之间存在相关性变量所组成的数据集进行降维以获得独立的特征信号(主元信号),即用较少维数的主元信号表征过程的动态变化。或者说,在众多变

量中,对系统影响较大的变量,可以加大对其控制,以利于测控的目的;而对于那些影响较小或基本不影响的变量,可以考虑忽略。在测试数据处理的时候,集中反映在信号与噪声两者数据的处理,需要分离和抑制信号中的噪声,达到保证和提高测量精度的目的。

其实,在各个领域的科学研究中,通常需要对反映事物的多个变量,进行大量的观测,收集大量数据,以便进行分析寻找规律。多变量、大样本无疑会为科学研究提供丰富的信息,但也在一定程度上增加了数据采集的工作量,更重要的是在大多数情况下,许多变量之间可能存在相关性,增加了问题分析的复杂性,对分析带来不便;如果分别分析每个变量,分析又是孤立的,不能得到综合的信息;盲目减少分析的变量,又可能会损失很多信息,容易产生错误的结论。这就需要找到一个合理的方法,在减少分析变量的同时,尽量减少信息的损失,对所收集到的数据作全面综合的分析。人们力求能够找出他们当中的少数"典型代表",来进行分析描述,主成分分析法就是这类降维方法之一,它把给定的一组相关变量通过线性变换转换成另一组不相关的变量,这些新的变量按照方差依次递减的顺序排列。若每个数据点是 n 维的,即每个观测值是 n 维空间中的一个点。希望把 n 维空间用低于 n 维空间的维数表示。在变换中保持变量的总方差不变,使第 1 变量具有最大的方差,称为第 1 主成分,其次大的是第 2 变量的方差,并且和第 1 变量不相关,称为第二主成分。依次类推,1 个变量就有 1 个主成分。主成分分析经常用减少数据集的维数,同时保持数据集的对方差贡献最大的特征,这是通过保留低阶主成分,忽略高阶主成分做到的。这样低阶成分往往能够保有数据的最重要方面。但是,这也不是一定的,要视具体应用而定。。下面给出主成分分析法的定义:

设有 n 个线性相关的随机变量集 $\{x_n\}:x_1,x_2,\cdots,x_n$,通过线性变换,得到 $k(k<n)$ 个线性无关的随机变量的线性函数集 $\{y_k\}:y_1,y_2,\cdots,y_k$ 表示为

$$\left.\begin{array}{l} y_1 = a_{11}x_1 + a_{12}x_2 + \cdots + a_{1n}x_n \\ y_1 = a_{21}x_1 + a_{22}x_2 + \cdots + a_{2n}x_n \\ \vdots \\ y_k = a_{k1}x_1 + a_{k2}x_2 + \cdots + a_{kn}x_n \end{array}\right\} \tag{3.4.1}$$

称 $\{y_k\}$ 为原始变量 $\{x_n\}$ 的主成分(主元或主分量),由于 $(k<n)$,表明压缩了变量的维数,但由式(3.4.1)可知,原始变量 $x_1,x_2,\cdots,x_n$,一个也没有丢掉,经过线性变换,只是转换成 k 个线性无关的新变量 $\{y_k\}$,其中的每一个变换都包含了 n 个原始变量 $x_1,x_2,\cdots,x_n$,根据这种分析方法的数学表示形式,也称为"矩阵数据分析法"。

先以二维即只有两个变量的数据集为例,具体介绍主成分分析法的应用过程。变量由笛卡儿坐标的纵、横坐标表示,每个观测值都有相应于这两个坐标轴的两个坐标值,设数据集形成一个点阵的"散点"图,如图 3.4.1(a)所示;计算散点的聚集中心或称作点系中心,如图 3.4.1(b);在点系中心处建立坐标系(相当于原坐标轴平移至点系中心),如图 3.4.1(c)所示;将点系中心处建立的坐标系作为新坐标系 $(x_1O_1x_2)$,如图 3.4.1(d);再计算出这些数据点的最佳拟合直线,使得这些数据点到该直线垂直距离的平方和最小,这一直线就是所谓的"最小二乘直线",称为第一主成分,如图 3.4.1(e)所示;然后求得与第一主成分垂直(正交,即相互独立)、并且也使得这些数据点到该直线的垂直距离的平方和最小,称此直线为第二主成分,如图 3.4.1(f)所示。二维以上空间类推。

从数学原理上分析,主成分分析是借助于一个正交变换,将其分量相关的原始变量转化成其分量不相关的新变量,这在代数上表现为将原变量的协方差矩阵变换成对角形阵,在几何上

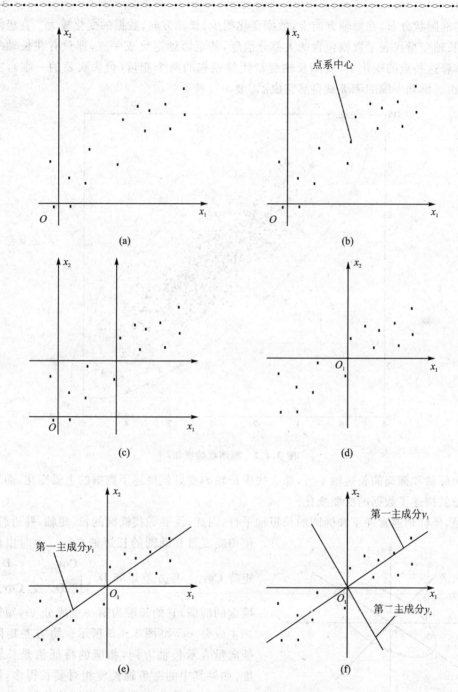

图 3.4.1 二维变量的主成分分析法

表现为将原坐标系变换成新的正交坐标系,使之指向样本点散布最开的 p 个正交方向,然后对多维变量系统进行降维处理,使之能以一个适当的精度转换成低维变量系统,可以再进一步把低维系统转化成更低的维数系统。

仍然分析二维的情况,即只有两个变量,它们由横坐标和纵坐标所代表。因此,每个观测值都有相应于这两个坐标轴的两个坐标值,如果这些数据形成一个椭圆形状的点阵(这在变量的二维正态分布的情况下是可能的),那么这个椭圆有一个长轴和一个短轴,图 3.4.2 是某一数据集的椭圆状分布,在短轴方向上,数据变化很少;长轴方向,数据的变化较大。在极端的情况,如果长轴变量代表了数据包含的大部分信息,甚至短轴退化成一点,那只有在长轴的方向才能够解释这些点的变化了,就用长轴变量代替原先的两个变量(舍去次要的一维),实现降维,从而由二维到一维的降维就自然完成了。

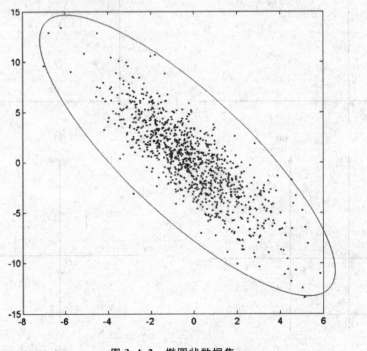

图 3.4.2 椭圆状数据集

当坐标轴和椭圆的长短轴平行,那么代表长轴的变量就描述了数据的主要变化,而代表短轴的变量就描述了数据的次要变化。

但是,坐标轴通常并不和椭圆的长短轴平行,因此,需要寻找椭圆的长、短轴,并进行变换,使得新变量和椭圆的长短轴平行。此时由协方差矩阵 $Cov_{x_1 x_2}$ 与方差矩阵 D_x:$\begin{bmatrix} Cov_{x_1 x_2} & D_x \\ D_x & Cov_{x_1 x_2} \end{bmatrix}$ 所确定的椭圆,它的长轴为第一主成分 y_1,短轴为第二主成分 y_2,如图 3.4.3 所示。协方差矩阵的特征向量表示长轴方向,相应的特征值是长轴的长度,如果其中的一条轴长度相对要长得多,则表明主要信息可简化为单一坐标轴的位置,一个多维系统可以简化为一维系统。

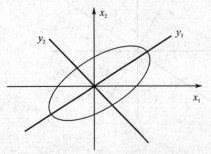

图 3.4.3 协方差矩阵 Cov_{x_1, x_2} 与方差矩阵 D_x 确定的椭圆

椭圆(球)的长短轴相差得越大,降维的效果越明显。对于多维变量的情况与二维的类似,对于高维椭球,比较抽象一些,道理是一样的。首先将高维椭球的主轴找出来,然后用代表大多数数据信息主轴的最长几个轴作为新变量,高维椭球的主轴也是互相垂直的,这些互相正交的新变量是原先变量的线性组合,叫做主成分,类似二维的椭圆有两个主轴,三维的椭球有三个主轴一样,有几个变量,就有几个主成分。选择的主成分越少,降维效果越好。效果好坏的

标准是什么呢？应当是这些被选的主成分所代表的主轴长度之和是所有主轴长度总和的大部分。可以概括为这样一种主成分的选择原则：看前 r 个主成分的"累计贡献率"，这一选择原则认为：可以证明原始变量 $\{x_n\}$ 的方差之和等于新变量的方差和，若前 r 个主成分的累计贡献率 η 占 95% 左右（也有人建议，所选主轴的总长度占所有主轴长度之和大约 85% 即可），则新变量 $y_1, y_2, \cdots, y_r$ 就可以很好地代表原始变量的 n 个特征。一般将主成分 y_k 的贡献率 η_k 表示为

$$\eta_k = \frac{\lambda_k}{\sum_{i=1}^{n} \lambda_i} \tag{3.4.2}$$

累计贡献率 η 表示为

$$\eta = \frac{\sum_{i=1}^{m} \lambda_i}{\sum_{i=1}^{n} \lambda_i}, \quad (m \leqslant n) \tag{3.4.3}$$

式中　λ_i——特征值。

主成分分析都依赖于原始变量，也只能反映原始变量的信息，所以原始变量的状况很重要。如果原始变量本质上都独立，那么降维就可能失败，这是因为很难把很多独立变量用少数综合的变量概括，数据越相关，降维效果就越好。

3.4.2　确定主成分的方法和步骤

根据累计贡献率的原则，可以引出一个确定主成分的方法和步骤：

① 原始数据的规范化处理。从原始数据中采集 n 个样本数据：$x_1, x_2, \cdots, x_n$，做以下的规范处理：处理后的数据为 $z_{jk}(k=1,2,\cdots,n; j=1,2,\cdots,m)$，$j$ 表示原始数据的某样本，z_{jk} 为零均值并归一，表示为

$$z_{jk} = \frac{x_{jk} - \bar{x}_k}{s_k}$$

上式 $\bar{x}_j$ 和 s_k^2 分别为样本数据的平均值和方差（s_k 为标准偏差），表示为

$$\bar{x}_k = \frac{\sum_{j=1}^{m} x_{jk}}{m}, s_k^2 = \frac{\sum_{j=1}^{m}(x_{jk} - \bar{x}_k)^2}{m-1}$$

② 计算规范数据的相关矩阵。由于样本数据均值为零，其协方差矩阵可用样本的相关矩阵表示

$$\mathbf{R} = \begin{bmatrix} 1 & r_{12} & \cdots & r_{1n} \\ r_{21} & 1 & \cdots & r_{2n} \\ \vdots & \vdots & \vdots & \vdots \\ r_{n1} & r_{n2} & \cdots & 1 \end{bmatrix} \tag{3.4.4}$$

式中，

$$r_{ij} = \frac{1}{m-1}\sum_{k=1}^{m}(z_{ik}z_{jk}) = r_{ji}, \quad (i,j=1,2,\cdots,n)$$

③ 求解特征方程和特征根，确定主成分。由特征方程（特征多项式）$|\mathbf{R} - \lambda \mathbf{I}| = 0$，有

$$\begin{bmatrix} 1-\lambda & r_{12} & \cdots & r_{1n} \\ r_{21} & 1-\lambda & \cdots & r_{2n} \\ \vdots & \vdots & \vdots & \vdots \\ r_{n1} & r_{n2} & \cdots & 1-\lambda \end{bmatrix} = 0 \tag{3.4.5}$$

求出 n 个非复实根，按值从大到小顺序排列，即有

$$\lambda_1 \geqslant \lambda_2 \geqslant \cdots \geqslant \lambda_i \geqslant \cdots \geqslant \lambda_n \geqslant 0 \tag{3.4.6}$$

将相应的 λ_i 代入下列方程组，求出相应的特征向量 $\boldsymbol{\alpha}_i (i=1,2,\cdots,r)$，即相应的主成分。求解的方程组可表示为

$$\begin{bmatrix} 1-\lambda_i & r_{12} & \cdots & r_{1n} \\ r_{21} & 1-\lambda_i & \cdots & r_{2n} \\ \cdots & \cdots & \cdots & \cdots \\ r_{n1} & r_{n2} & \cdots & 1-\lambda_i \end{bmatrix} \begin{bmatrix} \alpha_{i1} \\ \alpha_{i2} \\ \vdots \\ \alpha_{in} \end{bmatrix} = \begin{bmatrix} 0 \\ 0 \\ \vdots \\ 0 \end{bmatrix} \tag{3.4.7}$$

求解特征向量 $\boldsymbol{\alpha}_i$ 时，只需求出前 r 个分量即可，根据式(3.4.8)，r 由式(3.4.3)确定：

$$\eta = \frac{\sum\limits_{k=1}^{r} \lambda_k}{\sum\limits_{k=1}^{n} \lambda_k} = \frac{1}{n} \sum_{k=1}^{r} \lambda_k \approx 0.95 \tag{3.4.8}$$

为形象和便捷，可将计算结果制成表格，如表 3.4.1 所列。

表 3.4.1　主成分确定计算列表

结果\类别	特征向量			
	α_1	α_2	$\cdots$	α_r
1	α_{11}	α_{21}	$\cdots$	α_{r1}
2	α_{12}	α_{22}	$\cdots$	α_{r2}
$\vdots$	$\vdots$	$\vdots$	$\vdots$	$\vdots$
n	α_{1n}	α_{2n}	$\cdots$	α_{rn}
特征根	λ_1	λ_2	$\cdots$	λ_r
贡献率	$\dfrac{\lambda_1}{n}$	$\dfrac{\lambda_2}{n}$	$\cdots$	$\dfrac{\lambda_r}{n}$
累计贡献率	$\dfrac{\lambda_1}{n}$	$\dfrac{\lambda_1+\lambda_2}{n}$	$\cdots$	$\dfrac{1}{n}\sum\limits_{k=1}^{r}\lambda_k$

习题与思考题

3.1　快速沃尔什变换为什么比快速傅里叶变换的运算量要小？

3.2　与傅里叶变换相比，Hilbert 变换的特点是什么？

3.3　试利用 Hilbert 变换分析傅里叶变换中的约束特性。

3.4　简要说明应用 Hilbert-Huang 变换，求出时变信号瞬时频率的原理。

3.5　在信号分析处理的实际应用中，举例说明如何利用主成分分析的方法。

3.6　用 MATLAB 中的函数 hilbert，计算信号 $x(t) = \sin(2\pi f t)$ 的希尔伯特变换，设 $f = 60$ Hz。

第4章 变电阻测量原理

基本内容
    电位器的基本工作原理
    线绕式电位器的阶梯特性与误差
    非线性电位器的实现
    电位器的负载特性与误差
    应变效应与应变片
    应变片的横向效应
    应变片的温度特性、误差与补偿
    电桥式变换原理
    差动检测原理
    压阻效应及其特点
    压阻系数矩阵
    热电阻特性及其应用

    获取被测量,实现测试,首要解决的问题就是采用什么敏感机理检测被测量。同一个被测量,可以采用多种敏感机理。同一种敏感机理,可以实现对不同参数的检测。第4章～第8章系统介绍参数检测中常用的敏感机理。本章介绍变电阻测量原理。
    通过改变电阻阻值实现对被测量的检测是最常用的方式,常用元件如电位器、应变片、压敏电阻和热电阻等。

4.1 电位器原理

4.1.1 基本构造及工作原理

    电位器是一种将机械位移转换为电阻阻值变化的变换元件。图4.1.1所示为其基本结构原理图,主要包括电阻元件和电刷(滑动触点)。电阻元件通常由极细的绝缘导线按照一定规律整齐地绕在一个绝缘骨架上形成。在它与电刷接触的部分,去掉绝缘导线表面的绝缘层,并抛光,形成一个电刷可在其上滑动的光滑而平整的接触道。电刷通常由具有一定弹性的金属薄片或金属丝制成,接触端处弯曲成弧形。要求电刷与电阻元件之间保持一定的接触压力,使接触端在电阻元件上滑动时始终可靠地接触,良好地导电。
    根据不同的应用场合,电位器可以用作变阻器或分压器,如图4.1.2所示。
    电位器的优点主要有:结构简单,参数设计灵活,输出特性稳定,可以实现线性和较为复杂的特性,受环境因素影响小,输出信号强,一般不需要放大就可以直接作为输出,成本低,测量范围宽等。其不足点主要是触点处始终存在着摩擦和损耗。由于有摩擦,就要求电位器有比较大的输入功率,否则就会降低电位器的性能。由于有摩擦和损耗,使电位器的可靠性和寿命受到影响,也会降低电位器的动态性能。对于线绕式电位器,阶梯误差是其固有的不足。

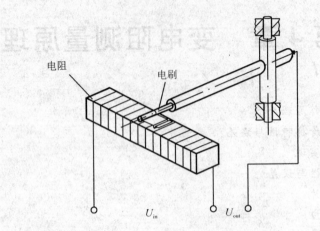

图 4.1.1 电位器基本结构

电位器的种类很多。按其结构形式不同,可分为线绕式、薄膜式、光电式、磁敏式等。在线绕式电位器中,又分为单圈式和多圈式两种。按其输入输出特性可分为线性电位器和非线性电位器两种。这里重点讨论线绕式电位器。

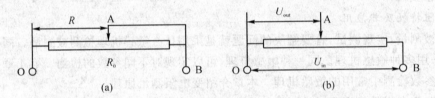

图 4.1.2 用作变阻器或分压器的电位器

4.1.2 线绕式电位器的特性

1. 灵敏度

图 4.1.3 所示为线绕式电位器的构造示意图,骨架为矩形截面。在电位器的 x 处,骨架的宽和高分别为 $b(x)$ 和 $h(x)$,所绕导线的截面积为 $q(x)$,电阻率为 $\rho(x)$,匝与匝之间的距离(定义为节距)为 $t(x)$。在 $\mathrm{d}x$ 微段上,有 $\mathrm{d}x/t(x)$ 匝导线,每匝的长度为 $2[b(x)+h(x)]$,即在 $\mathrm{d}x$ 微段上,导线的长度为 $2[b(x)+h(x)]\mathrm{d}x/t(x)$,所对应的电阻为

$$\mathrm{d}R(x) = 2[b(x)+h(x)]\frac{\mathrm{d}x}{t(x)} \cdot \frac{\rho(x)}{q(x)} \tag{4.1.1}$$

则电位器的电阻灵敏度和电压灵敏度分别为

$$\frac{\mathrm{d}R(x)}{\mathrm{d}x} = \frac{2[b(x)+h(x)]\rho(x)}{q(x)t(x)} \tag{4.1.2}$$

$$\frac{\mathrm{d}U(x)}{\mathrm{d}x} = \frac{\mathrm{d}R(x)}{\mathrm{d}x}I = \frac{2[b(x)+h(x)]\rho(x)}{q(x)t(x)}I \tag{4.1.3}$$

式中 I——通过电位器的电流(A)。

对于线绕式电位器,其灵敏度与其骨架截面、绕线的材质、绕制方式等有关。

2. 阶梯特性和阶梯误差

线绕式电位器的电刷与导线的接触仍是以一匝一匝为单位移动的,输出特性为一条如阶

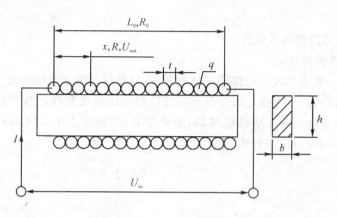

图 4.1.3 线绕式电位器

梯形状的折线,电刷每移动一个节距,输出电阻或输出电压都有一个跳跃。当电位器有 W 匝时,其特性有 W 次跳跃。这就是线绕式电位器的阶梯特性,如图 4.1.4 所示。

线绕式电位器的阶梯特性带来的误差称为阶梯误差,通常可以用理想阶梯特性折线与理论参考输出特性之间的最大偏差同最大输出的比值的百分数来表示。对于线性电位器,当电位器的总匝数为 W,总电阻为 R 时,其阶梯误差表述为

$$\xi_s = \frac{\frac{R}{2W}}{R} = \frac{1}{2W} \times 100\% \quad (4.1.4)$$

3. 分辨率

线绕式电位器的分辨率是指电位器所能反映的输入量的最小变化量。由电位器的阶梯特性带来的分辨率为

$$r_s = \frac{\frac{R}{W}}{R} = \frac{1}{W} \times 100\% \quad (4.1.5)$$

线绕式电位器的阶梯误差和分辨率是由于其工作原理的不完善而引起的,属原理误差,决定了它所能达到的最高精度。减少阶梯误差的主要方式就是增加总匝数 W。多圈螺旋电位器就是基于这一原理设计的。

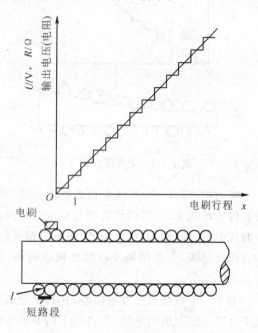

图 4.1.4 线绕式电位器的阶梯特性

4.1.3 非线性电位器

1. 功用与分类

非线性电位器的输出电压(电阻)与电刷位移之间具有非线性函数关系,也称函数电位器,可以实现指数函数、三角函数、对数函数等,其主要功能为:

(1) 获得所需要的非线性输出,以满足测控系统的一些特殊要求;
(2) 由于测量系统有些环节出现了非线性,使测量系统的最后输出获得所需要的线性

特性;

(3) 用于消除或改善负载误差。

2. 非线性特性的实现

主要有两类:一是通过改变电位器的绕制方式,二是通过改变电位器的电路连接方式。

对于线绕式电位器,可以通过改变其不同部位的灵敏度来实现。基于式(4.1.1),可以采用三种不同的绕线方法实现非线性电位器:变骨架方式(如图 4.1.5 所示)、变绕线节距方式(如图 4.1.6 所示)和变电阻率方式。

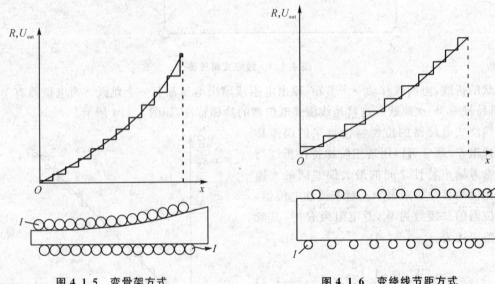

图 4.1.5　变骨架方式　　　　　　图 4.1.6　变绕线节距方式

实用中,可以将非线性电位器的输入输出特性曲线分成若干段,每一段都近似为一直线,只要段数足够多,就可以使折线与原定曲线的误差在允许的范围内。当用折线代替曲线后,特性曲线的每一段均为直线,因此,每一段都可以做成一个小线性电位器。工艺上,为了便于在相邻两段过渡,骨架结构在过渡处做成斜角,伸出尖端 2~3 mm,以免导线滑落,如图 4.1.7 所示。

对于一个线绕式线性电位器,在其上分成若干段,在每一分段处引出一些抽头,然后在各段上并联一定阻值的电阻,使各段上的等效电阻下降,就可以改变该段上的电阻斜率。适当选择各段的并联电阻,就能够实现各段的斜率满足预定的折线特性。基于这一思路,利用分路电阻法实现非线性电位器,如图 4.1.8 所示。分路电阻非线性电位器将电位器的制造变为一个带若干抽头线性电位器的制造,大大降低了工艺实现的难度。而且可以实现有较大的斜率变化的特性曲线。通过适当改变并联电阻的阻值和电路的连接方式,既可以实现单调函数,也可以实现非单调函数。

此外,还有一种电位给定法非线性电位器。根据特性分段要求,各抽头点的电位由其他电位器来设定,如图 4.1.9 所示。线性电位器 R_0 称为抽头电位器,电阻 $R_1 \sim R_5$ 即为给定电位器,用来确定各抽头处的电位。为了便于计算与调整,通常选择给定电位器的电阻阻值要远远小于抽头电位器的阻值。

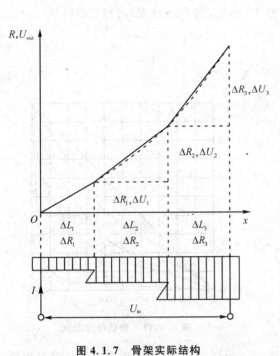
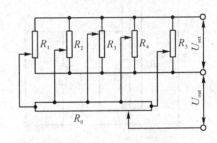

图 4.1.8　分路电阻法非线性电位器

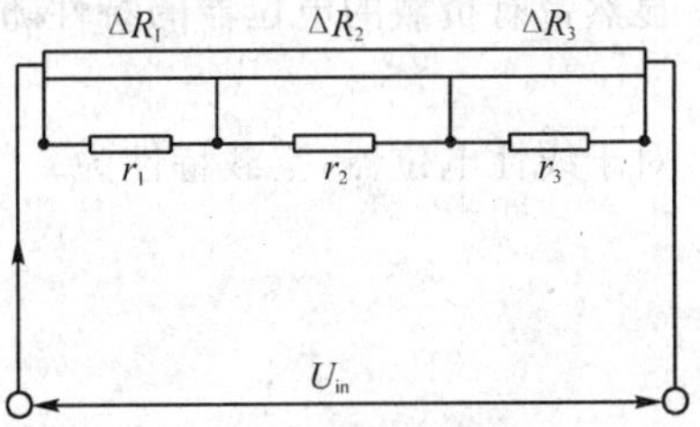

图 4.1.7　骨架实际结构

图 4.1.9　电位给定法非线性电位器

U_{set}：加在给定电位计上的电压

4.1.4　电位器的负载特性及负载误差

当电位器输出端带有有限负载时所具有的特性就是电位器的负载特性。负载特性将偏离理想的空载特性，它们之间的偏差称为电位器的负载误差。

由图 4.1.10 可以得到负载电位器的输出电压为

$$U_{out} = \frac{\dfrac{RR_f}{R+R_f}}{\dfrac{RR_f}{R+R_f}+(R_0-R)}U_{in} = \frac{U_{in}RR_f}{R_fR_0+RR_0-R^2} \tag{4.1.6}$$

式中　R_f——负载电阻(Ω)；
　　　R_0——电位器的总电阻(Ω)；
　　　R——电位器的实际电阻(Ω)。

假设电位器的总长度（总行程）为 L_0；电刷的实际行程为 x；引入电阻的相对变化 $r=R/R_0$；电位器的负载系数 $K_f=R_f/R_0$；电刷的相对行程 $X=x/L_0$；电压的相对输出 $Y=U_{out}/U_{in}$；由式(4.1.6)可得

$$Y = \frac{r}{1+\dfrac{r}{K_f}-\dfrac{r^2}{K_f}} \tag{4.1.7}$$

对于线性电位器，$r=X$，这时有

$$Y = \frac{X}{1+\dfrac{X}{K_f}-\dfrac{X^2}{K_f}} \tag{4.1.8}$$

图 4.1.11 给出了负载特性示意图。对于线性电位器，横坐标可以由 X 来代替。

显然带有负载的电位器的特性随负载系数 K_f 而变,当 $K_f \to \infty$ 时,可得空载特性

$$Y_{kz} = r \quad (4.1.9)$$

对于线性电位器,空载特性为

$$Y_{kz} = X \quad (4.1.10)$$

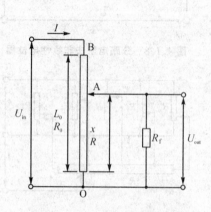

图 4.1.10 带负载的电位器

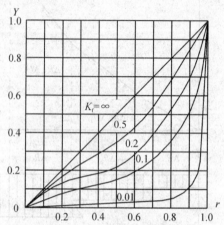

图 4.1.11 负载特性曲线

负载特性与空载特性的偏差定义为负载误差。为便于分析,讨论负载误差与满量程输出的比值,即相对负载误差

$$\xi_{fz} = Y - Y_{kz} = \frac{r^2(r-1)}{K_f + r - r^2} \quad (4.1.11)$$

在不同的负载系数 K_f 值下,相对负载误差 ξ_{fz} 与电位器电阻的相对变化 r 的关系曲线如图 4.1.12 所示。利用 $\partial \xi_{fz}/\partial r = 0$,可得

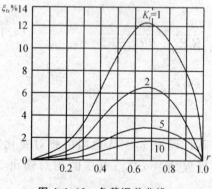

图 4.1.12 负载误差曲线

$$r^3 - 2r^2 - r(3K_f - 1) + 2K_f = 0 \quad (4.1.12)$$

由式(4.1.12)可以求出最大误差处的 r_m,即可得到最大的相对负载误差 ξ_{fzmax}。

由于 $r \in [0,1]$,$|r - r^2|_{max} \leqslant 0.25$;所以当 K_f 较大时,式(4.1.11)可近似写为

$$\xi_{fz} \approx \frac{-r^2(1-r)}{K_f} \quad (4.1.13)$$

利用 $\partial \xi_{fz}/\partial r = 0$,可得

$$r_m = \frac{2}{3} \quad (4.1.14)$$

所对应的最大的负相对偏差为

$$\xi_{fzmax} = \frac{-0.148}{K_f} \quad (4.1.15)$$

一般情况下,利用式(4.1.13)~(4.1.15)进行负载误差计算比较简捷,而且有足够的精度。对于线性电位器,即大约在电刷相对行程的 0.667 处;而对于非线性电位器,可以根据电位器的特性求得 $r=0.667$ 时所对应的电刷的相对行程 X 值,以确定发生最大负载误差时的

电刷位置。

基于上述分析,减小负载误差的措施主要有:

1. 提高负载系数 K_f

这意味着增大负载电阻 R_f 或减小电位器总电阻 R_0。通常取 $K_f \geqslant 4$。如果电位器输出接到放大器,则尽量提高放大器的输入阻抗。

2. 限制电位器的工作范围

如图 4.1.13 所示,如果通过 $r=2R_0/3$ 的最大负载误差发生处的 M 点作 OM 连线,如果电位器的工作范围在 OM 段,则可以大大地减小负载误差(如图 4.1.13(a)和(b)所示)。这样做将导致电位器的灵敏度下降,分辨率降低,而且使电位器浪费三分之一的资源。为此,可以用一个固定电阻 $R_c=0.5R_0$ 来代替原来电位器电阻元件不工作的部分(如图 4.1.13(c)所示)。同时,为了保持原来的灵敏度,可以增大原来电位器两端的工作电压。这种方法的特点是:简单、实用,以牺牲灵敏度、增加能耗换取精度。

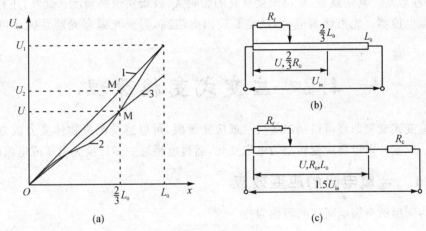

图 4.1.13 限制电位器的工作范围以减少负载误差

3. 重新设计电位器的空载特性

如果将电位器的空载特性设计成某种上凸的曲线,在起始段,灵敏度适当增大,而在末端,灵敏度适当减小,这样加上负载后就可使其负载特性正好落在原来要求的直线特性上。由式(4.1.7),电位器的负载特性为

$$Y = \frac{r}{1+\dfrac{r}{K_f}-\dfrac{r^2}{K_f}} \quad (4.1.16)$$

由式(4.1.16)可以得到

$$r = \frac{\left(1-\dfrac{K_f}{Y}\right)+\sqrt{\left(1-\dfrac{K_f}{Y}\right)^2+4K_f}}{2} \quad (4.1.17)$$

如果某一电位器带有负载后的特性要求为 $Y=$

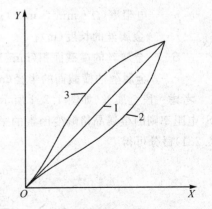

注:1 为线性特性;所设计的非线性特性 3 为原线性电位器负载特性 2 关于线性特性 1 的镜像。

图 4.1.14 负载误差的完全补偿方式

$f(X)$，则所设计的电位器的空载特性应为

$$r = \frac{\left(1-\dfrac{K_f}{f(X)}\right)+\sqrt{\left(1-\dfrac{K_f}{f(X)}\right)^2+4K_f}}{2} = F(X) \tag{4.1.18}$$

若要求电位器的负载特性为线性的，即 $Y=X$，则空载特性为

$$r = \frac{\left(1-\dfrac{K_f}{X}\right)+\sqrt{\left(1-\dfrac{K_f}{X}\right)^2+4K_f}}{2} \tag{4.1.19}$$

4.1.5 非线绕式电位器

基于线绕式电位器的不足，提出了各种各样的非线绕式电位器，有些性能优于线绕式的，如常见的有：合成膜、金属膜、导电塑料、导电玻璃釉电位器等。它们的分辨率高，耐磨，寿命长，校准特性容易。其缺点是：受温湿度变化的影响大，较难实现高精度。此外，还有一种非接触式的光电电位器。光束代替电刷，缺点是输出电阻高，需要光源和光路系统，体积大，精度不高。

4.2 应变式变换原理

利用应变式变换原理可以制成应变片或应变薄膜，可以感受测量物体受力或力矩时所生产的应变。应变片可以将应变转换为电阻变化，通过电桥进一步转换为电压或电流的变化。

4.2.1 金属电阻的应变效应

截面为圆形的金属电阻丝的阻值为

$$R = \frac{L\rho}{S} = \frac{L\rho}{\pi r^2} \tag{4.2.1}$$

式中　R——电阻值(Ω)；
　　　ρ——电阻率($\Omega \cdot mm^2 \cdot m^{-1}$)；
　　　L——金属丝的长度(m)；
　　　S——金属丝的横截面积(mm^2)；
　　　r——金属丝的横截面的半径(mm)。

考虑一段金属丝（如图4.2.1所示），当其受到拉力而伸长 dL 时，其横截面积将相应减少 dS，电阻率则因金属晶格畸变因素的影响也将改变 $d\rho$，从而引起金属丝的电阻改变 dR。将式(4.2.1)微分可得

$$dR = d\rho \frac{L}{\pi r^2} + dL \frac{\rho}{\pi r^2} - 2\frac{\rho L}{\pi r^3}dr \tag{4.2.2}$$

$$\frac{dR}{R} = \frac{d\rho}{\rho} + \frac{dL}{L} - 2\frac{dr}{r} \tag{4.2.3}$$

依材料力学可知：电阻丝的轴向应变 $\varepsilon_L = dL/L$ 与径向应变 $\varepsilon_r = dr/r$ 满足

$$\varepsilon_r = -\mu\varepsilon_L \tag{4.2.4}$$

式中　μ——金属电阻丝材料的泊松比。

利用式(4.2.2)、(4.2.3)可得

$$\frac{dR}{R} = \frac{d\rho}{\rho} + (1+2\mu)\varepsilon_L = \left[\frac{d\rho}{\varepsilon_L \rho} + (1+2\mu)\right]\varepsilon_L = K_0 \varepsilon_L \qquad (4.2.5)$$

式中 $K_0 = \dfrac{\frac{dR}{R}}{\varepsilon_L} = \dfrac{d\rho}{\varepsilon_L \rho} + (1+2\mu)$，定义为金属材料的应变灵敏系数，表示单位应变引起的电阻变化率。显然 K_0 越大，单位变形引起的电阻相对变化越大，即越灵敏。

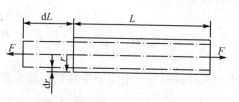

图 4.2.1　金属电阻丝的应变效应

实验表明：在电阻丝拉伸的比例极限内，电阻的相对变化与其轴向应变成正比，即 K_0 为一常数。对康铜材料，$K_0 \approx 1.9 \sim 2.1$；镍铬合金，$K_0 \approx 2.1 \sim 2.3$；铂电阻，$K_0 \approx 3 \sim 5$。

4.2.2　金属应变片的结构及应变效应

图 4.2.2 给出了金属应变片的基本结构。它一般由敏感栅、基底、粘合层、引线、盖片等组成。敏感栅由金属细丝制成，直径大约为 $0.01 \sim 0.05$ mm，用粘合剂将其固定在基底上。基底的作用是将被测构件上的应变不失真地传递到敏感栅上，因此它非常薄，一般为 $0.03 \sim 0.06$ mm。此外，基底应有良好的绝缘、抗潮和耐热性能，且随外界条件变化的变形小。基底材料有纸、胶膜、玻璃纤维布等。敏感栅上面粘贴有覆盖层，用于保护敏感栅。敏感栅电阻丝两端焊接引出线，用以和外接电路相连接。

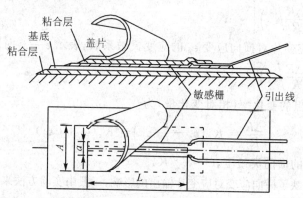

图 4.2.2　金属应变片的基本结构

用于金属应变片的电阻丝，通常要满足：
(1) 金属丝的应变系数 K_0 要大，且在相当大的范围内保持常数；
(2) 电阻率要大，这样在一定电阻值的情况下，其长度可短一些；
(3) 电阻温度系数要小；
(4) 高温用的应变片，应耐高温；
(5) 优良的加工焊接性能。

金属丝制成敏感栅并构成应变片后，其应变效应与金属电阻单丝的情况稍有不同。在应变片出厂时，必须按照统一标准重新进行试验测定。测定时规定，将电阻应变片粘贴在一维应力作用下的试件上，如一维受轴向拉伸的杆或纯弯的梁等。试件材料规定为泊松比 $\mu_0 =$

0.285 的钢。采用精密电阻电桥或其他仪器测出应变片的电阻变化,得到电阻应变片的电阻与其所受的轴向应变的特性。应变片的电阻相对变化 $\Delta R/R$ 与应变片受到的轴向应变 ε_x 的关系可以描述为

$$\frac{\Delta R}{R} = K\varepsilon_x \tag{4.2.6}$$

式中 $K = \dfrac{\dfrac{\Delta R}{R}}{\varepsilon_x}$ ——电阻应变片的灵敏系数,又称标称灵敏系数。

实验表明:应变片的灵敏系数 K 小于同种材料金属丝的灵敏系数。主要原因就是应变片的横向效应和粘贴胶带来的应变传递失真。

4.2.3 横向效应及横向灵敏度

直的金属丝受单向拉伸时,其任一微段所感受的应变都相同,每一段电阻都将增加,总电阻值的增加为各微段电阻值增加的和。当同样长度的线材制成金属应变片时(如图 4.2.3 所示),在电阻丝的弯段,电阻的变化率与直段明显不同。对于单向拉伸,当 x 方向的应变 ε_x 为正时,y 方向的应变 ε_y 为负(如图 4.2.3(b)所示),这样,应变片的灵敏系数要比直段线材的灵敏系数小。于是产生了所谓的"横向效应"。可以描述为

$$\frac{\Delta R}{R} = K_x \varepsilon_x + K_y \varepsilon_y \tag{4.2.7}$$

式中 K_x——电阻应变片对轴向应变 ε_x 的应变灵敏系数,表示 $\varepsilon_y = 0$ 时应变片电阻相对变化与 ε_x 的比值,$K_x = \left(\dfrac{\Delta R}{R} \big/ \varepsilon_x\right)\bigg|_{\varepsilon_y = 0}$;

K_y——电阻应变片对横向应变 ε_y 的应变灵敏系数,表示 $\varepsilon_x = 0$ 时应变片电阻相对变化与 ε_y 的比值,$K_y = \left(\dfrac{\Delta R}{R} \big/ \varepsilon_y\right)\bigg|_{\varepsilon_x = 0}$。

依上述定义,电阻的变化率(相对变化量)为

$$\frac{\Delta R}{R} = K_x \left(\varepsilon_x + \frac{K_y}{K_x}\varepsilon_y\right) = K_x(\varepsilon_x + C\varepsilon_y) \tag{4.2.8}$$

式中 C——应变片的横向灵敏度,$C = K_y/K_x$。

横向灵敏度反映了横向应变对应变片输出的影响,一般由实验方法来确定 K_x,K_y 再求得 C。

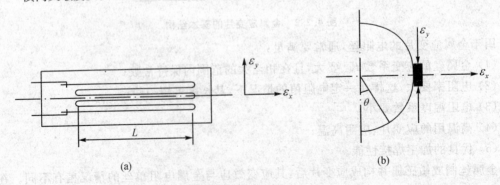

图 4.2.3 应变片的横向效应

根据应变片出厂标定情况,应变片处于单向拉伸状态,$\varepsilon_y = -\mu_0 \varepsilon_x$,由式(4.2.7)可得

$$\frac{\Delta R}{R} = K_x(\varepsilon_x + C\varepsilon_y) = K_x(1 - C\mu_0)\varepsilon_x = K\varepsilon_x \tag{4.2.9}$$

$$K = K_x(1 - C\mu_0) \tag{4.2.10}$$

式(4.2.10)给出了应变片的标称灵敏系数 K 与 K_x,C 的关系。

考虑在任意的应变场 ε_{xa},ε_{ya} 下,应变片电阻的相对变化量为

$$\left(\frac{\Delta R}{R}\right)_a = K_x \varepsilon_{xa} + K_y \varepsilon_{ya} = K_x(\varepsilon_{xa} + C\varepsilon_{ya}) \tag{4.2.11}$$

如果不考虑实际的应变情况,而用标准灵敏系数计算,则有

$$\varepsilon_{xc} = \frac{\left(\frac{\Delta R}{R}\right)_a}{K} = \frac{K_x(\varepsilon_{xa} + C\varepsilon_{ya})}{K_x(1 - \mu_0 C)} = \frac{\varepsilon_{xa} + C\varepsilon_{ya}}{1 - \mu_0 C} \tag{4.2.12}$$

应变的相对误差为

$$\xi = \frac{\varepsilon_{xc} - \varepsilon_{xa}}{\varepsilon_{xa}} = \frac{C}{1 - \mu_0 C}\left(\mu_0 + \frac{\varepsilon_{ya}}{\varepsilon_{xa}}\right) \tag{4.2.13}$$

式(4.2.13)表明:

(1) 只有当 $\varepsilon_{ya}/\varepsilon_{xa} = -\mu_0$ 时,即符合标准的使用条件时,才有 $\xi = 0$;

(2) 减小 ξ 的措施主要有:

① 按标准条件使用;

② 减小 C,采用短接措施(如图 4.2.4 所示)或采用箔式应变片(如图 4.2.5 所示);

③ 针对实用情况,重新标定在实际使用的应变场 ε_{xa},ε_{ya} 下的应变片的应变灵敏系数。

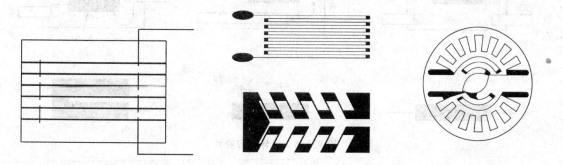

图 4.2.4 短接式应变片　　　　图 4.2.5 箔式应变片

考虑一种实测情况,应变片的横向灵敏度 $C = 0.03$,被测工件处于平面应力状态,即 $\varepsilon_{xa}/\varepsilon_{xy} = 1$,则相对误差为

$$\xi = \frac{0.03}{1 - 0.03 \times 0.285}(0.285 + 1) = 3.9\% \tag{4.2.14}$$

4.2.4 电阻应变片的种类

主要有丝式应变片、箔式应变片、半导体应变片以及薄膜式应变器件。

1. 金属丝式应变片

这是一种普通的金属应变片,制作简单,性能稳定,价格低,易于粘贴。敏感栅材料直径在 0.01～0.05 mm 之间。其基底很薄,一般在 0.03 mm 左右,能保证有效地传递变形。引线多

用 0.15～0.3 mm 直径的镀锡铜线与敏感栅相连。

2. 金属箔式应变片

箔式应变片是利用照相制版或光刻腐蚀法将电阻箔材在绝缘基底上制成各种图案形成应变片(如图 4.2.5 所示)。作为敏感栅的箔片很薄,厚度在 1～10 μm 之间。与金属丝式应变片相比,有如下优点:

(1) 制造工艺保证了敏感栅尺寸准确,线条均匀,可以根据不同测量需求制成任意形状,而且尺寸很小;

(2) 横向效应小;

(3) 允许电流大,从而可以提高灵敏度;

(4) 疲劳寿命长,蠕变小,机械滞后小;

(5) 生产效率高,成本低。

3. 半导体应变片

半导体应变片是基于半导体材料的"压阻效应"(详见 4.3 节)。由于半导体特殊的导电机理,由半导体制作敏感栅的压阻效应特别显著,能反映出非常小的应变。

半导体应变片多采用锗和硅等半导体材料制成,为单根状,如图 4.2.6 所示。半导体应变片的突出优点是:体积小,灵敏度高,机械滞后小,动态特性好等。其主要缺点是:灵敏系数的温度稳定性差,非线性大,分散性大,互换性差。

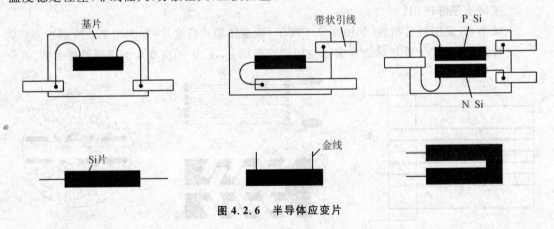

图 4.2.6 半导体应变片

4. 薄膜式应变片

薄膜式应变片极薄,其厚度不大于 0.1 μm。它是采用真空蒸发或真空沉积等镀膜技术将电阻材料镀在基底上,制成各种各样的敏感栅而形成应变片。它灵敏度高,易于实现工业化;特别是它可以直接制作在弹性敏感元件上,形成测量元件或传感器。由于这种应用方式免去了应变片的粘贴工艺过程,因此具有一定优势。

4.2.5 电阻应变片的温度误差及补偿方法

1. 产生的原因

(1) 电阻的热效应,即敏感栅金属丝电阻自身随温度产生的变化。电阻与温度的关系可以写为

$$R_t = R_0(1+\alpha\Delta t) = R_0 + \Delta R_{ta} \tag{4.2.15}$$
$$\Delta R_{ta} = R_0\alpha\Delta t \tag{4.2.16}$$

式中 R_t ——温度 t 时的电阻值(Ω);

R_0 ——温度 t_0 时的电阻值(Ω);

Δt ——温度的变化值(℃);

ΔR_{ta} ——温度改变 Δt 时的电阻变化值(Ω);

α ——应变丝的电阻温度系数,表示单位温度变化引起的电阻相对变化(1/℃)。

(2) 试件与应变丝的材料线膨胀系数不一致使应变丝产生附加变形,从而造成电阻变化,如图 4.2.7 所示。

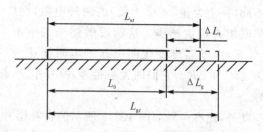

图 4.2.7 线膨胀系数不一致引起的温度误差

若电阻应变片上的电阻丝的初始长度为 L_0,当温度改变 Δt 时,应变丝受热膨胀至 L_{st},而应变丝下的构件相应地由 L_0 伸长到 L_{gt},则它们与温度的关系为

$$L_{st} = L_0(1+\beta_s\Delta t) \tag{4.2.17}$$
$$\Delta L_s = L_{st} - L_0 = L_0\beta_s\Delta t \tag{4.2.18}$$
$$L_{gt} = L_0(1+\beta_g\Delta t) \tag{4.2.19}$$
$$\Delta L_g = L_{gt} - L_0 = L_0\beta_g\Delta t \tag{4.2.20}$$

式中 β_s ——应变丝的线膨胀系数(1/℃)(单位温度引起的相对长度变化);

β_g ——构件的线膨胀系数(1/℃)(单位温度引起的相对长度变化);

ΔL_s ——应变丝的膨胀量(m);

ΔL_g ——构件的膨胀量(m)。

当 $\Delta L_s \neq \Delta L_g$ 时,构件将应变丝从"L_{st}"拉伸至"L_{gt}",产生附加变形

$$\Delta L_\beta = \Delta L_g - \Delta L_s = (\beta_g - \beta_s)\Delta t L_0 \tag{4.2.21}$$

于是引起了附加应变和附加的电阻变化量

$$\varepsilon_\beta = \frac{\Delta L_\beta}{L_{st}} = \frac{(\beta_g - \beta_s)\Delta t L_0}{L_0(1+\beta_s\Delta t)} \approx (\beta_g - \beta_s)\Delta t \tag{4.2.22}$$
$$\Delta R_{t\beta} = R_0 K\varepsilon_\beta = R_0 K(\beta_g - \beta_s)\Delta t \tag{4.2.23}$$

综上,总的电阻变化量及相对变化量为

$$\Delta R_t = \Delta R_{ta} + \Delta R_{t\beta} = R_0\alpha\Delta t + R_0 K(\beta_g - \beta_s)\Delta t \tag{4.2.24}$$
$$\frac{\Delta R_t}{R_0} = \alpha\Delta t + K(\beta_g - \beta_s)\Delta t \tag{4.2.25}$$

折合成相应的应变量为

$$\varepsilon_t = \frac{\frac{\Delta R_t}{R_0}}{K} = \left[\frac{\alpha}{K} + (\beta_g - \beta_s)\right]\Delta t \tag{4.2.26}$$

温度变化引起的附加应变变化与 $\Delta t, \alpha, K, \beta_s, \beta_g$ 等有关,也与粘合剂等有关。

2. 补偿的措施

(1) 自补偿法。利用式(4.2.25)可以得到

$$\alpha + K(\beta_g - \beta_s) = 0 \tag{4.2.27}$$

这种方法的最大不足是:一种确定的应变片只能用于一种确定材料的试件上,局限性很大。图 4.2.8 给出了一种采用双金属敏感栅自补偿片的改进方案。它是利用电阻温度系数不同(一个为正,一个为负)的两种电阻丝材料串联组合成敏感栅。这两段敏感栅的电阻 R_1 与 R_2 由于温度变化而引起的电阻变化分

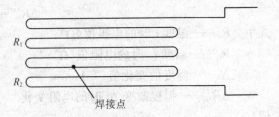

图 4.2.8 双金属敏感栅自补偿应变片

别为 ΔR_{1t} 和 ΔR_{2t},它们的大小相等,符号相反,起到了温度补偿的目的。这种方案的补偿效果较好。

此外,还有一种如图 4.2.9 所示的自补偿方案。这种应变片在结构上与双金属自补偿应变片相同,但敏感栅是由同符号电阻温度系数的两种合金丝串联而成,而且敏感栅的两部分电阻 R_1 与 R_2 分别接入电桥的相邻两臂上。R_1 是工作臂,R_2 与外接串联电阻 R_B 组成补偿臂,另两臂只能接入平衡电阻 R_3,R_4。适当调节它们的比值和外接电阻 R_B 的数值,可以使两桥臂由于温度变化而引起的电阻变化相等或接近,达到热补偿的目的。即满足

$$\frac{\Delta R_{1t}}{R_1} = \frac{\Delta R_{2t}}{R_2 + R_B} \tag{4.2.28}$$

这种补偿法的最大优点是:通过调整 R_B 的阻值,不仅可使热补偿达到最佳效果,而且还适用于不同的线膨胀系数的测试件。缺点是对 R_B 的精度要求高,应变片输出的灵敏度降低。因此,补偿栅材料通常选用电阻温度系数 α 大、而电阻率低的铂或铂合金,只要较小的铂电阻就能达到温度补偿。

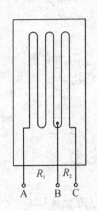 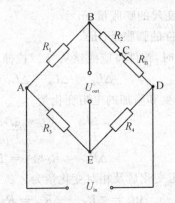

图 4.2.9 温度自补偿应变片

(2) 线路补偿法。选用两个应变片,它们处于相同的温度场,但受力状态不同。工作应变片 R_1 处于受力状态;补偿应变片 R_B 处于不受力状态,如图 4.2.10 所示。R_1 和 R_B 分别为电桥的相邻两臂。当温度发生变化时,R_1 与 R_B 都发生变化。由于它们是同类应变片,粘贴在相同材料上,处于相同的温度场,所以温度变化引起的电阻变化量相同。而当试件受到外力,产生应变后,R_1 会有变化,R_B 的电阻不会发生变化。因此电桥的输出对温度不敏感,而对应变很敏感,从而起到温度补偿的作用。这种方法,在常温下补偿效果较好,在温度变化梯度较大时很难做到工作片与补偿片处于完全一致的情况,因而影响补偿效果。

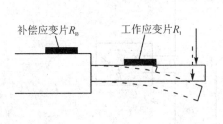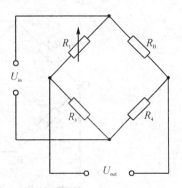

图 4.2.10 差动补偿法

上述方法进一步改进就形成了一种如图 4.2.11 所示理想的差动方式。两个应变片 $R_1(R_4)$ 和 $R_2(R_3)$ 完全相同,处于相同的温度场,但处于互为相反的受力状态。当 $R_1(R_4)$ 受拉伸时,$R_2(R_3)$ 受压缩,应变片 $R_1(R_4)$ 和 $R_2(R_3)$,一个电阻增加,一个电阻减小;反之亦然。因此,当把它们接入电桥的相邻两臂时,可以很好地补偿温度误差,同时还可以提高测量灵敏度和测量精度。

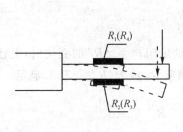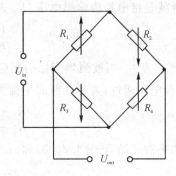

图 4.2.11 差动应变片补偿法

如图 4.2.12 所示为一种热敏电阻补偿法。热敏电阻 R_t 处在与应变片相同的温度条件下,温度升高时,一方面应变片的灵敏度下降,另一方面热敏电阻 R_t 的阻值也下降,于是电桥的输入电压增加,导致电桥的输出增大,补偿了由于应变片受温度影响引起的输出电压的下降。选择分流电阻 R_5 的阻值,可以得到良好的补偿效果。

4.2.6 电桥原理

利用应变片可以感受由被测量产生的应变,并得到电阻的相对变化。通常可以通过电桥将电阻的变化转变成电压或电流信号。图 4.2.13 给出了常用的全桥电路,U_{in} 为工作电压,R_1 为受感应变片,其余 R_2,R_3,R_4 为常值电阻。为便于讨论,假设电桥的输入电源内阻为零,输出为空载。

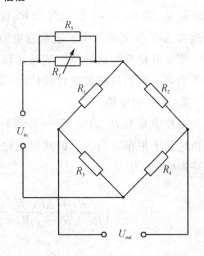

图 4.2.12 热敏电阻补偿法

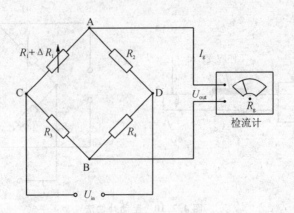

图 4.2.13 单臂受感全桥电路

1. 平衡电桥

基于上面的假设,电桥的输出电压为

$$U_{\text{out}} = \left(\frac{R_1}{R_1+R_2} - \frac{R_3}{R_3+R_4}\right)U_{\text{in}} = \frac{R_1R_4 - R_2R_3}{(R_1+R_2)(R_3+R_4)}U_{\text{in}} \quad (4.2.29)$$

平衡电桥就是指电桥的输出电压 U_{out} 为零的情况。即平衡电桥应满足

$$\frac{R_1}{R_2} = \frac{R_3}{R_4} \quad (4.2.30)$$

R_1 为受感应变片,当被测量变化引起应变片的电阻产生 ΔR_1 的变化时,上述平衡关系被破坏,检流计有电流通过,为建立新的平衡关系,调节 R_2 成为 $(R_2+\Delta R_2)$,满足

$$\frac{R_1+\Delta R_1}{R_2+\Delta R_2} = \frac{R_3}{R_4} \quad (4.2.31)$$

电桥达到新的平衡。结合式(4.2.30)和(4.2.31),有

$$\Delta R_1 = \frac{R_3}{R_4}\Delta R_2 \quad (4.2.32)$$

可见,当 R_3 和 R_4 恒定时,ΔR_2 即可以表示 ΔR_1 的大小;如果改变 R_3 和 R_4 的比值,就可以改变 ΔR_1 的测量范围。通常称电阻 R_2 为调节臂,可以用它来刻度被测应变量。

平衡电桥在测量静态应变时比较理想,测量过程不直接受电桥工作电压波动的影响,抗干扰能力强。但当被测量变化较快时,就会引起较大的动态测量误差。

2. 不平衡电桥

电桥中只有 R_1 为应变片,其余为固定电阻。假设被测量为零时,应变片的电阻值为 R_1,电桥应处于平衡状态。当被测量变化引起应变片的电阻 R_1 产生 ΔR_1 的变化时,电桥将产生不平衡输出,为

$$U_{\text{out}} = \left(\frac{R_1+\Delta R_1}{R_1+R_2+\Delta R_1} - \frac{R_3}{R_3+R_4}\right)U_{\text{in}} = \frac{\frac{R_4}{R_3}\cdot\frac{\Delta R_1}{R_1}\cdot U_{\text{in}}}{\left(1+\frac{R_2}{R_1}+\frac{\Delta R_1}{R_1}\right)\cdot\left(1+\frac{R_4}{R_3}\right)} \quad (4.2.33)$$

引入电桥的桥臂比 $n=\dfrac{R_2}{R_1}=\dfrac{R_4}{R_3}$,忽略式(4.2.33)分母中的小量 $\Delta R_1/R_1$ 项,输出电压 U_{out} 与 $\Delta R_1/R_1$ 成正比,则有

$$U_{out} \approx \frac{n}{(1+n)^2} \cdot \frac{\Delta R_1}{R_1} \cdot U_{in} = U_{out0} \quad (4.2.34)$$

式中 U_{out0} —— U_{out} 的线性描述。

定义应变片单位电阻变化量引起的输出电压变化量为电桥的电压灵敏度

$$K_U = \frac{U_{out0}}{\frac{\Delta R_1}{R_1}} = \frac{n}{(1+n)^2} \cdot U_{in} \quad (4.2.35)$$

利用 $dK_U/dn = 0$ 可得：$n=1$；即 $R_1 = R_2$，$R_3 = R_4$ 的对称条件下（或 $R_1 = R_2 = R_3 = R_4$ 的完全对称条件下），电压的灵敏度最大，这种对称电路最为常用。电压的最大灵敏度为

$$(K_U)_{max} = \frac{1}{4} U_{in} \quad (4.2.36)$$

基于上述分析，提高 K_U 的措施是：
(1) $n=1$；
(2) 提高工作电压 U_{in}。

3. 电桥的非线性误差

由上述分析得知：在分母中忽略小量 $\Delta R_1/R_1$ 的情况下，电桥的输出电压与应变片的电阻变化率 $\Delta R_1/R_1$ 成正比，是线性关系，即对应的输出为 U_{out0}。因此在一般情况下，非线性误差为（参见第 15 章有关非线性误差的计算公式）

$$\xi_L = \frac{U_{out} - U_{out0}}{U_{out0}} = \frac{\dfrac{1}{1+\dfrac{R_2}{R_1}+\dfrac{\Delta R_1}{R_1}} - \dfrac{1}{1+\dfrac{R_2}{R_1}}}{1+\dfrac{R_2}{R_1}} = \frac{-\dfrac{\Delta R_1}{R_1}}{1+\dfrac{R_2}{R_1}+\dfrac{\Delta R_1}{R_1}} \quad (4.2.37)$$

考虑对称电桥：$R_1 = R_2$，$R_3 = R_4$；忽略式（4.2.37）分母中的小量 $\Delta R_1/R_1$，可得

$$\xi_L \approx -\frac{\dfrac{\Delta R_1}{R_1}}{2} \quad (4.2.38)$$

通常采用以下两种方法来减少非线性误差。

(1) 差动电桥。基于被测试件的应用情况，在电桥相邻的两臂接入相同的电阻应变片，一片受拉，一片受压，如图 4.2.14 所示，并参见图 4.2.11。这时电桥输出电压为

$$U_{out} = \left(\frac{R_1 + \Delta R_1}{R_1 + \Delta R_1 + R_2 - \Delta R_2} - \frac{R_3}{R_3 + R_4} \right) U_{in} \quad (4.2.39)$$

考虑一特例，$n=1$，$\Delta R_1 = \Delta R_2$，则

$$U_{out} = \frac{U_{in}}{2} \cdot \frac{\Delta R_1}{R_1} \quad (4.2.40)$$

$$K_U = \frac{1}{2} U_{in} \quad (4.2.41)$$

不仅消除了非线性误差，而且还提高了电桥的电压灵敏度；进一步地，采用四臂受感差动电桥，如图 4.2.14(b) 所示。

$$U_{out} = U_{in} \cdot \frac{\Delta R_1}{R_1} \quad (4.2.42)$$

$$K_U = U_{in} \quad (4.2.43)$$

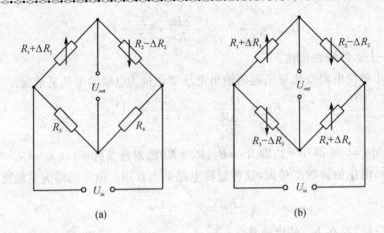

图 4.2.14　差动电桥输出电压

下面以四臂受感差动检测方式讨论对温度误差的补偿问题,如图 4.2.15 所示。每一臂的电阻初始电阻值均为 R,被测量引起的电阻变化值为 ΔR,其中两个臂的电阻增加 ΔR,两个臂的电阻减小 ΔR。同时四个臂的电阻由于温度变化引起的电阻值的增量均为 ΔR_t,则电桥的输出电压为

$$U_{\text{out}} = \left(\frac{R + \Delta R + \Delta R_t}{2R + 2\Delta R_t} - \frac{R - \Delta R + \Delta R_t}{2R + 2\Delta R_t}\right)U_{\text{in}} = \frac{\Delta R U_{\text{in}}}{R + \Delta R_t} \tag{4.2.44}$$

不采用差动方案时,考虑单臂受感的情况,电桥的输出电压为

$$U_{\text{out}} = \left(\frac{R + \Delta R + \Delta R_t}{2R + \Delta R + \Delta R_t} - \frac{1}{2}\right)U_{\text{in}} = \frac{(\Delta R + \Delta R_t)U_{\text{in}}}{2(2R + \Delta R + \Delta R_t)} \tag{4.2.45}$$

比较式(4.2.44)与(4.2.45)可知:当温度引起的电阻变化 ΔR_t 出现在分子上时,温度引起的测量误差非常大。因此差动电桥检测是一种非常好的温度误差补偿方式。

(2) 采用恒流源供电电桥。图 4.2.16 给出了恒流源供电电桥电路,供电电流为 I_0,通过两桥臂的电流 I_1 和 I_2 为

$$I_1 = \frac{R_3 + R_4}{R_1 + \Delta R_1 + R_2 + R_3 + R_4}I_0 \tag{4.2.46}$$

$$I_2 = \frac{R_1 + \Delta R_1 + R_2}{R_1 + \Delta R_1 + R_2 + R_3 + R_4}I_0 \tag{4.2.47}$$

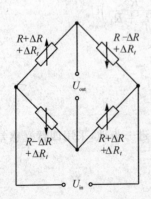

图 4.2.15　差动检测方式时的温度误差补偿

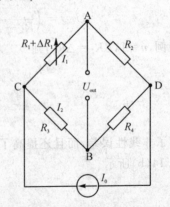

图 4.2.16　恒流源供电电桥

则电桥的输出电压为

$$U_{\text{out}} = (R_1 + \Delta R_1)I_1 - I_2 R_3 = \frac{R_4 \Delta R_1 I_0}{R_1 + R_2 + R_3 + R_4 + \Delta R_1} \quad (4.2.48)$$

也有非线性问题,忽略分母中的小量 ΔR_1,得

$$U_{\text{out0}} = \frac{R_4 \Delta R_1 I_0}{R_1 + R_2 + R_3 + R_4} \quad (4.2.49)$$

则非线性误差为

$$\xi_L = \frac{U_{\text{out}} - U_{\text{out0}}}{U_{\text{out0}}} = \frac{\Delta R_1}{R_1 + R_2 + R_3 + R_4 + \Delta R_1} = -\frac{\frac{\Delta R_1}{R_1}}{\left(1 + \frac{R_2}{R_1}\right)\left(1 + \frac{R_3}{R_1}\right) + \frac{\Delta R_1}{R_1}} \quad (4.2.50)$$

与上述恒压源供电相比(见式(4.2.37)),由于分母中的 $\left(1 + \frac{R_2}{R_1}\right)$ 增加了 $\left(1 + \frac{R_3}{R_1}\right)$ 倍,从而减少了非线性误差。

4.3 压阻式变换原理

利用压阻式变换原理可以制成压敏电阻,可以感受测量物体受力或力矩时所产生的应力。应力使压敏电阻产生电阻变化,通过电桥进一步将电阻变化转换为电压或电流的变化。

4.3.1 半导体材料的压阻效应

固体受到作用力后电阻率(或电阻)就要发生变化,这就是固体的压阻效应。以半导体材料最为显著,因而具有实用价值。半导体材料的压阻效应通常有两种应用方式,一种是利用半导体材料的体电阻做成粘贴式应变片,已在4.2节中介绍过;另一种是在半导体材料的基片上用集成电路工艺制成扩散型压敏电阻或离子注入型压敏电阻,此处重点讨论这种效应。

任何材料的电阻的变化率均可以写成

$$\frac{dR}{R} = \frac{d\rho}{\rho} + \frac{dL}{L} - 2\frac{dr}{r}$$

对于金属电阻而言:$d\rho/\rho$ 很小,主要由几何变形量 dL/L 和 dr/r 形成电阻的应变效应;对于半导体材料而言,$d\rho/\rho$ 很大,相对而言几何变形量 dL/L 和 dr/r 很小,这是由半导体材料的导电特性决定的。

半导体材料的电阻取决于有限数目的载流子、空穴和电子的迁移,其电阻率可表示为

$$\rho \propto \frac{1}{eN_i \mu_{\text{av}}} \quad (4.3.1)$$

式中 N_i——载流子浓度;
 μ_{av}——载流子的平均迁移率;
 e——电子电荷量,1.6×10^{-19} C。

当应力作用于半导体材料时,单位体积内的载流子数目 N_i、平均迁移率 μ_{av} 都要发生变化,从而使电阻率 ρ 发生变化,这就是半导体压阻效应的本质。实验研究可知,半导体材料的

电阻率的相对变化可写为

$$\frac{d\rho}{\rho} = \pi_L \sigma_L \tag{4.3.2}$$

式中　π_L——压阻系数(Pa^{-1})，表示单位应力引起的电阻率的相对变化量；

　　　σ_L——应力(Pa)。

对于一维单向受力的晶体电阻条，引入 $\sigma_L = E\varepsilon_L$，式(4.3.2)，电阻率的变化率可写为

$$\frac{d\rho}{\rho} = \pi_L E \varepsilon_L \tag{4.3.3}$$

电阻的变化率可写为

$$\frac{dR}{R} = \frac{d\rho}{\rho} + \frac{dL}{L} + 2\mu\frac{dL}{L} = (\pi_L E + 2\mu + 1)\varepsilon_L = K\varepsilon_L \tag{4.3.4}$$

$$K = \pi_L E + 2\mu + 1 \approx \pi_L E \tag{4.3.5}$$

半导体材料的弹性模量 E 的量值范围为：$1.3\times 10^{11} \sim 1.9\times 10^{11}$ Pa；压阻系数 π_L 的量值范围为：$40\times 10^{-11} \sim 80\times 10^{-11}$ Pa^{-1}；故 $\pi_L \sigma_L$ 的范围在：$50\sim 150$。因此，半导体材料的压阻效应远远强于金属的应变效应。基于上面分析，有

$$\frac{dR}{R} \approx \pi_L \sigma_L = \pi_L E \varepsilon_L \tag{4.3.6}$$

利用半导体材料的压阻效应可以制成压阻式传感器，主要优点是：分辨率高，动态响应好；易于集成化、智能化。缺点是压阻效应的温度系数大，存在较大的温度误差。

4.3.2　单晶硅的晶向、晶面的表示

1. 意　义

在压阻式传感器中，主要采用单晶硅基片。由于单晶硅材料是各向异性的，不同方向的压阻系数变化很大。因此必须研究单晶硅的晶向、晶面。

2. 晶　向

晶面的法线方向就是晶向。如图4.3.1所示，ABC平面的法线方向为 N（图中未给出），它与 x, y, z 轴的方向余弦分别为 $\cos\alpha, \cos\beta, \cos\gamma$；在 x, y, z 轴的节距分别为 r, s, t；它们之间满足

$$\cos\alpha : \cos\beta : \cos\gamma = \frac{1}{r} : \frac{1}{s} : \frac{1}{t} = h : k : l \tag{4.3.7}$$

式中　h, k, l——密勒指数，它们为无公约数的最大整数。

这样，ABC 晶面的方向可以由 $<hkl>$ 来表示。

3. 晶面的表示

方向为 $<hkl>$ 的 ABC 晶面表示为 (hkl)。

4. 计算实例

单晶硅具有立方晶格，讨论如图4.3.2的正立方体。

(1) ABCD 面。

晶面为：(100)；晶向为：$<100>$

(2) AFH 面。

晶面为：(111)；晶向为：$<111>$

(3) BCHE 面。

晶面为：$(1\ -1\ 0) = (1\bar{1}0)$；晶向为：$<1\bar{1}0>$

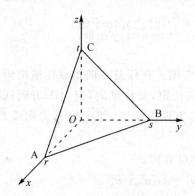

图 4.3.1　平面的截距表示法

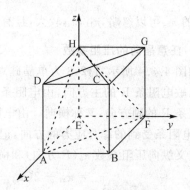

图 4.3.2　正立方体示意图

4.3.3　压阻系数

在金属材料中，有

$$\frac{dR}{R} = K_x \varepsilon_x + K_y \varepsilon_y$$

相应地在半导体材料中，有

$$\frac{dR}{R} = \pi_a \sigma_a + \pi_n \sigma_n \tag{4.3.8}$$

式中　π_a, π_n——纵向压阻系数和横向压阻系数（Pa^{-1}）；

σ_a, σ_n——纵向（主方向）应力和横向（副方向）应力（Pa）。

由于压阻效应是通过压敏电阻条来实现的，如何确定 σ_a, σ_n 和 π_a, π_n 呢？

1. 压阻系数矩阵

讨论一个标准的单元微立方体，如图 4.3.3 所示。有三个正应力：$\sigma_{11}, \sigma_{22}, \sigma_{33}$，记为：$\sigma_1, \sigma_2, \sigma_3$；三个独立的剪应力：$\sigma_{23}, \sigma_{31}, \sigma_{12}$，记为：$\sigma_4, \sigma_5, \sigma_6$。六个独立的应力 $\sigma_1, \sigma_2, \sigma_3, \sigma_4, \sigma_5, \sigma_6$ 将引起六个独立的电阻率的相对变化量 $\delta_1, \delta_2, \delta_3, \delta_4, \delta_5, \delta_6$。有如下关系：

$$[\delta] = [\pi][\sigma] \tag{4.3.9}$$

$$[\sigma]^T = [\sigma_1\ \ \sigma_2\ \ \sigma_3\ \ \sigma_4\ \ \sigma_5\ \ \sigma_6]$$

$$[\delta]^T = [\delta_1\ \ \delta_2\ \ \delta_3\ \ \delta_4\ \ \delta_5\ \ \delta_6]$$

$$[\pi] = \begin{bmatrix} \pi_{11} & \pi_{12} & \pi_{12} & & & \\ \pi_{12} & \pi_{11} & \pi_{12} & & & \\ \pi_{12} & \pi_{12} & \pi_{11} & & & \\ & & & \pi_{44} & & \\ & & & & \pi_{44} & \\ & & & & & \pi_{44} \end{bmatrix}_{6 \times 6} \tag{4.3.10}$$

只有三个独立的压阻系数，且定义：

π_{11}——单晶硅的纵向压阻系数（Pa^{-1}）；

π_{12}——单晶硅的横向压阻系数（Pa^{-1}）；

π_{44}——单晶硅的剪切压阻系数(Pa^{-1})。

在常温下,P 型硅(空穴导电)的 π_{11},π_{12} 可以忽略,$\pi_{44}=138.1\times10^{-11}\ Pa^{-1}$;N 型硅(电子导电)的 π_{44} 可以忽略,π_{11},π_{12} 较大,且有 $\pi_{12}\approx-\dfrac{\pi_{11}}{2}$,$\pi_{11}=-102.2\times10^{-11}\ Pa^{-1}$。

2. 任意晶向的压阻系数

如图 4.3.4 所示,1,2,3 为单晶硅立方晶格的主轴方向。在任意方向形成压敏电阻条 R,P 为压敏电阻条 R 的主方向,由电阻条的实际长度方向决定,又称纵向,记为 $1'$ 方向;Q 为压敏电阻条 R 的副方向,又称横向。由电阻条的实际受力方向决定的,即在与 P 方向垂直的平面内,电阻条受到的综合应力的方向,记为 $2'$ 方向。

定义纵向压阻系数 π_a(P 方向)和横向压阻系数 π_n(Q 方向)

$$\pi_a = \pi_{11} - 2(\pi_{11} - \pi_{12} - \pi_{44})(l_1^2 m_1^2 + m_1^2 n_1^2 + n_1^2 l_1^2) \tag{4.3.11}$$

$$\pi_n = \pi_{12} + (\pi_{11} - \pi_{12} - \pi_{44})(l_1^2 l_2^2 + m_1^2 m_2^2 + n_1^2 n_2^2) \tag{4.3.12}$$

式中 l_1,m_1,n_1——P 方向在标准的立方晶格坐标系中的方向余弦;

  l_2,m_2,n_2——Q 方向在标准的立方晶格坐标系中的方向余弦。

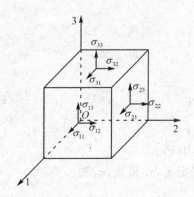
图 4.3.3 单晶硅微立方体上的应力分布

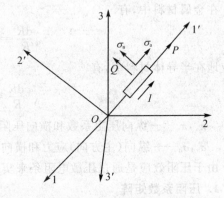
图 4.3.4 单晶硅任意方向的压阻系数计算图

3. 计算实例

(1) 计算(100)面上<011>晶向的纵向、横向压阻系数。

如图 4.3.5 所示。ABCD 为(100)面,其上<011>晶向为 AC;相应的横向为 BD。

面(100)方向的矢量描述为:$\boldsymbol{i}$;

方向<011>的矢量描述为:$\boldsymbol{j}+\boldsymbol{k}$;

由于

$$\boldsymbol{i}\times(\boldsymbol{j}+\boldsymbol{k}) = \boldsymbol{i}\times\boldsymbol{j} + \boldsymbol{i}\times\boldsymbol{k} = \boldsymbol{k} + (-\boldsymbol{j}) \tag{4.3.13}$$

故(100)面内,<011>方向的横向为<$0\bar{1}1$>(通常写为<$01\bar{1}$>);

<011>的方向余弦为 $l_1=0$,$m_1=\dfrac{1}{\sqrt{2}}$,$n_1=\dfrac{1}{\sqrt{2}}$;

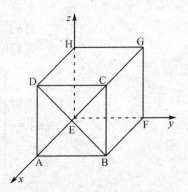
图 4.3.5 (100)面上<011>晶向的纵向、横向示意图

$<01\bar{1}>$ 的方向余弦为 $l_2=0, m_2=\dfrac{1}{\sqrt{2}}, n_2=\dfrac{-1}{\sqrt{2}}$；

则

$$\pi_a = \pi_{11} - 2(\pi_{11} - \pi_{12} - \pi_{44})\frac{1}{2} \cdot \frac{1}{2} = \frac{1}{2}(\pi_{11} + \pi_{12} + \pi_{44}) \quad (4.3.14)$$

$$\pi_n = \pi_{12} + (\pi_{11} - \pi_{12} - \pi_{44})\left(\frac{1}{2} \cdot \frac{1}{2} + \frac{1}{2} \cdot \frac{1}{2}\right) = \frac{1}{2}(\pi_{11} + \pi_{12} - \pi_{44}) \quad (4.3.15)$$

对于 P 型硅

$$\pi_a = \frac{1}{2}\pi_{44}, \qquad \pi_n = -\frac{1}{2}\pi_{44}$$

对于 N 型硅

$$\pi_a = \frac{1}{4}\pi_{11}, \qquad \pi_n = \frac{1}{4}\pi_{11}$$

(2) 绘出 P 型硅 (100) 面内的纵向和横向压阻系数的分布图。

如图 4.3.6(a) 所示，(100) 面内，假设所考虑的纵向 P 与 2 轴的夹角为 α，与 P 方向垂直的 Q 方向为所考虑的横向。

在 (100) 面，方向 P 与方向 Q 的方向余弦分别为：l_1, m_1, n_1 和 l_2, m_2, n_2，则：

$$l_1 = 0, \qquad m_1 = \cos\alpha, \qquad n_1 = \sin\alpha$$
$$l_2 = 0, \qquad m_2 = \sin\alpha, \qquad n_2 = \cos\alpha$$
$$\pi_a = \pi_{11} - 2(\pi_{11} - \pi_{12} - \pi_{44})\sin^2\alpha\cos^2\alpha \approx \frac{1}{2}\pi_{44}\sin^2 2\alpha$$
$$\pi_n = \pi_{12} + (\pi_{11} - \pi_{12} - \pi_{44})2\sin^2\alpha\cos^2\alpha \approx -\frac{1}{2}\pi_{44}\sin^2 2\alpha$$

图 4.3.6(b) 给出了纵向压阻系数 π_a 的分布图。图形关于 2 轴 (即 $<010>$) 和 3 轴 (即 $<001>$) 对称，同时关于 45°直线 (即 $<011>$) 和 135°直线 (即 $<01\bar{1}>$) 对称。

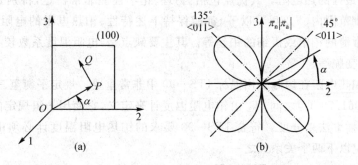

图 4.3.6 P 型硅 (100) 面内的纵向和横向压阻系数分布图

4.4 热电阻变换原理

4.4.1 热电阻

物质的电阻率随温度变化的物理现象称为热阻效应。多数金属电阻随温度的升高而增加。因为温度升高时,自由电子的动能增加,这样改变自由电子的运动方式,使之作定向运动所需要的能量就增加;反映在电阻上阻值就会增加。可以描述为

$$R_t = R_0[1 + \alpha(t - t_0)] \tag{4.4.1}$$

式中　R_t——温度 t 时的电阻值（Ω）；
　　　R_0——温度 t_0 时的电阻值（Ω）；
　　　α——热电阻的电阻温度系数（1/℃），表示单位温度引起的电阻相对变化。
电阻灵敏度为

$$K = \frac{1}{R_0} \cdot \frac{dR_t}{dt} = \alpha \tag{4.4.2}$$

金属的电阻温度系数 α 一般在 0.3 %～0.6 %/℃ 之间,在一定的温度范围内可看成是一个常数。不同的金属电阻,α 保持常数所对应的温度范围是不相同的,而且通常这个范围小于该导体能够工作的温度范围。

根据热电阻的电阻、温度特性不同,可分为金属热电阻和半导体热敏电阻两大类。

4.4.2　金属热电阻

1. 电阻材料特性要求

用于金属热电阻的材料应该满足以下条件：
(1) 电阻温度系数 α 要大且保持常数；
(2) 电阻率 ρ 要大,以减少热电阻的体积,减小热惯性；
(3) 使用温度范围内,材料的物理、化学特性保持稳定；
(4) 生产成本要低,工艺实现容易。
常用的金属材料有：铂、铜、镍等。

2. 铂热电阻

铂热电阻是最佳的热电阻。其优点包括：物理、化学性能非常稳定,特别是耐氧化能力很强,在很宽的温度范围内（1 200 ℃以下）都能保持上述特性；铂热电阻的电阻率较高,易于加工,可以制成非常薄的铂箔或极细的铂丝等。其主要缺点是：电阻温度系数较小,成本较高,在还原性介质中易变脆等。

值得指出：铂热电阻在国际实用温标 ITS—90 中非常重要。规定平衡氢三相点（13.803 3 K）到银凝固点（961.78 ℃）之间,T_{90} 由铂电阻温度计来定义,它使用一组规定的定义固定点及利用所规定的内插方法来分度。符合 ITS—90 要求的铂热电阻温度计必须由无应力的纯铂制成,并必须满足以下两个关系式之一

$$W(29.764\ 6\ ℃) \geqslant 1.118\ 07 \tag{4.4.3}$$
$$W(-38.834\ 4\ ℃) \leqslant 0.844\ 235 \tag{4.4.4}$$

式中

$$W(t_{90}) = \frac{R(t_{90})}{R(0.01\ ℃)}$$

在实际应用中,可以利用如下模型来描述铂热电阻与温度之间的关系：
在 −200～0 ℃

$$R_t = R_0[1 + At + Bt^2 + C(t - 100)t^3] \tag{4.4.5}$$

在 0~850 ℃

$$R_t = R_0[1 + At + Bt^2] \quad (4.4.6)$$

式中　R_t——温度 t 时铂热电阻的电阻值（Ω）；
　　　R_0——温度为 0 ℃时铂热电阻的电阻值（Ω）。
　　　A = 3.968 47×10^{-3}（℃）$^{-1}$；
　　　B = -5.847×10^{-7}（℃）$^{-2}$；
　　　C = -4.22×10^{-12}（℃）$^{-4}$。

目前,我国常用的标准化铂热电阻按分度号有 Pt50,Pt100 和 Pt300,有关技术指标如表 4.4.1 所列。

表 4.4.1　常用的标准化铂热电阻技术特性表

分度号	R_0(Ω)	R_{100}/R_0	精度等级	R_0 允许的误差/%	测温范围及所对应的最大允许误差/℃
Pt50	46.0 (50.00)	1.391±0.000 7	I	±0.05	对于 I 级精度 -200~0 ±(0.15+4.5×10^{-3}t)
		1.391±0.001	II	±0.1	0~500 ±(0.15+3×10^{-3}t)
Pt100	100.0	1.391±0.000 7	I	±0.05	
		1.391±0.001	II	±0.1	对于 II 级精度 -200~0 ±(0.3+6×10^{-3}t)
Pt300	300.0	1.391±0.001	II	±0.1	0~500 ±(0.3+4.5×10^{-3}t)

3. 铜热电阻

铜热电阻也是一种常用的热电阻。主要用于测量精度要求不高而且测量温度较低的场合（如-50~150 ℃）。其电阻温度系数较铂热电阻的高,价格低廉。其最主要的缺点是电阻率较小,约为铂热电阻的 1/5.8,因而铜电阻的电阻丝细而且长,其机械强度较低,体积较大。此外铜热电阻易被氧化,不宜在侵蚀性介质中使用。

在-50~150 ℃温度范围内,铜热电阻与温度之间的关系如下

$$R_t = R_0[1 + At + Bt^2 + Ct^3] \quad (4.4.7)$$

式中　R_t——温度 t 时铜热电阻的电阻值（Ω）；
　　　R_0——温度 0 ℃时铜热电阻的电阻值（Ω）。
　　　A = 4.288 99×10^{-3}（℃）$^{-1}$；
　　　B = -2.133×10^{-7}（℃）$^{-2}$；
　　　C = 1.233×10^{-9}（℃）$^{-3}$。

常用的铜热电阻,在-50~50 ℃温度范围内,其误差为±0.5 ℃；在 50~150 ℃温度范围内,其误差为±1 %t。

4. 热电阻的结构

热电阻由电阻丝绕制而成,为了避免通过交流电时产生感抗,或有交变磁场时产生感应电动势采用双线无感绕制法。由于通过这两股导线的电流方向相反,从而使其产生的磁通相互抵消。铜热电阻的结构如图 4.4.1 所示。它由铜引出线、补偿线阻、铜热电阻线、线圈骨架所

构成。采用与铜热电阻线串联的补偿线阻是为了保证铜电阻的电阻温度系数与理论值相等。

图 4.4.2 是铂热电阻结构图。它由铜铆钉、铂热电阻线、云母支架、银导线等构成。为了改善热传导,将铜制薄片与两侧云母片和盖片铆在一起,并用银丝做成引出线。

图 4.4.1　铜热电阻结构示意图　　　　图 4.4.2　铂热电阻结构示意图

4.4.3　半导体热敏电阻

半导体热敏电阻是利用半导体材料的电阻率随温度变化的性质而制成的温度敏感元件。半导体中参与导电的是载流子,载流子的密度(单位体积内的数目)要比金属中的自由电子的密度小得多,所以半导体的电阻率大。随着温度的升高,一方面,半导体中的价电子受热激发跃迁到较高能级而产生的新的电子-空穴对增加,使电阻率减小;另一方面,半导体材料的载流子的平均迁移率增大,导致电阻率增大。因此,半导体热敏电阻有多种类型。

1. 半导体热敏电阻的类型

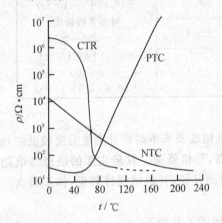

图 4.4.3　半导体热敏电阻的温度特性曲线

半导体热敏电阻随温度变化的典型特性有三种类型,即负温度系数热敏电阻 NTC(negative temperature coefficient)、正温度系数热敏电阻 PTC(positive temperature coefficient)和在某一特定温度下电阻值发生突然变化的临界温度电阻器 CTR(critical temperature resistor)。它们的特性曲线如图 4.4.3 所示。

电阻率随着温度的增加比较均匀地减小的热敏电阻称为负温度系数热敏电阻,通常采用负温度系数很大的固体多晶半导体氧化物的混合物制成。

在某一温度范围电阻率随温度升高而急剧增加的电阻,称为正温度系数剧变型热敏电阻。这种电阻材料都是陶瓷材料,在室温下是半导体,亦称 PTC 铁电半导体陶瓷。

由钒、钡、磷和硫化银系混和氧化物而烧结成的热敏电阻,当温度升高接近某一温度(如68 ℃)时,电阻率大大下降,产生突变的特性称为临界(CTR)热敏电阻。

PTC 和 CTR 热敏电阻随温度变化的特性为剧变型。适合在某一较窄的温度范围内用作温度开关或监测元件。而 NTC 热敏电阻随温度变化的特性为缓变型,适合在稍宽的温度范围内用作温度测量元件。

2. 半导体热敏电阻的热电特性

以 NTC 热敏电阻进行讨论的热敏电阻的温度特性近似符合指数规律,可以写为

$$R_t = R_0 e^{B\left(\frac{1}{T} - \frac{1}{T_0}\right)} = R_0 \exp\left[B\left(\frac{1}{T} - \frac{1}{T_0}\right)\right] \tag{4.4.8}$$

式中　T——被测温度(K)，$T = t + 273.15$；
　　　T_0——参考温度(K)，$T_0 = t_0 + 273.15$；
　　　R_t——温度 T(K)时热敏电阻的电阻值(Ω)；
　　　R_0——温度 T_0(K)时热敏电阻的电阻值(Ω)；
　　　B——热敏电阻的材料常数(K)，通常由实验获得，一般在 2 000～6 000 K。

热敏电阻的温度系数定义为其本身电阻变化 1 ℃时电阻值的相对变化量，即

$$\alpha_T = \frac{1}{R_T} \cdot \frac{dR_T}{dT} = \frac{-B}{T^2} \tag{4.4.9}$$

由式(4.4.8)可知：热敏电阻的温度系数随温度的降低而迅速增大，如当 $B = 4\,000$ K，$T = 293.16$ K($t = 20$ ℃)时，可得：$\alpha_T = -4.75$ ％/℃，约为铂热电阻的 10 倍以上。

3. 半导体热敏电阻的伏安特性

伏安特性是指加在热敏电阻两端的电压 U 与流过热敏电阻的电流 I 之间的关系如图 4.4.4 所示。当流过热敏电阻的电流很小时，热敏电阻的伏安特性符合欧姆定律，即图中曲线的线性上升段。而当电流增大到一定值时，将引起热敏电阻自身温度的升高，使热敏电阻出现负阻特性，电阻减小，两端电压下降。因此，在具体使用热敏电阻时，宜减小通过热敏电阻的电流，以减小热敏电阻自热效应的影响。

热敏电阻由于有电阻温度系数大、体积小、可以做成各种形状且结构简单等优点，可用于点温、表面温度、温差和温度场的测量中。主要缺点是产品特性和参数差别大、温度使用范围窄。

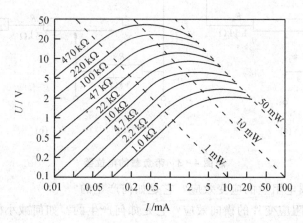

图 4.4.4　热敏电阻的典型伏安特性

习题与思考题

4.1　简述电位器的主要用途和应用特点。
4.2　什么是电位器的阶梯特性？在实际使用时，它会给电位器带来什么问题？
4.3　研究非线性电位器的出发点是什么？如何实现非线性电位器？
4.4　什么是电位器的负载特性和负载误差？如何减小电位器的负载误差？
4.5　证明图 4.1.14 指出的"所设计的非线性特性 3 为原线性电位器负载特性 2 关于线

性特性的镜像"。

4.6 试设计一电位器的电阻特性。它能在带负载情况下给出 $Y=X$ 的线性特性,如题图 4-1 所示。给定电位器的总电阻 $R_0=100\ \Omega$,负载电阻 R_f 分别为 $50\ \Omega$ 和 $500\ \Omega$。计算时取 X 的间距为 0.1,X 和 Y 分别为相对输入和相对输出。

4.7 试设计一分流电阻式非线性电位器的电路及其参数。要求特性如题图 4-2 所示,所用线性电位器的总电阻为 $1\ 000\ \Omega$,输出为空载。

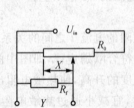

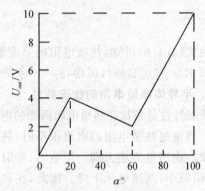

题图 4-1 带负载的电位器　　　　题图 4-2 非线性电位器的输出特性

4.8 试用解析法计算题图 4-3 所示的端基线性度。

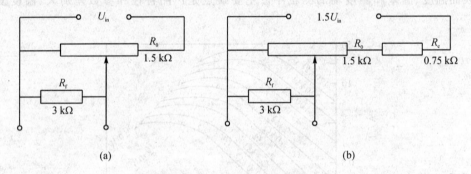

题图 4-3 带负载的电位器

4.9 什么是金属电阻丝的应变效应?它是如何产生的?

4.10 什么是电阻应变片的横向效应?它是如何产生的?如何减小横向效应?

4.11 应变片在使用时,为什么会出现温度误差?如何减小它?

4.12 说明电桥工作原理。

4.13 有一悬臂梁,在其中部上、下两面各贴两片应变片,组成全桥,如题图 4-4 所示。

(1) 请给出由这四个电阻构成四臂受感电桥的电路示意图。

(2) 若该梁悬臂端受一向下力 $F=1$ N,长 $L=0.25$ m,宽 $W=0.06$ m,厚 $t=0.003$ m,$E=70\times10^9$ Pa,$x=0.5\ L$,应变片灵敏系数 $K=2.1$,应变片空载电阻 $R_0=120\ \Omega$;试求此时这四个应变片的电阻值(注:$\varepsilon_x=\dfrac{6(L-x)}{WEt^2}F$)。

4.14 题图 4-5 为一受拉的 10#优质碳素钢杆。用允许通过的最大电流为 30 mA 的康铜丝应变片组成一单臂受感电桥,试求此电桥空载时的最大可能的输出电压(应变片的电阻为

120 Ω)。

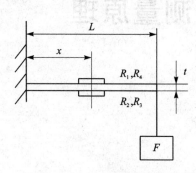

题图 4-4 悬臂梁测力示意图

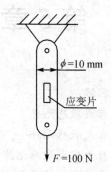

题图 4-5 拉杆测力示意图

4.15 说明差动电桥减小温度误差的原理。
4.16 比较应变效应与压阻效应。
4.17 画出(111)晶面和⟨110⟩晶向,并计算(111)晶面内<1$\bar{1}$0>晶向的纵向压阻系数和横向压阻系数。
4.18 对于任意方向的电阻条,计算其压阻系数时应注意的问题是什么?
4.19 金属热电阻的工作机理是什么?使用时应注意的问题是什么?
4.20 比较几种常用的金属热电阻的使用特点。
4.21 简要说明热电阻采用双线无感绕制的原因?
4.22 半导体热敏电阻有哪几种,各有什么特点?
4.23 说明半导体热敏电阻的温度特性曲线的特点。

第5章 变电容测量原理

基本内容

  电容　电容器
  变间隙电容式敏感元件
  变面积电容式敏感元件
  变介电常数电容式敏感元件
  电容式敏感元件的等效电路
  电容式变换元件的信号转换电路

  物体间的电容量与其结构参数密切相关，通过改变结构参数而改变物体间的电容量的大小关系来实现对被测量的检测，就是变电容测量原理。

5.1 基本电容式敏感元件

  由物理学的基本理论可知：物体间电容量与构成电容元件的两个极板的形状、大小、相互位置以及极板间的介电常数有关，通常可以写为

$$C = f(\varepsilon, S, \delta) \tag{5.1.1}$$

式中　C——电容(F)；
   δ——极板间的距离(m)；
   S——极板间相互覆盖的面积(m^2)；
   ε——极板间介质的介电常数(F/m)。

  电容式敏感元件虽然在外观上差别较大，但结构方案基本上是两类：平行板式和圆柱同轴式，以平行板式最常用。在不计边缘效应的情况下，平行板式的电容为

$$C = \frac{\varepsilon S}{\delta} \tag{5.1.2}$$

式中　δ——平行极板间距离(m)；
   S——极板间相互覆盖的面积(m^2)；
   ε——平行极板间介质的介电常数(F/m)。

  同轴式的电容为

$$C = \frac{2\pi\varepsilon L}{\ln\left(\dfrac{R_2}{R_1}\right)} \tag{5.1.3}$$

式中　L——圆柱极板长度(m)；
   ε——极板间介质的介电常数(F/m)；
   R_1——圆柱型内电极的外半径(m)；
   R_2——圆柱型外电极的内半径(m)。

  电容式敏感元件可以通过改变 ε, S, δ 来改变电容量 C 实现测量。因此有变间隙、变面积和变介质三类电容式敏感元件。

变间隙电容式敏感元件一般用来测量微小的线位移(如小到 0.01 μm);变面积电容式敏感元件一般用来测量角位移(如小到 1″)或较大的线位移;变介质电容式敏感元件常用于测量介质的某些特性,如湿度、密度等参数。

电容式敏感元件的特点主要有:结构简单,非接触式测量,灵敏度高,分辨率高,动态响应好,可在恶劣环境下工作等;其缺点主要有:受干扰影响大,特性稳定性差,易受电磁干扰,高阻输出状态,介电常数受温度影响大,有静电吸力等。

5.2 电容式敏感元件的主要特性

5.2.1 变间隙电容式敏感元件

图 5.2.1 给出了平行极板变间隙电容式敏感元件原理图。当不考虑边缘效应时,其电容的特性方程为

$$C = \frac{\varepsilon S}{\delta} = \frac{\varepsilon_r \varepsilon_0 S}{\delta} \tag{5.2.1}$$

式中 ε_0——真空中的介电常数(F/m),$\varepsilon_0 = \frac{10^{-9}}{4\pi \times 9}$ F/m;

ε_r——极板间的相对介电常数,$\varepsilon_r = \varepsilon/\varepsilon_0$,对于空气约为 1。

当间隙 δ 减小 $\Delta\delta$,变为 $\delta - \Delta\delta$ 时,电容量 C 将增加 ΔC

$$\Delta C = \frac{\varepsilon S}{\delta - \Delta\delta} - \frac{\varepsilon S}{\delta} \tag{5.2.2}$$

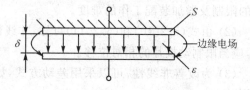

图 5.2.1 平行极板变间隙电容式敏感元件

故

$$\frac{\Delta C}{C} = \frac{\frac{\Delta\delta}{\delta}}{1 - \frac{\Delta\delta}{\delta}} \tag{5.2.3}$$

当 $|\Delta\delta/\delta| \ll 1$ 时,将式(5.2.3)展为级数形式,有

$$\frac{\Delta C}{C} = \frac{\Delta\delta}{\delta}\left[1 + \frac{\Delta\delta}{\delta} + \left(\frac{\Delta\delta}{\delta}\right)^2 + \cdots\right] \tag{5.2.4}$$

进一步可以得到输出电容的相对变化 $\frac{\Delta C}{C}$ 与相对输入位移 $\frac{\Delta\delta}{\delta}$ 之间的近似线性关系

$$\frac{\Delta C}{C} \approx \frac{\Delta\delta}{\delta} \tag{5.2.5}$$

单位间隙变化引起的电容量的相对变化为

$$K = \frac{\frac{\Delta C}{C}}{\Delta\delta} = \frac{1}{\delta} \tag{5.2.6}$$

当略去式(5.2.4)方括号内 $\frac{\Delta\delta}{\delta}$ 二次方以上的各项,有

$$\left(\frac{\Delta C}{C}\right)_2 = \frac{\Delta\delta}{\delta}\left(1 + \frac{\Delta\delta}{\delta}\right) \tag{5.2.7}$$

对于变间隙的电容式敏感元件,由式(5.2.5)得到的特性为所期望的线性关系,即直线1(如图5.2.2所示);按式(5.2.7)得到的则是忽略二阶小量的非线性曲线2;如果曲线2的参考直线采用端基直线3,则有

$$\left(\frac{\Delta C}{C}\right)_3 = \frac{\Delta \delta}{\delta}\left(1 + \frac{\Delta \delta_m}{\delta}\right) \tag{5.2.8}$$

式中 $\Delta \delta_m$——极板的最大位移。

非线性曲线2对于参考直线3的非线性误差为

$$\Delta y = \left(\frac{\Delta C}{C}\right)_2 - \left(\frac{\Delta C}{C}\right)_3 = \frac{\Delta \delta}{\delta}\left(\frac{\Delta \delta - \Delta \delta_m}{\delta}\right) \tag{5.2.9}$$

当 $\Delta \delta = 0.5 \Delta \delta_m$ 时,上述非线性误差取极值,其绝对值为

$$(\Delta y)_{max} = \frac{1}{4}\left(\frac{\Delta \delta_m}{\delta}\right)^2 \tag{5.2.10}$$

则相对非线性误差为

$$\xi_L = \frac{(\Delta y)_{max}}{\left(\frac{\Delta C}{C}\right)_{3max}} = \frac{\frac{1}{4}\left(\frac{\Delta \delta_m}{\delta}\right)^2}{\frac{\Delta \delta_m}{\delta} + \left(\frac{\Delta \delta_m}{\delta}\right)^2} \times 100\% \tag{5.2.11}$$

通过上面分析,可知:

(1) 由式(5.2.6)可知,欲提高灵敏度 K,应减小初始间隙 δ,但应考虑电容器承受击穿电压的限制及增加装配工作的难度。

(2) 由式(5.2.10)和(5.2.11)可知,非线性将随相对位移的增大而增加,因此为保证线性度,应当限制动极片的相对位移。

(3) 为改善非线性,可以采用差动方式,如图5.2.3所示。当一个电容增加时,另一个电容则减小。

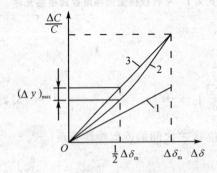

图 5.2.2 变间隙电容式敏感元件特性

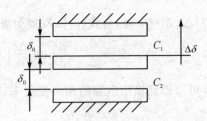

图 5.2.3 变间隙差动电容式敏感元件

5.2.2 变面积电容式敏感元件

图5.2.4给出了平行极板变面积电容式敏感元件原理图,当不考虑边缘效应时,其电容的特性方程为

$$C = \frac{\varepsilon b(a - \Delta x)}{\delta} = C_0 - \frac{\varepsilon b \Delta x}{\delta} \tag{5.2.12}$$

$$K = \frac{\Delta C}{\Delta x} = \frac{\varepsilon b}{\delta} \tag{5.2.13}$$

图 5.2.5 给出了圆筒型变"面积"电容式敏感元件原理图,当不考虑边缘效应时,其电容的特性方程为

$$C = \frac{2\pi\varepsilon_0(h-x)}{\ln\left(\frac{R_2}{R_1}\right)} + \frac{2\pi\varepsilon_1 x}{\ln\left(\frac{R_2}{R_1}\right)} = \frac{2\pi\varepsilon_0 h}{\ln\left(\frac{R_2}{R_1}\right)} + \frac{2\pi(\varepsilon_1 - \varepsilon_0)x}{\ln\left(\frac{R_2}{R_1}\right)} = C_0 + \Delta C \tag{5.2.14}$$

$$C_0 = \frac{2\pi\varepsilon_0 h}{\ln\left(\frac{R_2}{R_1}\right)} \tag{5.2.15}$$

$$\Delta C = \frac{2\pi(\varepsilon_1 - \varepsilon_0)x}{\ln\left(\frac{R_2}{R_1}\right)} \tag{5.2.16}$$

式中 ε_1——某一种介质(如液体)的介电常数(F/m);
ε_0——空气的介电常数(F/m);
h——极板的总高度(m);
R_1——内电极的外半径(m);
R_2——外电极的内半径(m);
x——介质 ε_1 的物位高度(m)。

由上述模型可知:圆筒型电容敏感元件介电常数为 ε_1 部分的高度为被测量 x,介电常数为 ε_0 的空气部分的高度为 $(h-x)$。被测量物位 x 变化时,对应于介电常数为 ε_1 部分的面积是变化的,通过对 ΔC 的测量就可以实现物位高度 x 的测量。

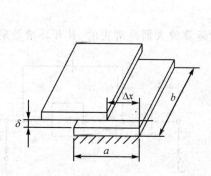

图 5.2.4 平行极板变面积电容式敏感元件

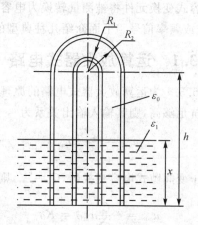

图 5.2.5 圆筒型变"面积"电容式敏感元件

5.2.3 变介电常数电容式敏感元件

一些高分子陶瓷材料,其介电常数与环境温度、绝对湿度等有确定的函数关系,利用其特性可以制成温度传感器或湿度传感器。图 5.2.6 给出了一种变介电常数电容式敏感元件的结构示意图。介质的厚度 d 保持

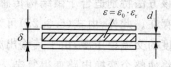

图 5.2.6 变介电常数的电容式敏感元件

不变,而相对介电常数 ε_r 变化,从而导致电容发生变化。依此可以制成感受绝对湿度的传感器等。

5.2.4 电容式敏感元件的等效电路

图 5.2.7 给出了电容式敏感元件的等效电路。其中:R_p 为低频参数,表示在电容上的低频耗损;R_c,L 为高频参数,表示导线电阻、极板电阻以及导线间的动态电感。

考虑到 R_p 与并联的 $X_C=1/(\omega C)$ 相比很大,故忽略并联大电阻 R_p;同时 R_c 与串联的 $X_L=\omega L$ 相比很小,故忽略串联小电阻 R_c,则

$$j\omega L + \frac{1}{j\omega C} = \frac{1}{j\omega C_e} \qquad (5.2.17)$$

$$C_e = \frac{C}{1-\omega^2 LC} \qquad (5.2.18)$$

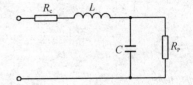

图 5.2.7 电容式敏感元件的等效电路

$$dC_e = \frac{d}{dC}\left(\frac{C}{1-\omega^2 LC}\right)dC = \frac{dC}{(1-\omega^2 LC)^2} = C_e \frac{dC}{C(1-\omega^2 LC)} \qquad (5.2.19)$$

则等效电容的相对变化为

$$\frac{dC_e}{C_e} = \frac{dC}{C} \cdot \frac{1}{1-\omega^2 LC} > \frac{dC}{C} \qquad (5.2.20)$$

5.3 电容式变换元件的信号转换电路

电容式变换元件将被测量转换为电容变化后,需要采用一定信号转换电路将其转换为电压、电流或频率信号。下面介绍几种典型的信号转换电路。

5.3.1 运算放大器式电路

图 5.3.1 为运算放大器式电路的原理图。假设运算放大器是理想的,其开环增益足够大,输入阻抗足够高,则其输入输出关系为

$$u_{out} = -\frac{C_f}{C_x}u_{in} \qquad (5.3.1)$$

对于变间隙式电容变换器,$C_x = \frac{\varepsilon S}{\delta}$,则

$$u_{out} = -\frac{C_f}{\varepsilon S}u_{in}\delta = K\delta \qquad (5.3.2)$$

$$K = -\frac{C_f u_{in}}{\varepsilon S}$$

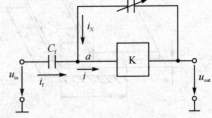

图 5.3.1 运算放大器式电路

输出电压 u_{out} 与电极板的间隙成正比,很好地解决了单电容变间隙式变换器的非线性问题。该方法特别适合于微结构传感器。实际运算放大器不能完全满足理想情况,非线性误差仍然存在。此外,由式(5.3.25)可知:信号变换精度还取决于信号源电压的稳定性,所以需要高精度的交流稳压源,由于其输出亦为交流电压,故需要经精密整流变为直流输出,这些附加电路将使整个变换电路变得复杂。

5.3.2 交流不平衡电桥

图 5.3.2 给出了交流电桥原理图,平衡条件为

$$\frac{Z_1}{Z_2} = \frac{Z_3}{Z_4} \tag{5.3.3}$$

引入复阻抗:$Z_i = r_i + jX_i = z_i e^{j\phi_i}$ ($i=1,2,3,4$),j 为虚数单位;r_i, X_i 分别为桥臂的电阻和电抗;z_i, ϕ_i 分别为相应的复阻抗的模值和幅角。

由式(5.3.1)可以得到

$$\left.\begin{aligned} \frac{z_1}{z_2} &= \frac{z_3}{z_4} \\ \phi_1 + \phi_4 &= \phi_2 + \phi_3 \end{aligned}\right\} \tag{5.3.4}$$

$$\left.\begin{aligned} r_1 r_4 - r_2 r_3 &= X_1 X_4 - X_2 X_3 \\ r_1 X_4 + r_4 X_1 &= r_2 X_3 + r_3 X_2 \end{aligned}\right\} \tag{5.3.5}$$

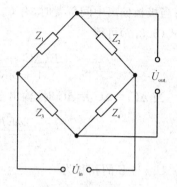

图 5.3.2 交流电桥

式(5.3.5)表明:交流电桥的平衡条件远比直流电桥复杂,不仅有幅值的要求,同时也有相角的要求。

当交流电桥的桥臂的阻抗有了 ΔZ_i 的增量时($i=1,2,3,4$),且有 $|\Delta Z_i / Z_i| \ll 1$,则

$$\dot{U}_{\text{out}} \approx \dot{U}_{\text{in}} \frac{Z_1 Z_2}{(Z_1 + Z_2)^2} \left(\frac{\Delta Z_1}{Z_1} + \frac{\Delta Z_4}{Z_4} - \frac{\Delta Z_2}{Z_2} - \frac{\Delta Z_3}{Z_3} \right) \tag{5.3.6}$$

这是交流电桥不平衡输出的一般表述,实际应用时有多种简化的方案。

5.3.3 变压器式电桥线路

图 5.3.3 给出了变压器式电桥线路的原理图,图 5.3.4 则给出了相应的等效电路图。电容 C_1, C_2 可以是差动方式的电容组合,即当被测量变化时,C_1, C_2 中的一个增大,另一个减小;也可以一个是固定电容,另一个是受感电容;Z_f 为放大器的输入阻抗,Z_f 上的电压即为电桥输出电压。

$$\dot{U}_{\text{out}} = \dot{I}_f Z_f = \frac{(\dot{E}_1 C_1 - \dot{E}_2 C_2) j\omega}{1 + Z_f (C_1 + C_2) j\omega} Z_f \tag{5.3.7}$$

由式(5.3.7)可知,平衡条件为式(5.3.8)或式(5.3.9)。

$$\dot{E}_1 C_1 = \dot{E}_2 C_2 \tag{5.3.8}$$

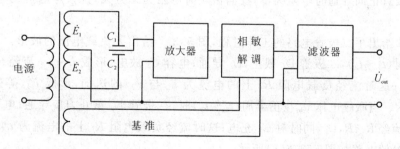

图 5.3.3 变压器式电桥线路

$$\frac{\dot{E}_1}{\dot{E}_2} = \frac{C_2}{C_1} \tag{5.3.9}$$

考虑一种实际应用情况,电容 C_1,C_2 是差动电容(如图 5.2.3 所示),初始平衡时:$\dot{E}_1=\dot{E}_2=\dot{E},C_1=C_2=C,Z_f=R_f$;当极板偏离中间位置时,有 $C_1=C+\Delta C_1,C_2=C-\Delta C_2$;由式(5.3.7)可得

$$\dot{U}_{out} = \frac{\dot{E}(\Delta C_1 + \Delta C_2)j\omega}{1 + 2jR_f C\omega} R_f \tag{5.3.10}$$

当 $\Delta C_1=\Delta C_2=\Delta C$ 时,输出电压的幅值为

$$U_{out} = \frac{2\omega \dot{E} R_f \Delta C}{\sqrt{1 + 4\omega^2 R_f^2 C^2}} \tag{5.3.11}$$

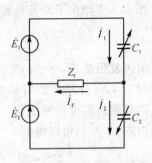

图 5.3.4 变压器式电桥等效电路

$\dot{U}_{out}$ 与 $\dot{E}$ 的相移为

$$\varphi = \arctan \frac{1}{2\omega R_f C} \tag{5.3.12}$$

由式(5.3.10)可知,只有当 $R_f \to \infty$ 时,$\varphi=0$;这时利用式(5.3.5),可得

$$\dot{U}_{out} = \frac{\dot{E}(C_1 - C_2)}{C_1 + C_2} \tag{5.3.13}$$

对于平行极板的电容器

$$C_1 = \frac{\varepsilon S}{\delta_0 - \Delta\delta}, \qquad C_2 = \frac{\varepsilon S}{\delta_0 + \Delta\delta}$$

则

$$\dot{U}_{out} = \frac{\dot{E}\Delta\delta}{\delta_0} \tag{5.3.14}$$

输出电压与 $\Delta\delta/\delta_0$ 成正比。

5.3.4 二极管电路

图 5.3.5 给出了二极管电路的原理图,激励电压 u_{in} 是一幅值为 E 的高频(MHz 级)方波振荡源,电容 C_1,C_2 可以是差动方式的电容组合,也可以一个是固定电容,另一个是受感电容;R_f 为输出负载;D_1,D_2 为两个二极管;R 为常值电阻。

假设二极管正向导通时电阻为零,反向截止时电阻为无穷大,且只考虑负载电阻 R_f 上的电流。

图 5.3.6 给出了二极管电路的工作过程,图 5.3.7 给出了负载电流的波形。当激励电压 u_{in} 在负半周时($t_1 \sim t_2$),二极管 D_1 截止,D_2 导通;电容 C_1 放电,形成 i_{C1};i'_R 流经 R_f,R,D_2,同时对 C_2 充电;这时流经负载电阻 R_f 上的电流为 i_{C1} 与 i'_R 的迭加,形成 i'_f,等效电路如图 5.3.6(a)所示。当激励电压 u_{in} 在正半周($t_2 \sim t_3$)时,二极管 D_2 截止,D_1 导通;电容 C_2 放电,形成 i_{C2};i''_R 流经 R_f,R,D_1,同时对 C_1 充电;这时流经负载电阻 R_f 上的电流为 i_{C2} 与 i''_R 的迭加,形成 i''_f,等效电路如图 5.3.6(b)所示。

当 $C_1=C_2$ 时,由于上述负半周与正半周是完全对称的过程,故在一个周期($t_1 \sim t_3$)内,流

经负载 R_f 上的平均电流为零,即: $\bar{I}_f = 0$。

当 $C_1 < C_2$ 时,由于小电容比大电容放电快,即 C_1 放电的过程要比 C_2 放电的过程快,由于 i'_R 与 i''_R 的幅值相等,所以 i_{C1} 与 i'_R 迭加的幅值要比 i_{C2} 与 i''_R 迭加的幅值大,即 $|i'_f| > |i''_f|$。这表明:在一个周期($t_1 \sim t_3$)内,流经负载 R_f 上的平均电流为负值,即 $\bar{I}_f < 0$;反之当 $C_1 > C_2$ 时,在一个周期($t_1 \sim t_3$)内,流经负载 R_f 上的平均电流为正值,即 $\bar{I}_f > 0$。

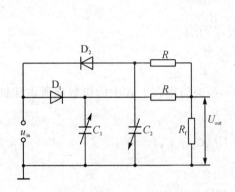

图 5.3.5 二极管电路

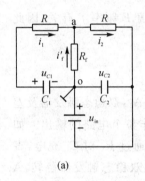

(a)

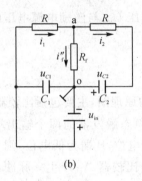

(b)

图 5.3.6 二极管电路工作过程

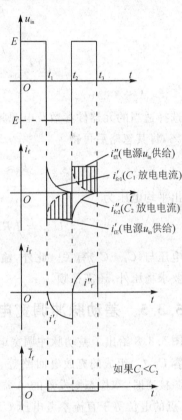

图 5.3.7 负载电流波形

对负半周,依图 5.3.6(a)可以列出电压平衡方程为

$$\left. \begin{array}{l} u_{C1} = E - \dfrac{1}{C_1} \displaystyle\int_0^t i_1 \mathrm{d}t = i_1 R + i'_f R_f \\ u_{C2} = E = i'_f R_f + i_2 R \\ i_1 = i_2 - i'_f \end{array} \right\} \quad (5.3.15)$$

由上述方程可得

$$i'_f = \frac{E}{R_f + R} \left\{ 1 - \exp\left[\frac{-(R_f + R)t}{RC_1(2R_f + R)} \right] \right\} \quad (5.3.16)$$

同理对负半周可得

$$i''_f = \frac{E}{R_f + R} \left\{ 1 - \exp\left[\frac{-(R_f + R)t}{RC_2(2R_f + R)} \right] \right\} \quad (5.3.17)$$

所以输出电流在一个周期 T 内对时间的平均值为

$$\bar{I}_f = \frac{1}{T}\int_0^T [i''_f(t) - i'_f(t)] dt \tag{5.3.18}$$

将式(5.3.16)和(5.3.17)代入式(5.3.18)可得

$$\bar{I}_f = \frac{R(R+2R_f)}{(R+R_f)^2} Ef(C_1 - C_2 - C_1 e^{-k_1} + C_2 e^{-k_2}) \tag{5.3.19}$$

$$k_1 = \frac{R+R_f}{2RC_1(R+2R_f)f}$$

$$k_2 = \frac{R+R_f}{2RC_2(R+2R_f)f}$$

$$f = 2\pi\omega = \frac{1}{T}$$

选择适当的元器件参数及电源频率，使 $k_1 > 5, k_2 > 5$；则在上式中的指数项所占比例将不足 1%，将其忽略后可得

$$\bar{I}_f \approx \frac{R(R+2R_f)}{(R+R_f)^2} Ef(C_1 - C_2) \tag{5.3.20}$$

故输出平均电压为

$$\bar{U}_{out} = \bar{I}_f R_f \approx \frac{RR_f(R+2R_f)}{(R+R_f)^2} Ef(C_1 - C_2) \tag{5.3.21}$$

输出电压与 $(C_1 - C_2)$ 有关。此外，输出电压 $\bar{U}_{out}$ 与激励电源电压的幅值 E 频率 f 有关，因此除了要求稳压外，还需稳频。

5.3.5 差动脉冲调宽电路

图 5.3.8 给出了差动脉冲调宽电路的原理图，主要包括比较器 A_1, A_2，双稳态触发器及差动电容 C_1, C_2 组成的充放电回路等。双稳态触发器的两个输出端用作整个电路的输出。如果电源接通时，双稳态触发器的 A 端为高电位，B 端为低电位，则 A 点通过 R_1 对 C_1 充电，直至 M 点的电位等于直流参考电压 U_{ref} 时，比较器 A_1 产生一脉冲，触发双稳态触发器翻转，A 端为低电位，B 端为高电位。此时 M 点电位经二极管 D_1 从 U_{ref} 迅速放电至零；而同时 B 点的高电位经 R_2 对 C_2 充电，直至 N 点的电位充至参考电压 U_{ref} 时，比较器 A_2 产生一脉冲，触发

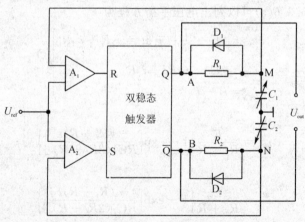

图 5.3.8 差动脉冲调宽电路

双稳态触发器翻转，A 端为高电位，B 端为低电位，又重复上述过程。如此周而复始，在双稳态触发器的两端各自产生一宽度受电容 C_1，C_2 调制的脉冲方波。

当 $C_1 = C_2$ 时，电路上各点电压信号波形如图 5.3.9(a)所示，A，B 两点间的平均电压等于零。

当 $C_1 > C_2$ 时，则电容 C_1，C_2 的充放电时间常数就要发生变化，电路上各点电压信号波形如图 5.3.9(b)所示，A，B 两点间的平均电压不等于零。输出电压 U_{out} 经低通滤波后获得，等于 A，B 两点的电压平均值 U_{AP} 与 U_{BP} 之差。

$$U_{AP} = \frac{T_1}{T_1 + T_2} U_1 \tag{5.3.22}$$

$$U_{BP} = \frac{T_2}{T_1 + T_2} U_1 \tag{5.3.23}$$

$$U_{out} = U_{AP} - U_{BP} = \frac{T_1 - T_2}{T_1 + T_2} U_1 \tag{5.3.24}$$

$$T_1 = R_1 C_1 \ln \frac{U_1}{U_1 - U_{ref}}$$

$$T_2 = R_2 C_2 \ln \frac{U_1}{U_1 - U_{ref}}$$

式中 U_1——触发器输出的高电平(V)。

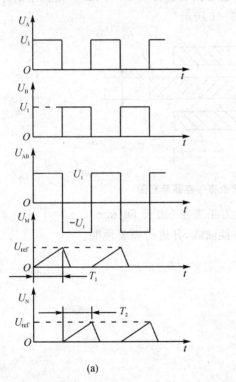 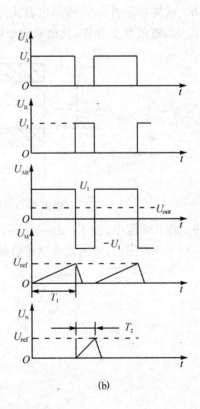

(a)　　　　　　　　　　　　　　(b)

图 5.3.9　电压信号波形图

当充电电阻 $R_1 = R_2 = R$ 时，式(5.3.24)可改写为

$$U_{out} = \frac{C_1 - C_2}{C_1 + C_2} U_1 \tag{5.3.25}$$

由式(5.3.25)可知：差动电容的变化使充电时间不同，导致双稳态触发器输出端的方波脉

冲宽度不同而产生输出。不论对于变面积式还是变间隙式电容变换元件,都能获得线性输出。同时脉冲宽度还具有与二极管电路相似的特点:不需附加相敏解调器就可以获得直流输出。输入信号一般为 100 kHz～1 MHz 的矩形波,所以直流输出只需经低通滤波器简单地引出即可。由于低通滤波器的作用,对输出矩形波的纯度要求不高,只需要一电压稳定度较高的直流参考电压 U_{ref} 即可,这比其他测量线路中要求高稳定度的稳频稳幅的交流电源易于做到。

习题与思考题

5.1 电容式变换元件有哪几种?各自的主要用途是什么?
5.2 电容式敏感元件的特点是什么?
5.3 变间隙电容式变换元件如何实现差动检测方案?
5.4 画出电容式敏感元件的等效电路,并进行简要分析。
5.5 说明运算放大器式电路的工作过程和特点。
5.6 交流电桥的特点是什么?在使用时应注意哪些问题?
5.7 说明差动脉冲调宽电路的工作过程和特点。
5.8 试推导题图 5-1 所示电容式位移传感器的特性方程 $C=f(x)$。设真空的介电系数为 ε_0,$\varepsilon_2 > \varepsilon_1$,极板宽度为 W,其他参数如题图 5-1 所示。

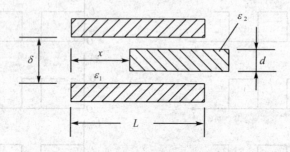

题图 5-1 电容式位移传感器示意图

5.9 在 5.8 题中,设 $\delta = d = 1$ mm,极板为正方形(边长 50 mm)。$\varepsilon_1 = 1$,$\varepsilon_2 = 4$。试在 x 为 0～50 mm 范围内,给出此位移传感器的特性曲线,并进行简要说明。

第6章 变磁路测量原理

基本内容

    磁路　电感　互感
    简单电感式变换
    差动电感式变换元件
    电涡流式变换原理
    电涡流效应的等效电路
    霍尔效应及元件

通过改变磁路进行测量是一种常用的方法,它可以很好地实现机电式信息与能量的相互转化,在工业领域中应用广泛。它可以把多种机械式物理量,如位移、振动、压力、应变、流量、密度等参数转变成电信号输出。

与其他测量原理相比较,变磁路测量原理的结构简单,工作中没有活动电接触点,工作可靠,寿命长;测量灵敏度高,分辨力高,能测出 $0.01\ \mu m$ 甚至更小的机械位移变化,能感受小到 0.1 角秒的微小角度变化。这种测量原理的不足主要是:存在较大的交流零位信号,不适于高频动态测量等。

6.1 电感式变换原理

电感式变换原理的实现方式主要有:π型、E型和螺管型三种。实现电感式变换原理的电感元件主要由线圈、铁芯和活动衔铁三个部分组成。

6.1.1 简单电感式原理

1. 变换元件

图 6.1.1 给出了最简单的电感式元件原理图。其中铁芯和活动衔铁均由导磁材料如硅钢片或坡莫合金制成,可以是整体的或者是叠片的,衔铁和铁芯之间有空气隙。当衔铁移动时,磁路发生变化,引起线圈电感的变化。只要能测出这种电感量的变化,就能获得衔铁位移量,这就是电感式变换原理。

根据电感的定义,匝数为 W 的电感线圈的电感量为

$$L = \frac{W\Phi}{I} \quad (6.1.1)$$

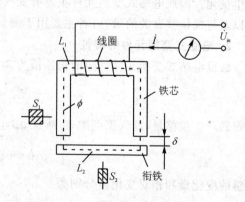

图 6.1.1　电感式元件原理图

式中　Φ——线圈中的磁通(Wb);
      I——线圈中流过的电流(A)。

根据磁路欧姆定律,磁通为

$$\Phi = \frac{IW}{R_M} = \frac{IW}{R_F + R_\delta} \tag{6.1.2}$$

铁芯的磁阻 R_F 和空气隙的磁阻 R_δ 计算式如下:

$$R_F = \frac{L_1}{\mu_1 S_1} + \frac{L_2}{\mu_2 S_2} \tag{6.1.3}$$

$$R_\delta = \frac{2\delta}{\mu_0 S} \tag{6.1.4}$$

式中　L_1——磁通通过铁芯的长度(m);
　　　S_1——铁芯的截面积(m^2);
　　　μ_1——铁芯在磁感应强度 B_1 处的导磁率(H/m);
　　　L_2——磁通通过衔铁的长度(m);
　　　S_2——衔铁的横截面积(m^2);
　　　μ_2——铁芯在磁感应强度 B_2 处的导磁率(H/m);
　　　δ——气隙长度(m);
　　　S——气隙的截面积(m^2);
　　　μ_0——空气的导磁率(H/m),$\mu_0 = 4\pi \times 10^{-7}$ H/m。

导磁率 μ_1,μ_2 可由磁化曲线或 $B=f(H)$ 表格查得,也可以按下列公式计算,即

$$\mu = \frac{B}{H} \times 4\pi \times 10^{-7} \text{ H/m} \tag{6.1.5}$$

式中　B——磁感应强度(T);
　　　H——磁场强度(A/m)。

铁芯的导磁率 μ_1 与衔铁的导磁率 μ_2 远大于空气的导磁率 μ_0,$R_F \ll R_\delta$,则

$$L \approx \frac{W^2}{R_\delta} = \frac{W^2 \mu_0 S}{2\delta} \tag{6.1.6}$$

式(6.1.6)为电感元件的基本特性方程。只要气隙或气隙的截面积发生变化,电感 L 就发生变化。因此电感式变换元件主要有变气隙式和变截面积式两种。前者主要用于测量线位移以及与线位移有关的量,后者主要用于测量角位移以及与角位移有关的量。

2. 电感式变换元件的特性

假设电感式变换元件气隙的初始值为 δ_0,由式(6.1.6)可得初始电感为

$$L_0 = \frac{W^2 \mu_0 S}{2\delta_0} \tag{6.1.7}$$

当衔铁产生位移量,即气隙间隙 δ_0 减少 $\Delta\delta$,电感量为

$$L = \frac{W^2 \mu_0 S}{2(\delta_0 - \Delta\delta)} \tag{6.1.8}$$

电感的变化量和相对变化量分别为

$$\Delta L = L - L_0 = \left(\frac{\Delta\delta}{\delta_0 - \Delta\delta}\right) L_0 \tag{6.1.9}$$

$$\frac{\Delta L}{L_0} = \frac{\Delta\delta}{\delta_0 - \Delta\delta} = \frac{\Delta\delta}{\delta_0} \left[\frac{1}{1 - \frac{\Delta\delta}{\delta_0}}\right] \tag{6.1.10}$$

实用中 $|\Delta\delta/\delta_0|\ll 1$,可将式(6.1.10)展为级数形式:

$$\frac{\Delta L}{L_0} = \frac{\Delta\delta}{\delta_0} + \left(\frac{\Delta\delta}{\delta_0}\right)^2 + \left(\frac{\Delta\delta}{\delta_0}\right)^3 + \cdots \tag{6.1.11}$$

由式(6.1.11)可知,如果不考虑包括 2 次项以上的高次项,则 $\Delta L/L_0$ 与 $\Delta\delta/\delta_0$ 成比例关系,因此,高次项的存在是造成非线性的原因。

3. 电感式变换元件的等效电路

电感式变换元件理想情况下,就是一个电感 L,其阻抗为

$$X_L = \omega L \tag{6.1.12}$$

然而,线圈不可能是纯电感的,还包括线圈导线直流电阻(铜损电阻 R_c),铁芯的涡流损耗电阻 R_e,磁滞损耗电阻 R_h 和线圈的寄生电容 C。因此,电感式变换元件的等效电路如图 6.1.2 所示。影响导磁体涡流损耗大小的因素较多,主要有铁芯材料的电阻率、铁芯厚度、线圈的自感、材料的导磁率等。磁滞损耗电阻 R_h 主要与气隙有关。涡流损耗与磁滞损耗统称为铁损。一般而言,工作频率升高时,铁损增加;工作频率降低时,铜损增加。

为了分析方便,先考虑无寄生电容的情况,如图 6.1.3 所示,线圈的阻抗为

$$Z = R' + j\omega L' \tag{6.1.13}$$

$$R' = R_c + \frac{R_m \omega^2 L^2}{R_m^2 + \omega^2 L^2} \tag{6.1.14}$$

$$L' = \frac{R_m^2 L}{R_m^2 + \omega^2 L^2} \tag{6.1.15}$$

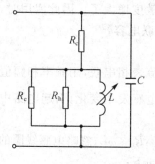
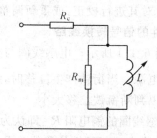
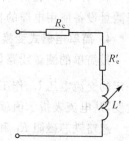

图 6.1.2 电感式变换元件的等效电路   图 6.1.3 电感式变换元件等效电路的变换形式

R_m 为涡流损耗电阻 R_e 与磁滞损耗电阻 R_h 的并联,称为等效铁损电阻,

$$R_m = \frac{R_e R_h}{R_e + R_h} \tag{6.1.16}$$

综合考虑各种电阻给电感式变换元件带来的耗损影响,引入总耗损因素 D,

$$D = \frac{R'}{\omega L'} \tag{6.1.17}$$

D 值越大,综合耗损越大,电感式变换元件的品质越差,因此要尽可能地减少各种损耗。通常,引入电感式变换元件的品质因数 Q 来反映其综合耗损的情况,被定义为总耗损因素 D 的倒数:

$$Q = \frac{1}{D} = \frac{\omega L'}{R'} \tag{6.1.18}$$

考虑寄生电容 C 的影响,线圈的阻抗为

$$Z_p = \frac{(R' + j\omega L')\frac{1}{j\omega C}}{R' + j\omega L' + \frac{1}{j\omega C}} = \frac{R' + j[(1-\omega^2 L'C)\omega L' - \omega(R')^2 C]}{(\omega R'C)^2 + (1-\omega L'C)^2} =$$

$$\frac{R'}{\left(\frac{\omega^2 L'C}{Q}\right)^2 + (1-\omega L'C)^2} + j\omega \frac{L'\left[(1-\omega^2 L'C) - \frac{\omega^2 L'C}{Q^2}\right]}{\left(\frac{\omega^2 L'C}{Q}\right)^2 + (1-\omega L'C)^2} \quad (6.1.19)$$

当品质因数较大时,$1/Q^2 \ll 1$,式(6.1.19)可简化为

$$Z_p = \frac{R'}{(1-\omega L'C)^2} + j\omega \frac{L'}{1-\omega L'C} = R_p + j\omega L_p \quad (6.1.20)$$

$$R_p = \frac{R'}{(1-\omega L'C)^2} \quad (6.1.21)$$

$$L_p = \frac{L'}{1-\omega L'C} \quad (6.1.22)$$

$$Q_p = \frac{\omega L_p}{R_p} = \frac{\omega L'}{R'}(1-\omega L'C) = Q(1-\omega L'C) \quad (6.1.23)$$

可是考虑并联寄生电容时,有效串联损耗电阻 R_p 和有效电感 L_p 都增大了,有效品质因数 Q_p 却减小了。这时,电感式变换元件的有效灵敏度为

$$\frac{dL_p}{L_p} = \frac{1}{(1-\omega L'C)} \frac{dL'}{L'} \quad (6.1.24)$$

式(6.1.24)表明,并联电容后,电感式变换元件的有效灵敏度增大了。因此实用时,应根据测量设备所用电缆的长度对其进行校正,或重新调整总的并联电容。

4. 简单电感式变换元件的信号转换线路

最简单的测量线路如图 6.1.1 所示。电感线圈与交流电流表相串联,用频率和幅值大小一定的交流电压 $\dot{U}_{in}$ 作工作电源。当衔铁产生位移时,线圈的电感发生变化,引起电路中电流改变,从电流表指示值就可以判断衔铁位移大小。

忽略铁芯磁阻 R_F 和电感线圈的铜电阻 R_c,即认为 $R_F \ll R_\delta$,$R_c \ll \omega L$;忽略电感线圈的寄生电容 C 和铁损电阻 R_m,则输出电流与衔铁位移的关系可表达如下:

$$\dot{I}_{out} = \frac{2\dot{U}_{in}\delta}{\mu_0 \omega W^2 S} \quad (6.1.25)$$

图 6.1.4 给出了电流与气隙大小的关系示意图。

电感式变换元件的实际特性是一条不过零点的曲线。因为,当 R_δ 接近于零时,R_F 与 R_c 就不能忽略不计,即有一定起始电流 I_n。而当气隙很大时,线圈的铜电阻 R_c 与线圈的感抗相比已不再可以忽略,这时,最大电流 I_m 将趋向一个稳定值 U_{in}/R_c。起始电流是测量中不希望有的。

简单电感式变换元件好像交流电磁铁一样,有电磁力作用在活动衔铁上,力图将衔铁吸向铁

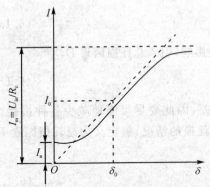

图 6.1.4 简单测量电路的特性

芯。另外,简单电感式变换元件易受外界干扰的影响,如电源电压和频率的波动、温度变化等都会使线圈电阻 R_c 改变,这些都会引起测量误差。

总之,简单电感式变换元件一般不用于较精密的测量仪表和系统。

6.1.2 差动电感式变换元件

1. 结构特点

两只完全对称的简单电感式变换元件合用一个活动衔铁便构成了差动电感式变换元件。

图 6.1.5(a)、(c)分别为 E 型和螺管型差动电感变换元件的结构原理图。其特点是上下两个导磁体的几何参数、材料应完全相同,上下两只线圈的电气参数(线圈铜电阻、线圈匝数)也应完全一致。

图 6.1.5(b)、(d)分为差动电感式变换元件接线图。变换元件的两只电感线圈接成交流电桥的相邻两个桥臂,另外两个桥臂由电阻组成。

这两类差动电感式变换元件的工作原理相同,只是结构形式不同。

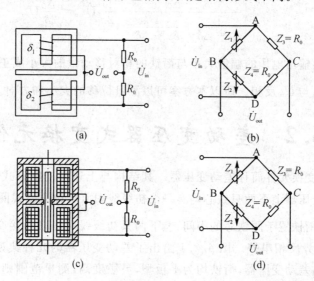

图 6.1.5 差动式电感变换元件的原理和接线图

2. 变换原理

从图 6.1.5 可以看出,差动电感式变换元件和电阻构成了交流电桥,由交流电源供电,在电桥的另一对角端即为输出的交流电压。

初始位置时,衔铁处于中间位置,两边的气隙相等,$\delta_1 = \delta_2 = \delta_0$。因此,两只电感线圈的电感量相等,

$$L_1 = L_2 = L_0 = \frac{W^2 \mu_0 S}{2\delta_0} \tag{6.1.26}$$

式中 L_1——差动电感式变换元件上半部的电感(H);

L_2——差动电感式变换元件下半部的电感(H)。

上下两部分的阻抗相等,$Z_1 = Z_2$;电桥输出电压为零,$\dot{U}_{out} = 0$,电桥处于平衡状态。

当衔铁偏离中间位置向上或向下移动时,造成两边气隙不一样,使两只电感线圈的电感量

一增一减,电桥就不平衡。假设活动衔铁向上移动,即

$$\begin{cases} \delta_1 = \delta - \Delta\delta \\ \delta_2 = \delta_0 + \Delta\delta \end{cases} \quad (6.1.27)$$

式中 $\Delta\delta$——衔铁的向上移动量(m)。

差动电感式变换元件上下两部分的阻抗分别为

$$\left. \begin{array}{l} Z_1 = j\omega L_1 = j\omega \dfrac{W^2 \mu_0 S}{2(\delta_0 - \Delta\delta)} \\ Z_2 = j\omega L_2 = j\omega \dfrac{W^2 \mu_0 S}{2(\delta_0 + \Delta\delta)} \end{array} \right\} \quad (6.1.28)$$

电桥的输出为

$$\dot{U}_{\text{out}} = \dot{U}_B - \dot{U}_C = \left(\frac{Z_1}{Z_1 + Z_2} - \frac{1}{2} \right) \dot{U}_{\text{in}} =$$

$$\left[\frac{\dfrac{1}{\delta_0 - \Delta\delta}}{\dfrac{1}{\delta_0 - \Delta\delta} + \dfrac{1}{\delta_0 + \Delta\delta}} - \frac{1}{2} \right] \dot{U}_{\text{in}} = \frac{\Delta\delta}{2\delta_0} \dot{U}_{\text{in}} \quad (6.1.29)$$

由式(6.1.29)可知:输出电压的幅值大小与衔铁的相对移动量的大小成正比,当 $\Delta\delta>0$, $\dot{U}_{\text{out}}$ 与 $\dot{U}_{\text{in}}$ 同相;$\Delta\delta<0$, $\dot{U}_{\text{out}}$ 与 $\dot{U}_{\text{in}}$ 反相。所以本方案可以测量位移的大小和方向。

6.2 差动变压器式变换元件

差动变压器式变换元件简称差动变压器。其结构与上述差动电感式变换元件完全一样,不同处在于,差动变压器上下两只铁芯均有一个初级线圈1(又称激磁线圈)和一个次级线圈2(也称输出线圈)。衔铁置于两铁芯的中间,上下两只初级线圈串联后接交流激磁电压 $\dot{U}_{\text{in}}$,两只次级线圈则按电势反相串接。图 6.2.1 给出了差动变压器的几种典型的结构形式。图中(a)、(b)两种结构的差动变压器,衔铁均为平板型,灵敏度高,测量范围则较窄,一般用于测量几至几百微米的机械位移。对于位移在 1 至上百毫米的测量,常采用圆柱形衔铁的螺管型差动变压器,见图中(c)、(d)两种结构。图中(e)、(f)两种结构是测量转角的差动变压器,通常可测到几角秒的微小角位移,输出的线性范围一般在 ±10° 左右。

下面以图 6.2.1(a)的 Π 型差动变压器为例进行讨论。

6.2.1 磁路分析

1. 基本结构与假设

假设变压器原边的匝数为 W_1,衔铁与 Π 型铁芯 1(上部)和 Π 型铁芯 2(下部)的间隙分别为 δ_{11} 和 δ_{21},激励输入电压和电流分别为 $\dot{U}_{\text{in}}$ 和 $\dot{I}_{\text{in}}$;变压器副边的匝数为 W_2,衔铁与 Π 型铁芯 1 与 Π 型铁芯 2 的间隙分别为 δ_{12} 和 δ_{22},输出电压为 $\dot{U}_{\text{out}}$。应当指出:该变压器的原边正接,副边反接。

通常对于 Π 型铁芯 1 与 2,其原边与衔铁的间隙和副边与铁芯的间隙是相同的,

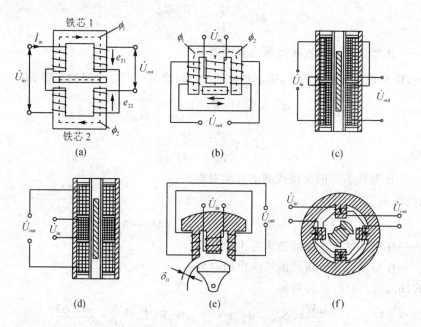

图 6.2.1 各种差动变压器的结构示意图

$$\left.\begin{array}{l}\delta_{11} = \delta_{12} = \delta_1 \\ \delta_{21} = \delta_{22} = \delta_2\end{array}\right\} \quad (6.2.1)$$

考虑理想情况,即忽略铁损和漏磁,输出为空载。初始情况下衔铁处于中间位置,两边气隙相等,$\delta_1 = \delta_2 = \delta_0$,即两只电感线圈的电感量相等,电桥处于平衡状态 $\dot{U}_{out} = 0$。

2. 信号变换(测量)过程

当衔铁偏离中间位置,向上(铁芯1)移动 $\Delta\delta$ 时,即

$$\left.\begin{array}{l}\delta_1 = \delta_0 - \Delta\delta \\ \delta_2 = \delta_0 + \Delta\delta\end{array}\right\} \quad (6.2.2)$$

图 6.2.2 给出了等效磁路图。G_{11} 为气隙 δ_{11} 引起的磁导(磁阻的倒数),G_{12} 为气隙 δ_{12} 引起的磁导,G_{21} 为气隙 δ_{21} 引起的磁导,G_{22} 为气隙 δ_{22} 引起的磁导,则

$$G_{11} = G_{12} = \frac{\mu_0 S}{\delta_{11}} = \frac{\mu_0 S}{\delta_1} \quad (6.2.3)$$

$$G_{21} = G_{22} = \frac{\mu_0 S}{\delta_{21}} = \frac{\mu_0 S}{\delta_2} \quad (6.2.4)$$

对于 II 型铁芯 1,电流 $\dot{I}_{in}$ 引起的磁通为

$$\Phi_{1m} = \sqrt{2}\dot{I}_{in}W_1 G_1 = \sqrt{2}\dot{I}_{in}W_1\frac{G_{11}G_{12}}{G_{11}+G_{12}} \quad (6.2.5)$$

式中 G_1——磁导 G_{11} 与磁导 G_{12} 的串联,即 II 型铁芯 1 的总磁导。

II 型铁芯 1 的原边与副边之间的互感为

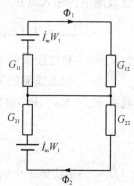

图 6.2.2 II 型差动变压器的等效磁路图

$$M_1 = \frac{\Psi_1}{\dot{I}_{in}} = \frac{W_2 \Phi_{1m}}{\dot{I}_{in} \sqrt{2}} \tag{6.2.6}$$

式中 Ψ_1——Ⅱ型铁芯1的次级线圈的互感磁链。

类似地,Ⅱ型铁芯2由电流 $\dot{I}_{in}$ 引起的磁通 Φ_{2m} 和原边与副边之间的互感 M_2

$$\Phi_{2m} = \sqrt{2} \dot{I}_{in} W_1 = \frac{G_{21} G_{22}}{G_{21} + G_{22}} \tag{6.2.7}$$

$$M_2 = \frac{\Psi_2}{\dot{I}_{in}} = \frac{W_2 \Phi_{2m}}{\dot{I}_{in} \sqrt{2}} \tag{6.2.8}$$

式中 Ψ_2——Ⅱ型铁芯2的次级线圈的互感磁链。

由此,输出电压为

$$\dot{U}_{out} = e_{21} - e_{22} = -j\omega \dot{I}_{in}(M_1 - M_2) \tag{6.2.9}$$

式中 e_{21}——Ⅱ型铁芯1次级线圈感应出的电势;

e_{22}——Ⅱ型铁芯2次级线圈感应出的电势。

利用式(6.2.2)~(6.2.9)可得

$$\dot{U}_{out} = \frac{-j\omega W_2}{\sqrt{2}}(\Phi_{1m} - \Phi_{2m}) = -j\omega W_1 W_2 \dot{I}_{in} \frac{\mu_0 S}{2} \cdot \frac{2\Delta\delta}{\delta_0^2 - (\Delta\delta)^2} \tag{6.2.10}$$

6.2.2 电路分析

根据图 6.2.1(a),Ⅱ型差动变压器的初级线圈上、下部分的自感分别为

$$L_{11} = W_1^2 G_{11} = \frac{W_1^2 \mu_0 S}{2\delta_1} = \frac{W_1^2 \mu_0 S}{2(\delta_0 - \Delta\delta)} \tag{6.2.11}$$

$$L_{21} = W_1^2 G_{21} = \frac{W_1^2 \mu_0 S}{2\delta_2} = \frac{W_1^2 \mu_0 S}{2(\delta_0 + \Delta\delta)} \tag{6.2.12}$$

初级线圈上、下部分的阻抗分别为

$$\left.\begin{array}{l} Z_{11} = R_{11} + j\omega L_{11} \\ Z_{21} = R_{21} + j\omega L_{21} \end{array}\right\} \tag{6.2.13}$$

则初级线圈中的输入电压与激励电流的关系为

$$\dot{U}_{in} = \dot{I}_{in}(Z_{11} + Z_{21}) = \dot{I}_{in}\left[R_{11} + R_{21} + j\omega W_1^2 \frac{\mu_0 S}{2}\left(\frac{2\delta_0}{\delta_0^2 - (\Delta\delta)^2}\right)\right] \tag{6.2.14}$$

式中 R_{11}——初级线圈的上部分的等效电阻(Ω);

R_{21}——初级线圈的下部分的等效电阻(Ω)。

选择 $R_{11} = R_{21} = R_0$,而且 $\delta_0^2 \gg (\Delta\delta)^2$,结合式(6.2.10)、(6.2.14)可得

$$\dot{U}_{out} = -j\omega \frac{W_2}{W_1} L_0 \left(\frac{\Delta\delta}{\delta_0}\right) \cdot \frac{\dot{U}_{in}}{R_0 + j\omega L_0} \tag{6.2.15}$$

式中 L_0——衔铁处于中间位置时初级线圈上(下)部分的自感,$L_0 = \frac{W_1^2 \mu_0 S}{2\delta_0}$。

通常线圈的 Q 值 $\omega L_0 / R_0$ 比较大,则式(6.2.15)可以改写为

$$\dot{U}_{out} = -\frac{W_2}{W_1}\left(\frac{\Delta\delta}{\delta_0}\right)\dot{U}_{in} \tag{6.2.16}$$

由式(6.2.16)可知,副边输出电压与气隙的相对变化成正比,与变压器次级线圈和初级线

圈的匝数比成正比。而且当 $\Delta\delta>0$(衔铁上移)时,输出电压 $\dot{U}_{out}$ 与输入电压 $\dot{U}_{in}$ 反相;当 $\Delta\delta<0$(衔铁下移)时,输出电压 $\dot{U}_{out}$ 与输入电压 $\dot{U}_{in}$ 同相。

6.3 电涡流式变换原理

6.3.1 电涡流效应

如图 6.3.1 所示,一块金属导体放置于一个扁平线圈附近,相互不接触。当线圈中通有高频交变电流 i_1 时,在线圈周围产生交变磁场 ϕ_1;交变磁场 ϕ_1 将通过附近的金属导体产生电涡流 i_2,同时产生交变磁场 ϕ_2,且 ϕ_2 与 ϕ_1 的方向相反。ϕ_2 对 ϕ_1 有反作用,从而使线圈中的电流 i_1 的大小和相位均发生变化,即线圈中的等效阻抗发生了变化。这就是电涡流效应。线圈阻抗的变化与线圈的半径 r、激磁电流 i_1 的幅值、频率 ω、金属导体的电阻率 ρ、导磁率 μ 以及线圈到导体的距离 x 有关;可以写为

$$Z = f(r, i_1, \omega, \rho, \mu, x) \qquad (6.3.1)$$

实用时,只改变其中的一个参数,控制上述其他参数,则线圈阻抗的变化就成为这个参数的单值函数。这就是利用电涡流效应实现测量的原理。

利用电涡流效应制成的变换元件的优点有:灵敏度高,结构简单,抗干扰能力强,不受油污等介质的影响,可进行非接触测量等;常用于测量位移、振幅、厚度、工件表面粗糙度、导体的温度、金属表面裂纹、材质的鉴别等,在工业生产和科学研究各个领域应用广泛的应用。

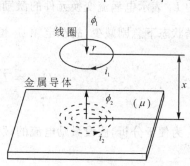

图 6.3.1 电涡流效应示意图

6.3.2 等效电路分析

图 6.3.2 给出了电涡流式变换元件的等效电路。图中 R_1 和 L_1 分别为通电线圈的铜电阻和电感,R_2 和 L_2 分别为金属导体的电阻和电感,线圈与金属导体间互感系数 M 随间隙 x 的减小而增大。$\dot{U}_{in}$ 为高频激磁电压。依克希霍夫定律可写出方程

$$\left.\begin{array}{r}(R_1+j\omega L_1)\dot{I}_1 - j\omega M\dot{I}_2 = \dot{U}_{in} \\ -j\omega M\dot{I}_1 + (R_2+j\omega L_2)\dot{I}_2 = 0\end{array}\right\} \qquad (6.3.2)$$

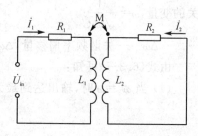

图 6.3.2 电涡流效应等效电路图

利用式(6.3.2),可得线圈的等效阻抗为

$$Z = \frac{\dot{U}_{in}}{\dot{I}_1} = R_1 + R_2\frac{\omega^2 M^2}{R_2^2+\omega^2 L_2^2} + j\omega\left(L_1 - L_2\frac{\omega^2 M^2}{R_2^2+\omega^2 L_2^2}\right) = R_e + j\omega L_e \qquad (6.3.3)$$

$$R_e = R_1 + R_2\frac{\omega^2 M^2}{R_2^2+\omega^2 L_2^2} \qquad (6.3.4)$$

$$L_e = L_1 - L_2\frac{\omega^2 M^2}{R_2^2+\omega^2 L_2^2} \qquad (6.3.5)$$

式中　L_1——不计涡流效应时的线圈的电感量(H);
　　　L_2——电涡流等效电路的等效电感(H);
　　　R_e——考虑电涡流效应时,线圈的等效电阻(Ω);
　　　L_e——考虑电涡流效应时,线圈的等效电感(H)。

涡流效应的作用使线圈阻抗由 $Z_0=R_1+j\omega L_1$ 变成了 Z。且 Z 的实部增大,虚部减少。即等效的品质因数 Q 值减小了,这样电涡流将消耗电能,在导体上产生热量。

6.3.3　信号转换电路

利用电涡流式变换元件进行测量时,为了得到较强的电涡流效应,通常激磁线圈工作在较高频率下,所以信号转换电路主要有定频调幅电路和调频电路两种。

1. 定频调幅信号转换电路

调幅信号转换电路的原理如图 6.3.3 所示,它由高频激励电流对一并联的 LC 电路供电。图中 L_1 表示电涡流变换元件的激励线圈。由于 LC 并联电路的阻抗在谐振时达到最大,而在失谐状态下急剧减少,故在定频 ω_0 恒流 $\dot{I}_{in}$ 激励下,输出电压为

$$\dot{U}_{out}=\dot{I}_{in}Z=\dot{I}_{in}\left[\frac{(R_e+j\omega_0 L_e)\frac{1}{j\omega_0 C}}{R_e+j\omega_0 L_e+\frac{1}{j\omega_0 C}}\right] \tag{6.3.6}$$

为便于分析,假设激励电流的频率 $f_0=\frac{\omega_0}{2\pi}$ 足够高,满足 $R_e \ll \omega_0 L_e$,则由式(6.3.6)可得

$$\dot{U}_{out}\approx \dot{I}_{in}\frac{\frac{L_e}{R_e C}}{\sqrt{1+\left[\frac{L_e}{R_e}\left(\frac{\omega_0^2-\omega^2}{\omega_0}\right)\right]^2}}\approx \dot{I}_{in}\frac{\frac{L_e}{R_e C}}{\sqrt{1+\left(\frac{2L_e}{R_e}\Delta\omega\right)^2}} \tag{6.3.7}$$

式中　ω——激励线圈自身的谐振频率(rad/s),由于 L_e 与电涡流效应有关,故 ω 是与涡流有关的变量,$\omega=\frac{1}{\sqrt{L_e C}}$。
　　　$\Delta\omega$——失谐频率偏移量,$\Delta\omega=\omega_0-\omega$。

由式(6.3.7)可知:

(1) 当 $\omega_0=\omega$ 时,输出达到最大,为

$$\dot{U}_{out}=\dot{I}_{in}\frac{L_e}{R_e C} \tag{6.3.8}$$

(2) 对非导磁金属,涡流增大导致 L_e 减小、ω 增高和 R_e 增大,因此式(6.3.7)的分子减小而分母增大,则输出电压随涡流增大而减小,谐振频率及谐振曲线向高频方向移动,如图 6.3.3 所示。

这种方式多用于测量位移,其信号转换系统框图如图 6.3.3(c)所示。

2. 调频信号转换电路

定频调幅电路虽然应用较广,但电路复杂,线性范围较窄。而调频电路则比较简单,线性范围也较宽,电路中将 LC 谐振回路和放大器结合构成 LC 振荡器,其频率始终等于谐振频率,而幅值始终为谐振曲线的峰值,即

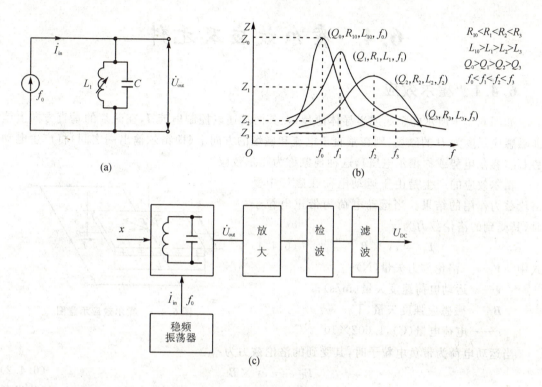

图 6.3.3 定频调幅信号转换电路

$$\omega_0 = \frac{1}{\sqrt{L_e C}} \tag{6.3.9}$$

$$\dot{U}_{\text{out}} = \dot{I}_{\text{in}} \frac{L_e}{R_e C} \tag{6.3.10}$$

当涡流效应增大时,L_e 减小,R_e 增大,谐振频率增高,而输出幅值变小。在调频方式下有两种可采用的方式。一种称为调频鉴幅式,利用频率与幅值同时变化的特点,测出图 6.3.4(a)的峰点值,其特性如图中谐振曲线的包络线。此法的优点是取了图 6.3.3(c)中的稳频振荡器而利用了其后的简单检波器。另一种是直接输出频率,如图 6.3.4(b)所示,信号转换电路中的鉴频器将调频信号转换为电压输出。

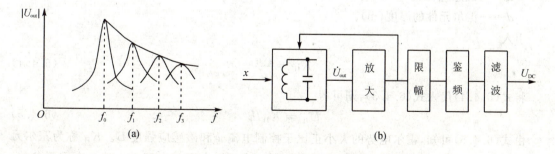

图 6.3.4 调频信号转换电路

6.4 霍尔效应及元件

6.4.1 霍尔效应

如图 6.4.1 所示的金属或半导体薄片,在其两端通以控制电流 I,在薄片的垂直方向上施加磁感应强度为 B 的磁场,则在垂直于电流和磁场的方向上(即霍尔输出端之间)将产生电动势 U_H(霍尔电势或称霍尔电压),这种现象称为霍尔效应。

霍尔效应的产生是由于运动电荷在磁场中受洛伦兹力作用的结果。当运动电荷为带正电粒子时,其受到的洛伦兹力为

$$F_L = ev \times B \tag{6.4.1}$$

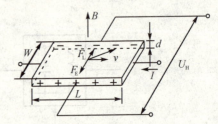

图 6.4.1 霍尔效应示意图

式中 F_L——洛伦兹力矢量(N);
v——运动电荷速度矢量(m/s);
B——磁感应强度矢量(T);
e——电荷电量(C),1.602×10^{-19} C。

当运动电荷为带负电粒子时,其受到的洛伦兹力为

$$F_L = -ev \times B \tag{6.4.2}$$

假设在 N 型半导体薄片的控制电流端通以电流 I,那么,半导体中的载流子(电子)将沿着和电流相反的方向运动。则由于洛伦兹力 F_L 的作用,电子向一边偏转(偏转方向由式(6.4.2)确定),并使该边形成电子积累;而另一边则积累正电荷,于是产生电场。该电场阻止运动电子的继续偏转。当电场作用在运动电子上的力 F_E 与洛伦兹力 F_L 相等时,电子的积累便达到动态平衡。这时,在薄片两横端面之间建立的电场称为霍尔电场 E_H,相应的电势就称为霍尔电势 U_H,

$$U_H = \frac{R_H IB}{d} \tag{6.4.3}$$

式中 R_H——霍尔常数($m^3 C^{-1}$);
I——控制电流(A);
B——磁感应强度(T);
d——霍尔元件的厚度(m)。

引入

$$K_H = \frac{R_H}{d} \tag{6.4.4}$$

将式(6.4.4)代入式(6.4.3),则可得

$$U_H = K_H IB \tag{6.4.5}$$

由式(6.4.5)可知,霍尔电势的大小正比于控制电流 I 和磁感应强度 B。K_H 称为霍尔元件的灵敏度。表征在单位磁感应强度和单位控制电流时输出霍尔电压大小的一个重要参数。一般希望它越大越好。半导体(尤其是 N 型半导体)的霍尔常数 R_H 要比金属的大得多,所以在实用中,一般都采用 N 型半导体材料做霍尔元件。此外,元件的厚度 d 对灵敏度的影响也

很大,元件越薄,灵敏度就越高。

当外磁场为零时,通以一定的控制电流,霍尔元件的输出,称为不等位电势,即零位误差,可以采用图 6.4.2 所示的补偿线路进行补偿。

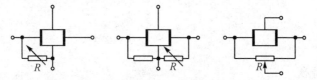

图 6.4.2　不等位电势的几种补偿线路霍尔元件

6.4.2　霍尔元件

霍尔元件一般用 N 型的锗、锑化铟和砷化铟等半导体单晶材料制成。锑化铟元件的输出较大,但受温度的影响也较大。锗元件的输出虽小,其温度性能和线性度却比较好。砷化铟元件的输出信号没有锑化铟元件大,但是受温度的影响却比锑化铟要小,而且线性度也较好。因此,采用砷化铟做霍尔元件的材料受到普通重视。

霍尔元件结构简单,由霍尔片、引线和壳体组成。霍尔片是一块矩形半导体薄片,如图 6.4.3 所示。在长边的两个端面上焊上两根控制电流端引线(图中1,1),在元件短边的中间以点的形式焊上两根霍尔输出端引线(图中2,2),在焊接处要求接触电阻小,呈纯电阻性质(欧姆接触)。霍尔片一般用非磁性金属、陶瓷或环氧树脂封装。

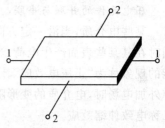

图 6.4.3　霍尔元件示意图

习题与思考题

6.1　变磁路测量原理的特点是什么?

6.2　电感式变换元件主要由哪几部分组成?电感式变换元件主要有几种形式?

6.3　画出电感式变换元件的等效电路,并进行简要说明。

6.4　题图 6-1 为一简单电感式变换元件。有关参数已示于图中。磁路取为中心磁路,不计漏磁。设铁心及衔铁的相对导磁率为 10^4,空气的相对导磁率为 1,真空的磁导率为 $4\pi \times 10^{-7} \text{H}\text{m}^{-1}$,线圈匝数为 200。试计算气隙长度为零及为 2 mm 时的电感量。图中所注参数单位均为 mm。

6.5　简述电涡流效应,并说明其可能的应用。

6.6　电涡流效应与哪些参数有关?

6.7　分析电涡流效应的等效电路。

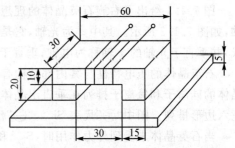

题图 6-1　一简单电感式变换元件的结构参数示意图

6.8　假设激励电流的频率 $f_0 = \dfrac{\omega_0}{2\pi}$ 足够高,试由式(6.3.6)证明式(6.3.7)。

6.9　简述霍尔效应,并说明其可能的应用。

第7章 压电式测量原理

基本内容
    压电效应
    石英晶体及其特性
    压电陶瓷及其特性
    压电薄膜及其特性
    压电元件的等效电路
    电荷放大器与电压放大器
    压电元件的并联与串联

某些电介质,当沿一定方向对其施加外力导致材料发生变形时,其内部将发生极化现象,同时在其某些表面产生电荷;当外力去掉后,又重新回到不带电状态。这种将机械能转变成电能的现象称为"正压电效应"。反过来,在电介质极化方向施加电场,它会产生机械变形;当去掉外加电场时,电介质的变形随之消失。这种将电能转变成机械能的现象称为"逆压电效应",又称电致伸缩效应。

具有压电特性的材料称为压电材料,可以分为天然的压电晶体材料和人工合成压电材料。自然界中,压电晶体的种类很多,如石英、酒石酸钾钠、电气石、硫酸铵、硫酸锂等。其中,石英晶体是一种最具实用价值的天然压电晶体材料。人工合成的压电材料主要有压电陶瓷和压电膜。

7.1 石英晶体

7.1.1 石英晶体的压电机理

图 7.1.1 给出了右旋石英晶体的理想外形,它具有规则的几何形状。石英晶体有三个晶轴,如图 7.1.2 所示。其中 z 为光轴,它是利用光学方法确定的,没有压电特性;经过晶体的棱线,并垂直于光轴的 x 轴称为电轴;垂直于 zx 平面的 y 轴称为机械轴。

石英晶体的压电特性与其内部结构有关。为了直观了解其压电特性,将组成石英(SiO_2)晶体的硅离子和氧离子排列在垂直于晶体 z 轴的 xy 平面上的投影,等效为图 7.1.3(a)中的正六边形排列。图中"⊕"代表 Si^{+4},"⊖"代表 $2O^{-2}$。

当石英晶体未受到外力作用时,Si^{+4} 和 $2O^{-2}$ 正好分布在正六边形的顶角上,形成三个大小相等、互成120°夹角的电偶极矩 p_1、p_2 和 p_3,如图 7.1.3(a)所示。电偶极矩的大小为 $p=ql$。q 为电荷量,l 为正、负电荷之间的距离。电偶极矩的方向为负电荷指向正电荷。此时正、负电荷中心重合,电偶极矩的矢量和等于零,即 $p_1+p_2+p_3=0$。因此晶体表面不产生电荷,石英晶体从总体上说呈电中性。

当石英晶体受到沿 x 轴方向的压缩力作用时,晶体沿 x 轴方向产生压缩变形,正、负离子的相对位置随之变动,正、负电荷中心不再重合,如图 7.1.3(b)所示。电偶极矩在 x 轴方向的分量为$(p_1+p_2+p_3)_x>0$，在x轴的正方向的晶体表面上出现正电荷。而在y轴和z轴方向的分量均为零，即$(p_1+p_2+p_3)_y=0$，$(p_1+p_2+p_3)_z=0$。在垂直于y轴和z轴的晶体表面上不出现电荷。这种沿x轴方向的施加作用力，在垂直于此轴晶面上产生电荷的现象，称为"纵向压电效应"。

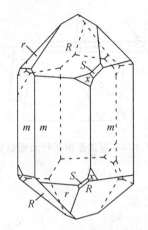
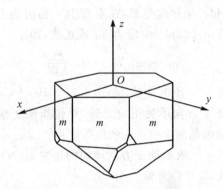

图 7.1.1　石英晶体的理想外形　　　　　　图 7.1.2　石英晶体的直角坐标系

当石英晶体受到沿y轴方向的压缩力作用时，沿x轴方向产生拉伸变形，正、负离子的相对位置随之变动，晶体的变形如图 7.1.3(c)所示。正、负电荷中心不再重合。电偶极矩在x轴方向的分量为$(p_1+p_2+p_3)_x<0$，在x轴的正方向的晶体表面上出现负电荷。同样在y轴和z轴方向的分量均为零，在垂直于y轴和z轴的晶体表面上不出现电荷。这种沿y轴方向施加作用力，而在垂直于x轴晶面上产生电荷的现象，称为"横向压电效应"。

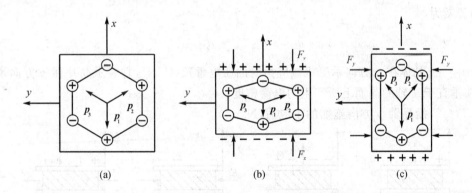

图 7.1.3　石英晶体压电效应机理示意图

当石英晶体受到沿z轴方向的力，无论是拉伸力还是压缩力，由于晶体在x轴方向和y轴方向的变形相同，正、负电荷的中心始终保持重合，电偶极矩在x轴方向和y轴方向的分量等于零，所以沿光轴方向施加作用力，石英晶体不会产生压电效应。

当作用力F_x或F_y的方向相反时，电荷的极性将随之改变。同时如果石英晶体的各个方向同时受到均等的作用力时(如液体压力)，石英晶体将保持电中性，即石英晶体没有体积变形的压电效应。

7.1.2 石英晶体的压电常数

从石英晶体上取出一片平行六面体,使其晶面分别平行于 x,y,z 轴,晶片在 x,y,z 轴向的几何参数分别为 t,L,W,如图 7.1.4 所示。

1. 在垂直于 x 轴表面上产生的电荷密度的计算

当晶片受到 x 轴方向的压缩应力 $T_1(\text{N/m}^2)$ 作用时,晶片将产生厚度变形,在垂直于 x 轴表面上产生的电荷密度 $\sigma_{11}(\text{C/m}^2)$ 与应力 T_1 成正比,即

$$\sigma_{11} = d_{11}T_1 = d_{11}\frac{F_1}{LW} \tag{7.1.1}$$

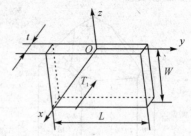

图 7.1.4 石英晶体平行六面体切片

式中 d_{11}——压电常数,$d_{11}=2.31\times10^{-12}$ C/N,它表示晶片在 x 方向承受正应力时,单位压缩正应力在垂直于 x 轴的晶面上所产生的电荷密度;

F_1——沿晶轴 x 方向施加的压缩力(N)。

由式(7.1.1)可得

$$q_{11} = \sigma_{11}LW = d_{11}F_1 \tag{7.1.2}$$

这表明:在上述情况下,当石英晶片在 x 轴方向受到压缩应力时,在垂直于 x 轴的晶面上所产生的电荷量 q_{11} 正比于作用力 F_1,所产生的电荷极性如图7.1.5(a)所示。如果石英晶片在 x 轴方向受到拉伸作用时,在垂直于 x 轴的晶面上将产生电荷,但极性与受压缩的情况相反,如图 7.1.5(b)所示。

当石英晶片受到 y 方向的作用力 F_2 时,同样在垂直于 x 轴的晶面上产生电荷,电荷的极性如图 7.1.5(c)(受到压缩正应力)或(d)(受到拉伸正应力)所示。电荷密度 σ_{12} 与所受到的作用力的关系为

$$\sigma_{12} = d_{12}T_2 = d_{12}\frac{F_2}{tW} \tag{7.1.3}$$

式中 d_{12}——晶体在 y 方向承受机械应力时的压电常数(C/N),它表示晶片在 y 方向承受应力时,在垂直于 x 轴的晶面上所产生的电荷密度;

T_2——沿晶轴 y 方向施加的正应力(N/m^2)。

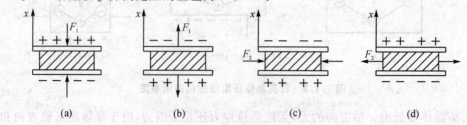

图 7.1.5 石英晶片电荷生成机理示意图

由式(7.1.3)可得

$$q_{12} = \sigma_{12}LW = d_{12}\frac{F_2}{tW}LW = d_{12}\frac{LF_2}{t} \tag{7.1.4}$$

根据石英晶体的轴对称条件

$$d_{12} = -d_{11} \tag{7.1.5}$$

则
$$q_{12} = -d_{11}\frac{L}{t}F_2 \tag{7.1.6}$$

这表明:沿机械轴方向对石英晶片施加作用力时,在垂直于 x 轴的晶面上所产生的电荷量与晶片的几何参数有关。

当晶体受到 z 方向的应力 T_3 时,无论是拉伸力还是压缩力,都不产生电荷,即
$$\sigma_{13} = d_{13}T_3 = 0 \tag{7.1.7}$$
$$d_{13} = 0 \tag{7.1.8}$$

当晶体受到剪切应力时,如图 7.1.6 所示,有如下基本结论:
$$\sigma_{14} = d_{14}T_4 \tag{7.1.9}$$
$$\sigma_{15} = d_{15}T_5 = 0 \tag{7.1.10}$$
$$\sigma_{16} = d_{16}T_6 = 0 \tag{7.1.11}$$

式中 d_{14}——压电常数(C/N),$d_{14} = 0.73 \times 10^{-12}$ C/N,晶体在 yz 面承受剪应力时的压电常数;

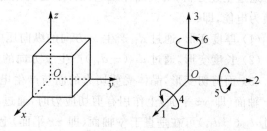

图 7.1.6 石英晶体的剪切应力作用图

d_{15}——压电常数(C/N),$d_{15} = 0$,晶体在 zx 面承受剪应力时的压电常数;

d_{16}——压电常数(C/N),$d_{16} = 0$,晶体在 xy 面承受剪应力时的压电常数;

T_4, T_5, T_6——在 yz, zx, xy 面的剪应力,相当于绕 x, y, z 轴的转矩的作用。

综上所述,石英晶片在垂直于 x 轴表面上产生的电荷密度为:
$$\sigma_1 = \sigma_{11} + \sigma_{12} + \sigma_{13} + \sigma_{14} + \sigma_{15} + \sigma_{16} = d_{11}T_1 + d_{12}T_2 + d_{14}T_4 =$$
$$d_{11}T_1 - d_{11}T_2 + d_{14}T_4 \tag{7.1.12}$$

2. 在垂直于 y 轴表面上产生的电荷密度的计算

类似地,可以给出石英晶体在垂直于 y 轴表面上产生的电荷密度为
$$\sigma_2 = d_{25}T_5 + d_{26}T_6 = -d_{14}T_5 - 2d_{11}T_6 \tag{7.1.13}$$

即在垂直于 y 轴的晶面上,只有剪应力 T_5, T_6 的作用才产生电荷,且有
$$d_{25} = -d_{14} \tag{7.1.14}$$
$$d_{26} = -2d_{11} \tag{7.1.15}$$

3. 在垂直于 z 轴表面上产生的电荷密度的计算

石英晶体在垂直于 z 轴表面上产生的电荷密度为
$$\sigma_3 = 0 \tag{7.1.16}$$

即在垂直于 z 轴的晶体表面上,没有压电效应。

4. 石英晶体的综合压电效应

综合式(7.1.12)、(7.1.13)和(7.1.16),可以得到石英晶体的顺压电效应为

$$\begin{bmatrix}\sigma_1\\\sigma_2\\\sigma_3\end{bmatrix} = \begin{bmatrix}d_{11} & -d_{11} & 0 & d_{14} & 0 & 0\\0 & 0 & 0 & 0 & -d_{14} & -2d_{14}\\0 & 0 & 0 & 0 & 0 & 0\end{bmatrix}\begin{bmatrix}T_1\\T_2\\T_3\\T_4\\T_5\\T_6\end{bmatrix} \tag{7.1.17}$$

石英晶体只有两个独立的压电常数,即

$$d_{11} = \pm 2.31 \times 10^{-12} \text{ C/N}$$
$$d_{14} = \pm 0.73 \times 10^{-12} \text{ C/N}$$

根据有关标准规定:右旋石英晶体的 d_{11},d_{14} 取负号,左旋石英晶体的 d_{11},d_{14} 取正号。

基于上述分析,对于石英晶体来说:选择恰当的石英晶片的形状(又称晶片的切型)、受力状态、变形方式很重要,它们直接影响着石英晶体元件机电能量转换的效率。

5. 石英晶体应用中的基本变形方式

通过上述分析,石英晶体压电元件承受机械应力作用时,有四种基本变形方式可将机械能转换为电能,即:

(1) 厚度变形,通过 d_{11} 产生 x 方向的纵向压电效应。

(2) 长度变形,通过 $d_{12}(-d_{11})$ 产生 y 方向的横向压电效应。

(3) 面剪切变形,晶体受剪切力的面与产生电荷的面相同。例如:对于 x 切晶片,在垂直于 x 轴面(即 yz 平面)上作用有剪切应力时,通过 d_{14} 在该表面上将产生电荷;对于 y 切晶片,通过 $d_{25}(-d_{14})$ 可在垂直于 y 轴面(即 zx 平面)上产生剪切式能量转换。

(4) 厚度剪切变形,晶体受剪切力的面与产生电荷的面不共面。例如:对于 y 切晶片,在垂直于 z 轴面(即 xy 平面)上作用有剪切应力时,通过 $d_{26}(-2d_{11})$ 可在垂直于 y 轴面(即 zx 平面)上产生电荷。

7.1.3 石英晶体几何切型的分类

石英晶体是各向异性材料,在 $Oxyz$ 直角坐标系中,沿不同的方位进行切割,可以得到不同的几何切型。主要分为两大切族:X 切族和 Y 切族,如图 7.1.7 所示。

X 切族是以厚度方向平行于晶体 x 轴、长度方向平行于 y 轴、宽度方向平行于 z 轴这一原始位置旋转出来的各种不同的几何切型。

Y 切族是以厚度方向平行于晶体 y 轴、长度方向平行于 x 轴、宽度方向平行于 z 轴这一原始位置旋转出来的各种不同的几何切型。

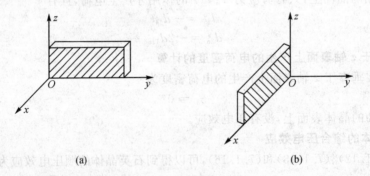

图 7.1.7 石英晶体的切族

7.1.4 石英晶体的性能

石英晶体是一种性能优良的压电晶体,没有热释电效应,介电常数和压电常数的温度稳定性非常好。在 20~200 ℃范围内,温度每升高 1 ℃,压电常数仅减少 0.016 %;温度上升到

400 ℃时,压电常数 d_{11} 也仅减小 5 %;当温度上升到 500 ℃时,d_{11} 急剧下降;当温度达到 573 ℃(称为居里点温度)时,石英晶体失去压电特性。

石英晶体的压电特性非常稳定,但比较弱;其温度特性和长期稳定性非常好;此外石英晶体材料的自振频率高,动态响应好,机械强度高,绝缘性能好,迟滞小,重复性好。

7.2 压电陶瓷

7.2.1 压电陶瓷的压电机理

压电陶瓷是人工合成的多晶压电材料。它由无数细微的电畴组成。这些电畴实际上是自发极化的小区域。自发极化的方向完全是任意排列的,如图 7.2.1(a)所示。在无外电场作用时,从整体上看,这些电畴的极化效应被相互抵消了,使原始的压电陶瓷呈电中性,不具有压电性质。

为了使压电陶瓷具有压电效应,必须进行极化处理。所谓极化处理,就是在一定温度下对压电陶瓷施加强电场(例如 20~30 kV/cm 直流电场),经过 2~3 h 以后,压电陶瓷就具备了压电性能。这是因为陶瓷内部的电畴的极化方向在外电场作用下都趋向于电场的方向,如图 7.2.1(b)所示。这个方向就是压电陶瓷的极化方向,通常定义为压电陶瓷的 z 轴方向。

经过极化处理的压电陶瓷,在外电场去掉后,其内部仍存在着很强的剩余极化强度。当压电陶瓷受到外力作用时,电畴的界限发生移动,因此剩余极化强度将发生变化,压电陶瓷就呈现出压电效应。

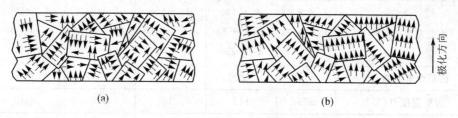

图 7.2.1 压电陶瓷的电畴示意图

7.2.2 压电陶瓷的压电常数

压电陶瓷的极化方向通常取 z 轴方向,在垂直于 z 轴的平面上的任何直线都可以取作 x 轴或 y 轴。对于 x 轴和 y 轴,其压电特性是等效的。压电常数 d_{ij} 的两个下标中的 1,2 可以互换,4,5 可以互换。根据实验研究,压电陶瓷通常有三个独立的压电常数,即 d_{33},d_{31} 和 d_{15}。例如,钛酸钡压电陶瓷的压电常数矩阵为

$$\begin{bmatrix} 0 & 0 & 0 & 0 & d_{15} & 0 \\ 0 & 0 & 0 & -d_{15} & 0 & 0 \\ d_{31} & d_{31} & d_{33} & 0 & 0 & 0 \end{bmatrix} \qquad (7.2.1)$$

$$d_{33} = 190 \times 10^{-12} \text{ C/N}$$
$$d_{31} = -0.41 d_{33} = -78 \times 10^{-12} \text{ C/N}$$
$$d_{15} = 250 \times 10^{-12} \text{ C/N}$$

由式(7.2.1)可知：钛酸钡压电陶瓷除了可以利用厚度变形、长度变形和剪切变形以外，还可以利用体积变形获得压电效应。

7.2.3 常用压电陶瓷

1. 钛酸钡压电陶瓷

钛酸钡的压电常数 d_{33} 是石英晶体的压电常数 d_{11} 的几十倍。介电常数和体电阻率也都比较高。但温度稳定性和长期稳定性以及机械强度都不如石英晶体，而且工作温度比较低，居里点温度为 115 ℃，最高使用温度只有 80 ℃左右。

2. 锆钛酸铅压电陶瓷（PZT）

锆钛酸铅压电陶瓷是由锆酸铅和钛酸铅组成的固溶体。它具有很高的介电常数，各项机电参数随温度和时间等外界因素的变化较小。根据不同的用途对压电性能提出的不同要求，在锆钛酸铅材料中再添加一种或两种微量的其他元素，如铌(Nb)、锑(Sb)、锡(Sn)、锰(Mn)、钨(W)等，可以获得不同性能的 PZT 压电陶瓷，参见表 7.2.1（表中同时列出了石英晶体材料有关性能参数）。PZT 的居里点温度比钛酸钡要高，其最高使用温度可达 250 ℃左右。由于 PZT 的压电性能和温度稳定性等方面均优于钛酸钡压电陶瓷，故它是目前应用最普遍的一种压电陶瓷材料。

表 7.2.1 常用压电材料的性能参数

	石 英	钛酸钡	锆钛酸铅 PZT-4	锆钛酸铅 PZT-5	锆钛酸铅 PZT-8
压电常数(PC/N)	$d_{11}=2.31$ $d_{14}=0.73$	$d_{33}=190$ $d_{31}=-78$ $d_{15}=250$	$d_{33}=200$ $d_{31}=-100$ $d_{15}=410$	$d_{33}=415$ $d_{31}=-185$ $d_{15}=670$	$d_{33}=200$ $d_{31}=-90$ $d_{15}=410$
相对介电常数(ε_r)	4.5	1 200	1 050	2 100	1 000
居里温度点(℃)	573	115	310	260	300
最高使用温度(℃)	550	80	250	250	250
密度(10^3 kg/m³)	2.65	5.5	7.45	7.5	7.45
弹性模量(10^9 N/m²)	80	110	83.3	117	123
机械品质因数	$10^5 \sim 10^6$	≥500	80	≥800	
最大安全应力(10^6 N/m²)	95~100	81	76	76	83
体积电阻率(Ω·m)	>10^{12}	10^{10}(25 ℃)	>10^{10}	10^{11}(25 ℃)	
最高允许湿度(%RH)	100	100	100	100	

7.3 聚偏二氟乙烯(PVF2)

聚偏二氟乙烯(PVF2)是一种高分子半晶态聚合物。根据使用要求，可将 PVF2 原材料制成薄膜、厚膜和管状等。

PVF2 压电薄膜具有较高的电压灵敏度,它比 PZT 大 17 倍。它的动态品质非常好,在 10^{-5} Hz～500 MHz 频率范围内具有平坦的响应特性,特别适合利用正压电效应,输出电信号。此外它还具有机械强度高、柔软、不脆、耐冲击、易于加工成大面积元件和阵列元件,价格便宜等优点。

PVF2 压电薄膜在拉伸方向的压电常数最大($d_{31}=20\times 10^{-12}$ C/N),而垂直于拉伸方向的压电常数 d_{32} 最小($d_{32}\approx 0.2d_{31}$)。因此在测量小于 1 MHz 的动态量时,大多利用 PVF2 压电薄膜受拉伸或弯曲产生的横向压电效应。

PVF2 压电薄膜最早应用于电声器件中。近来在超声和水声探测方面的应用发展很快。它的声阻抗与水的声阻抗非常接近,两者具有良好的声学匹配关系,因此 PVF2 压电薄膜在水中是一种透明的材料,可以用超声回波法直接检测信号。在测量加速度和动态压力方面也有所应用。

7.4 压电换能元件的等效电路

当压电换能元件受到外力作用时,会在压电元件一定方向的两个表面(电极面)上产生电荷。因此可以把用作正压电效应的压电换能元件看作一个静电荷发生器。显然,当压电元件的两个表面聚集电荷时,它相当于一个电容器,其电容量为

$$C_a = \frac{\varepsilon S}{\delta} = \frac{\varepsilon_r \varepsilon_0 S}{\delta} \tag{7.4.1}$$

式中 C_a——压电元件的电容量(F);

S——压电元件电极面的面积(m^2);

δ——压电元件的厚度(m);

ε——极板间的介电常数(F/m);

ε_0——真空中的介电常数(F/m);

ε_r——极板间的相对介电常数,$\varepsilon_r = \varepsilon/\varepsilon_0$。

因此可以把压电换能元件等效于一个电荷源与一个电容相并联的电荷等效电路,如图 7.4.1(a)所示。

由于电容上的开路电压 u_a、电荷量 q 与电容 C_a 三者之间存在着以下关系

$$u_a = \frac{q}{C_a} \tag{7.4.2}$$

这样压电换能元件又可以等效于一个电压源和一个串联电容表示的电压等效电路,如图 7.4.1(b)所示。

应当指出:从机理上说,压电换能元件受到外界作用后,产生的不变量是"电荷量"而非"电压量",这一点在实用中必须注意。

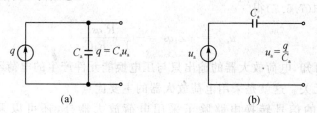

图 7.4.1 压电换能元件的等效电路

7.5 压电换能元件的信号转换电路

7.5.1 电荷放大器与电压放大器

基于上述对压电换能元件等效电路的分析,这里重点介绍一种实用的信号转换电路——电荷放大器。其设计思路充分考虑了压电换能元件相当于一个"电容器",所产生的不变量是电荷量,而且压电元件的等效电容的电容量非常小,等效于一个高阻抗输出的元件,因此易于受到引线等的干扰影响。电荷放大电路图如图 7.5.1 所示。

考虑到实际应用情况,压电换能元件的等效电容为

$$C = C_a + \Delta C \tag{7.5.1}$$

式中 C_a——压电元件的电容量(F);
ΔC——总的干扰电容(F)。

由图 7.5.1 可得

$$u_{in} = \frac{q}{C} \tag{7.5.2}$$

$$Z_{in} = \frac{1}{sC} \tag{7.5.3}$$

式中 s——拉氏算子。

根据运算放大器的特性,可以得出

$$u_{out} = -\frac{Z_f}{Z_{in}} u_{in} = -\frac{Z_f}{\frac{1}{sC}} u_{in} = -(Z_f C u_{in})s = -(Z_f q)s \tag{7.5.4}$$

其中 Z_f 是反馈阻抗,如果反馈只是一个电容 C_f,即

$$Z_f = \frac{1}{sC_f} \tag{7.5.5}$$

由式(7.5.4)和(7.5.5)得

$$u_{out} = -Z_f qs = -\frac{1}{sC_f} \cdot qs = \frac{-q}{C_f} \tag{7.5.6}$$

如果反馈是一个电容 C_f 与一个电阻 R_f 的并联,即

$$Z_f = \frac{\frac{1}{sC_f} \cdot R_f}{\frac{1}{sC_f} + R_f} = \frac{R_f}{1 + R_f C_f s} \tag{7.5.7}$$

由式(7.5.4)和(7.5.7)得

$$u_{out} = -Z_f qs = -\frac{R_f qs}{1 + R_f C_f s} \tag{7.5.8}$$

由式(7.5.8)可知,电荷放大器的输出只与压电换能元件产生的电荷不变量和反馈阻抗有关,而与等效电容无关。这就是采用电荷放大器的主要优点。

压电换能元件的信号转换电路除了采用电荷放大器外,还可以采用电压放大器,如图 7.5.2 所示。图中 C_a,R_a 分别为引线与电缆的等效电容和等效电阻。这种电路容易受到电

缆干扰电容的影响。

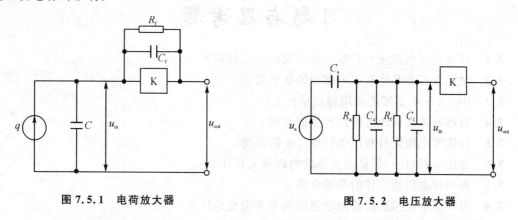

图 7.5.1　电荷放大器　　　　　　图 7.5.2　电压放大器

7.5.2　压电元件的并联与串联

为了提高灵敏度,可以把两片压电元件重叠放置并按并联(对应于电荷放大器)或串联(对应于电压放大器)方式连接,如图 7.5.3 所示。并联结构是两个压电元件共用一个负电极。输出电荷 q_p、电容 C_{ap} 都是单片的 2 倍,而输出电压 u_{ap} 与单片相同,即

$$\left. \begin{array}{l} q_p = 2q \\ u_{ap} = u_a \\ C_{ap} = 2C_a \end{array} \right\} \tag{7.5.9}$$

因此,当采用电荷放大器转换压电元件上的输出电荷 q_p 时,并联方式可以提高传感器的灵敏度。

串联结构是把上一个压电元件的负极面与下一个压电元件的正极面粘结在一起,在粘结面处的正负电荷相互抵消,而在上下两电极上分别聚集起正负电荷,电荷量 q_s 与单片的电荷量 q 相等。但输出电压 u_{as} 为单片的 2 倍,而电容 C_{as} 为单片的一半,即

$$\left. \begin{array}{l} q_s = q \\ u_{as} = 2u_a \\ C_{as} = \dfrac{C_a}{2} \end{array} \right\} \tag{7.5.10}$$

因此,当采用电压放大器转换压电元件上的输出电压 u_{as} 时,串联方式可以提高传感器的灵敏度。

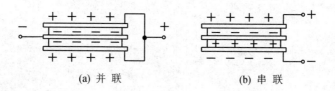

(a) 并联　　　　　　　(b) 串联

图 7.5.3　压电元件的连接方式

习题与思考题

7.1 什么是压电效应？有哪几种常用的压电材料？

7.2 试比较石英晶体和压电陶瓷的压电效应。

7.3 PVF2压电薄膜的使用特点是什么？

7.4 简述石英晶体压电特性产生的原理。

7.5 简述压电陶瓷材料压电特性产生的原理。

7.6 在压电材料中，居里温度点的物理意义是什么？

7.7 画出压电换能元件的等效电路。

7.8 设计压电式传感器检测电路的基本考虑点是什么？为什么？

7.9 从负载效应来说明压电元件的信号转换电路的设计要点。

7.10 压电效应能否用于静态测量？为什么？

7.11 压电元件在串联和并联使用时各有什么特点？为什么？

第 8 章 谐振式测量原理

基本内容

    谐振　谐振现象　谐振子

    固有频率与谐振频率

    谐振状态及其评估

    机械品质因数 Q 值

    开环系统与闭环系统

    闭环系统的实现

    谐振式测量原理的特点

谐振式测量原理基于敏感元件自身谐振状态实现测量,直接以周期信号为背景输出,易与微处理器接口。由于谐振式测量原理所具有的独特优点,已成为测量、仪器仪表、传感技术领域研究的重点。

8.1 谐振状态及其评估

8.1.1 谐振现象

谐振式测量原理是通过谐振式敏感元件,即谐振子的固有振动特性来实现的。谐振子在工作过程中,可以等效为一个单自由度系统,如图 8.1.1 所示,其动力学方程为

$$m\ddot{x} + c\dot{x} + kx - F(t) = 0 \tag{8.1.1}$$

式中　m——振动系统的等效质量(kg);

      c——振动系统的等效阻尼系数(N·s/m);

      k——振动系统的等效刚度(N/m);

      $F(t)$——作用外力(N)。

$m\ddot{x}$,$c\dot{x}$ 和 kx 分别反映了振动系统的惯性力、阻尼力和弹性力。

当上述振动系统处于谐振状态时,作用外力应当与系统的阻尼力相平衡;系统的惯性力与弹性力相平衡,系统以其固有频率振动,即

$$\left.\begin{array}{r}c\dot{x} - F(t) = 0 \\ m\ddot{x} + kx = 0\end{array}\right\} \tag{8.1.2}$$

这时振动系统的外力超前位移矢量 90°,与速度矢量同相位。弹性力与惯性力之和为零。系统的固有频率为

$$\omega_n = \sqrt{\frac{k}{m}} \tag{8.1.3}$$

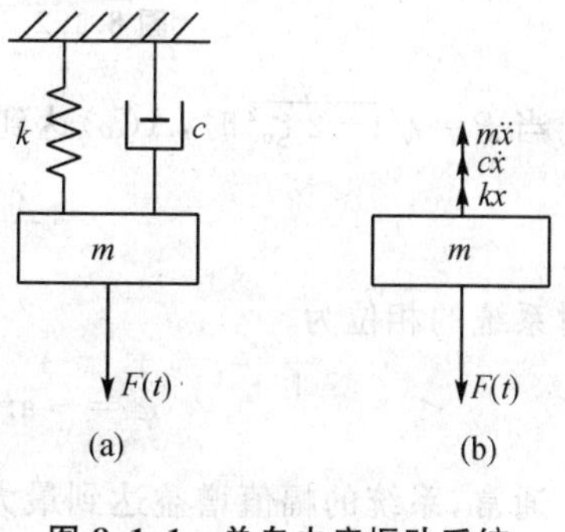

图 8.1.1　单自由度振动系统

这是个理想情况,实用中很难实现,原因是实际振动系统的阻尼力很难确定。因此,可以

从系统的频谱特性来认识谐振现象。

当式(8.1.1)中的外力 $F(t)$ 是周期信号时,即

$$F(t) = F_m \sin \omega t \tag{8.1.4}$$

则系统的归一化幅值响应和相位响应分别为

$$A(\omega) = \frac{1}{\sqrt{(1-P^2)^2 + (2\zeta_n P)^2}} \tag{8.1.5}$$

$$\varphi(\omega) = \begin{cases} -\arctan \dfrac{2\zeta_n P}{1-P^2}, & P \leqslant 1 \\ -\pi + \arctan \dfrac{2\zeta_n P}{P^2-1}, & P > 1 \end{cases} \tag{8.1.6}$$

$$P = \frac{\omega}{\omega_n}$$

式中　ω_n——系统的固有频率(rad/s);

　　　ζ_n——系统的阻尼比系数,$\zeta_n = \dfrac{c}{2\sqrt{km}}$,对谐振子而言,$\zeta_n \ll 1$,为弱阻尼系统;

　　　P——相对于系统固有频率的归一化频率。

图 8.1.2 给出了系统的幅频特性曲线和相频特性曲线。

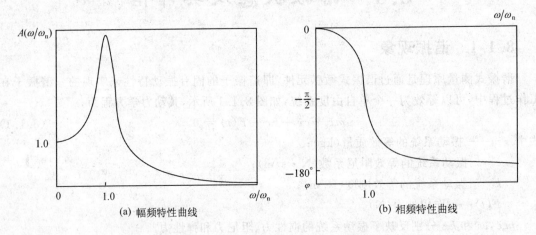

图 8.1.2　系统的幅频特性曲线和相频特性曲线

当 $P = \sqrt{1-2\zeta_n^2}$ 时,$A(\omega)$ 达到最大值,有

$$A_{max} = \frac{1}{2\zeta_n \sqrt{1-\zeta_n^2}} \approx \frac{1}{2\zeta_n} \tag{8.1.7}$$

这时系统的相位为

$$\varphi = -\arctan \frac{2\zeta_n P}{2\zeta_n^2} \approx -\arctan \frac{1}{\zeta_n} \approx -\frac{\pi}{2} \tag{8.1.8}$$

通常,系统的幅值增益达到最大值时的工作情况定义为谐振状态,相应的激励频率($\omega_r = \omega_n \sqrt{1-2\zeta_n^2}$)定义为系统的谐振频率。

8.1.2 谐振子的机械品质因数 Q 值

由于系统的固有频率 $\omega_n = \sqrt{k/m}$ 只与系统固有的质量和刚度有关,而与阻尼比系数无关,具有非常高的稳定性。而实际系统的谐振频率 $\omega_r = \omega_n\sqrt{1-2\zeta_n^2}$ 与系统的固有频率有差别,从测量的角度出发,这个差别越小越好。为了描述这个差别,表征谐振子谐振状态优劣程度,引入谐振子的机械品质因数 Q 值。

$$Q = 2\pi \frac{E_s}{E_c} \tag{8.1.9}$$

式中 E_s——谐振子储存的总能量;

E_c——谐振子每个周期由阻尼消耗的能量。

对于弱阻尼系统,$1 \gg \zeta_n > 0$,利用图 8.1.2(或图 8.1.3)所示的幅频特性可给出

$$Q \approx \frac{1}{2\zeta_n} \approx A_m \tag{8.1.10}$$

$$Q \approx \frac{\omega_r}{\omega_2 - \omega_1} \tag{8.1.11}$$

ω_1, ω_2 对应的幅值增益为 $A_m/\sqrt{2}$,称为半功率点,如图 8.1.3 所示。

由上述分析,Q 值反映了谐振子振动中阻尼比系数的大小及消耗能量快慢的程度,也反映了幅频特性曲线谐振峰陡峭的程度,即谐振敏感元件选频能力的强弱。

从系统振动的能量来说,Q 值越高,表明相对于给定的谐振子每周储存的能量而言,由阻尼等消耗的能量就越少,系统的储能效率就越高,系统抗外界干扰的能力就越强;从系统幅频特性曲线来说,Q 值越高,表明谐振子的谐振频率与系统的固有频率 ω_n 就越接近,系统的选频特性就越好,越容易检测到系统的谐振频率;同时系

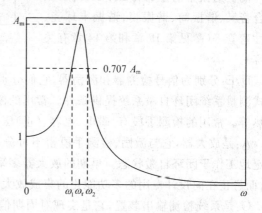

图 8.1.3 利用幅频特性获得谐振子的 Q 值

统的振动频率就越稳定,重复性就越好。总之,对于谐振式测量原理来说,提高谐振了的品质因数至关重要。应采取各种措施提高谐振子的 Q 值。这是设计谐振式测量系统的核心问题。

通常提高谐振子的 Q 值的途径主要从四个方面考虑,即:

(1) 选择高 Q 值的材料,如石英晶体材料,单晶硅材料,精密合金材料等。

(2) 采用较好的加工工艺手段,尽量减小由于加工过程引起的谐振子内部的残余应力。如对于测量压力的谐振筒敏感元件,由于其壁厚只有 0.08 mm 左右,所以通常采用旋拉工艺,但在谐振筒的内部容易形成较大的残余应力,其品质因数大约为 3 000~4 000;而采用精密车的工艺,其 Q 值可达到 8 000 以上,远远高于前者。

(3) 注意优化设计谐振子的边界结构及封装,即要阻止谐振子与外界振动的耦合,有效地使谐振子的振动与外界环境隔离。为此通常采用调谐解耦的方式,并使谐振子通过其"节点"与外界连接。

(4) 优化谐振子的工作环境,使其尽可能地不受被测介质的影响。一般来说,实际的谐振子较其材料的 Q 值下降 1~2 个数量级。这表明在谐振子的加工工艺和装配中仍有许多工作要做。

8.2 闭环自激系统的实现

谐振式测量原理主要工作于闭环自激状态,下面讨论闭环自激系统的基本结构与实现条件。

8.2.1 基本结构

图 8.2.1 给出了利用谐振式测量原理构成测量系统的基本结构。

R:为谐振敏感元件,又称谐振子。它是测量系统的核心部件,工作时以其自身固有的振动模态持续振动。谐振子的振动特性直接影响着谐振式测量系统的性能。谐振子有多种形式:如谐振梁、复合音叉、谐振筒、谐振膜、谐振半球壳、弹性弯管等(参见第 12 章和第 14 章有关内容)。

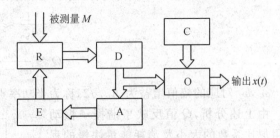

图 8.2.1 谐振式测量原理基本实现方式

D,E:分别为信号检测器和激励器,它们分别是实现机电、电机转换的必要手段,为组成谐振式测量系统闭环自激系统提供条件。常用的激励方式有:电磁、静电、(逆)压电效应、电热、光热等。常用的检测手段有:磁电、电容、(正)压电效应、光电检测等。

A:是放大器,它与激励、检测手段密不可分,用于调节信号的幅值和相位,使系统能可靠稳定地工作于闭环自激状态。早期的放大器多采用分离元件组成,近来主要采用集成电路实现,而且正在向设计专用的多功能化的集成放大器方向发展。

O:是系统检测输出装置,它是实现对周期信号检测(有时也是解算被测量)的部件。它用于检测周期信号的频率(或周期)、幅值(比)或相位(差)。

C:是补偿装置,主要对温度误差进行补偿,有时系统也对零位、对测量环境的有关干扰进行补偿。

以上六个主要部件构成了谐振式测量系统的三个重要环节。

由 ERD 组成的电—机—电谐振子环节。适当地选择激励和拾振手段,构成一个理想的 ERD,对设计谐振式测量系统至关重要。

由 ERDA 组成的闭环自激环节。

由 RDO(C) 组成的信号检测、输出环节。

8.2.2 闭环系统的实现条件

1. 复频域分析

如图 8.2.2 所示,其中 $R(s),E(s),A(s),D(s)$ 分别为谐振子、激励器、放大器和拾振器的传递函数,s 为拉氏算子。闭环系统的等效开环传递函数为

$$\dot{G}(s) = R(s)E(s)A(s)D(s) \quad (8.2.1)$$

显然,满足以下条件时,系统将以频率 ω_V 产生闭环自激。

$$|G(j\omega_V)| \geqslant 1 \quad (8.2.2)$$

$$\angle G(j\omega_V) = 2n\pi \quad n = 0, \pm 1, \pm 2, \cdots \quad (8.2.3)$$

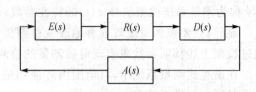

图 8.2.2 闭环自激条件的复频域分析

式(8.2.2)、(8.2.3)称为系统可自激的复频域幅值、相位条件。

2. 时域分析

如图 8.2.3 所示,从信号激励器来考虑,某一瞬时作用于激励器的输入电信号为

$$u_1(t) = A_1 \sin \omega_V t \quad (8.2.4)$$

式中　A_1——激励电压信号的幅值,$A_1 > 0$;

ω_V——激励电压信号的频率(即谐振子的振动频率,非常接近于谐振子的固有频率 ω_n)。

$u_1(t)$ 经谐振子、检测器、放大器后,输出为 $u_1^+(t)$,可写为

$$u_1^+ = A_2 \sin(\omega_V t + \phi_T) \quad (8.2.5)$$

式中　A_2——输出电压信号 $u_1^+(t)$ 的幅值,$A_2 > 0$。

满足以下条件时,系统以频率 ω_V 产生闭环自激。

$$A_2 \geqslant A_1 \quad (8.2.6)$$

$$\phi_T = 2n\pi \quad n = 0, \pm 1, \pm 2, \cdots \quad (8.2.7)$$

式(8.2.6)、(8.2.7)称为系统可自激的时域幅值,相位条件。

以上考虑的是在一点处的闭环自激条件,对于谐振式测量系统,应在其整个工作频率范围内均满足闭环自激条件,这就给设计测量系统提出了特殊要求。

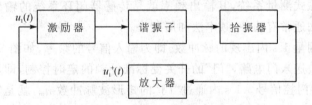

图 8.2.3 闭环自激条件的时域分析

8.3 敏感机理及特点

8.3.1 敏感机理

由前述分析可知:对于谐振式测量系统,从检测信号的角度,其输出可以写为

$$x(t) = Af(\omega t + \phi) \quad (8.3.1)$$

式中　A——检测信号的幅值(V);

ω——检测信号的角频率(rad/s);

ϕ——检测信号的相位(°)。

$f(\cdot)$ 为归一化周期函数。当 $(n+1)T \geqslant t \geqslant nT$ 时,$|f(\cdot)|_{\max} = 1$;$T = 2\pi/\omega$ 为周期;A,

ω、ϕ 称为测量系统检测信号 $x(t)$ 的特性参数;ϕ 具有 360°(2π)同余。

显然,只要被测量能较显著地改变检测信号 $x(t)$ 的某一特征参数,谐振式测量系统就能通过检测上述特征参数来实现对被测量的检测。

在谐振式测量系统中,目前国内外使用最多的是检测角频率 ω,如谐振筒压力测量系统、谐振膜压力测量系统等。

对于敏感幅值 A 或相位 ϕ 的谐振式测量系统,为提高测量精度,通常采用相对(参数)测量,即通过测量幅值比或相位差来实现,如谐振式质量流量测量系统。

8.3.2 谐振式测量原理的特点

综上所述,相对其他类型的测量系统,谐振式测量系统的本质特征与独特优势是:

(1) 输出信号是周期的,被测量能够通过检测周期信号而解算出来。这一特征决定了谐振式测量系统便于与计算机连接,便于远距离传输。

(2) 测量系统是一个闭环系统,处于谐振状态。这一特征决定了测量系统的输出自动跟踪输入。

(3) 谐振式测量系统的敏感元件即谐振子固有的谐振特性,决定其具有高的灵敏度和分辨率。

(4) 相对于谐振子的振动能量,系统的功耗是极小量。这一特征决定了测量系统的抗干扰性强,稳定性好。

8.4 频率输出谐振式传感器的测量方法比较

检测频率的谐振式测量系统,其输出频率就是传感器闭环系统的输出方波信号的频率。信号频率的测量方法通常有两种:频率法和周期法。

频率测量法是测量 1 s 内出现的脉冲数,即为输入信号的频率,如图 8.4.1 所示。传感器的矩形波脉冲信号被送入门电路,"门"的开关受标准钟频的定时控制,即用标准钟频信号 CP(其周期为 T_{CP})作为门控信号。1 s 内通过"门"的矩形波脉冲数 n_{in},就是输入信号的频率,即 $f_{in} = n_{in}/T_{CP}$。

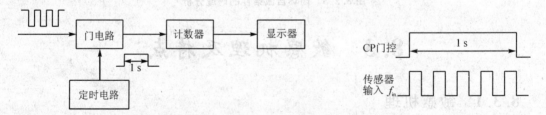

图 8.4.1 频率法测量电路

由于计数器不能计算周期的分数值,因此,若门控时间为 1 s,则传感器的误差为 ±1 Hz。如果传感器的频率从 4 kHz 变化到 5 kHz(满量程压力变化),即 $\Delta f = 1$ kHz,则用此方法测量的传感器分辨率为 0.1%,测量时间是 1 s。显然,这样的分辨率对于高精度的谐振式传感器是远远不够的。要想提高分辨率,就必须延长测量时间,但这样又将影响测量系统的动态性能。因此,对于常规的谐振式传感器,若其输出频率的变化范围在音频(100 Hz~15 kHz),不宜采用频率测量法。但对于高频信号,如在 100 kHz 以上时,可以考虑采用频率测量法。

周期测量法是测量重复信号完成一个循环所需的时间,它是频率的倒数,其测量电路如图 8.4.2 所示。

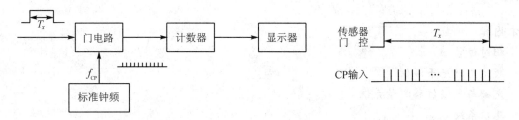

图 8.4.2　周期法测量电路

该电路用传感器输出作为门控信号。假设采用 12 MHz 标准频率信号作为输入端,如果传感器的输出为 4 kHz,则计数器在每一输入脉冲周期内对时钟脉冲所计脉冲数为 3 000 $(12×10^6/(4×10^3)=3\ 000)$,测量周期 $T_{in}=n_{in}/f_{CP}=3\ 000/(12×10^6)$ ms $=0.25$ ms,即表示在 0.25 ms 测量时间内,传感器分辨率就可达 0.1 %。这表明,对于上述测量需求,周期测量法所需时间只有频率法的四千分之一。当把门控时间延长到 2.5 ms 或 25 ms 时,其分辨率达到 0.01 %或 0.001 %。

通过上述分析,对于常规的谐振式传感器,总是采用周期法测量。

习题与思考题

8.1　建立以质量、弹簧、阻尼器组成的二阶系统的动力学方程,并以此说明谐振现象和基本特点。

8.2　实现谐振式测量原理时,通常需要构成以谐振子(谐振敏感元件)为核心的闭环自激系统。该闭环自激系统主要由哪几部分组成?各有什么用途?

8.3　什么是谐振子的机械品质因数 Q 值?如何测定 Q 值?如何提高 Q 值?

8.4　从谐振式传感器的闭环自激条件来说明 Q 值越高越好。

8.5　对于弱阻尼系统,$1 \gg \zeta_n > 0$,试证明式(8.1.10)和式(8.1.11)。

8.6　谐振式传感器的主要优点是什么?

8.7　讨论谐振式传感器闭环系统的实现条件。

8.8　在频率输出的谐振式传感器中,主要采用什么方法来测量频率,各自的特点是什么?

8.9　利用谐振现象构成的谐振式传感器,除了检测频率的敏感机理外,还有哪些敏感机理?它们在使用时应注意什么问题?

8.10　利用半功率点测量谐振子的品质因数时,讨论其测量误差。

第 9 章 相对位移测量系统

基本内容
    相对位移
    激光与激光干涉仪
    光栅与光栅位移测量系统
    莫尔条纹
    辨向和细分电路
    感应同步器系统

以一定的测量原理、测量方法构成一个测试系统是测试技术的主要内容。第 9~14 章将着重介绍在工业测量及控制过程中常用的一些参数,如:相对位移、运动速度、转速、加速度、振动、力、转矩、压力、温度和流量等参数的检测。系统介绍这些参数的测试系统的工作原理、结构组成以及相关分析等。本章则介绍相对位移测量系统。

9.1 概 述

相对位移测量包括相对线位移和相对角位移测量。相对线位移是指一个点相对于另一个点沿直线的移动量;相对角位移是指一条直线相对于另一条直线而围绕一轴线在平面上转动的角度。

实现相对位移测量的方案很多,常用的相对位移测量装置有:电位器式位移测量装置(参见 4.1 节),应变式位移测量装置(参见 4.2 节),压阻式位移测量装置(参见 4.3 节),电容式位移测量装置(参见 5.2 节),电感式位移测量装置(参见 6.1 节),差动变压器式位移测量装置(参见 6.2 节),电涡流式位移测量装置(参见 6.3 节),霍尔式位移测量装置(参见 6.4 节)等。此外,还有一些光电式位移测量系统。

9.2 相对位移测量装置的标定

对于线位移测量装置,通常使用千分表或千分尺(读数精度为 0.01 mm)进行标定即可获得满意的结果。如果精度要求更高,则可用块规进行标定。块规是工业中使用的一种基本工作长度标准,它是由尺寸稳定的钢或其他材料制成的、尺寸不同的一套坚硬的小块。使用时根据实际需要把不同尺寸的小块叠放在一起,就可形成小增量和较宽范围的高精度尺寸标准。工作级块规的精度可达 $0.2\ \mu m$,参考级可达 $0.1\ \mu m$,标准块规精度为 $0.02\ \mu m$。

角位移是建立在长度基础上的非基本量,故无原始基准。但角位移测量装置也需要进行标定,因此有参考标准和工作标准,这就是角度块规。它是两接触面具有一定角度的一套钢质小块。如同长度块规一样,不同角度的小块叠放起来就可形成小增量的任意角度。角度块规的精度可达 $1''$。一般角位移传感器的标定无需这样高的精度,故都用其他一些较为方便的设备来完成。例如,环形分度试验器(量程 $360°$,显微镜读数为 $0.1'$,度盘精度 $20''$),光学分度头

(量程 360°，度盘读数 1.0′，工作精度 20′)，具有望远镜和直准镜的分度试验器(精度 2″)。对于精度要求较低的角位移测量装置，甚至可用普通机床上的分度头等进行标定。而对于诸如惯性导航系统中转动部件之类的精度要求接近或甚至超过国家计量院标定能力的角度测量装置，则需要用根据光学原理和电子学原理制成的设备进行标定。

9.3 激光位移测量装置

9.3.1 光干涉原理

从某一单色光源发出的光线初始相位都是相同的，但是在传播过程中，如果其中部分光束经过了不同的光程之后再合并起来，就要产生光干涉现象，如图 9.3.1 所示。G_1，G_2 为两块两面平行的光学玻璃板，它们之间的倾斜角 θ 非常小。当单色光源入射到 G_1 玻璃板上时，一部分从平板下表面 A 处被反射，另一部分射到反射平面并从其上 B 点被反射，两束反射光在人眼观察处会合。如果它们的光程相差 $\lambda/2$（λ 是光波波长），则因相位相反而相互抵消，故呈现出暗的条纹，即产生相消干涉；如果两束反射光的光程相差一个波长 λ，则因相位相同而相互加强，呈现出明亮的条纹，即产生相长干涉。当光程相差 $3\lambda/2$ 时，又呈现出暗的条纹。显然，相邻两条暗条纹(或明条纹)之间的光程相差一个波长 λ，而在平板上的相应两反射点与反射面之间的距离相差半个波长 $\lambda/2$。

利用光干涉现象制成的测量位移的光干涉仪的原理结构如图 9.3.2 所示。由固定反射镜反射的光束 1 的光程保持恒定。当可动反射镜移动而改变了光束 2 的光程，从而改变它相对于光束 1 的相位时，就引起两光束交替地产生相长干涉和相消干涉，观察者便可看到一系列交替出现的明暗条纹。由于反射镜每移动半个波长的距离，干涉条纹就出现由明(暗)到暗(明)再到明(暗)的一次循环，因此只要数出干涉条纹的数目，就可计算出反射镜位移的大小。

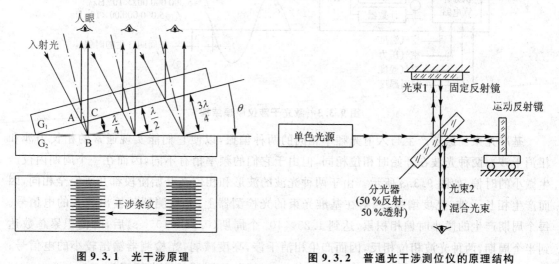

图 9.3.1 光干涉原理　　　　图 9.3.2 普通光干涉测位仪的原理结构

这种光干涉仪存在一些缺点，操作也很麻烦，因而使用受到限制，长期以来仅作为一种实验室的计量标准。

9.3.2 激光干涉仪

1. 激光的特点

（1）有极好的单色性，频率非常稳定和准确（可达 10^{-7}）；

（2）很强的方向性，激光可被集中在狭窄的范围内，向特定的方向发射；

（3）高亮度，例如一台水平较高的红宝石激光器的激光聚积起来，能产生几百万度的高温。

由于以上特点，激光技术在测试技术中得到了广泛的应用，实现对诸如距离、机件尺寸、位移、速度、转速和振动等物理量的高精度测量。

2. 激光干涉仪测位移

测位移的激光干涉仪原理结构如图 9.3.3 所示。氦氖激光器产生频率为 f_1 和 f_2 的两种单色光，频率 f_1 和 f_2 均在 5×10^{14} Hz 附近，相差 2 MHz，且偏振方向相反。光束投射到分光器上时，被分成两半：一半被反射的光束直接投射到基准光束偏振器和光检测器上，以建立基准电信号；另一半透过分光器投射到外部光学器件，以测量位移。

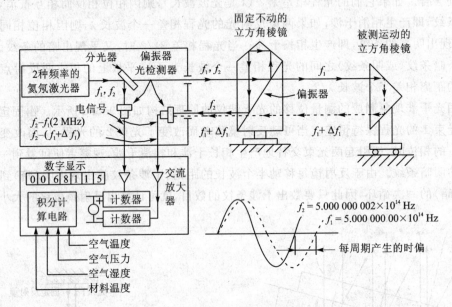

图 9.3.3 激光干涉仪原理结构

基准光束偏振器产生与入射光频率相同的两种偏振，以便它们能实现通常的相长干涉和相消干涉。两种光波在开始时相位相同，但由于它们的频率稍有不同，因而在一个周期内仅产生微小的时偏，如图 9.3.3 所示。由于两种光波的波形和相位在开始阶段都几乎完全相同，因而产生相长干涉，亮度增强；照射在基准光束的光检测器上，光检测器就输出较大的电信号。每个周期产生的微小时偏相积累，达到 1.25×10^8 个周期（0.25×10^{-6} s）后，时偏积累总数达到半个周期，两种光波相位相反，因而产生相消干涉，亮度减弱，光检测器输出较小的电信号；照射到光检测器上的光线就以 2 MHz 的速率"闪烁"，检测器就输出频率为 $\Delta f_2 = f_2 - f_1 = 2$ MHz 的基准电信号。

透过分光器的测量光束，首先投射到离激光器较远处的固定干涉仪的偏振分光镜上，该分

光镜对频率为 f_2 的光束进行高效反射,使其绕一立方角棱镜进行一周后,又被反射回到偏振分光镜上。频率为 f_1 的光波透过分光镜入射到可动的被测立方角棱镜上,并被反射。当被测棱镜固定不动时,入射光和反射光之间不发生频率变化。当被测棱镜运动时,由于光程变化,反射光就产生与棱镜运动速度成比例的多普勒频偏 Δf_1(梯度大约为 3.3 MHz/(m/s)),频率为 $f_1+\Delta f_1$ 的反射光束在光干涉仪中重新与频率为 f_2 的光束会合并一起入射到测量光束偏振器上,从而产生随被测棱镜运动速度而变化的干涉效应,相应的光检测器输出频率为$[f_2-(f_1+\Delta f_1)]=(2\pm1.5)$ MHz,即 0.5~3.5 MHz 的测量电信号。

基准电信号和测量电信号分别经过放大后,输送到一相减计数器中,计数器累计出与被测棱镜偏离基准位置所走过的距离(位移)成正比的计数值。例如,被测棱镜以 0.01 m/s 的速度运动 1 s,位移为 0.01 m,计数器的计数值为 33 000,因而分辨力可达约为 3×10^{-7} m。

基于多普勒效应的这种激光干涉仪与干涉条纹计数式干涉仪相比较,测量精度高,操作简易,携带方便,工作可靠,能够准确无误地指出运动方向。不但能够测量位移,而且可以测量运动速度,因而应用广泛。通过改变外部光学系统,可以实现在远距离(200 m)之外高精度(优于十万分之一)地测量长度、平度、直度以及垂直度等;也可以在近距离(0.02 m)实现微小振动位移(小于 0.1 nm)的高精度测量。

3. 激光测长度原理

现代长度计量很多都是利用光波的干涉现象来进行的,其精度主要取决于光的单色性指标。一种单色光的最大可测长度 L 与该单色光的波长 λ 及其谱线宽度 δ 之间的关系为

$$L=\frac{\lambda^2}{\delta} \tag{9.3.1}$$

对于氪-86 灯,其单色光波 $\lambda=6\,057$ Å,谱线宽度 $\delta=0.004\,7$ Å,故最大可测长度 $L=0.385$ m。氦氖激光器产生的激光波长 $\lambda=6\,328$ Å,谱线宽度 δ 小于一千万分之一 Å,因而最大可测长度为几十千米。在实际应用中,一般都是测量几米以内的工件长度,精度可达 0.1 μm。

4. 激光测距离与激光雷达

激光的高方向性、高功率和高单色性,对于远距离测量,判定目标的方位,提高接收系统的信噪比,从而保证测量精度都是极为重要的;因而以激光作为光源的测距仪很受重视,而且已得到广泛应用。

激光测距原理与无线电雷达一样。向目标发射激光并测量它返回的时间,若从发出信号到接收到返回信号之间的时间为 t(可用电子仪器测得),则从信号发射点到目标,光传播的时间为 $t/2$。因光传播速度 $c=3\times10^8$ m/s 为已知,故信号发射点到目标的距离 d 为

$$d=\frac{1}{2}ct \tag{9.3.2}$$

在激光测距仪的基础上,发展了激光雷达,它不仅可以测量目标的距离,还可以测量目标的方位、运动速度和加速度等。

9.4 光栅位移测量系统

9.4.1 光栅的结构和分类

光栅系统由光栅、光源、光路和测量电路等部分组成。其中光栅是关键部件,决定着整个

系统的测量精度。光栅有多种,按其用途和形状可分为测量线位移的长条形光栅和测量角位移的圆盘形光栅;按光路系统不同可分为透射式和反射式两类,如图 9.4.1 所示;按物理原理和刻线形状不同,又可分为黑白光栅(或称幅值光栅)和闪耀光栅(或称相位光栅)。

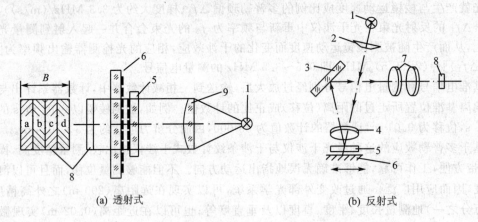

1—光源;2—聚光镜;3—反射镜;4—场镜;5—指示光栅;
6—标尺光栅;7—物镜;8—光敏元件;9—透镜

图 9.4.1 透射式和反射式光栅

光栅有长短两块,其上刻有均匀平行分布的刻线。短的一块称为指示光栅,由高质量的光学玻璃制成。长的一块称为标尺光栅或主光栅,由透明材料(对于透射式光栅)或高反射率的金属或镀有金属层的玻璃(对于反射式光栅)制成。刻线密度由测量精度来确定,闪耀式光栅为每毫米 100~2 800 条,黑白光栅有每毫米 25,50,100,250 条等。

9.4.2 莫尔条纹

下面以透射式黑白光栅为例来分析光栅测量位移的工作原理。

把长短两块光栅重叠放置,但中间留有微小的间隙 δ(一般 $\delta=d^2/\lambda$,λ 为有效光波长;d 是相邻两条刻线间的距离,称为光栅栅距),并使两块光栅的刻线之间有一很小的夹角 θ,如图 9.4.2 所示。当有光照时,光线就从两块光栅刻线重合处的缝隙透过,形成明亮的条纹,如图 9.4.2 中的 h-h 所示。在两块光栅刻线错开的地方,光线被遮住而不能透过,于是就形成暗的条纹,如图 9.4.2 中的 g-g 所示。这些明暗相间的条纹称为莫尔条纹,其方向与光栅刻线近似垂直,相邻两明亮条纹之间的距离 B 称为莫尔条纹间距。

若标尺光栅和指示光栅的刻线密度相同,即光栅栅距 d 相等,则莫尔条纹间距为

$$B = \frac{d}{2\sin\frac{\theta}{2}} \approx \frac{d}{\theta} \tag{9.4.1}$$

由于 θ 角很小,故莫尔条纹间距 B 远大于光栅栅距 d,即莫尔条纹具有放大作用。

测量时,把标尺光栅与被测对象相联结,使之随其一起运动。当标尺光栅沿着垂直于刻线的方向相对于指示光栅移动时,莫尔条纹就沿着近似垂直于光栅移动的方向运动。当光栅移动一个栅距 d 时,莫尔条纹也相应地运动一个莫尔条纹间距 B。因此,可以通过莫尔条纹的移动来测量光栅移动的大小和方向。

对于某一固定观测点,其光强随莫尔条纹的移动,亦即随光栅的移动按近似余弦的规律变化,光栅每移动一个栅距,光强变化一个周期,如图 9.4.3 所示。如果在该观测点放置一个光敏元件(一般用硅光电池、光敏二极管或三极管),就可把光强信号转变成按同一规律变化的电信号,即

$$u_{\text{out}} = U_d + U_m \sin\left(\frac{\pi}{2} + \frac{2\pi}{d}x\right) = U_d + U_m \sin(\varphi + 90°) \quad (9.4.2)$$

式中 U_d——信号的直流分量(V);

U_m——信号变化的幅值(V);

x——标尺光栅的位移(mm);

φ——角度(°),$\varphi = \frac{2\pi}{d}x = \frac{360°}{d}x$。

可以看出,在莫尔条纹间距 B 的 1/4,3/4 处信号变化斜率最大,灵敏度最高,故通常都以这些点作为观测点。

通过整形电路,把正弦信号转变成方波脉冲信号,每经过一个周期输出一个方波脉冲,这样脉冲数 N 就与光栅移动过的栅距数相对应,因而位移 $x = Nd$。

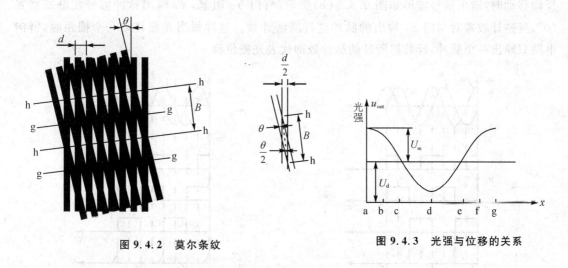

图 9.4.2 莫尔条纹   图 9.4.3 光强与位移的关系

9.4.3 辨向和细分电路

对于一个固定的观测点,不论光栅向哪个方向运动,光照强度都只是作明暗交替变化,光敏元件总是输出同一规律变化的电信号,因此仅依该信号是无法判别光栅移动方向的。为了辨别方向,通常在相距 $B/4$ 的位置安放两个光敏元件 1 和 2,如图 9.4.4(a)所示,从而获得相位相差为 90°的两个正弦信号。然后把这两个电压信号 u_1 和 u_2 输入到图 9.4.4(b)所示的辨向电路进行处理。

当标尺光栅向左移动,莫尔条纹向上运动时,光敏元件 1 和 2 分别输出图 9.4.5(a)所示的电压信号 u_1 和 u_2,经放大整形后得到相位相差 90°的两个方波信号 u'_1 和 u'_2。u'_1 经反相后得到 u''_1 方波。u'_1 和 u''_1 经 RC 微分电路后得到两组光脉冲信号 u'_{1w} 和 u''_{1w},分别输入到与门 Y_1 和 Y_2 的输入端。对与门 Y_1,由于 u'_{1w} 处于高电平时,u'_2 总是低电平,故脉冲被阻塞,Y_1 无输出;对与门 Y_2,u''_{1w} 处于高电平时,u'_2 也正处于高电平,故允许脉冲通过,并触发加减

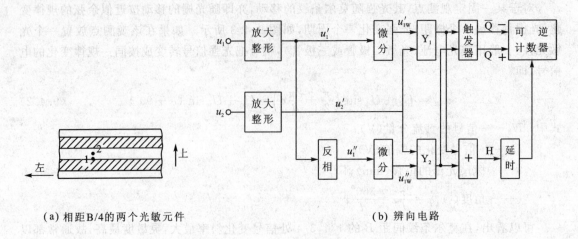

(a) 相距B/4的两个光敏元件　　　　(b) 辨向电路

图 9.4.4　辨向电路

控制触发器使之置"1",可逆计数器对与门 Y_2 输出的脉冲进行加法计数。同理,当标尺光栅反向移动时,输出信号波形如图 9.4.5(b)所示,与门 Y_2 阻塞,Y_1 输出脉冲信号使触发器置"0",可逆计数器对与门 Y_1 输出的脉冲进行减法计数。这样每当光栅移动一个栅距时,辨向电路只输出一个脉冲,计数器所计的脉冲数即代表光栅位移 x。

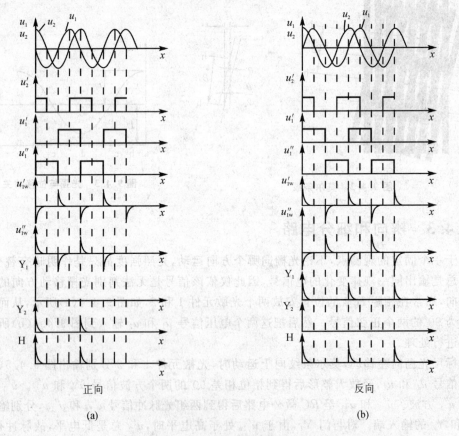

(a) 正向　　　　(b) 反向

图 9.4.5　光栅移动时辨向电路各点波形

上述辨向逻辑电路的分辨力为一个光栅栅距 d，为了提高分辨力，可以增大刻线密度来减小栅距，但这种办法受到制造工艺的限制。另一种方法是采用细分技术，使光栅每移动一个栅距时输出均匀分布的 n 个脉冲，从而使分辨力提高到 d/n。细分方法有多种，这里介绍直接细分方法。

直接细分也称为位置细分，常用细分数为四，故又称为四倍频细分。实现方法有两种：一是在相距 $B/4$ 的位置依次安放四个光敏元件，如图 9.4.1(a)中的 a,b,c,d 所示，从而获得相位依次相差 90°的四个正弦信号，再通过由负到正过零检测电路，分别输出四个脉冲；另一种方法是采用在相距 $B/4$ 的位置上，安放两个光敏元件，首先获得相位相差 90°的两个正弦信号 u_1 和 u_2，然后分别通过各自的反相电路后就又获得与 u_1 和 u_2 相位相反的两个正弦信号 u_3 和 u_4。最后，通过逻辑组合电路在一个栅距内可以获得均匀分布的四个脉冲信号，送到可逆计数器。图 9.4.6 所示为一种四倍频细分电路。

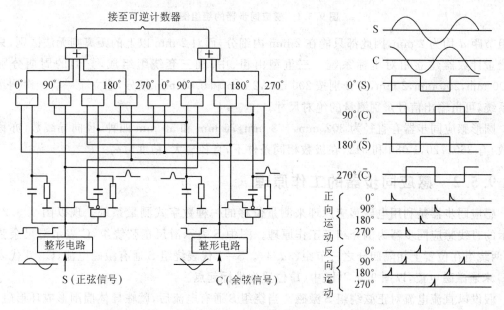

图 9.4.6 四倍频细分电路

9.5 感应同步器系统

9.5.1 感应同步器的结构与分类

感应同步器分为两大类：测量直线位移的直线感应同步器和测量角位移的圆形感应同步器（也称为旋转式感应同步器）。它们都是由两片平面型印刷电路绕组构成。两片绕组以 0.05～0.25 mm 的间距相对平行安装，其中一片固定不动，另一片相对固定片作直线移动或转动。相应地分别称固定片和运动片为定尺和滑尺（对于直线感应同步器）或定子和转子（对于旋转式感应同步器）。定尺和转子上是连续绕组，滑尺和定子上交替排列着周期相等但相角相差 90°的正弦和余弦两组断续绕组，如图 9.5.1 所示。

直线感应同步器又分为标准型、窄型、带型和三重型。前三种的结构相同，只是尺寸不同；

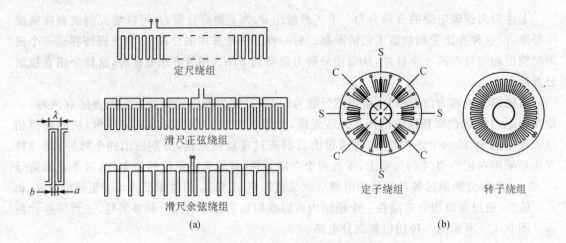

图 9.5.1 感应同步器的绕组图形

绕组节距 d 均为 2 mm,因此都只能在 2 mm 内细分,而对 2 mm 以上的距离则无法区别,只能用增量计数器建立相对坐标系统。三重型由粗、中、细三套绕组组成,它们的周期分别为 4 000 mm,200 mm,2 mm,并分别按 200 mm,2 mm 和 0.01 mm 细分,建立了一套绝对测量坐标系统,可由输出信号辨别测量的绝对尺寸。

圆形感应同步器有直径为 302 mm,178 mm,76 mm 和 50 mm 四种,径向导线数(亦称为极数)有 360,720,1 080 和 512,在极数相同条件下,直径愈大,精度愈高。

9.5.2 感应同步器的工作原理

感应同步器是利用电磁感应原理来测量位移的一种数字式测量系统。现以图 9.5.2(a) 所示的直线感应同步器为例介绍其工作原理。图中 S 表示滑尺正弦绕组,C 表示滑尺余弦绕组,两绕组在位置上相隔四分之三节距($3d/4$)。S=1 代表绕组 S 通有激磁电流,C=0 代表绕组 C 未通激磁电流,以图 9.5.2(b)中(1)位置为坐标起点。

假设以直流电流对正弦绕组 S 激磁。当绕组 S 通有电流后,就在导体周围形成环形磁场,这个磁场也环绕定尺绕组,如图 9.5.2(a)所示。当滑尺移动,环绕定尺绕组导体的磁场强度发生变化时,就在其上感应出电势 e。当滑尺处于图 9.5.2(b)中(1)位置时,环绕定尺导体的磁场最强,定尺绕组的感应电势最高,为 $e=E_m$。滑尺向右移动,环绕定尺绕组的磁场逐渐减小,感应电势逐渐减小,当移动到 $d/4$ 位置时,相邻两感应单元的空间磁通全部抵消,如图 9.5.2(b)中(2)所示,这时定尺绕组的感应电势 $e=0$。滑尺继续向右移动,感应电势由零变负,当移到 $d/2$ 处时,即图 9.5.2(b)中(3)位置,感应电势达到负最大值 $e=-E_m$。此后,当滑尺继续向右移动,感应电势逐渐升高,向正方向变化,当移到 $3d/4$ 时,感应电势 $e=0$。滑尺继续向右移动,感应电势由零变正,当滑尺移到 d 时,感应电势又达到正最大值。这样,当滑尺移动时,定尺绕组就输出与位移成余弦关系的感应电势 e,如图 9.5.2(c)所示。如果在余弦绕组 C 上加直流激磁电流,定尺绕组就输出以 $3d/4$ 为起始点的正弦感应电势。

基于上述分析,如果加到正弦绕组上的激磁电压为

$$u_{in} = U_m \sin \omega t \tag{9.5.1}$$

则定尺绕组的输出感应电势为

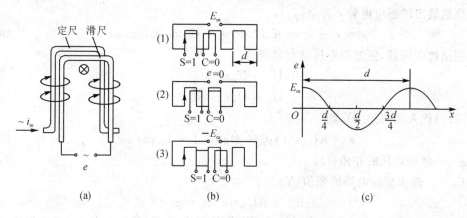

图 9.5.2 感应同步器的工作原理

$$e = KU_m \cos \frac{2\pi}{d} x \cos \omega t \quad (9.5.2)$$

如果式(9.5.1)的激磁电压加到滑尺余弦绕组上,则定尺绕组的输出感应电势为

$$e = KU_m \sin \frac{2\pi}{d} x \cos \omega t \quad (9.5.3)$$

式中　K——电磁耦合系数;

　　　x——滑尺与定尺之间的相对位移(mm);

　　　d——绕组节距(mm);

　　　U_m, ω——激磁电压幅值(V)和角频率(rad/s)。

由此可见,感应电势 e 的大小取决于滑尺的位移,故可通过感应电势来测量位移。

9.5.3　信号的处理方式和电路

感应同步器测量系统可采用两种激磁方式:一是滑尺(或定子)激磁,由定尺(或转子)绕组取出感应电势;二是由定尺激磁,由滑尺绕组取出感应电势。在信号处理方面又分为鉴相和鉴幅型两类。

1. 鉴幅型感应同步器电路

对于鉴幅型感应同步器电路,其滑尺上的正弦绕组和余弦绕组在位置上错开 $d/4$,而且以频率和相位均相同,但幅值不同的正弦电压分别加到正弦绕组和余弦绕组上,根据定子绕组输出感应电势的振幅来鉴别位移的大小。

设加在正弦绕组和余弦绕组上的激磁电压分别为

$$u_s = U_s \sin \omega t$$
$$u_c = U_c \sin \omega t$$

它们所产生的感应电势分别为 e_s 和 e_c,则有

$$e_s = -KU_s \cos \frac{2\pi}{d} x \cos \omega t = -KU_s \cos \theta_x \cos \omega t \quad (9.5.4)$$

$$e_c = KU_c \sin \frac{2\pi}{d} x \cos \omega t = KU_c \sin \theta_x \cos \omega t \quad (9.5.5)$$

式中　θ_x——位置相位角(°),$\theta_x = \frac{2\pi}{d} x = \frac{360°}{d} x$。

则定尺绕组输出的感应电势 e 为

$$e = e_s + e_c = K(U_c\sin\theta_x - U_s\cos\theta_x)\cos\omega t \tag{9.5.6}$$

采用函数变压器,使激磁电压的幅值符合

$$\left.\begin{array}{l}U_s = U_m\sin\varphi\\ U_c = U_m\cos\varphi\end{array}\right\} \tag{9.5.7}$$

将式(9.5.7)代入式(9.5.6),则

$$e = KU_m\sin(\theta_x - \varphi)\cos\omega t = E_m\cos\omega t \tag{9.5.8}$$

式中 φ——激磁电压的相角(°);

E_m——输出感应电势的幅值(V)。

$$E_m = KU_m\sin(\theta_x - \varphi) \tag{9.5.9}$$

从式(9.5.9)可以看出,定尺绕组的感应电势的幅值 E_m 随位置相角 θ_x(即随位移 x)而变化。初始时,使 $\theta_x = \varphi$,则 $E_m = 0$。当滑尺移动一微小的 Δx,θ_x 将随之变化一微量 $\Delta\theta_x$,这时感应电势的幅值为

$$E_m = KU_m\sin\Delta\theta_x \approx KU_m\frac{2\pi}{d}\Delta x \tag{9.5.10}$$

可见,当滑尺位移较小时,感应电势的幅值 E_m 与位移 Δx 成正比,故可通过感应电势幅值来测量位移。

图 9.5.3 是鉴幅型感应同步器测量系统的一种结构框图。当滑尺由初始位置移动 Δx 时,感应电势相位变化 $\Delta\theta_x$,使 $\Delta\theta_x = \theta_x - \varphi \neq 0$。当 $\Delta\theta_x$ 达到一定值时,即感应电势达到一定值时,门槛电路就发出指令脉冲,转换计数器开始计数并控制函数变压器,调节激磁电压幅值的相位 φ,使其跟踪 θ_x。当 $\varphi = \theta_x$ 时,感应电势幅值又下降到门槛电平以下,并撤消指令脉冲,停止计数。故转换计数器的计数值与滑尺位移相对应,即代表位移的大小。

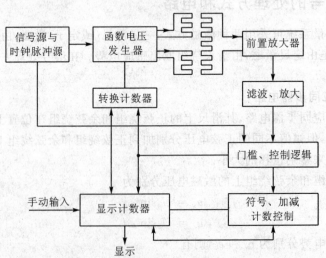

图 9.5.3 鉴幅型感应同步器系统框图

2. 鉴相型感应同步器电路

对于鉴相型感应同步器电路,其滑尺上的正弦绕组和余弦绕组在位置上错开 $d/4$,而且以频率和幅值均相同,但相位相差 90°的交流电压分别加到正弦绕组和余弦绕组上,通过定尺感

应电势相位的变化来测量滑尺的位移的大小。

若加在正弦绕组 S 和余弦绕组 C 上的电压 u_s 和 u_c 分别为

$$u_s = U_m \sin \omega t$$
$$u_c = U_m \cos \omega t$$

它们在定尺绕组上产生的感应电势分别为

$$e_s = -KU_m \sin \frac{2\pi}{d} x \cos \omega t = -E_m \sin \theta_x \cos \omega t$$

$$e_c = KU_m \cos \frac{2\pi}{d} x \sin \omega t = E_m \cos \theta_x \sin \omega t$$

总感应电势为

$$e = e_s + e_c = E_m \sin(\omega t - \theta_x) \tag{9.5.11}$$

式中 E_m ——定尺绕组感应电势幅值(V)，$E_m = KU_m$；

θ_x ——感应电势的相角。

$$\theta_x = \frac{2\pi}{d} x \tag{9.5.12}$$

在一个节距 d 内，感应电势的相角 θ_x 与位移 x 呈线性关系，每经过一个节距，相角 θ_x 变化一个周期，故可通过相角来测量滑尺位移。

图 9.5.4 是一种鉴相型感应同步器系统的测量电路。它由位移/相位变换环节（功能是把位移转变成感应电势的相角）、模/数转换环节（作用是把代表位移的相角 θ_x 转变成脉冲数字量）和计数显示环节（功能是把已经数字化了的脉冲数累计和显示出来）组成。

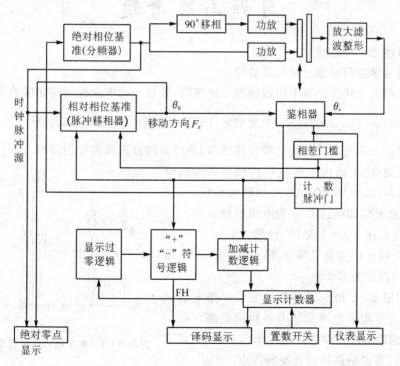

图 9.5.4 鉴相型感应同步器电路框图

绝对相位基准对时钟进行 n 分频后，输出频率为 f 的两路电压，其中一路再产生 90°的相移。两路电压分别加到感应同步器的正弦绕组和余弦绕组上。

相对相位基准实为一数/模转换器,由分频器和脉冲加减电路组成。它把时钟进行 n 分频后输出频率为 f 的方波,其相位为 θ_0。定子绕组感应电势的相角 θ_x 与相角 θ_0 在鉴相器中进行比较后,输出两个信号:一是代表 $\Delta\theta_x=\theta_x-\theta_0$ 的脉宽信号,馈送到相差门槛;二是代表位移方向的信号 F_x。当 θ_0 滞后于 θ_x 时,F_x 置"1";θ_0 超前 θ_x 时,F_x 置"0"。F_x 控制脉冲加减电路,决定相对相位基准输入加或减脉冲,使输出波形产生相移,θ_0 跟踪感应电势相位 θ_x。每输入一个脉冲,θ_0 变化 $360°/n$,即相应于一个脉冲当量的位移。接通电源后,由于相位跟踪作用,$\Delta\theta_x$ 小于一个脉冲当量,以此时滑尺位置为相对零点,并将计数器清零。此后当滑尺移动,而 θ_x 变化时就产生相位差 $\Delta\theta_x$。当 $\Delta\theta_x$ 达到门槛电平时,相差门槛输出信号,一方面与 F_x 信号相配合使相对相位基准输入相应的减或加脉冲,相位 θ_0 跟踪 θ_x,直到 $\Delta\theta_x$ 重新小于一个脉冲当量为止;另一方面,同时打开计数脉冲门,把相对相位基准的输入脉冲送到显示计数器进行累计。显然所计脉冲数就代表位移的大小,这就实现了对位移的模/数转换。

在显示环节中,显示过零电路的作用是当所有数字显示均为零时,输出为"1"。"+"、"一"号逻辑的功能是当滑尺作正向移动时,若显示过零,则显示"+"号;当滑尺作反向移动时,若显示过零,则显示"一"号。加减计数逻辑的作用是:当显示"+"号时,使计数器对正向运动作加计数,对反向运动作减计数;当显示"一"号时,对反向运动作加计数,对正向运动则作减计数。绝对零点显示的作用是当绝对相位基准与相对相位基准的相位相同时,使零点指示灯亮一下,表示滑尺已移动了一个节距。

习题与思考题

9.1 简述光干涉原理。

9.2 简述感应同步器测量位移的特点。

9.3 光栅式位移传感器采用四倍细分原理时,若某一光电元件所转化成的电压信号描述为:$u_3=U_m\sin\dfrac{2\pi x}{W}$,试写出其他三个光电元件应转化的电压信号的形式。

9.4 图 5.2.5 是一种典型的液位传感器,简述其测量机理和应用特点。

9.5 题图 9-1 给出了某位移传感器的检测电路。$U_{in}=12\text{ V}$,$R_0=10\text{ k}\Omega$,AB 为线性电位计,总长度 150 mm,总电阻 30 kΩ,C 点为电刷位置。问:

(1) 输出电压 $U_{out}=0\text{ V}$ 时,位移 $x=?$

(2) 当位移 x 的变化范围在 10~140 mm 时,输出电压 U_{out} 的范围为多少?

9.6 题图 9-2 给出了一差动变极距型电容式位移传感器的结构示意图及其电桥检测电路。$u_{in}=U_m\sin\omega t$ 为激励电压。试建立输出电压 u_{out} 与被测位移 $\Delta\delta$ 的关系,并说明该检测方案的特点。

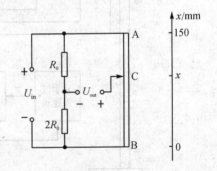

题图 9-1 电位器式位移传感器检测电路

9.7 题图 9-3 为一差动变极距型电容式位移传感器的结构示意图,某工程师设计了(b)、(c)两种检测电路,欲利用电路的谐振频率检测位移 $\Delta\delta$,试分析这两种方案。

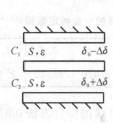
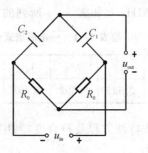

(a) 差动变极距位移传感器结构图　　　　(b) 电桥检测电路

题图 9-2　差动变极距位移传感器结构图及其电桥检测电路

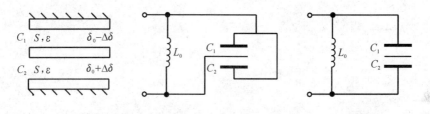

(a) 差动变极距位移传感器结构图　　(b) 检测电路一　　(c) 检测电路二

题图 9-3　差动变极距位移传感器结构图及其两种检测电路

9.8 某位移测量装置采用了两个相同的线性电位器。电位器的总电阻为 R_0，总工作行程为 L_0。当被测位移变化时，带动这两个电位器一起滑动（见题图 9-4，虚线表示电刷的机械臂），如果采用电桥检测方式，电桥的激励电压为 U_{in}：

（1）设计电桥的连接方式；

（2）被测位移的测量范围为 $0 \sim L_0$ 时，电桥的输出电压范围是多少？

9.9 某变极距型电容式位移传感器的有关参数为：$\delta_0 = 1$ mm，$\varepsilon_r = 1$，$\varepsilon_0 = 8.85 \times 10^{-12}$ F/m，$S = 314$ mm^2；当极板极距减小 $\Delta\delta = 10$ μm 时，试计算该电容式传感器单位极距变化引起的电容变化量以及单位极距变化引起的电容的相对变化量。

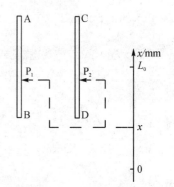

题图 9-4　电位器式位移传感器结构图

9.10 某感应同步器采用鉴相型测量电路解算被测位移，当定尺节距为 0.5 mm，激励电压为 $5\sin 500t$ V 和 $5\cos 500t$ V 时，定尺上的感应电动势为 $2.5 \times 10^{-2} \sin\left(500t + \dfrac{\pi}{5}\right)$ V，试计算此时的位移。

9.11 某感应同步器采用鉴相型测量电路解算被测位移，当定尺节距为 0.8 mm，激励电压为 $5\sin 1\,500t$ V 和 $5\cos 1\,500t$ V 时，定尺上的感应电动势为 $2 \times 10^{-2} \cos\left(1\,500t + \dfrac{\pi}{5}\right)$ V，试计算此时的位移。

9.12 现有一种电涡流式位移传感器，其输出为频率，特性方程形式为 $f = e^{(bx+a)} + f_\infty$。

已知其 $f_\infty = 2.333$ MHz 及如表 9-1 所列的一组标定数据：

题表 9-1 一电涡流式位移传感器的一组标定数据

位移 x/mm	0.3	0.5	1.0	1.5	2.0	3.0	4.0	5.0	6.0
输出 f/MHz	2.523	2.502	2.461	2.432	2.410	2.380	2.362	2.351	2.343

试求该传感器的工作特性方程及符合度（利用曲线化直线的拟合方法，并用最小二乘法作直线拟合）。

第10章 运动速度、转速、加速度和振动测量系统

基本内容

  速度 转速 加速度 振动
  磁电感应式测速度法
  激光测速法
  测速发电机
  频率输出式转速测量系统
  加速度测量系统
  振动测量系统
  伺服式测量系统

10.1 运动速度测量

速度的基本单位是 m/s。运动速度的测量可通过以下方法进行。

10.1.1 微积分电路法

  速度是位移对时间的微分,对加速度的积分,把位移传感器的输出电信号通过微分电路进行微分,或者把加速度传感器的输出电信号通过积分电路进行积分,即可得到与速度成比例的电信号。通常,微分会增强信号中低幅高频噪声成分,积分会随着测量时间的增长引起累计误差。另外对于工作于交流的传感器,其输出经过解调和滤波后所得到的信号中存在有载频纹波,这对测量也会带来一定的麻烦。

10.1.2 平均速度测量法

  通过已知的位移 Δx 和相应的时间间隔 Δt 来测量平均速度 $\bar{v}$,即

$$\bar{v} = \frac{\Delta x}{\Delta t} \tag{10.1.1}$$

  对于恒定不变的速度,取时间间隔 Δt 和相应的位移 Δx 可获得较高的测量精度。而对于变化较快的速度,则应取较短的时间间隔和相应的位移。

  为了在一个已知的位移 Δx 上得到比较精确的时间间隔 Δt,可采用适当的电路在位移 Δx 始末两端触发出两个脉冲,利用该脉冲控制计数器对已知的时钟脉冲进行计数,则可得

$$\Delta t = N \frac{1}{f} \tag{10.1.2}$$

式中 f——时钟信号频率(Hz);
   N——两个脉冲之间的时间内的计数值。

  图10.1.1是一种绕有感应线圈的永久磁铁组件,一个镶有一段长度 Δx 为已知的导磁性

材料的非导磁性空心圆柱体所构成的接近式位移传感器。在圆柱体上的导磁体未进入永久磁铁组件之前,磁路的磁阻最大并保持恒定,磁通恒定不变,感应线圈上无感应电势。当圆柱体上的导磁体从前面开始进入到永久磁铁系统内并继续向前移动时,磁路的磁阻和磁通不断变化,从而在线圈上产生感应电势。当圆柱体上的导磁体全部进入到永久磁铁组件之后,磁路的磁阻达到最小,磁通达到最大。此后,圆柱体继续向前移动时,磁阻和磁通均保持不变,故线圈上的感应电势为零。因此,在圆柱体上的导磁体开始进入和全部进入的两个瞬时,线圈上的感应电势发生突变。该感应电势通过微分电路,可在导磁体开始进入和全部进入的两个瞬时形成两个脉冲信号。从而得到两脉冲信号之间的时间间隔值。

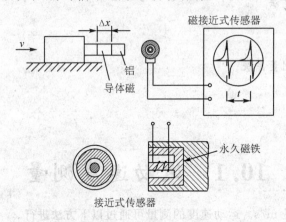

图 10.1.1　利用磁电感应产生控制脉冲信号

图 10.1.2 是利用光电池产生控制脉冲信号的原理示意图。当光电池全部受光照时,输出电压最大且保持常值,当挡板移动到电极位置开始遮蔽光电池时,输出电压随之开始变化。随着挡板继续前移,被遮蔽的面积逐渐增大,输出电压随之逐渐减小。当挡板移动到另一个电极位置时,光电池全部被遮蔽,输出电压最小。此后挡板继续向前移动时,输出电压保持不变。

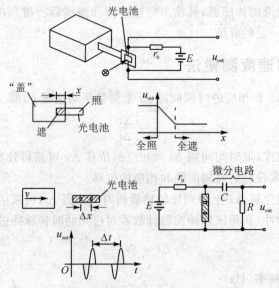

图 10.1.2　利用光电元件产生控制脉冲信号

光电池的输出信号加到 RC 微分电路,因此就在挡板通过光电池两电极的瞬时形成两个脉冲信号。利用这两个脉冲信号控制计数器对频率已知的时钟脉冲计数,就可获得挡板在光电池两电极间运动的时间,从而根据两电极间的距离和运动时间求得挡板的运动速度。

10.1.3　磁电感应式测速度法

磁电感应式测速度法主要用于测量振动速度。当一个线圈在恒定的磁场中运动而切割磁力线时,其上就会产生感应电势,即

$$e = W \frac{d\phi}{dt} \tag{10.1.3}$$

式中　ϕ——磁通(Wb);

W——线圈匝数。

根据上述原理制成的测速传感器如图 10.1.3 所示。其中图(a)是线速度传感器,图(b)为角速度传感器,图(c)为频率式角速度传感器。

线速度传感器的输出电势为

$$e = WBLv = Kv \tag{10.1.4}$$

式中　v——线圈相对于磁场的运动速度(m/s);

B——工作气隙的磁感应强度(T);

L——线圈的有效边长(m);

K——线速度传感器的灵敏度(V·s/m),$K = WBL$。

频率式角速度传感器的工作原理是,当转子转动时,永久磁铁产生的恒定磁通 Φ 在反相串联的两个感应线圈间交替分配,从而在线圈上感应出频率与转动角速度成比例的交流电势。

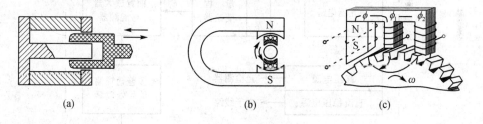

图 10.1.3　磁电式速度传感器

10.1.4　激光测速法

激光测量速度是基于多普勒原理实现的。多普勒原理揭示出,如果波源或接收波的观测者相对于传播媒质而运动,则观测者所测得的频率不仅取决于波源所发出的振动频率,还取决于波源或观测者的运动速度的大小和方向。

设波源的频率为 f_1,波长为 λ,当其运动速度为 $v_1 = 0$(即波源静止不动),波在媒质中的传播速度为 c;若观测者以速度 $v_2 \neq 0$ 趋近波源,则在单位时间内越过观测者的波数 f_2(也就是观测者所测得的波动频率)为

$$f_2 = f_1 + \Delta f = f_1 + \frac{v_2}{\lambda} \tag{10.1.5}$$

或

$$\Delta f = f_2 - f_1 = \frac{v_2}{\lambda} = \frac{f_1}{c} v_2 \qquad (10.1.6)$$

可见,由于观测者的运动,实际测得的频率 f_2 与光源频率 f_1 之间有一个频差 Δf。当波源频率一定时,频差与速度成正比。

激光多普勒测速仪的一般原理结构如图 10.1.4 所示。激光器是光源,发出频率为 f_1 的激光,经过光频调制器(例如声光调制器)调制成频率为 f 的光波,投射到运动体上,再反射到光检测器上。光检测器(例如光电倍增管)把光波转变成相同频率的电信号。

由于激光在空气中传播速度很稳定,因此当运动体的速度为 v 时,反射到光检测器上的光波频率为

$$f_2 = f + \frac{2v}{\lambda} = f + f_d \qquad (10.1.7)$$

式中　f_d——运动体引起的多普勒频移(Hz),即

$$f_d = \frac{2v}{\lambda} \qquad (10.1.8)$$

光检测器输出的电信号,由电子线路将频移信号的中心频率作适当的偏移,然后再由信号处理器将多普勒频移信号转换成与运动速度相对应的电信号。

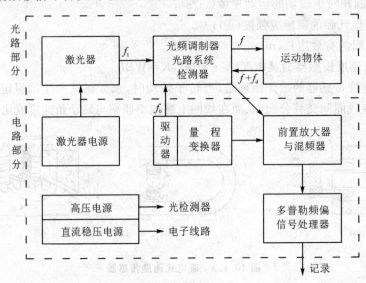

图 10.1.4　激光测速仪原理结构

10.2　转速测量

转速表示旋转体每分钟内的转数,单位为 r/min。转速测量的方法有多种,如离心式、感应式、光电式及闪光频率式等。按输出信号的特点又可分为模拟式和数字式两类。

10.2.1　测速发电机

测速发电机是利用电磁感应原理制成的一种把转动的机械能转换成电信号输出的装置,与普通发电机不同之处是它有较好的测速特性,例如输出电压与转速之间有较好的线性关系、

较高的灵敏度、较小的惯性和较大的输出信号等。测速发电机也分为直流和交流两类。

直流测速发电机又分为永磁式和它激式两种,交流测速发电机分为同步和异步两种。

1. 直流测速发电机

直流测速发电机的平均直流输出电压 $\overline{U}_{out}$ 与转速 N 大体上呈线性关系,一般可描述为

$$\overline{U}_{out} = \frac{n_p n_c \phi N}{60 n_{pp}} \tag{10.2.1}$$

式中 n_p ——磁极数;

n_c ——电极导线数;

ϕ ——磁极的磁通(Wb);

n_{pp} ——正负电刷之间的并联路数;

N ——转速(r/min), $N = \dfrac{60\omega}{2\pi}$。

输出电压 $\overline{U}_{out}$ 的极性随旋转方向的不同而改变。由于电枢导线的数目有限,所以输出电压有小纹波。对于高速旋转的情况,纹波可利用低通滤波器来减小。

2. 交流测速发电机

交流测速发电机是一种两相感应发电机,多采用鼠笼式转子,为了提高精度有时也采用拖杯式转子。其中一相加交流激励电压以形成交流磁场,当转子随被测轴旋转时,就在另一相线圈上感应出频率和相位都与激励电压相同,但幅值与瞬时转速 $N(=60\omega/2\pi)$ 成正比的交流输出电压 u_{out}。当旋转方向改变时,u_{out} 亦随之发生 180°的相移。当转子静止不动时,输出电压 u_{out} 基本上为零。

大多数工业交流测速发电机在设计时,都是用于交流伺服机械系统,激励频率通常为 50 Hz 或 400 Hz。典型的高精度交流测速发电机以 400 Hz,115 V 电压激励,当转速在 0~3 600 r/min 范围时,其非线性约为 0.05 %。动态响应频率受载波频率限制,一般为载波频率的 1/10~1/15。

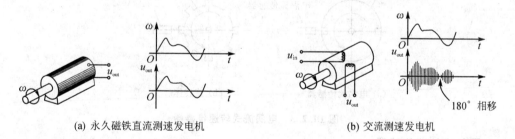

(a) 永久磁铁直流测速发电机　　　　　(b) 交流测速发电机

图 10.2.1　测速发动机

10.2.2　频率量输出的转速测量系统

把转速转换成频率脉冲的传感器主要有磁电感应式、电涡流式、霍尔式、磁敏二极管或三极管式和光电式传感器等。

1. 磁电感应式转速传感器

磁电感应式转速传感器的结构原理如图 10.2.2(a)所示。感应电压与磁通 ϕ 的关系可以描述为

$$u_{\text{out}} = W \frac{d\phi}{dt} \tag{10.2.2}$$

式中 W——线圈匝数。

安装在被测转轴上的齿轮(导磁体)旋转时,其齿依次通过永久磁铁两磁极间的间隙,使磁路的磁阻和磁通 ϕ 发生周期性变化,在线圈上感应出频率和幅值均与轴转速成比例的交流电压信号 u_{out}。转速增加,磁通 ϕ 对时间的变化率增大,输出电压幅值减小。该传感器不适合于低速测量。为了提高低转速的测量效果,可采用电涡流式、霍尔式、磁敏二极管(或三极管)式转速传感器,它们的共同特点是输出电压幅值受转速影响很小。

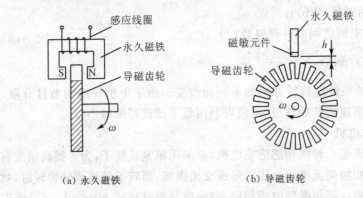

(a) 永久磁铁　　　　　　(b) 导磁齿轮

图 10.2.2　磁电式转速传感器

2. 电涡流式转速传感器

利用电涡流式传感器测量转速的原理如图 10.2.3 所示。在旋转体上开一条或数条槽(如图 10.2.3(a)所示),或者把旋转体做成齿状(如图 10.2.3(b)所示),旁边安放一个电涡流式传感器,当旋转体转动时,电涡流传感器就输出周期性变化的电压信号。

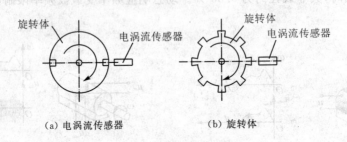

(a) 电涡流传感器　　　　　　(b) 旋转体

图 10.2.3　电涡流式转速传感器

3. 霍尔式转速传感器

利用霍尔效应测量转速的传感器的原理如图 10.2.4 所示。在旋转轴上安装一非磁性圆盘,在圆盘周边附近的同一圆上等距离地嵌装着一些永磁铁氧体,相邻两铁氧体的极性相反,如图 10.2.4(a)所示。由导磁体和置放在导磁体间隙中的霍尔元件组成测量探头,探头两端的距离与圆盘上铁氧体的间距相等,如图 10.2.4(a)右上角所示。测量时,探头对准铁氧体,当圆盘随被测轴一起旋转时,探头中的磁感应强度发生周期性变化,因而通有恒值电流的霍尔元件就输出周期性的霍尔电势。

图 10.2.4(b)是在被测轴上安装一导磁性齿轮,对着齿轮固定安放一马蹄形永久磁铁,在磁铁磁极的端面上粘贴一霍尔元件。当齿轮随被测轴一起旋转时,磁路的磁阻发生周期性变

化,霍尔元件感受的磁感应强度也发生周期性变化,输出周期性的霍尔电势。

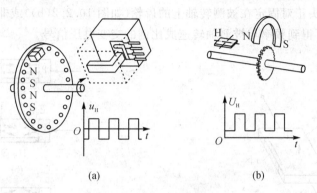

图 10.2.4　霍尔式转速传感器

4. 磁敏式转速传感器

磁敏二极管和磁敏三极管,具有磁灵敏度高(比霍尔元件高数百甚至数千倍)、能识别磁场极性、体积小、电路简单等优点,在测控技术方面获得应用。下面以磁敏二极管为例介绍构成转速传感器的原理。

磁敏二极管的结构是 P^+-i-N^+ 型,其管芯是在本征导电高纯度锗的两端,用合金法制成高浓度 P 区和 N 区,在本征区(即 i 区)的一个侧面上设置高复合区(r 区),与 r 区相对的另一侧面保持光滑,为无复合表面,如图 10.2.5 所示。

当磁敏二极管外加正向偏压(电源正极接 P 区,负极接 N 区)时,随着它所感受的磁场的变化,流经其上的电流亦发生变化,即磁敏二极管的等效电阻随磁场不同而变化。这种现象可由如下过程说明。

当外加电压后,如果没有磁场作用,P 区中的大部分空穴通过 i 区进入 N 区,N 区中的大部分电子通过 i 区进入 P 区,从而产生电流,如图 10.2.6(a)所示。只有很少一部分电子与空穴在 i 区被复合掉。当有正向磁场 H_+ 作用时,运动中的空穴和电子受洛伦磁力的作用而向 r 区偏转,如图 10.2.6(b)所示,并在 r 区很快地被复合掉。因而 i 区载流子密度减小,电流减小,即电阻增大。i 区电阻增大使外加电压分配在其上的电压降增大,Pi 结和 Ni 结上的电压降相应减小。结压降减小又进而使载流子的注入量减小,以致 i 区电阻进一步增大,直到某一稳定的平衡状态。当有反向磁场 H_- 作用时,电子和空穴则向光表面一侧偏移,如图 10.2.6(c)所示。在这里电子与空穴很少复合,而其行程变长,即在 i 区停留的时间变长,同时载流子又继续注入 i 区,因而载流子密度增大,电流增大,i 区电阻减小。结果外加电压分配在 i 区上的电压降减小,相应地 Pi 结和 Ni 结电压降增大,进而促使更多的载流子注入 i 区,使 i 区电阻进一步减小,直到某一稳定平衡状态。

在磁敏二极管中,载流子偏转的程度取决于洛伦兹力的大小,而洛伦兹力又与电压和磁场的乘积成正比。如果以恒压源供电,则随正向磁场 H_+ 的增强,流经磁敏二极管的电流减小。如以恒流源供电,则其上的电压降随磁场的场强而增大。图 10.2.7(b)所示为磁敏二极管单个使用按图 10.2.7(a)接线时的电压降 ΔU 与磁感应强度 B 的关系曲线。图 10.2.8(a)是两只磁敏二极管互补使用的接线图,图 10.2.8(b)是互补使用时的特性曲线。所谓互补使用,是把两只性能相同的磁敏二极管按磁敏感面相对或相背重叠放置(即按相反磁极性组合),然后串联在电路中。互补使用不但可以提高磁灵敏度,而且还可以进行温度补偿。

如同霍尔式转速传感器一样，把磁敏二极管或磁敏三极管紧贴在永久磁铁磁极端面上，就组成测量探头。探头正对固定在被测转轴上的齿轮(如图10.2.2(b))或非导磁体圆盘上交替安装的铁氧体，就可得到频率与被测轴转速成比例的交变电压信号。

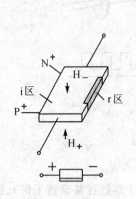

图 10.2.5　磁敏二极管

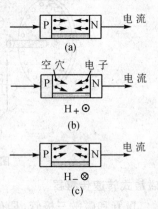

图 10.2.6　磁敏二极管工作原理

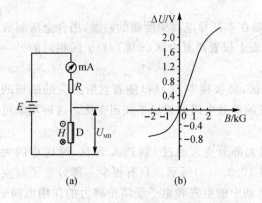

图 10.2.7　磁敏二极管单个使用方式

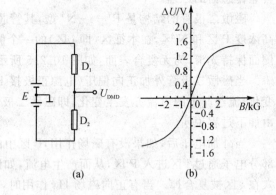

图 10.2.8　磁敏二极管互补使用方式

5. 光电频率转速传感器

光电式转速传感器分为反射式和透射式两大类，它们由光源、光路系统、调制器和光敏元件组成，如图 10.2.9 所示。调制器的作用是把连续光调制成光脉冲信号，它可以是一个其上开有均匀分布的多个缝隙(或小孔)的圆盘，或是直接在被测转轴的某一部位上涂以黑白相间的条纹。当安装在被测轴上的调制器随被测轴一起旋转时，利用圆盘缝隙(或小孔)的透光性，或黑白条纹对光的吸收或反射性把被测转速调制成相应的光脉冲。光脉冲照射到光敏元件上时，即产生相应的电脉冲信号，从而把转速转换成了电脉冲信号。

图 10.2.9(a)是透射式光电转速传感器的原理图。当被测轴旋转时，安装在其上的圆盘调制器使光路周期性地交替断和通，因而使光敏元件产生周期性变化的电信号。

图 10.2.9(b)是反射式光电转速传感器原理示意图。光源发出的光经过透镜 1 投射到半透膜 4 上。半透膜具有对光半透半反射的特性，透射的部分光被损失掉，反射的部分光经透镜 3 投射到转轴上涂有黑白条纹的部位。黑条纹吸收光，白条纹反射光。在转轴旋转过程中，光照处的条纹黑白每变换一次，光线就被反射一次。被反射回的光经过透镜 3 又投射到半透膜

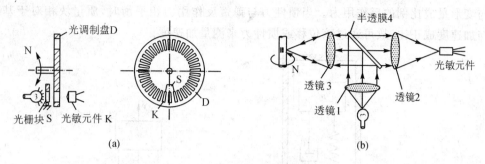

图 10.2.9 光电式转速传感器

4 上,部分被半透膜反射损失掉,部分透过半透膜并经透镜 2 聚焦到光敏元件上,光敏元件就由不导通状态变为导通状态,从而产生一个电脉冲信号。因此,转轴每旋转一圈,光敏元件就输出数目与白条纹数目相同个电脉冲信号。

以上各种频率式转速传感器输出的交流电信号的频率 $f(Hz)$ 和周期 $T(s)$ 与被测转速 $N(r/min)$ 的关系为

$$f = \frac{NZ}{60} \tag{10.2.3}$$

或

$$N = \frac{60f}{Z} = \frac{60}{ZT} \tag{10.2.4}$$

式中 Z——齿轮的齿数或调制器的缝隙数。

输出交流电信号经放大整形后,即获得相同频率的方波信号,通过测量方波的频率或周期,即可测得被测转速的大小。

10.3 加速度测量

线加速度是指物体重心沿其运动轨迹方向的加速度,是表征物体在空间运动本质的一个基本物理量。因此,可以通过测量加速度来测量物体的运动状态。例如,惯性导航系统就是通过加速度计来测量飞行器的加速度、速度(地速)、位置、已飞过的距离以及相对于预定到达点的方向等。通常还通过测量加速度来判断运动机械系统所承受的加速度负荷的大小,以便正确设计其机械强度和按照设计指标正确控制其运动加速度,以免机件损坏。

线加速度的单位是 m/s²,而习惯上常以重力加速度 g 作为计量单位。对于加速度,常用绝对法测量,即把惯性型测量装置安装在运动体上进行测量。

10.3.1 理论基础

加速度传感器的基本工作原理如图 10.3.1 所示,由质量块 m、弹簧 k 和阻尼器 c 组成惯性型二阶测量系统。质量块通过弹簧和阻尼器与传感器基座相连接。传感器基座与被测运动体相固联,因而随运动体一起相对于惯性空间的某一参考点作相对运动。由于质量块不与传感器基座相固联,因而在惯性力作用下将与基座之间产生相对位移。质量块感受加速度并产生与加速度成比例的惯性力,从而使弹簧产生与质量块相对位移相等的伸缩变形,弹簧变形又产生与变形量成比例的反作用力。当惯性力与弹簧反作用力相平衡时,质量块相对于基座的位移与加速度成正比,故可通过该位移或惯性力来测量加速度。

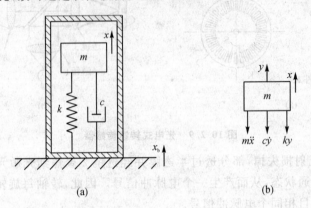

图 10.3.1　二阶惯性系统

设传感器基座相对于惯性空间参考坐标的位移为 x_b,质量块 m 相对于惯性空间参考坐标的位移为 x,质量块相对于传感器基座的位移为 y,即

$$y = x - x_b \tag{10.3.1}$$

同时,质量块受到的惯性力为 $m\ddot{x}$;质量块受到的阻尼力和弹性力分别为 $c\dot{y}$ 和 ky,如图 10.3.1(b)所示;根据力平衡原理,有

$$m\ddot{x} + c\dot{y} + ky = 0 \tag{10.3.2}$$

将式(10.3.1)代入式(10.3.2),可得

$$m\ddot{y} + c\dot{y} + ky = -m\ddot{x}_b \tag{10.3.3}$$

或以典型的二阶系统形式来描述,即

$$\ddot{y} + 2\zeta_n\omega_n\dot{y} + \omega_n^2 y = -\ddot{x}_b \tag{10.3.4}$$

$$\omega_n = \sqrt{\frac{k}{m}} \tag{10.3.5}$$

$$\zeta_n = \frac{c}{2\sqrt{mk}} \tag{10.3.6}$$

式中　$\ddot{x}_b$——基座相对惯性空间运动的加速度(m/s²),即传感器感受到的运动加速度,也就是所需测量的运动加速度;

ω_n——二阶系统的固有角频率(rad/s);

ζ_n——系统的阻尼比系数;

m——质量块的质量(m);

k——弹簧刚度系数(N/m);

c——阻尼系数(N·s/m)。

当运动体的运动以正弦规律变化时,即

$$\left.\begin{array}{l} x_b = X_m \sin \omega t \\ \dot{x}_b = \omega X_m \cos \omega t = V_m \cos \omega t \\ \ddot{x}_b = -\omega^2 X_m \sin \omega t = a_m \sin \omega t \end{array}\right\} \tag{10.3.7}$$

式中　X_m——基座相对惯性空间位移 x_b 的幅值(m);

V_m——基座运动速度的幅值(m/s),$V_\mathrm{m}=\omega X_\mathrm{m}$;

a_m——基座运动加速度幅值(m/s²),$a_\mathrm{m}=-\omega^2 X_\mathrm{m}$。

将 $\ddot{x}_\mathrm{b}=-\omega^2 X_\mathrm{m}\sin\omega t=a_\mathrm{m}\sin\omega t$ 代入式(10.3.4),可得

$$\ddot{y}+2\zeta_\mathrm{n}\omega_\mathrm{n}\dot{y}+\omega_\mathrm{n}^2 y=-a_\mathrm{m}\sin\omega t \tag{10.3.8}$$

于是质量块相对于传感器基座的位移 y 的稳态解为

$$y(t)=\frac{-\dfrac{1}{\omega_\mathrm{n}^2}a_\mathrm{m}}{\sqrt{\left[1-\left(\dfrac{\omega}{\omega_\mathrm{n}}\right)^2\right]^2+\left(2\zeta_\mathrm{n}\dfrac{\omega}{\omega_\mathrm{n}}\right)^2}}\sin(\omega t+\varphi_a) \tag{10.3.9}$$

当输入量(即被测量)为基座的加速度 $\ddot{x}_\mathrm{b}$ 时,以可以实际测量得到的质量块相当于基座的位移 y 为输出量,则系统的归一化幅频特性为

$$A_a(\omega)=\left|\frac{Y_\mathrm{m}\omega_\mathrm{n}^2}{a_\mathrm{m}}\right|=\frac{1}{\sqrt{\left[1-\left(\dfrac{\omega}{\omega_\mathrm{n}}\right)^2\right]^2+\left(2\zeta_\mathrm{n}\dfrac{\omega}{\omega_\mathrm{n}}\right)^2}} \tag{10.3.10}$$

相频特性为

$$\varphi_a(\omega)=\begin{cases}-\arctan\dfrac{2\zeta_\mathrm{n}\dfrac{\omega}{\omega_\mathrm{n}}}{1-\left(\dfrac{\omega}{\omega_\mathrm{n}}\right)^2}-\pi, & \omega\leqslant\omega_\mathrm{n} \\[2ex] -\pi+\arctan\dfrac{2\zeta_\mathrm{n}\dfrac{\omega}{\omega_\mathrm{n}}}{\left(\dfrac{\omega}{\omega_\mathrm{n}}\right)^2-1}-\pi=-2\pi+\arctan\dfrac{2\zeta_\mathrm{n}\dfrac{\omega}{\omega_\mathrm{n}}}{\left(\dfrac{\omega}{\omega_\mathrm{n}}\right)^2-1}, & \omega>\omega_\mathrm{n}\end{cases} \tag{10.3.11}$$

加速度相对幅值误差为

$$\Delta A(\omega)=\frac{1}{\sqrt{\left[1-\left(\dfrac{\omega}{\omega_\mathrm{n}}\right)^2\right]^2+\left(2\zeta_\mathrm{n}\dfrac{\omega}{\omega_\mathrm{n}}\right)^2}}-1 \tag{10.3.12}$$

相角误差为

$$\Delta\varphi_a(\omega)=\begin{cases}-\arctan\dfrac{2\zeta_\mathrm{n}\dfrac{\omega}{\omega_\mathrm{n}}}{1-\left(\dfrac{\omega}{\omega_\mathrm{n}}\right)^2}, & \omega\leqslant\omega_\mathrm{n} \\[2ex] -\pi+\arctan\dfrac{2\zeta_\mathrm{n}\dfrac{\omega}{\omega_\mathrm{n}}}{\left(\dfrac{\omega}{\omega_\mathrm{n}}\right)^2-1}, & \omega>\omega_\mathrm{n}\end{cases} \tag{10.3.13}$$

图 10.3.2 给出了式(10.3.10)和式(10.3.11)对应的幅频特性曲线和相频特性曲线。式(10.3.11)相频特性 $\varphi_a(\omega)$ 中的 $-\pi$ 项($\omega\leqslant\omega_\mathrm{n}$)或第二个 $-\pi$ 项($\omega>\omega_\mathrm{n}$)表示:质量块相对于基座位移的方向与基座的加速度方向相反,图 10.3.3 给出了测量加速度时各向量的相位关系。

从式(10.3.10)和式(10.3.12)可知,只有当 $\omega\ll\omega_\mathrm{n}$ 时,相对幅值 $A_a(\omega)$ 接近于1,幅值误差 $|\Delta A(\omega)|$ 很小。因此,测量加速度时要求质量块的质量 m 小,弹簧刚度 k 大。因为只有弹簧较硬时才能传递较多的能量给质量块,使其跟随基座一起运动(极限情况是把质量块与基座刚

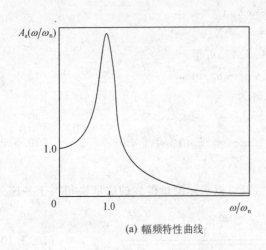
(a) 幅频特性曲线

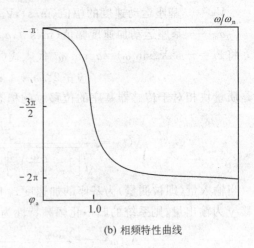
(b) 相频特性曲线

图 10.3.2　测量加速度时的幅频特性曲线和相频特性曲线

性相连,因而它相对于惯性空间的运动加速度$\ddot{x}$就与基座的加速度$\ddot{x}_b$完全相同,但在这种情况下,质量块与基座之间无相对位移,也就无法利用惯性法测量加速度了)。但是,当敏感质量m太小时,测量的灵敏度非常低,因此通过测量质量块相当于基座的位移y来实现的加速度传感器适合于较低频率、较大幅值加速度的测量。事实上,当加速度作用于敏感质量时,所引起的惯性力不仅会产生较大的机械位移,而且还会产生较大的应变或应力。通过测量应变、应力的方式就可以改善上述不足。

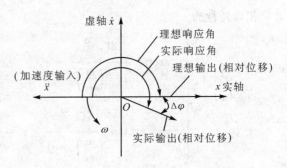

图 10.3.3　测量加速度时的旋转向量

10.3.2 节将介绍位移式加速度传感器；10.3.3 节,10.3.4 节将介绍基于应变、应力变化的加速度传感器。

10.3.2　位移式加速度传感器

如上所述,质量-弹簧-阻尼系统可以把加速度转换成与之成比例的质量块相对于传感器基座的位移,因此,利用第 9 章所介绍的位移传感器作为变换器,把质量块的相对位移转变成与加速度成比例的电信号,就可构成各种类型的位移式加速度传感器。图 10.3.4 给出了一些位移式加速度传感器原理结构。

图 10.3.4(a)是一种变磁阻式加速度传感器,它是以通过弹簧片与壳体相联的质量块m作为差动变压器的衔铁。当质量块感受加速度而产生相对位移时,差动变压器就输出与位移(也即与加速度)成近似线性关系的电压,加速度方向改变时,输出电压的相位相应地改变 180°。

图 10.3.4(b)是电容式加速度传感器的原理结构,它以弹簧片所支承的敏感质量块作为差动电容器的活动极板,并以空气作为阻尼。电容式加速度传感器的特点是频率响应范围宽,测量范围大。

图 10.3.4(c)是霍尔式加速度传感器的结构示意图。固定在传感器壳体上的弹性悬臂梁的中部装有一感受加速度的质量块 m，梁的自由端固定安装着测量位移的霍尔元件 H。在霍尔元件的上下两侧，同极性相对安装着一对永久磁铁，以形成线性磁场，永久磁铁磁极间的间隙可通过螺丝进行调整。当质量块感受上下方向的加速度而产生与之成比例的惯性力使梁发生弯曲变形时，自由端就产生与加速度成比例的位移，霍尔元件就输出与加速度成比例的霍尔电势 U_H。

图 10.3.4(d)所示为一种电位器式过载加速度传感器。电位器的电刷与质量块刚性连接，电阻元件固定安装在传感器壳体上。杯形空心质量块 m 由硬弹簧片支承，内部装有与壳体相连接的活塞。当质量块感受加速度相对于活塞运动时，就产生气体阻尼效应，阻尼比系数可通过一个螺丝改变排气孔的大小来调节。质量块带动电刷在电阻元件上滑动，从而输出与位移成比例的电压。因此，当质量块感受加速度时，并在系统处于平衡状态后，电位器的输出电压与质量块所感受的加速度成正比。电位器式加速度传感器主要用于测量变化很慢的线加速度和低频振动加速度。

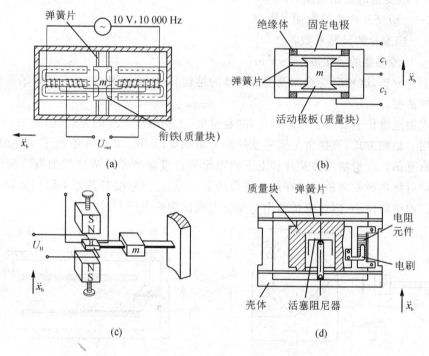

图 10.3.4 几种位移式加速度传感器原理结构

10.3.3 应变式加速度传感器

应变式加速度传感器的具体结构形式很多，但都可简化为图 10.3.5 所示的形式。等强度楔形弹性悬臂梁(参见图 11.1.10(b))固定安装在传感器的基座上，梁的自由端固定一质量块 m，在梁其根部上、下表面粘贴四个性能相同的应变片，同时应变片接成对称差动电桥。

下面考虑被测加速度的频率远小于悬臂梁固有频率的情况(习题 10.12 为一般情况)。

当质量块感受加速度 a 而产生惯性力 F_a 时，在力 F_a 的作用下，悬臂梁发生弯曲变形，其应变 ε 为

$$\varepsilon = \frac{6L}{Ebh^2}F_a = \frac{-6L}{Ebh^2}ma \tag{10.3.14}$$

式中 L,b,h——梁的长度(m)、根部宽度(m)和厚度(m);

E——材料的弹性模量(Pa);

m——质量块的质量(kg);

a——被测加速度(m/s²)。

粘贴在梁两面上的应变片分别感受正(拉)应变和负(压)应变而使电阻增加和减小,电桥失去平衡而输出与加速度成正比的电压 U_{out},即

$$U_{out} = U_{in}\frac{\Delta R}{R} = U_{in}k\varepsilon = -\frac{6U_{in}KL}{Ebh^2}ma = K_a a \tag{10.3.15}$$

$$K_a = -\frac{6U_{in}KLm}{Ebh^2} \tag{10.3.16}$$

式中 U_{in}——电桥工作电压(V);

R——应变片的初始电阻(Ω);

ΔR——应变片产生的附加电阻(Ω);

K——应变片的灵敏系数;

K_a——传感器的灵敏度(V·s²m)。

通过上述分析,这种应变式加速度传感器的结构简单、设计灵活、具有良好的低频响应,可测量常值加速度。

应变式加速度传感器除了可以采用在"悬臂梁"上粘贴应变片的方式(如图 10.3.5 所示),也可以采用非粘贴方式,直接由金属应变丝作为敏感电阻,图 10.3.6 给出了一种加速度传感器的结构示意图。质量块用弹簧片和上下两组金属应变丝支承。应变丝加有一定的预紧力,并作为差动对称电桥的两桥臂。在加速度作用下,一组应变丝受拉伸而电阻增大,另一组应变丝受"压缩"而电阻减小,因而电桥输出与加速度成比例的电压 U_{out}。

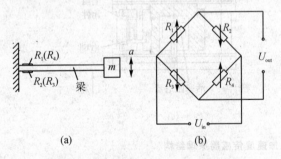

图 10.3.5 应变式加速度传感器原理   图 10.3.6 一种非粘贴应变式加速度传感器的结构

10.3.4 压电式加速度传感器

1. 压电式加速度传感器的结构

图 10.3.7 是压电式加速度传感器的结构原理图,它由质量块 m、硬弹簧 k、压电晶片和基座组成。质量块一般由比重较大的材料(如钨或重合金)制成。硬弹簧的作用是对质量块加载,产生预压力,以保证在作用力变化时,晶片始终受到压缩。整个组件都装在基座上,为了防止被测件的任何应变传到晶片上而产生假信号,基座一般要求做得较厚。

为了提高灵敏度,可以把两片压电元件重叠放置并按并联(对应于电荷放大器)或串联(对应于电压放大器)方式连接,参见 7.5.2 节。

压电式加速度传感器的具体结构形式也有多种,图 10.3.8 所示为常见的几种。

2. 工作原理

当传感器基座随被测物体一起运动时,由于弹簧刚度很大,相对而言质量块的质量 m 很小,即惯性很小,因而可认为质量块感受与被测物体相同的加速度,并产生与加速度成正比的惯性力 F_a。惯性力作用在压电晶片上,就产生与加速度成正比的电荷 q 或电压 u_a,这样通过电荷量或电压来测量加速度 a。

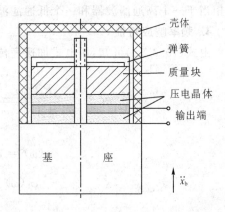

图 10.3.7 压电式加速度传感器的结构原理图

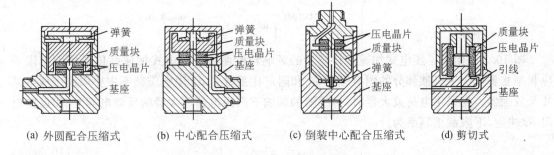

(a) 外圆配合压缩式　　(b) 中心配合压缩式　　(c) 倒装中心配合压缩式　　(d) 剪切式

图 10.3.8 压电式加速度传感器的结构

3. 传递函数

压电式加速度传感器主要有三个测量环节,即质量-弹簧-阻尼二阶系统,压电变换元件和测量放大电路。

质量-弹簧-阻尼二阶系统将敏感质量块感受到的加速度转换为质量块的机械变形 $y=x-x_b$,该变形也是压电晶片在"惯性力" $m\ddot{x}_b$ 作用后所产生的变形量,可以由式(10.3.4)来描述,其传递函数为

$$\frac{Y(s)}{A(s)} = \frac{-1}{s^2 + 2\zeta_n\omega_n s + \omega_n^2} \tag{10.3.17}$$

式中　$A(s)$ 为加速度 $\ddot{x}_b(t)$ 的拉氏变换。

所产生的压电晶片的微小变形量 $Y(s)$ 将引起其应力变化,基于压电效应,在压电晶片上就会产生电荷 $q(s)$,它们之间的关系可以描述为

$$q(s) = k_{yq}Y(s) \tag{10.3.18}$$

式中　k_{yq}——转换系数(C/m),表示单位微小变形量引起的电荷量,它与传感器结构参数、物理参数,压电晶片的结构参数、物理参数、压电常数等密切相关。

当加速度传感器配置电荷放大器时(参见 7.5 节),其特性如式(7.5.8),结合式(10.3.17)、(10.3.18)可得电荷放大器输出 $u_{\text{out}}(s)$ 与被测加速度 $A(s)$ 之间的传递函数

$$\frac{u_{\text{out}}(s)}{A(s)} = \frac{R_f k_{yq} s}{1 + R_f C_f s} \cdot \frac{1}{s^2 + 2\zeta_n\omega_n s + \omega_n^2} \tag{10.3.19}$$

它相当于一个高通滤波器和一个低通滤波器串联构成的带通滤波器。

4. 频率响应特性

由式(10.3.19)可知：压电式加速度传感器的幅频特性和相频特性分别为

$$H(\omega) = \frac{R_f k_{yq} \omega}{\sqrt{1+(R_f C_f \omega)^2}} \cdot \frac{\dfrac{1}{\omega_n^2}}{\sqrt{\left[1-\left(\dfrac{\omega}{\omega_n}\right)^2\right]^2 + \left(2\zeta_n \dfrac{\omega}{\omega_n}\right)^2}} \quad (10.3.20)$$

$$\varphi(\omega) = \varphi_1(\omega) + \varphi_2(\omega) + \frac{\pi}{2} \quad (10.3.21)$$

$$\varphi_1(\omega) = -\arctan R_f C_f \omega \quad (10.3.22)$$

$$\varphi_2(\omega) = \begin{cases} -\arctan \dfrac{2\zeta_n \dfrac{\omega}{\omega_n}}{1-\left(\dfrac{\omega}{\omega_n}\right)^2}, & \omega \leqslant \omega_n \\[2ex] -\pi + \arctan \dfrac{2\zeta_n \dfrac{\omega}{\omega_n}}{\left(\dfrac{\omega}{\omega_n}\right)^2 - 1}, & \omega > \omega_n \end{cases} \quad (10.3.23)$$

图 10.3.9 给出了压电式加速度传感器的频响特性曲线。压电式加速度传感器的上限响应频率主要取决于机械部分的固有频率 ω_n 和阻尼比系数 ζ_n，下限响应频率主要取决于压电晶片及放大器。当采用电荷放大器时，传感器的频响下限由电荷放大器的反馈电容 C_f 和反馈电阻 R_f 决定，下限截止频率为

$$\omega_L = \frac{1}{R_f C_f} \quad (10.3.24)$$

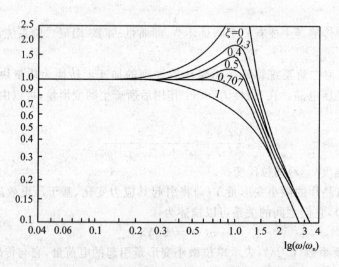

图 10.3.9 压电式加速度传感器的频率特性曲线

5. 应用特点

压电式传感器的突出特点是具有很好的高频响应特性。工作频带由零点几赫兹到数十千赫兹，测量范围宽由 $10^{-6} \sim 10^3 g$，使用温度可达 400 ℃ 以上。

10.3.5 伺服式加速度测量系统

前面介绍的都是开环加速度传感器。为了提高测量精度,通常采用伺服式测量系统。

1. 有静差伺服式加速度测量系统

图 10.3.10 是一种有静差力平衡伺服式加速度测量系统。它由片状弹簧支承的质量块 m、位移传感器、放大器和产生反馈力的一对磁电力发生器组成。活动质量实际上由力发生器的两个活动线圈构成。磁电力发生器由高稳定性永久磁铁和活动线圈组成,为了提高线性度,两个力发生器按推挽方式连接。活动线圈的非导磁性金属骨架在磁场中运动时,产生电涡流,从而产生阻尼力,因此它也是一个阻尼器。

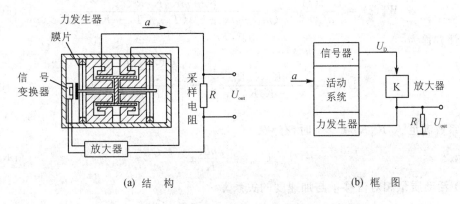

(a) 结构 (b) 框图

图 10.3.10 有静差力平衡伺服式加速度测量系统

当加速度沿敏感轴方向作用时,活动质量偏离初始位置而产生相对位移。位移传感器检测位移并将其转换成交流电信号,电信号经放大并被解调成直流电压后提供一定功率的电流传输至力发生器的活动线圈。位于磁路气隙中的载流线圈受磁场作用而产生电磁力去平衡被测加速度所产生的惯性力而阻止活动质量继续偏离。当电磁力与惯性力相平衡时,活动质量即停止运动,处于与加速度相应的某一新的平衡位置。这时位移传感器的输出电信号在采样电阻 R 上建立的电压降(输出电压 U_{out})就反映出被测加速度的大小。显然,只有活动质量新的静止位置与初始位置之间具有相对位移时,位移传感器才有信号输出,磁电力发生器才会产生反馈力,因此这个系统是有静差力平衡系统。

活动质量与弹簧片组成二阶振动系统,其传递函数为

$$W_y(s) = \frac{Y(s)}{F_a(s)} = \frac{1}{ms^2 + cs + k_s} \quad (10.3.25)$$

位移传感器在小位移范围内是一个线性环节,设其传递系数为 K_d,输出电压为

$$U_d = K_d Y \quad (10.3.26)$$

放大解调电路由于解调功能以及活动线圈具有一定电感,因而具有一定的惯性,所以这部分可作为一惯性环节,其传递函数为

$$W_A(s) = \frac{I(s)}{U_d(s)} = \frac{K_A}{T_A s + 1} \quad (10.3.27)$$

磁电力发生器是一个线性环节,所产生的反馈力 F_f 与输入电流成正比,其灵敏度系数 K_f 取决于气隙的磁感应强度 B、活动线圈的平均直径 D 和匝数 W,即

$$F_f = 2\pi BDWI = K_f I \quad (10.3.28)$$

根据系统的工作原理和各环节的传递函数,可绘出系统的结构方块图 10.3.11,并导出表征系统特性的几个传递函数。

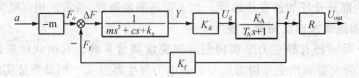

图 10.3.11 有静差伺服式加速度测量系统的结构方块图

(1) 输出电压与加速度的关系。传递函数为

$$W_u(s) = \frac{U_{\text{out}}(s)}{a(s)} = \frac{-mK_d K_A R}{(ms^2 + cs + k_s)(T_A s + 1) + K_d K_A K_f} \quad (10.3.29)$$

静态特性方程为

$$U_{\text{out}} = -\frac{mK_d K_A R}{k_s + K_d K_A K_f} a = -\frac{\frac{mK_d K_A R}{k_s}}{1 + \frac{K_d K_A K_f}{k_s}} a \quad (10.3.30)$$

当传递系数满足 $K_d K_A K_f / k_s \gg 1$ 时,有

$$U_{\text{out}} = -\frac{mR}{K_f} a \quad (10.3.31)$$

(2) 活动质量相对位移 y 与加速度的关系。

$$W_y(s) = \frac{Y(s)}{a(s)} = -\frac{m(T_A s + 1)}{(ms^2 + cs + k_s)(T_A s + 1) + K_d K_A K_f} \quad (10.3.32)$$

静态特性方程式为

$$y = -\frac{m}{k_s + K_d K_A K_f} a = -\frac{\frac{m}{k_s}}{1 + \frac{K_d K_A K_f}{k_s}} a \quad (10.3.33)$$

当 $K_d K_A K_f \gg k_s$ 时,有

$$y = -\frac{m}{K_d K_A K_f} a \quad (10.3.34)$$

(3) 系统偏差 ΔF 与加速度的关系。

$$W_F(s) = \frac{\Delta F(s)}{a(s)} = -\frac{m(ms^2 + cs + k_s)(T_A s + 1)}{(ms^2 + cs + k_s)(T_A s + 1) + K_d K_A K_f} \quad (10.3.35)$$

静态特性方程为

$$\Delta F = -\frac{mk_s}{k_s + K_d K_A K_f} a = -\frac{m}{1 + \frac{K_d K_A K_f}{k_s}} a \quad (10.3.36)$$

当 $K_d K_A K_f \gg k_s$,则

$$\Delta F = -\frac{mk_s}{K_d K_A K_f} a \quad (10.3.37)$$

可见,对于静差式测量系统,当闭环内静态传递系数很大时,在静态测量或系统处于相对平衡状态时,其静态灵敏度只与闭环以外各串联环节的传递系数以及反馈支路的传递系数有关,因而要求它们具有较高的精度和稳定性。由于静态灵敏度与环内前馈支路各环节的传递

系数无关,因而除要求它们具有较大的数值外,对其他性能的要求则可降低。活动质量的相对位移 y 和系统力的偏差 ΔF 均与被测加速度 a 成正比,且静态传递系数越大,位移和力的偏差越小,只有当静态传递系数为无穷大时,位移 y 和力的偏差 ΔF 才为零。但位移为零时,将不会产生反馈力。因此,静态传递系数不能、也不会是无穷大的,在这种情况下,静态各环节传递系数的变化将会引起位移和力的偏差的误差。

2. 无静差伺服式加速度测量系统

在有静差式测量系统中,各环节传递系数的变化、有害加速度和摩擦力等外界干扰都会引起测量误差。为了减小静态误差,除要求系统具有较大的开环传递系数外,要求支承弹簧刚度尽可能小。当弹簧刚度 $k_s=0$(例如采用无弹簧支承的全液浮式活动系统)时,测量系统的基本特性将有很大变化,活动部分将变成一个惯性环节和一个积分环节相串联,其传递函数为

$$W_y(s) = \frac{Y(s)}{F_a(s)} = \frac{1}{(ms+c)s} \tag{10.3.38}$$

如果其他各环节仍保持与上述有静差式系统相同,则该系统的结构框图如图 10.3.12 所示。

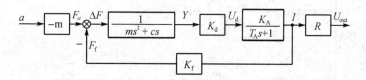

图 10.3.12 无静差伺服式加速度测量系统结构框图

系统输出电压与加速度的传递函数为

$$W_u(s) = \frac{U_{out}(s)}{a(s)} = -\frac{mK_dK_AR}{s(ms+c)(T_As+1)+K_dK_AK_f} \tag{10.3.39}$$

静态特性方程为

$$U_{out} = -\frac{mR}{K_f}a \tag{10.3.40}$$

活动质量的相对位移 y 与加速度 a 的传递函数和静态特性方程分别为

$$W_y(s) = \frac{Y(s)}{a(s)} = -\frac{m(T_As+1)}{s(ms+c)(T_As+1)+K_dK_AK_f} \tag{10.3.41}$$

$$y = -\frac{m}{K_dK_AK_f}a \tag{10.3.42}$$

力的偏差 ΔF 与加速度 a 的传递函数和静态特性方程分别为

$$W_F(s) = \frac{\Delta F(s)}{a(s)} = -\frac{ms(ms+c)(T_As+1)}{s(ms+c)(T_As+1)+K_dK_AK_f} \tag{10.3.43}$$

$$\Delta F = 0 \tag{10.3.44}$$

可以看出,无静差测量系统的静态偏差 ΔF 为零,与被测加速度无关。系统具有无静差特性的根本原因在于闭环前馈支路中包括有积分环节。因此,如果在有静差系统的闭环前馈支路内增设积分环节,就可构成无静差系统。

关于伺服式测量系统的误差分析,将在第 12 章压力测量中介绍。

10.4 振动测量

振动测量包括振动位移(振幅)、振动速度、振动加速度和振动频率的测量。振动加速度的测量原理和传感器均与上节所介绍的加速度测量完全相同。

10.4.1 振动位移(振幅)测量

利用图 10.3.1 所示惯性系统测量振动位移的传感器在结构形式上和加速度传感器是完全一样的,但参数的选取却大不相同。当输入量为传感器基座的位移(即振动体的振动位移)时,从式(10.3.9)和式(10.3.7)可得振动位移的幅频特性和相频特性

$$A_x(\omega) = \left|\frac{Y_m}{X_m}\right| = \frac{\left(\frac{\omega}{\omega_n}\right)^2}{\sqrt{\left[1-\left(\frac{\omega}{\omega_n}\right)^2\right]^2 + \left(2\zeta_n\frac{\omega}{\omega_n}\right)^2}} \tag{10.4.1}$$

$$\varphi_x(\omega) = \begin{cases} -\arctan\dfrac{2\zeta_n\dfrac{\omega}{\omega_n}}{1-\left(\dfrac{\omega}{\omega_n}\right)^2} + \pi, & \omega \leqslant \omega_n \\ -\pi + \arctan\dfrac{2\zeta_n\dfrac{\omega}{\omega_n}}{\left(\dfrac{\omega}{\omega_n}\right)^2-1} + \pi = \arctan\dfrac{2\zeta_n\dfrac{\omega}{\omega_n}}{\left(\dfrac{\omega}{\omega_n}\right)^2-1}, & \omega > \omega_n \end{cases} \tag{10.4.2}$$

式(10.4.2)相频特性 $\varphi_x(\omega)$ 中的 $+\pi$ 项的意义是:质量块相对于基座的位移与基座相对于惯性空间的位移在方向上是相反的。幅频特性 $A_x(\omega)$ 和相频特性 $\varphi_x(\omega)$ 的曲线如图 10.4.1(a)所示。

为了正确反映被测振幅,质量块相对于基座的振幅 Y_m 与基座相对惯性空间的振幅 X_m 应完全相等,即质量块相对于惯性空间应该是完全静止的。但实际上质量块相对于基座的运动与理想情况是有差异的,其幅值误差和相位误差分别为

$$\Delta A_x(\omega) = \frac{\left(\dfrac{\omega}{\omega_n}\right)^2}{\sqrt{\left[1-\left(\dfrac{\omega}{\omega_n}\right)^2\right]^2 + \left(2\zeta_n\dfrac{\omega}{\omega_n}\right)^2}} - 1 \tag{10.4.3}$$

$$\Delta\varphi_x(\omega) = \begin{cases} -\arctan\dfrac{2\zeta_n\dfrac{\omega}{\omega_n}}{1-\left(\dfrac{\omega}{\omega_n}\right)^2}, & \omega \leqslant \omega_n \\ -\pi + \arctan\dfrac{2\zeta_n\dfrac{\omega}{\omega_n}}{\left(\dfrac{\omega}{\omega_n}\right)^2-1}, & \omega > \omega_n \end{cases} \tag{10.4.4}$$

图 10.4.1(b)所示为测量振幅时各向量的相位关系。

从式(10.4.1)和式(10.4.3)可知,只有当 $\omega/\omega_n \gg 1$ 时,相对幅值 $A_x(\omega)$ 接近于 1,误差 $|\Delta A_x(\omega)|$ 很小。即只有当质量 m 较大即惯性大,弹簧刚度 k 较小即弹簧较软,振动频率 ω 足够高,质量块来不及跟随振动体一起振动,以致相对于惯性空间接近于静止状态时,质量块相

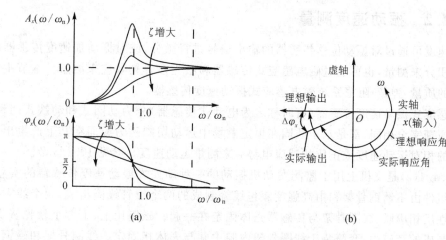

图 10.4.1 测量振动位移的频率特性及旋转向量

对于基座的位移 y 才近似等于振动体的振幅 X_m。由于弹簧软，振动能量几乎全部被它吸收而产生伸缩变形，伸缩量接近等于振动体的振幅。这就是二阶惯性系统用于测量振幅与测量加速度时在参数选取方面的根本差别。

同样，利用不同的位移传感器作为变换元件，把质量块相对于基座的位移转换成电量，就可构成不同的振动位移传感器。

图 10.4.2 是利用霍尔式传感器测量振动位移的原理示意图。霍尔元件固定在非导磁材料制成的平板上，平板与顶杆紧固在一起，顶杆通过触头与被测振动体接触，随其一起振动。一对永久磁铁用来形成线性磁场。振动体通过触头、顶杆带动霍尔元件在线性磁场中往返运动，因此霍尔电势就反映出振动体的振幅和振动频率。

图 10.4.3 是利用电涡流式传感器测量振动和振型图的原理。图(a)是利用沿轴的轴向并排放置的几个电涡流传感器，分别测量轴各处的振动位移，从而测出轴的振型。图(b)是测量涡轮叶片的示意图，叶片振动时周期性地改变其与电涡流传感器之间的距离，因而电涡流传感器就输出幅值与叶片振幅成比例、频率与叶片振动频率相同的电压。

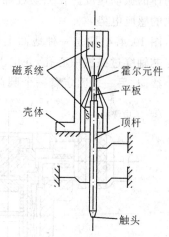

图 10.4.2 利用霍尔式传感器测量振动的原理

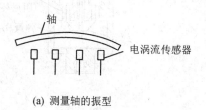

(a) 测量轴的振型

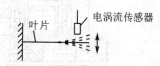

(b) 测量涡轮叶片振幅

图 10.4.3 利用电涡流传感器测量振动的原理

10.4.2 振动速度测量

振动速度可通过对振动位移传感器的输出信号进行微分,或对振动加速度传感器的输出信号进行积分来测量,也可通过磁电感应式传感器和激光多普勒效应来测量。本节主要介绍一种常用的质量-弹簧-阻尼系统磁电感应式振动速度传感器。

磁电感应式振动速度传感器(有时称之为电动式传感器)分为动圈式和动铁式两种类型,但其作用原理完全相同,都是基于线圈在恒定磁场中运动切割磁力线而在其上产生出与它和磁场之间的相对运动速度成正比的感应电势 e 来测量运动速度。参见10.1.3节。

图10.4.4(a)是飞机上用于监测发动机振动的一种动铁式振动速度传感器的实际结构。它的线圈组件由不锈钢骨架和由高强度漆包线绕制成的两个螺管线圈组成,两个线圈按感应电势的极性反相串联,线圈骨架与传感器壳体固定在一起。磁钢用上、下两个软弹簧支承,装在不锈钢制成的套筒内,套筒装于线圈骨架内腔中并与壳体相固定。线圈骨架和磁钢套筒又都起电磁阻尼作用。传感器壳体用磁性材料铬钢制成,它既是磁路的一部分,又起磁屏蔽作用。永久磁铁的磁力线从一端出来,穿过工作气隙、磁钢套筒、线圈骨架和螺管线圈,再经由传感器壳体回到磁铁的另一端,构成一个完整的闭合回路。这样就组成一个质量-弹簧-阻尼系统。线圈和传感器壳体随被测振动体一起振动时,如果振动频率 f 远高于传感器的固有频率 f_n,永久磁铁相对于惯性空间接近于静止不动,因此它与壳体之间的相对运动速度就近似等于振动体的振动速度。在振动过程中,线圈在恒定磁场中往返运动,就在其上产生与振动速度成正比的感应电势 e。

图10.4.4(b)是一种地面上用的动圈式振动速度传感器。磁铁与传感器壳体固定在一起。芯轴穿过磁铁中心孔,并由上下两片柔软的圆形弹簧片支承在壳体上。芯轴一端固定着一个线圈,另一端固定着一个圆筒形铜杯(阻尼杯)。线圈组件、阻尼杯和芯轴构成活动质量

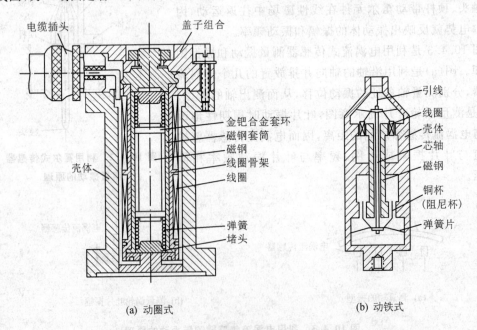

(a) 动圈式　　　　　　　　　　　(b) 动铁式

图 10.4.4　动铁式振动速度传感器和动圈式振动速度传感器

m。当振动频率远高于传感器的固有频率时,线圈组件接近于静止状态,而磁铁随振动体一起振动,从而在线圈上感应出与振动速度成正比的电势。

磁电感应式传感器的基本形式是速度传感器,但配以积分电路就可测量振动位移,而配以微分电路又可测量振动加速度。由于这种传感器不需要另设参考基准,因此特别适用于运动体,如飞机、车辆等的振动测量。

激光测量振动速度的原理与10.1节介绍的激光测速相同。利用激光测量振动的优点是不需要固定参考系,无接触,不需要在振动体上附加任何其他部件,不影响振动体本身的振动状态,因而测量精度高,测量频率范围宽,凡是激光能照到的地方都可进行测量,而且使用方便;缺点是易受其他杂散光的影响。

10.4.3 振动测量系统的组成

振动位移、振动速度和振动加速度同时存在,它们之间互为微分和积分关系,只要测得其中的一个参数所对应的输出信号,就可通过微分或积分电路而得到对应于其余两个参数的信号,故在一般测振系统中大都包括有积分和微分环节。为了抑制与被测振动体主振频率无关的其他高频振动,系统一般均设有低通滤波器。图10.4.5所示为简单测振系统的框图。很显然,这种简单系统不能够满足复杂振动(诸如随机振动、冲击等)和多功能测试要求。因此,根据实际需要,测振系统的结构也是多种多样的。

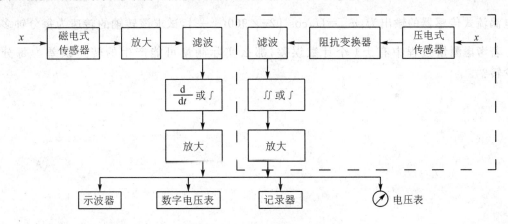

图 10.4.5 测振系统框图

习题与思考题

10.1 测量运动速度的方法主要有哪几种?各有什么特点?

10.2 简述多普勒原理。

10.3 给出一种电涡流式转速传感器的原理结构图,并说明其工作过程。

10.4 给出一种霍尔式转速传感器的原理结构图,并说明其工作过程。

10.5 给出一种光电频率转速传感器的原理结构图,并说明其工作过程。

10.6 以质量块 m、弹簧 k 和阻尼器 c 组成的惯性型二阶测量系统,说明加速度传感器的基本工作原理。

10.7 质量 m-弹簧 k-阻尼器 c 组成的惯性型加速度传感器测量系统,如何选择测量系统的参数?并简述其依据。

10.8 给出一种位移式加速度传感器的原理结构图,说明其工作过程及其特点。

10.9 给出一种应变式加速度传感器的原理结构图,说明其工作过程及其特点。

10.10 试建立悬臂梁应变式加速度传感器的传递函数。

10.11 给出一种压电式加速度传感器的原理结构图,说明其工作过程及其特点。

10.12 压电式加速度传感器的动态特性主要取决于哪些参数?并分析其相位特性。

10.13 给出一种伺服式加速度测量系统原理结构图,说明其工作过程及其特点。

10.14 导出二阶系统在测量振动位移、速度和加速度时的谐振频率点。

10.15 某压电式加速度传感器的电荷灵敏度为 $k_g = 120$ pC/g,若电荷放大器的反馈部分只是一个电容 $C_f = 1\ 200$ pF。当被测加速度为 $5\sin 10\ 000t$ m/s² 时,试求电荷放大器的稳态输出电压。

10.16 题 10.15 中,若电荷放大器的反馈部分除了上述反馈电容外,还有一个并联反馈电阻 $R_f = 2$ MΩ,当被测加速度为 $5\sin 10\ 000t$ m/s² 时,试求电荷放大器的稳态输出电压。

10.17 题 10.15 中,若电荷放大器的反馈部分除了上述反馈电容外,还有一个串联反馈电阻 $R_f = 2$ MΩ,当被测加速度为 $5\sin 10\ 000t$ m/s² 时,试求电荷放大器的稳态输出电压。

10.18 某电涡流式转速传感器用于测量在圆周方向开有 18 个均布小槽的转轴的转速。当电涡流式传感器的输出为:$u_{out} = U_m \cos\left(2\pi \times 900t + \dfrac{\pi}{3}\right)$,试求该转轴的转速为每分钟多少转?若考虑测量过程中有 ±1 个计数误差,那么实际测量可能产生的转速误差为每分钟多少转?

第11章 力、转矩测量系统

基本内容
 力 转矩
  杠杆式测力装置
  力平衡测量装置
  应变式测力传感器
  压磁式测力传感器
  应变式转矩传感器
  光电式转矩传感器
  相位差式转矩传感器

  力是一个常见的重要的物理量,自然界中所有过程都与力有着一定的联系。按照力产生原因的不同,可以把力分为重力、弹性力、惯性力、膨胀力、摩擦力、浮力、电磁力等。

  力是导出量,是质量和加速度的乘积,其标准和单位都取决于质量和加速度的标准与单位。质量是国际单位制中的一个基本量,基本单位是 kg;加速度是由基本长度和时间导出的量,单位是 m/s^2。

  国际单位制规定力的基本单位是 N(牛[顿]),其定义为使 1 kg 的质量产生 $1\ m/s^2$ 加速度所需要的力,即

$$1\ N = 1\ kg \cdot 1\ m/s^2 = 1\ kg \cdot m/s^2$$

11.1 力的测量

  力的测量方法很多,归纳起来大致有以下几种:

  (1) 力平衡式测量法,是用一个已知力来平衡待测的未知力。平衡力可以是已知质量的重力、电磁力和气动力等;

  (2) 通过测量加速度测量力,将待测力 F 作用在一质量 m 已知的物体上,使其产生加速度 a,根据 $a = F/m$ 实现测力;

  (3) 通过测量压力来测量力,将待测力转换成液体或气体的压力,再通过测量压力来测量力;

  (4) 通过测量位移或应变来测量力;

  (5) 通过压电效应或压磁效应来测量力;

  (6) 谐振式测力法,被测力作用在张紧的钢质振动弦丝(或音叉)上,改变弦丝(或音叉)的横向刚度来改变其固有振动频率,通过测量弦丝的固有频率来测量力。

  上述方法(1)、(2)、(3)用于静态力或缓慢变化力的测量;而方法(4)、(5)既可以测量静态力,也可以测量频率为数千 Hz 的交变力;方法(6)测量静态力或缓慢变化力时精度很高,测量较高频率的交变力时精度有所下降,特别当被测力的交变频率接近于弦丝(或音叉)的固有频率时,测量系统将不能正常工作。

11.1.1 机械式力平衡装置

图 11.1.1 给出了机械式测力计。可转动的杠杆支撑在刀形支承 M 上,杠杆 L 的左端上面悬挂有刀形支承 N,在支承 N 的下端直接作用有被测力 F。一个质量 m 已知的可滑动的砝码 G 安放在杠杆的另一端。测量时,调整砝码的位置使之与被测力平衡。为了便于观察平衡,在杠杆转动中心上安装一个指针 Q,以指示平衡位置。当达到平衡时,则有

$$F = \frac{b}{a}mg \qquad (11.1.1)$$

式中 a, b —— F 和 mg 的力臂(m),其中 a 为已知的固定值;

g —— 当地重力加速度(m/s^2)。

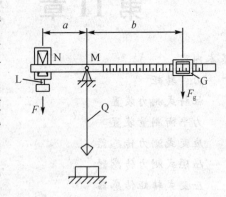

图 11.1.1 机械杠杆式测力计

可以看出,被测力的大小与砝码重力 mg 的力臂 b 成正比,因此可以在杠杆上直接刻出力的大小。这种测力计机构简单,常用于材料试验机的测力系统中。

11.1.2 磁电式力平衡装置

图 11.1.2 给出了一种磁电式力平衡测力系统。它由光源、光电式零位检测器、放大器和磁电式力发生器组成,是一种伺服式测力系统。无外力作用时,系统处于初始平衡位置,光线全部被遮住,光敏元件无电流输出,力发生器不产生力矩。当被测力 F 作用在杠杆上时,系统失去平衡,杠杆发生偏转,窗口打开相应的缝隙。光线通过缝隙,照射到光敏元件上,光敏元件输出与光照成比例的电信号,经放大后加到磁电力矩发生器的旋转线圈上。载流线路与磁场相互作用而产生电磁力矩,用来平衡被测力 F 与配重(标准质量 m)力的力矩之差,使杠杆重新处于平衡状态。当杠杆处于新的平衡状态时,其转角与被测力 F 成正比,放大器输出电信号在采样电阻 R 上的电压降 U_{out} 与被测力 F 成比例。与机械式测力杠杆相比较,磁电式力平衡系统使用方便,受环境条件影响较小,反应快,尺寸小,便于远距离测量、连续记录和自动控制。

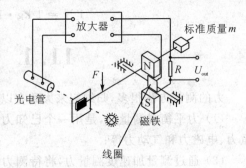

图 11.1.2 磁电式力平衡测力系统

11.1.3 液压式测力系统

图 11.1.3 给出了液压活塞式测力系统的原理结构。采用由膜片密封的浮动活塞,使活塞不与液压缸壁相接触,从而有效地消

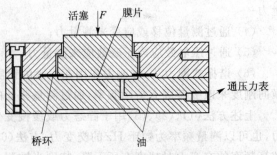

图 11.1.3 液压活塞式测力系统

除了它们之间的可变摩擦对测量精度的影响。当被测力作用在活塞上时，就会引起充满于膜片下面空间的油的压力变化，并传递到压力测量系统中，这样就可以通过测量油的压力来测量力。这种液压式测量系统的测量范围很大，可达几十 MN，精度可达 0.1%；其动态响应主要取决于压力敏感元件的动态响应特性。

11.1.4 气压式测力系统

图 11.1.4 给出了气压式测力系统的原理结构和方框图，是一种闭环测力系统。其中喷嘴挡板机构用作一个高增益的放大器。当被测力 F 加到膜片上时，膜片带动挡板向下运动，使喷嘴截面积减小，气体压力 p_0 增高。压力 p_0 作用在膜片上产生一个等效集中力 F_p，F_p 力图使膜片返回到初始位置。当 $F=F_p$ 时，系统处于平衡状态。此时，气体压力 p_0 与被测力 F 的关系为

$$(F - p_0 S) K_d K_n = p_0 \tag{11.1.2}$$

或

$$p_0 = \frac{F}{S + \dfrac{1}{K_d K_n}} \tag{11.1.3}$$

式中　K_d——膜片柔度(m/N)；
　　　K_n——喷嘴挡板机构的增益($\mathrm{Nm^{-3}}$)；
　　　S——膜片面积($\mathrm{m^2}$)。

喷嘴挡板机构的增益并非是严格的常数，因此膜片位移 x 与气体压力 p_0 的关系是非线性的。但是，实际上 $K_d K_n$ 非常大，与膜片面积 S 相比，$1/(K_d K_n)$ 可忽略不计，从而可得近似线性关系式为

$$F \approx p_0 S \tag{11.1.4}$$

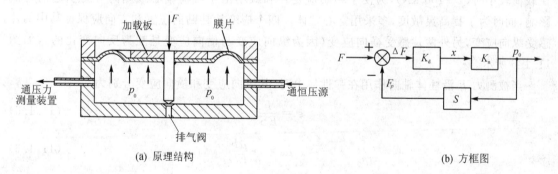

图 11.1.4　气压式测力系统

11.1.5 位移式测力系统

位移式测力系统的共同点是首先把检测力转换成位移，然后通过位移传感器测出力所引起的位移，从而间接地测量力。图 11.1.5 给出了一种差动变压器式测力传感器。衔铁固定安装在轴上，轴由安装在传感器两端的两个螺旋形挠性元件（弹性元件）支承。通过外部螺纹环调节轴与线圈框架的相对位置，使传感器的零位输出为零。在被测力作用下，衔铁产生位移，传感器输出与被测力成比例的电信号。

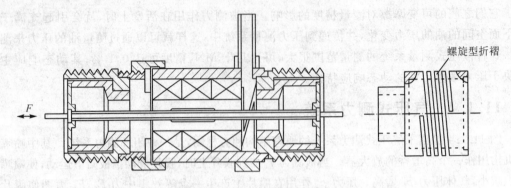

图 11.1.5　差动变压器式力传感器

11.1.6　应变式测力系统

应变式测力系统的特点是首先把被测力转变成弹性元件的应变,再利用电阻应变效应测出应变,从而间接地测出力的大小。所以弹性敏感元件是这类传感器的基础,应变片是其核心。力传感器所用的弹性敏感元件有柱式、环式、梁式和 S 形几大类。

应变式测力系统中使用四个相同的应变片,当被测力变化时,其中两个应变片感受拉伸应变,电阻增大;另外两个应变片感受压缩应变,电阻减小。通过四臂受感电桥将电阻变化转换为电压的变化(参见 4.2.6 节)。这样将获得最大的灵敏度,同时具有良好的线性度及温度补偿性能。

1. 柱式测力传感器

柱式弹性元件通常都做成圆柱形和方柱形,用于测量较大的力。最大量程可达 10 MN。在载荷较小时(1~100 kN),为便于粘贴应变片和减小由于载荷偏心或侧向分力引起的弯曲影响,同时为了提高灵敏度,多采用空心柱体。四个应变片粘贴的位置和方向应保证其中两片感受纵向应变,另外两片感受横向应变(因为纵向应变与横向应变是互为反向变化的),如图 11.1.6 所示。

当被测力 F 沿柱体轴向作用在弹性体上时,其纵向应变和横向应变分别为

$$\varepsilon = \frac{F}{ES} \tag{11.1.5}$$

$$\varepsilon_t = -\mu\varepsilon = -\frac{\mu F}{ES} \tag{11.1.6}$$

式中　S——柱体的截面积(m^2);

　　　E——材料的弹性模量(Pa);

　　　μ——材料的泊松比。

在实际测量中,被测力不可能正好沿着柱体的轴线作用,而总是与轴线之间成一微小的角度或微小的偏心,这就使得弹性柱体除了受纵向力作用外,还受到横向力和弯矩的作用,从而影响测量精度。为了消除横向力的影响,常采用承弯膜片结构,它是在传感器刚性外壳上端加一片或二片极薄的膜片,如图 11.1.6(b)所示。由于膜片在其平面方向刚度很大,所以作用在膜片平面内的横向力就经膜片传至外壳和底座。在垂直于其平面方向上膜片刚度很小,所以沿柱体轴向的变形正比于被测力。这样,膜片就承受了绝大部分横向力和弯曲,消除了它们对

测量精度的影响。当然,由于膜片要承受一部分轴向作用力,使作用于敏感柱体上的力有所减小,从而导致测量灵敏度稍有下降,但通常不超过5%。

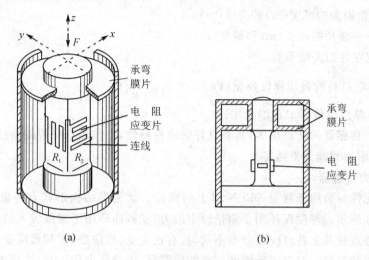

图 11.1.6 承弯柱式测力传感器

另一种广泛采用的结构是轮辐式,它由轮圈、轮轴和轮辐条、应变片组成。轮辐条成对且对称地连接轮圈和轮轴,如图 11.1.7(a)所示。当外力作用在轮轴上端面和轮轴下端面时,矩形轮辐条就产生平行四边形变形,如图 11.1.7(b)所示,形成与外力成正比的切应变。八片应变片与辐条水平中心线成 45°方向,分别粘贴在四根辐条的正反两面,并接成四臂受感电桥。当被测力 F 作用在轮轴端面上时,沿辐条对角线缩短方向粘贴的应变片受压,电阻值减小;沿辐条对角线伸长方向粘贴的应变片受拉,电阻值增大。因此,电桥的输出电压与所测力成正比,即

$$U_{\text{out}} = \frac{3F}{16bhG}\left(1 - \frac{L^2 + B^2}{6h^2}\right)KU_{\text{in}} \tag{11.1.7}$$

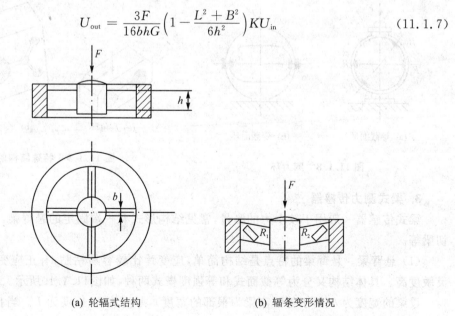

(a) 轮辐式结构　　　　　　　　(b) 辐条变形情况

图 11.1.7 轮辐式测力传感器

式中 U_{out}——电桥输出电压(V);
　　　U_{in}——电桥工作电压(V);
　　　b, h——轮辐条的厚度(m)和高度(m);
　　　L, B——应变片的基长(m)和栅宽(m);
　　　K——应变片的灵敏系数;
　　　G——弹性材料的剪切弹性模量(Pa), $G = \dfrac{E}{2(1+\mu)}$;
　　　E, μ——弹性模量(Pa)和泊松比。

轮辐式测力传感器的优点很多,具有良好的线性特性,力作用点位置的精度对传感器测量精度影响不大,耐过载能力很强等。

2. 环式测力传感器

环式弹性元件一般用于测量 500 N 以上的载荷。常见的结构形式有等截面和变截面两种,如图 11.1.8 所示。等截面环用于测量较小的力,变截面环用于测量较大的力。

测力环的特点是其上各点应力分布不均匀,有正应变(拉应变)区和负应变(压应变)区,还有几乎应变为零的部位。对于不带刚性支点的纯圆环,当受压力作用时,在环内表面垂直轴方向处正应变最大,而在环内表面水平轴方向处负应变最大,在与轴线成某一夹角的方向上应变为零。由于这一特点,可根据测力的要求,灵活地选择应变片的粘贴位置。对于等截面环,应变片一般贴在环内侧正、负应变最大的地方,但要避开刚性支点,如图 11.1.8(a)所示。对于变截面环,应变片粘贴在环水平轴的内外两侧面上,如图 11.1.8(b)所示。封闭的环形结构刚度大,固有频率高,测力范围大,结构简单,使用灵活。

除上述两种基本结构形式外,还有一些特殊结构的测力环,如图 11.1.9 所示的八角环和平行四边形环,其特点是除箭头所指方向外,其他方向的刚度非常大。

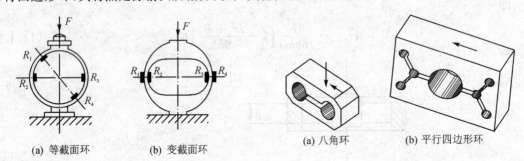

(a) 等截面环　　　(b) 变截面环　　　　　(a) 八角环　　　(b) 平行四边形环

图 11.1.8　测力环　　　　　　　　　图 11.1.9　特殊结构的测力环

3. 梁式测力传感器

梁式传感器一般用于较小力的测量,常见结构形式有一端固定的悬臂梁,两端固定梁和剪切梁等。

(1) 悬臂梁。悬臂梁的特点是结构简单,应变片比较容易粘贴;有正应变区和负应变区;灵敏度高。具体结构又分为等截面式和等强度楔式两种,如图 11.1.10 所示。

设梁的宽度为 b(对于等强度梁为根部的宽度),厚度为 h,长度为 L。当自由端受力 F 作用时,梁就发生弯曲变形,在一表面上产生正应力,另一表面上产生负应力。沿梁长度方向各处的应变(应力)与该处的弯矩成正比,而该处的弯矩又与其力臂成正比,因此梁根部的应变

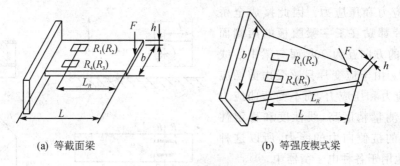

(a) 等截面梁　　　　　　　　　(b) 等强度楔式梁

图 11.1.10　悬臂梁式力传感器

(应力)最大(对于等强度梁,各处的应变、应力相等),其值为

$$\varepsilon_{max} = \frac{6L}{Ebh^2}F \tag{11.1.8}$$

悬臂梁式力传感器,通常在梁根部的上、下表面各贴两个应变片,并接成四臂受感电桥电路,输出电压与作用力成正比。

对于等强度梁,由于其各处沿梁的长度方向的应变相同,所以粘贴应变片要方便得多。

图 11.1.11 给出了悬臂梁自由端受力作用时,弯矩 M 和剪切力 Q 沿长度方向的分布图。可以看出与剪切力 Q 成正比的剪切应变为常数,而弯矩则正比于到力作用点的距离,所以力作用点的变化将影响测量结果。

(2) 两端固定梁式力传感器。图 11.1.12 给出了两端固定梁的结构示意图,被测力 F 作用在中心处的圆柱上,梁的受力状态对称,中心处的应变为

$$\varepsilon = \frac{3L}{4bh^2E}F \tag{11.1.9}$$

式中　L,b,h——梁的长度(m)、宽度(m)和厚度(m)。

应变片贴在上下两平面上。这种梁可承受较大的作用力,固有频率也比较高。

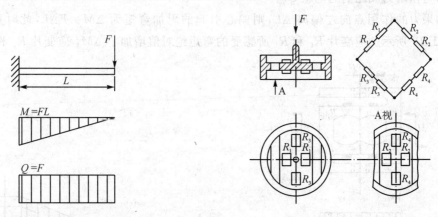

图 11.1.11　弯矩和剪切力的分布　　　　图 11.1.12　两端固定梁

(3) 剪切梁。为了克服力作用点变化对梁测力传感器输出的影响,可采用剪切梁。为了增强抗侧向力的能力,梁的截面通常采用工字形。如图 11.1.13 所示。

从图 11.1.11 可知,悬臂梁在自由端受力作用时,其剪切应力在梁长度方向各处是相等的,与力作用点无关。剪切应力本身无法测量,但可以测量剪切应力引起的与梁中心线成 45°

方向上的拉应力和压应力。因此接成全桥的四个应变片都贴在工字梁腹板的两侧面上,两应变片的方向互为90°,而与梁中心线的夹角为45°。由于应变片只感受由剪切应力引起的拉应力和压应力,而不受弯曲应力的影响,因而测量精度高,线性度和稳定性好,并有很强的抗侧向力的能力,所以这种传感器广泛地用于各种电子衡器中。

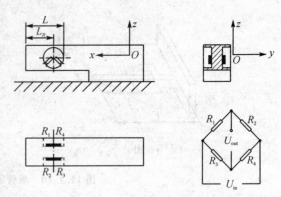

(4) S型弹性元件测力传感器。S型弹性元件一般用于称重或测量 $10\sim10^3$ N 的力,具体结构有双连孔型、圆孔型和剪切梁型,如图 11.1.14 所示。

图 11.1.13 剪切梁式力传感器

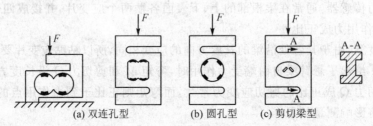

(a) 双连孔型　　(b) 圆孔型　　(c) 剪切梁型

图 11.1.14 S型弹性元件测力传感器

以双连孔型弹性元件为例,介绍其工作原理。四个应变片贴在开孔的中间梁上下两侧最薄的地方,并接成全桥电路。当力 F 作用在上下端时,其弯矩 M 和剪切力 Q 的分布如图 11.1.15 所示。应变片 R_1 和 R_4 因受拉伸而电阻值增大,R_2 和 R_3 受压缩而电阻值减小,电桥输出与作用力成比例的电压 U_{out}。

如果力的作用点向左偏离 ΔL,则偏心引起的附加弯矩为 $\Delta M = F\Delta L$,此时弯矩分布如图 11.1.16 所示。应变片 R_1 和 R_3 所感受的弯矩绝对值增加了 ΔM,应变片 R_2 和 R_4 所感受

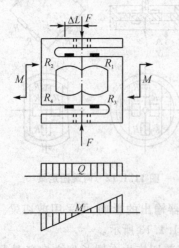

图 11.1.15 弯矩和剪切力分布示意图

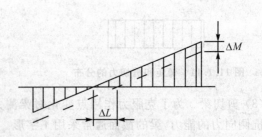

图 11.1.16 偏心力补偿原理

的弯矩绝对值减小了 ΔM。由于 R_1 和 R_4 感受拉应变，所以 R_1 电阻值增大 ΔR，R_4 电阻值减小 ΔR；R_2 和 R_3 感受压应变，所以 R_2 电阻值增加 ΔR，R_3 电阻值减小 ΔR，它们的变化量对电桥输出电压的影响相互抵消，这样就补偿了力偏心对测量结果的影响。侧向力只对中间梁起拉伸或压缩作用，使四个应变片发生方向相同的电阻变化，因而对电桥输出无影响。

11.1.7 压电式测力传感器

图 11.1.17 给出了典型的压电式测力传感器的结构示意图，由基座、盖板、压电晶片、电极、绝缘件及信号引出插座等部分组成。其基本原理基于晶体材料的压电效应，输出电荷 q 与作用力成正比。

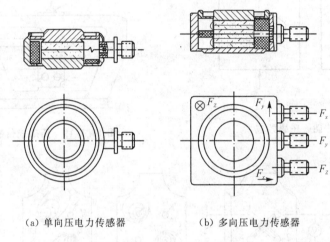

(a) 单向压电力传感器　　　　(b) 多向压电力传感器

图 11.1.17　压电式测力传感器

压电式测力传感器分为单分量和多分量测力传感器两大类，两类均有系列产品。单分量测力传感器只能测量一个方向的力，而多分量测力传感器则利用不同方向的压电效应可同时测量几个方向的力。

11.1.8 压磁式测力传感器

压磁式测力传感器的工作基础是铁磁材料的压磁效应。所谓压磁效应是指一些铁磁材料在受外力作用，内部产生应力时，其导磁率随应力的大小和方向而变化的物理现象。当作用力为拉伸力时，沿作用方向的导磁率增大，而在垂直于作用力的方向上导磁率略有减小。当作用力为压缩力时，压磁效应正好相反。

对于图 11.1.18 所示的中间开孔的铁磁体，孔中穿一导线并通电流时，就在导线周围形成磁场。当无外力作用于铁磁体上时，由于各向同性，磁力线分布为围绕导线的同心圆，如图 11.1.18(a)所示。当铁磁体受压力作用时，沿作用方向的导磁率下降，垂直于力作用方向的导磁率提高，于是磁力线就变为图 11.1.18(b)所示的椭圆分布。

压磁式力传感器一般由压磁元件、传力机构组成，如图 11.1.19 所示。其中主要部分是压磁元件，它由其上开孔的铁磁材料薄片叠成。压磁元件上冲有四个对称分布的孔，孔 1 和 2 之间绕有激磁绕组 W_{12}（初级绕组），孔 3 和 4 间绕有测量绕组 W_{34}（次级绕组），如图 11.1.20 所示。当激磁绕组 W_{12} 通有交变电流时，铁磁体中就产生一定大小的磁场。若无外力作用，则磁力线相对于测量绕组平面对称分布,合成磁场强度 H 平行于测量绕组 W_{34} 的平面,磁力线不与测量绕组 W_{34} 交链,故绕组 W_{34} 不产生感应电势。当有压缩力 F 作用于压磁元件上时,磁力线的分布图发生变形,不再对称于测量绕组 W_{34} 的平面,合成磁场强度 H 不再与测量绕组平面平行,因而就有部分磁力线与测量绕组 W_{34} 相交链,而在其上感应出电势。作用力愈大,交链的磁通愈多,感应电势愈大。

压磁式传感器的输出电势比较大,通常不必再放大,只要经过滤波整流就可直接进行输出,但要求有一个稳定的激磁电源。

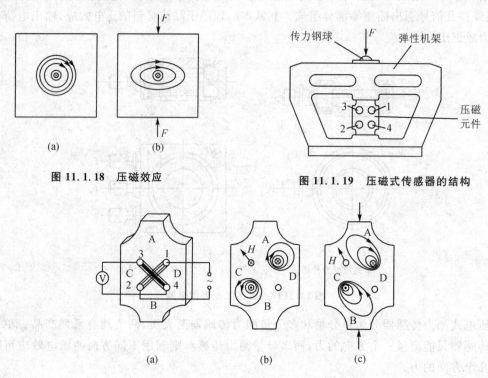

图 11.1.18 压磁效应

图 11.1.19 压磁式传感器的结构

图 11.1.20 压磁元件工作原理

11.2 转轴转矩测量

转矩是作用在转轴上的旋转力矩。如果作用力 F 与转轴中心线的垂直距离为 L,则转矩 M 的大小为 $M=FL$。转矩的基本单位是[N·m]。转矩的测量方法有多种,工程上经常采用测量扭轴两横截面间的相对转角或剪应力的方法来实现转矩的测量。

由材料力学知,轴在受到纯扭作用后,其横截面上最大剪应力 $\tau_{\max}$ 与轴截面的抗扭模数 W_p 和转矩 M 之间的关系为

$$\tau_{\max} = \frac{M}{W_p} \tag{11.2.1}$$

$$W_p = \frac{\pi D^3}{16}\left(1 - \frac{d^4}{D^4}\right) \tag{11.2.2}$$

式中 D——轴的外径(m);

d——空心轴的内径(m)。

最大剪应力τ_{max}是不能用应变片来测量的。但是，与转轴中心线成45°夹角方向上的正负应力σ_1和σ_3的数值等于τ_{max}之值，即

$$\sigma_1 = -\sigma_3 = \tau_{max} = \frac{16DM}{\pi(D^4-d^4)} \quad (11.2.3)$$

根据应力应变关系，应变为

$$\varepsilon_1 = \frac{\sigma_1}{E} - \mu\frac{\sigma_3}{E} = (1+\mu)\frac{\sigma_1}{E} = \frac{16(1+\mu)DM}{\pi E(D^4-d^4)} \quad (11.2.4)$$

$$\varepsilon_3 = \frac{\sigma_3}{E} - \mu\frac{\sigma_1}{E} = (1+\mu)\frac{\sigma_3}{E} = -\frac{16(1+\mu)DM}{\pi E(D^4-d^4)} \quad (11.2.5)$$

式中　E——材料的弹性模量(Pa)；
　　　μ——材料的泊松比。

在转矩M作用下，转轴上相距L的两横截面之间的相对转角φ为

$$\varphi = \frac{32ML}{\pi(D^4-d^4)G} \quad (11.2.6)$$

式中　G——轴的剪切弹性模量(Pa)。

11.2.1　电阻应变式转矩传感器

根据式(11.2.4)和(11.2.5)，沿轴向±45°方向分别粘贴四个应变片组成全桥电路，感受轴的最大正、负应变，从而输出与转矩成正比的电压信号U_{out}，如图11.2.1所示。

电阻应变片式转矩传感器结构简单，精度较高。当贴在转轴上的电阻应变片与测量电路的连线通过导电滑环直接引出时，当触点接触力太小时工作不可靠；增大接触力时则触点

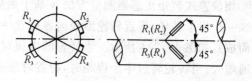

图11.2.1　应变片式转矩传感器

磨损严重，而且还增加了被测轴的摩擦力矩，这时应变式转矩传感器不适于测量高速转轴的转矩，一般转速不超过4 000 r/min。近年来，随着蓝牙技术的应用，采用无线发射的方式可以有效地解决上述问题。

11.2.2　压磁式转矩传感器

对于由铁磁材料制作的扭轴，在受转矩作用后，沿拉伸应力$+\sigma$方向磁阻减小，沿压缩应力$-\sigma$方向磁阻增大。使其上绕有线圈的两个Ⅱ形铁心A和B相互垂直放置，而开口端与被测轴保持1～2 mm的间隙，从而由导磁的轴将磁路闭合，如图11.2.2所示，AA沿轴向，BB垂直于轴向。

在铁心A的线圈中通以50 Hz的交流电流，形成交变磁场。在转轴末受转矩作用时，其各向磁阻相同，BB方向正好处于磁力线的等位中心线上，因

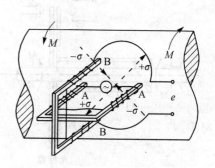

图11.2.2　压磁式转矩传感器原理

而铁心 B 上的绕阻不会产生感应电势。当转轴受转矩作用时，其表面上出现各向异性磁阻特性，磁力线将重新分布，而不再对称，因此在铁心 B 的线圈上产生感应电势。转矩愈大，感应电势愈大，在一定范围内，感应电势与转矩成线性关系。这样就可通过感应电势 e 来测量转矩。

压磁式转矩传感器是非接触测量，使用方便，结构简单可靠，基本上不受温度影响和转轴转速限制，而且输出电压很高(可达 10 V)。

11.2.3 扭转角式转矩传感器

扭转角式转矩传感器是通过扭转角来测量转矩。由式(11.2.6)可知，当转轴受转矩作用时，其上两截面间的相对扭转角与转矩成比例，因此可以通过扭转角来测量转矩。根据这一原理，可以制成振弦式转矩传感器、光电式转矩传感器、相位差式转矩传感器等。

1. 光电式转矩传感器

光电式转矩传感器测量方法是在转轴上固定安装两片圆盘光栅，如图 11.2.3 所示。在无转矩作用时，两片光栅的明暗条纹相互错开，完全遮挡住光路，因此放置于光栅另一侧的光敏元件无光线照射，无电信号输出。当有转矩作用于转轴上时，安装光栅处的两截面产生相对转角，两片光栅的暗条纹逐渐重合，部分光线透过两光栅而照射到光敏元件上，从而输出电信号。转矩越大，扭转角越大，照射到光敏元件上的光越多，因而输出电信号也越大。

2. 相位差式转矩传感器

相位差式转矩传感器测量方法是基于磁感应原理。它是在被测转轴相距 L 的两端处各安装一个齿形转轮，靠近转轮沿径向各放置一个感应式脉冲发生器(在永久磁铁上绕一固定线圈而成)，如图 11.2.4 所示。当转轮的齿顶对准永久磁铁的磁极时，磁路气隙减小，磁阻减小，磁通增大；当转轮转过半个齿距时，齿谷对准磁极，气隙增大，磁通减小，变化的磁通在感应线圈中产生感应电势。无转矩作用时，转轴上安装转轮的两处无相对角位移，两个脉冲发生器的输出信号相位相同。当有转矩作用时，两转轮之间就产生相对角位移，两个脉冲发生器的输出感应电势不再同步，而出现与转矩成比例的相位差，因而可通过测量相位差来测量转矩。与光电式转矩传感器一样，相位差式转矩传感器也是非接触测量，结构简单，工作可靠，对环境条件要求不高，精度一般可达 0.2%。

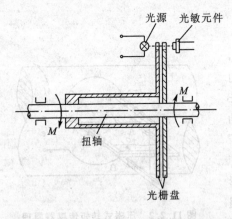

图 11.2.3　光电式转矩传感器

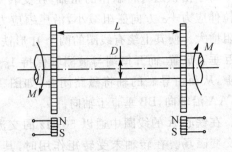

图 11.2.4　相位差式转矩传感器

习题与思考题

11.1 测量力的方法主要有哪几种？哪些可以用于动态力的测量？

11.2 简述机械式力平衡装置的工作机理。

11.3 简述磁电式力平衡装置的工作机理。

11.4 简述液压式测力系统的工作机理。

11.5 简述差动变压器式测力传感器的工作机理。

11.6 给出一种应变式测力传感器的实现原理图，并说明其工作机理和使用特点。

11.7 常用的应变式测力传感器主要有哪几种？各有什么特点？

11.8 什么是等强度梁？说明它在测力传感器中使用的特点。

11.9 给出一种压电式测力传感器的原理示意图，并说明其工作过程。

11.10 什么是压磁效应，怎样构成压磁式测力传感器？

11.11 给出一种应变式转矩传感器的原理示意图，并说明其工作过程。

11.12 给出一种扭转角式转矩传感器的原理示意图，并说明其工作过程。

11.13 某等强度悬臂梁应变式测力传感器采用四个相同的应变片，试给出一种正确粘贴应变片的实现方式和相应的电桥连接方式原理图。

11.14 题 11.13 中，若该力传感器所采用的应变片的应变灵敏系数为 $K=2.0$，电桥工作电压 $U_{in}=10$ V，输出电压 $U_{out}=20$ mV，试计算应变电阻的相对变化和悬臂梁受到的应变。

11.15 题 11.14 中，若上述情况下，该传感器对应受到的静态力为 $F=1.0$ N，那么当电桥工作电压为 $u_{in}=5\sin(5\,000t)$ V，被测力为 $f(t)=5\cos(200t)$ N 时，试分析该传感器的稳态输出电压信号。

第 12 章 压力测量系统

基本内容
    压力　绝压　差压　表压　负压
    液柱式压力计
    活塞式压力计
    开环式压力测量系统
    反馈式压力测量系统
    振动筒式压力传感器
    硅微结构谐振式压力传感器
    动态压力测量的管道效应与容腔效应
    压力测量设备的静态标定与动态标定

12.1 概　述

12.1.1 压力的概念

在物理学中,流体介质垂直作用于单位面积上的力称为压强,在工程上称为压力。压力是流体介质分子的质量或分子热运动对容器壁碰撞的结果。压力也是反映流体介质状态的一个重要参数,通常以符号 p 表示

$$p = F/S \tag{12.1.1}$$

式中 F——流体介质垂直作用于物体表面的力(N);
        S——承受力的面积(m^2)。

由于参照点不同,在工程技术中流体的压力分为:

(1) 差压(压差)。两个压力之间的相对差值。

(2) 绝对压力。相对于零压力(绝对真空)所测得的压力。

(3) 表压力。该绝对压力与当地大气压之差。

(4) 负压(真空表压力)。当绝对压力小于大气压时,大气压与该绝对压力之差。

(5) 大气压。地球表面上的空气质量所产生的压力,大气压随所在地的海拔高度、纬度和气象情况而变。

工程上,按压力随时间的变化关系分为:

(1) 静态压力。不随时间变化或随时间变化缓慢的压力。

(2) 动态压力。随时间作快速变化的压力。

12.1.2 压力的单位

压力是力和面积的导出量,由于单位制不同以及使用场合与历史发展状况的差异,压力单位也有很多种,下面介绍目前常用的几种压力单位。

(1) 帕斯卡[Pa(N/m²)]。1 m² 的面积上均匀作用有 1 N 的力。它是国际单位制(SI)中规定的压力单位,也是我国国标中规定的压力单位。

(2) 标准大气压[atm]。温度为 0 ℃、重力加速度为 9.806 65 m/s²、高度为 0.760 m、密度为 13.595 1 kg/m³ 的水银柱所产生的压力。

$$1 \text{ atm} = 101\ 325 \text{ Pa} \tag{12.1.2}$$

(3) 工程大气压[at]。1 cm² 的面积上均匀作用有 1 kgf 时所产生的压力。

$$1 \text{ at} = 1 \text{ kgf/cm}^2 = 98\ 066.5 \text{ Pa} \tag{12.1.3}$$

(4) 巴[bar]。1 cm² 的面积上均匀作用有 10^6 dyn(达因)力时所产生的压力。

$$1 \text{ bar} = 10^6 \text{ dyn/cm}^2 = 10^5 \text{ Pa} \tag{12.1.4}$$

巴是厘米·克·秒制中的压力单位,曾常用于气象学和航空测量技术中,它的千分之一是毫巴,用[mbar]或[mb]表示。

(5) 毫米液柱。以液柱(水银或水或其他液体)高度来表示压力的大小。常用的有毫米汞柱[mmHg]和毫米水柱[mmH$_2$O]。1 毫米汞柱压力又称为 1 Torr(1 托),在温度为 0 ℃、重力加速度为 9.806 65 m/s²、密度为 13.595 1×10³ kg/m³ 时

$$1 \text{ mmHg} = 1 \text{ Torr} = \frac{1}{760} \text{ atm} = 133.322 \text{ Pa} \tag{12.1.5}$$

对于水柱来说,在温度为 4 ℃、重力加速度为 9.806 65 m/s²、密度为 1 000 kg/m³ 时

$$1 \text{ mmH}_2\text{O} = 9.806\ 65 \text{ Pa} \tag{12.1.6}$$

(6) 磅/英寸²[psi]。1 in² 的面积上均匀作用有 1 lbf 时所产生的压力。

$$1 \text{ psi} = 1 \text{ lbf/in}^2 = 6.894\ 76 \text{ Pa} \tag{12.1.7}$$

各种压力单位间的换算关系列于表 12.1.1 中。

表 12.1.1 压力单位换算表

	帕斯卡 Pa, N/m²	标准大气压 atm	工程大气压 kgf/cm², at	巴, bar 10^6 dyn/cm²	托, mmHg Torr	磅/英寸² psi
帕斯卡 Pa, N/m²	1	9.869 23×10⁻⁶	1.019 72×10⁻⁵	1×10⁻⁵	0.750 062×10⁻²	1.450 38×10⁻⁴
标准大气压 atm	101 325	1	1.033 23	1.013 25	760	14.695 9
工程大气压 at	9.806 65×10⁴	0.969 23	1	0.980 665	735.559	14.223 3
巴 bar	1×10⁵	0.986 923	1.019 72	1	750.062	14.503 8
托 Torr	133.322	1.315 79×10⁻³	1.359 51×10⁻³	1.333 22×10⁻³	1	1.933 68×10⁻²
磅/英寸² psi	6.894 76×10³	6.804 62×10⁻²	7.030 7×10⁻²	6.894 76×10⁻²	51.714 9	1

12.1.3 压力测量系统的分类

根据测量压力的原理,可分为:

(1) 基于与重力相比较的压力测量系统。这类压力测量系统以流体的静重与压力相平衡的原理来测量压力,如液柱压力计等。

(2) 利用弹性敏感元件的压力位移特性的压力测量系统。这类压力测量系统,将被测压力转换为弹性敏感元件的位移来测量压力。如机械式压力表、电位计式压力传感器、电容式压

力传感器等。

(3) 利用弹性敏感元件的应力、应变特性的压力测量系统。这类压力测量系统基于弹性敏感元件在被测压力的作用下产生应力、应变,即通过测量应力、应变来测量压力。如应变式压力传感器、硅压阻式压力传感器等。

(4) 利用弹性敏感元件的压力集中力特性的压力测量系统。这类压力测量系统将被测压力转换为弹性元件上的集中力实现测量。如压电式压力传感器、力平衡式压力传感器等。

(5) 利用弹性敏感元件的压力频率特性的压力测量系统。这类压力测量系统,基于弹性元件在被测压力作用下,其谐振频率产生变化来实现测量的。如振弦式、振动筒式压力传感器和谐振膜式压力传感器等。

(6) 利用某些物理特性的压力测量系统。这类压力测量系统,利用某些物质在被测压力作用下的特性来测量压力。如热导式、电离式真空计等。

按压力测量系统的组成原理可分为:
(1) 开环压力测量系统;
(2) 伺服式压力测量系统;
(3) 数字式压力测量系统。

12.2 液柱式压力计和活塞式压力计

液柱式压力计是最早使用的压力计,其结构简单,测压精度较高,目前常用作压力计量基准。活塞式压力计也是目前常用的压力计量基准,其测压精度高,压力测量范围大。

12.2.1 液柱式压力计

图 12.2.1 是常用的液柱式压力计,U 型管内装有液体,当其两端接入不同的压力 p_1,p_2 时,U 型管内液面间的高度差 h 与被测压力 p_2 和 p_1 差值间的关系为

$$\Delta p = p_2 - p_1 = \rho g h \tag{12.2.1}$$

式中 ρ——液体的密度(kg/m³);

g——当地的重力加速度(m/s²);

h——液面间的高度差(m);

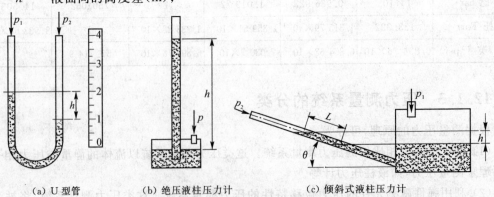

(a) U 型管　　　(b) 绝压液柱压力计　　　(c) 倾斜式液柱压力计

图 12.2.1　液柱式压力计

Δp——被测压力间的差压(N/m^2 或 Pa)。

由式(12.2.1)可知,只有当 ρ 和 g 为已知常数时,差压 Δp 才与液面间的高度差 h 成正比。而液体的密度 ρ 往往要随使用时的环境温度而变,重力加速度 g 也随使用地的纬度和海拔高度而异,在测量压力时都需要实测液体的密度 ρ 和重力加速度 g 或按一定的理论公式进行修正。

当 $p_2=0$ 时,被测压力的差值 $\Delta p=p_1$ 为绝对压力。

当 p_2 为当地大气压时,被测压力的差值 $\Delta p=p_1-p_2$ 为表压或负压。

当 p_2 为任意值(除 0 和当地大气压外)时,被测压力的差值 $\Delta p=p_1-p_2$ 为差压。

图 12.2.1(b)为一种绝压液柱压力计,玻璃管一端封闭,并保持真空。当液槽的截面积远远大于玻璃管的截面积时,就可以忽略液槽内液面高度的变化,直接读取玻璃管内液柱的高度即可。

当被测压力范围比较大时,可以选用水银;当被测压力范围比较小时,可以选用水或其他密度比较小、又不宜挥发的液体。为了提高小压力的测量精度,常采用图 12.2.1(c)所示的倾斜式液柱压力计,管内液面间的高度差 h 与被测压力 p_2 和 p_1 差值间的关系为

$$\Delta p = p_2 - p_1 = \rho g L \sin\theta \left(1 + \frac{S_2}{S_1 \sin\theta}\right) \tag{12.2.2}$$

式中 ρ——液体的密度(kg/m^3);

g——当地的重力加速度(m/s^2);

h——液面间的高度差(m);

Δp——被测压力间的差压(Pa);

L——倾斜管内相对于起始零点的液柱长度(m);

θ——倾斜管的倾斜角(°);

S_1——倾斜管的截面积(m^2);

S_2——液槽的截面积(m^2)。

当 $S_1 \gg S_2$ 时,式(12.2.2)可以写为

$$L = \frac{\Delta p}{\rho g \sin\theta} \tag{12.2.3}$$

可见,在同一压力差作用下,液柱长度 L 与 $\frac{1}{\sin\theta}$ 成比例,因此倾斜管液柱压力计可以提高压力测量精度;但倾斜角 θ 不宜太小,因为当 θ 太小时,使读数位置处液面拉得太长,反而不便于使用,一般 θ 不小于 20°。

12.2.2 活塞式压力计

图 12.2.2 给出了活塞式压力计的原理示意图。它是由配合良好的活塞和活塞筒、砝码和砝码盘以及加压装置等部分组成的。加压装置通过管道分别向被校验压力表和活塞底面施加气压或油压。当活塞处于平衡状态时,活塞上的总质量(包括砝码、砝码盘和活塞的质量)引起的重力 W 与被测压力产生的力 F 和活塞筒间的摩擦力 F_f(包括机械摩擦和粘性摩擦)相平衡,即有

$$W = F + F_f = pS + F_f = S_e p \tag{12.2.4}$$

式中 S——活塞的有效面积(m^2);

S_e——活塞的等效有效面积(m^2),$S_e = S + \dfrac{F_f}{p}$。

对于确定的活塞式压力计,活塞的等效有效面积是一定的,因此通过在砝码盘加载不同质量的砝码就可以得到不同的压力。

事实上,活塞的等效有效面积与许多因素有关,如机械摩擦、粘性摩擦、环境温度等。在高精度压力测量时,还要考虑活塞及活塞筒的变形,重力加速度、空气浮力,甚至被测压力的影响。因此活塞的等效有效面积 S_e 需要高一级的压力标准设备进行标定。

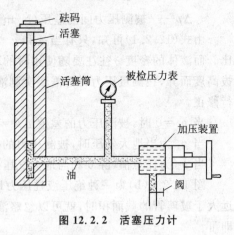

图 12.2.2　活塞压力计

12.3　开环压力测量系统

12.3.1　机械式压力表

机械式压力表是一种直读仪表。机械式压力表通常是利用弹性敏感元件的机械变形与被测压力之间确定的函数关系实现测量的。常用的压力弹性敏感元件有弹簧管、膜片、膜盒、波纹管、振动弦、振动梁、振动筒等,图 12.3.1 给出了部分常用的弹性敏感元件。机械式压力表结构简单,使用可靠,维护方便,成本较低,故广泛应用于工业领域的压力测量。

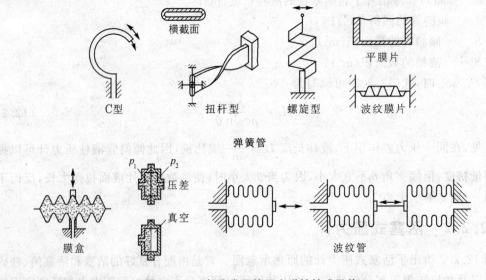

图 12.3.1　部分常用的压力弹性敏感元件

制作压力弹性敏感元件通常选用强度高,弹性极限高的材料,应具有高的冲击韧性和疲劳极限,弹性模量温度系数小而稳定,具有良好的加工和热处理性能,热膨胀系数小,热处理后应具有均匀稳定的组织,抗氧化,抗腐蚀,弹性迟滞应尽量小。

制作压力弹性敏感元件的材料有金属材料和非金属材料两大类。

金属材料有铜基高弹性合金,如黄铜、磷青铜、钛青铜,这类合金耐高温和耐腐蚀等性能差;铁基和镍基高弹性合金,如 17-4PH(Cr17Ni4Al),蒙乃尔合金(Ni63~67,Al2~3,Ti0.05,其余 Cu),这类合金弹性极限高,迟滞小,耐腐蚀,但弹性模量随温度变化较大;恒弹合金,如 3J53(Ni42CrTiA)、3J58,其国外代号为 Ni-Span-C,这种材料在 -60~100 ℃的温度范围内的弹性模量温度系数为 $\pm 10 \times 10^{-6}/℃$;铌基合金,主要有 Nb-Ti 及 Nb-Zr 合金,如 Nb35Ti42Al5~5.5,这种合金在 -40~+220 ℃温度范围内弹性模量的温度系数为 $(-32.2 \sim -512.5) \times 10^{-6}/℃$,弹性极限高,迟滞小,无磁性,耐腐蚀。

非金属材料有石英材料、陶瓷和半导体硅等。其中石英材料内耗小,迟滞小(只有最好的弹性合金的 1/100),线膨胀系数小,品质因数高,是一种理想的弹性元件材料;陶瓷材料在破碎前,其应力、应变特性为线性关系,可用于高温压力测量;半导体硅由于具有压阻效应并适于微电子和微机械加工,所以得到了极大的重视和广泛的应用。

压力弹性敏感元件要获得预期的性能,在它们加工过程中和加工后尚需进行相应的热处理、时效处理、反复加压力和机械振动处理等。

12.3.2 电位计式压力传感器

图 12.3.2 是一种电位器式压力传感器原理结构图。单个膜盒可以看成两个膜片的串联,考虑小挠度情况,波纹膜片中心位移 W_C 与均布压力 p 的关系为

$$W_C = \frac{1}{A_p} \cdot \frac{pR^4}{Eh^3} \tag{12.3.1}$$

式中 R,h——波纹膜片的工作半径(m)和厚度(m);

E,μ——波纹膜片材料的弹性模量(Pa)和泊松比;

A_p——波纹膜片无量纲弹性系数,$A_p = \dfrac{2(3+q)(1+q)}{3(1-\mu^2/q^2)}$;

q——波纹膜片的形面因子,$q = \sqrt{1 + 1.5\dfrac{H^2}{h^2}}$。

对于图 12.3.2 所示的传感器结构,膜盒串中心位移 W_C 为

$$W_{SC} = 4W_C = \frac{4}{A_p} \cdot \frac{pR^4}{Eh^3} \tag{12.3.2}$$

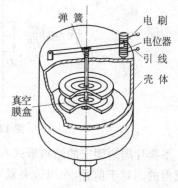

图 12.3.2 电位计式压力传感器

膜盒串产生的位移,经放大传动机构带动电刷在电位器上滑动。电位器输出电压的大小即可反映出被测压力的大小。该传感器的优点是输出信号较大(可达 V 级),使用时不需专门的信号放大电路;缺点是精度不高,工作频带窄,功耗高。

12.3.3 应变式压力传感器

应变式压力传感器是利用弹性敏感元件受被测压力作用后所产生的机械弹性变形(应变),通过应变丝、应变片或应变薄膜的电阻变化实现测量的。应变式压力传感器的结构形式很多,下面介绍几种常用的。

1. 平膜片应变式压力传感器

图 12.3.3 给出了平膜片的结构示意图,它将两种压力不等的流体隔开,压力差使其产生一定的变形。

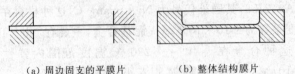

(a) 周边固支的平膜片　　　　(b) 整体结构膜片

图 12.3.3　平膜片结构示意图

对于周边固支的平膜片来说,沿半径(r)的上表层处的径向应变(ε_r)、切向应变(ε_θ)与所承受的压力(p)间的关系为

$$\varepsilon_r = \frac{3p}{8Eh^2}(1-\mu^2)(R^2 - 3r^2) \tag{12.3.3}$$

$$\varepsilon_\theta = \frac{3p}{8Eh^2}(1-\mu^2)(R^2 - r^2) \tag{12.3.4}$$

式中　R——平膜片的工作半径(m);
　　　h——平膜片的厚度(m);
　　　E——平膜片材料的弹性模量(Pa);
　　　μ——平膜片材料的泊松比。

图 12.3.4 给出了周边固支平膜片的应变随半径(r)改变的曲线关系。

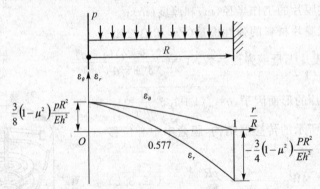

图 12.3.4　平膜片上表面的应变曲线

平膜片周边固支的结构形式有两种:一是用夹紧环将平膜片周边夹紧,另一种是由整体加工成型的。对于前者,在周边夹紧可能出现或松或紧,甚至扭斜现象,使膜片受局部初始应力而不自如,致使膜片在工作过程中引起迟滞误差,后者虽然加工较困难,但无膜片装配问题,在微小应变的情况下,它的迟滞误差可以忽略不计,有利于提高测量精度。

应变电阻可以粘贴在平膜片上来感受压力作用下平膜片的应变;也可以用溅射的方法,将具有应变效应的材料溅射到平膜片上,形成所期望的应变电阻。应变电阻应设置在正、负应变最大处。正应变最大处在平膜片的圆心处($r=0$),此处的径向应变(ε_r)、切向应变(ε_θ)大小相等,故要感受正应变就应尽可能将应变电阻设置在靠近圆心处。负应变最大处在平膜片的固支处($r=R$),切向应变(ε_θ)为零,径向应变(ε_r)为负最大。故要感受负应变就应尽可能将应变电阻设置在靠近平膜片的固支处($r=R$)。应当指出:感受正应变与负应变的应变电阻的敏感方向都应沿膜片径向设置。

应变电阻的变化可以通过四臂受感电桥转换为电压的变化(参见 4.2.6 节)。即组成电桥的四个桥臂电阻均随压力改变,其中两个感受正应变,另外两个感受负应变。这样将获得最大的灵敏度,同时具有良好的线性度及温度补偿性能。

图 12.3.5 给出了两种以圆平膜片为敏感元件实现的应变式压力传感器结构示意图。这类传感器的优点是:结构简单、体积小、质量小、性能/价格比高等;缺点是:输出信号小、抗干扰能力差、精度受工艺影响大等。

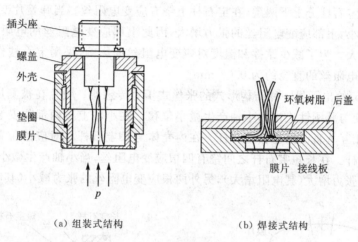

(a) 组装式结构　　　　　　　(b) 焊接式结构

图 12.3.5　应变式压力传感器结构示意图

2. 圆柱形应变筒式压力传感器

它一端密封并具有实心端头,另一端开口并有法兰,以便固定薄壁圆筒,如图 12.3.6 所示。

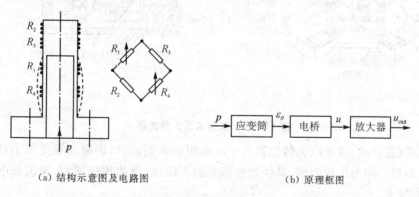

(a) 结构示意图及电路图　　　　　　　(b) 原理框图

图 12.3.6　圆柱形应变圆筒式压力传感器

当压力从开口端接入圆柱筒时,筒壁产生应变。筒外壁的切向应变 ε_θ 为

$$\varepsilon_\theta = \frac{pD}{2Eh}\left(1 - \frac{\mu}{2}\right) \tag{12.3.5}$$

式中　D——圆柱形应变圆筒的内径(m);

　　　h——圆柱形应变圆筒的壁厚(m)。

圆柱形应变圆筒的外表面粘贴四个相同的应变电阻 R_1,R_2,R_3,R_4,组成四臂电桥。当筒内外压力相同时,电桥的四个桥臂电阻相等,输出电压为零;当筒内压力大于筒外压力时,电阻

R_1、R_4 发生变化，电桥输出相应的电压信号。这种圆柱形应变筒式压力传感器常在高压测量时应用。

3. 非粘贴式(张丝式)应变压力传感器

非粘贴式应变压力传感器又称张丝式压力传感器。图 12.3.7 给出了两种非粘贴式应变压力传感器的原理结构图。

图 12.3.7(a)给出的张丝式压力传感器由膜片、传力杆、弹簧片、宝石柱和应变电阻丝等部分组成。膜片受压后，将压力转换为集中力，集中力经传力杆传给十字形弹簧片。固定在十字形弹簧片上的宝石柱分上下两层，在宝石柱上绕有应变电阻丝。当弹簧片变形时，上部应变电阻丝的张力减小，下部应变电阻丝的张力增大，因此上部应变电阻丝的电阻减小，下部应变电阻丝的电阻增大。为了减少摩擦和温度对应变电阻丝的影响，采用宝石柱作绕制电阻丝的支柱。通常应变电阻丝的直径约为 0.08 mm。

图 12.3.7(b)给出了另一种结构形式的张丝式压力传感器。膜片在被测压力的作用下产生微小变形，并使与其刚性连接的小轴产生微小位移。在小轴上下两部位安装两根与小轴正交、且在空间上相互垂直的两根长宝石杆。在内壳体与长宝石杆相对应的位置上下部位分别装有四根短宝石杆。在长短宝石杆之间绕有四根应变电阻丝，当小轴产生微小位移时，其中两根应变电阻丝的张力增大(其电阻增大)，另外两根应变电阻丝的张力减小(其电阻减小)。

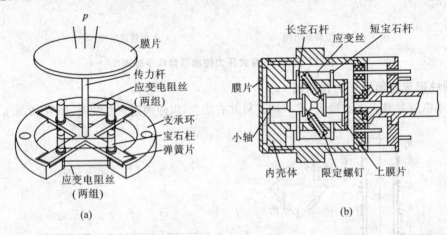

图 12.3.7　张丝式压力传感器

非粘贴式(张丝式)应变压力传感器由于不采用粘合剂，所以迟滞和蠕变较小，精度较高，适于小压力测量。但加工较困难，其性能指标受加工质量(例如预张紧力、加工后电阻丝内应力状况)影响较大。

12.3.4　压阻式压力传感器

图 12.3.8 给出了一种常用的压阻式压力传感器的结构示意图。敏感元件圆形平膜片采用单晶硅来制作，基于单晶硅材料的压阻效应，利用微电子加工中的扩散工艺在硅膜片上制造所期望的压敏电阻。

单晶硅的压阻效应可描述为(参见 4.3 节)

$$\frac{\Delta R}{R} = \pi_a \sigma_a + \pi_n \sigma_n \tag{12.3.6}$$

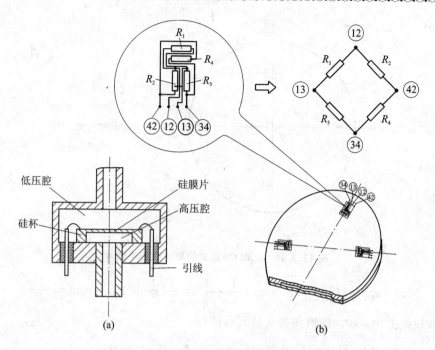

图 12.3.8 压阻式压力传感器结构示意图

式中 σ_a, σ_n——纵向应力和横向应力(Pa);

π_a, π_n——纵向压阻系数和横向压阻系数(Pa^{-1})。

对于周边固支的圆平膜片,在其上表面的半径 r 处,径向应力 σ_r、切向应力 σ_θ 与所承受的压力 p 间的关系为

$$\sigma_r = \frac{3p}{8h^2}[(1+\mu)R^2 - (3+\mu)r^2] \tag{12.3.7}$$

$$\sigma_\theta = \frac{3p}{8h^2}[(1+\mu)R^2 - (1+3\mu)r^2] \tag{12.3.8}$$

式中 R——平膜片的工作半径(m);

h——平膜片的厚度(m);

μ——平膜片材料的泊松比。

图 12.3.9 给出了周边固支圆平膜片的上表面应力随半径 r 变化的曲线关系。

下面针对一种具体情况进行讨论,即单晶硅圆平膜片的晶面方向为<001>,如图 12.3.10 所示。

(1) 沿<110>晶向,即 OC 方向(膜片的径向)扩散两个 P 型电阻;

对于<110>晶向,有

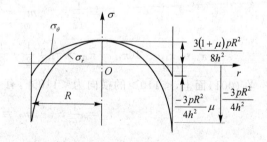

图 12.3.9 平膜片的应力曲线

$$l_1 = \frac{1}{\sqrt{2}}, \qquad m_1 = \frac{1}{\sqrt{2}}, \qquad n_1 = 0$$

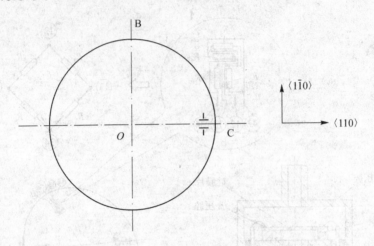

图 12.3.10 <001>晶向的单晶硅圆平膜片

$$\pi_a = \pi_{11} - 2(\pi_{11} - \pi_{12} - \pi_{44})\frac{1}{2} \cdot \frac{1}{2} = \frac{1}{2}(\pi_{11} + \pi_{12} + \pi_{44}) \approx \frac{1}{2}\pi_{44}$$

在(001)面上,<110>的横向为<1$\bar{1}$0>,即有

$$l_2 = \frac{1}{\sqrt{2}}, \quad m_2 = \frac{-1}{\sqrt{2}}, \quad n_2 = 0$$

$$\pi_n = \pi_{12} + (\pi_{11} - \pi_{12} - \pi_{44})\left(\frac{1}{2} \cdot \frac{1}{2} + \frac{1}{2} \cdot \frac{1}{2}\right) = \frac{1}{2}(\pi_{11} + \pi_{12} - \pi_{44}) \approx -\frac{1}{2}\pi_{44}$$

由于<110>为圆形膜片的径向,有

$$\sigma_a = \sigma_r; \quad \sigma_n = \sigma_\theta$$

则在(001)面上,<110>方向扩散 P 型电阻的压阻效应表示为

$$\left(\frac{\Delta R}{R}\right)_{<110>} = \pi_a \sigma_a + \pi_n \sigma_n = \frac{\pi_{44}}{2}\sigma_r - \frac{\pi_{44}}{2}\sigma_\theta = \frac{\pi_{44}}{2}(\sigma_r - \sigma_\theta) = \frac{-3pr^2\pi_{44}}{8h^2}(1-\mu)$$

(12.3.9)

(2) 沿<1$\bar{1}$0>晶向,即 OB 方向(膜片的切向)扩散两个电阻;

对于<1$\bar{1}$0>晶向,有

$$l_1 = \frac{1}{\sqrt{2}}, \quad m_1 = \frac{-1}{\sqrt{2}}, \quad n_1 = 0$$

$$\pi_a = \pi_{11} - 2(\pi_{11} - \pi_{12} - \pi_{44})\frac{1}{2} \cdot \frac{1}{2} = \frac{1}{2}(\pi_{11} + \pi_{12} + \pi_{44}) \approx \frac{1}{2}\pi_{44}$$

在(001)面上,<1$\bar{1}$0>的横向为<110>,有

$$l_2 = \frac{1}{\sqrt{2}}, \quad m_2 = \frac{1}{\sqrt{2}}, \quad n_2 = 0$$

$$\pi_n = \pi_{12} + (\pi_{11} - \pi_{12} - \pi_{44})\left(\frac{1}{2} \cdot \frac{1}{2} + \frac{1}{2} \cdot \frac{1}{2}\right) = \frac{1}{2}(\pi_{11} + \pi_{12} - \pi_{44}) \approx -\frac{1}{2}\pi_{44}$$

由于<1$\bar{1}$0>为圆形膜片的切向,有

$$\sigma_a = \sigma_\theta, \quad \sigma_n = \sigma_r$$

则在(001)面上<1$\bar{1}$0>方向扩散电阻的压阻效应表示为

$$\left(\frac{\Delta R}{R}\right)_{<1\bar{1}0>} = \pi_a \sigma_a + \pi_n \sigma_n = \frac{\pi_{44}}{2}\sigma_\theta - \frac{\pi_{44}}{2}\sigma_r =$$

$$\frac{\pi_{44}}{2}(\sigma_\theta - \sigma_r) = \frac{3pr^2 \pi_{44}}{8h^2}(1-\mu) \tag{12.3.10}$$

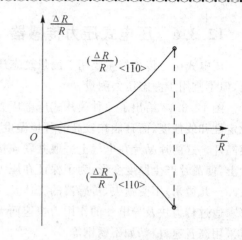

图 12.3.11 给出了电阻相对变化的规律。依此规律即可将电阻条设置于圆形膜片的边缘处,即靠近平膜片的固支($r=R$)处。这样,沿$<110>$晶向和$<1\bar{1}0>$晶向扩散的电阻随压力的变化规律是完全相反的。由上述四个压敏电阻构成的四臂受感电桥就可以把压力的变化转换为电压的变化。

图 12.3.11 压敏电阻相对变化的规律

12.3.5 电容式压力传感器

图 12.3.12 是一种电容式压差传感器的原理结构示意图。周边固支的圆平膜片,在压力差 $p=p_2-p_1$ 作用下,其法向位移为

$$w(r) = \frac{3p}{16EH^3}(1-\mu^2)(R^2-r^2)^2 \tag{12.3.11}$$

式中 R,H——圆平膜片的半径(m)和厚度(m);

E,μ——圆平膜片材料的弹性模量(Pa)和泊松比;

r——圆平膜片的径向坐标值(m)。

圆平膜片在差压的作用下产生的位移,使差动电容变换器的电容发生变化。因此通过测量电容变换器的电容(变化量)就可以实现对压力的测量。由于电容传感器的电容量很小,在压力作用下电容的变化量就更小,这就要求传感器所采用的测量、转换、放大电路应具有很高的输入阻抗。有关测量电路参见 5.3 节。

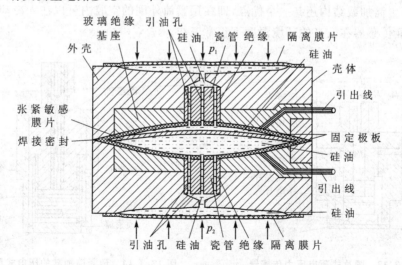

图 12.3.12 电容式压差传感器原理结构

12.3.6 压电式压力传感器

压电式压力传感器主要用于测量动态压力,它具有体积小、质量小、工作可靠、频带宽等优点,但不宜用于静态压力测量。

图 12.3.13 给出了一种膜片式压电压力传感器的结构。为了保证传感器具有良好的长期稳定性和线性度,而且能在较高的环境温度下正常工作,压电元件采用两片 $xy(X0°)$ 切型的石英晶片。这两片晶片在电气上采取并联连接。作用在膜片上的压力通过传力块施加到石英晶片上,使晶片产生厚度变形,为了保证在压力(尤其是高压力)作用下,石英晶片的变形量(约零点几~几微米)不受损失,传感器的壳体及后座(即芯体)的刚度要大。从弹性波的传递考虑,要求通过传力块及导电片的作用力快速而无损耗地传递到压电元件上,为此传力块及导电片应采用高音速材料,如不锈钢等。

两片石英晶片输出的总电荷量 q 为

$$q = 2d_{11}Sp \tag{12.3.12}$$

式中 d_{11}——石英晶体的压电常数(C/N);

S——膜片的有效面积(m^2);

p——压力(Pa)。

这种结构的压力传感器优点是:具有较高的灵敏度和分辨率,便于小型化。缺点是压电元件的预压缩应力是通过拧紧芯体施加的。这将使膜片产生弯曲变形。造成传感器的线性度和动态性能变坏。此外,当膜片受环境温度影响而发生变形时,压电元件的预压缩应力将会发生变化,使输出产生不稳定现象。

为了克服压电元件在预载过程中引起膜片的变形,采取了预紧筒加载结构,如图 12.3.14 所示。预紧筒是一个薄壁厚底的金属圆筒。通过拉紧预紧筒对石英晶片组施加预压缩应力。在加载状态下用电子束焊将预紧筒与芯体焊成一体。感受压力的薄膜片是后来焊接到壳体上去的,它不会在压电元件的预加载过程中发生变形。

采用预紧筒加载结构还有一个优点,即在预紧筒外围的空腔内可以注入冷却水,降低晶片温度,以保证传感器在较高的环境温度下正常工作。

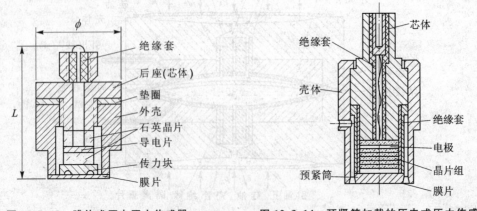

图 12.3.13 膜片式压电压力传感器   图 12.3.14 预紧筒加载的压电式压力传感器

图 12.3.15 给出了活塞式压电压力传感器的结构图。它是利用活塞将压力转换为集中力

后直接施加到压电晶体上,使之产生相应的电荷输出。压电式压力传感器的等效电路图如图 12.3.16 所示。

由等效电路图可以看出,若 R_a 不是足够大,则压电晶体两极板上的电荷将通过它迅速泄漏,这给测量带来较大误差。一般情况下要求 R_a 不低于 $10^{10}\ \Omega$;若测量准静态压力,则要求 R_a 高达 $10^{12}\ \Omega$ 以上。

活塞式压电传感器每次使用后都需要将传感器拆开清洗、干燥并再次在净化条件下重新装配,十分不便,并且其频率特性也不理想。

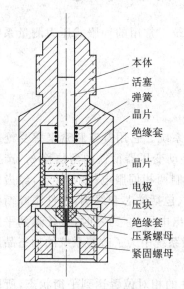

图 12.3.15　活塞式压电压力传感器

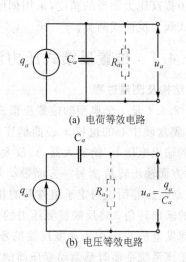

图 12.3.16　活塞式压电传感器的等效电路

图 12.3.16 中 q_a:压电晶体两极板间的电荷量;

　　　　　C_a:压电晶体两极板间的电容量;

　　　　　R_a:由压电晶体两极板间的漏电阻、引线间的绝缘电阻和传感器的负载电阻等形成的等效电阻。

12.3.7　变磁阻式压力传感器

图 12.3.17 是测量差压用的变气隙差动电感式压力传感器的原理示意图,它由在结构上和电气参数上完全对称的两部分所组成。平膜片感受压力差,并作为衔铁使用。由于差动接法比非差动接法具有非线性误差小、电磁吸力小、零位输出小以及温度和其他外干扰影响较小等优点,故差动电感式压差传感器一般均采用交流差动变换电路。当所测压力差 $\Delta p=0$ 时,两边电感的起始气隙长度相等,即 $\delta_1=\delta_2=\delta_0$,因而两个电感的磁阻相等,其阻抗相等,即 $Z_1=Z_2=$

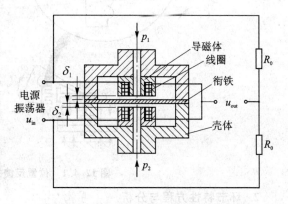

图 12.3.17　变磁阻式压力传感器

Z_0。此时电桥处于平衡状态,电桥输出电压为零;当压力差 $\Delta p \neq 0$ 时,$\delta_1 \neq \delta_2$,则两个电感的磁阻不等,其阻抗不等,即 $Z_1 \neq Z_2$。电桥输出电压的大小将反映被测压力差的大小。

应该注意的是用这种测量电路的传感器其频率响应不仅取决于传感器本身的结构参数,还取决于电源振荡器的频率、滤波器及放大器的频带宽度。一般情况下电源振荡器的频率选择在 $10\sim 20\ \text{kHz}$。

12.4 伺服式压力测量系统

为了提高压力测量的精度,采用伺服式压力测量系统。常用的伺服式压力测量系统有位置反馈式和力反馈式两类。

12.4.1 位置反馈式压力测量系统

1. 结构及测量过程

图 12.4.1 是一个典型的位置反馈式绝对压力测量系统。它用真空膜盒来感受绝对压力的变化,膜盒硬中心的位移 x 经曲柄连杆机构转换为差动变压器衔铁的角位移 φ_1,产生差动变压器的输出电压 u_D 给放大器 A,放大后的电压 u_A 控制两相伺服电机 M 转动,经齿轮减速器后,一方面输出转角 β,另一方面带动差动变压器定子(包括铁芯和线圈)组件跟踪衔铁而转动,当差动变压器衔铁与定子组件间的相对位置使其输出电压 u_D 为零时,系统达到平衡。此时系统的输出转角 β 将反映被测压力的大小。在该测量系统中为了改善系统的动态品质还采用了测速发电机 G 以引入速度反馈信号。

由于该系统平衡时是差动变压器的衔铁和定子组件的相对位置达到平衡状态,所以称这种系统为"位置平衡(或位置反馈)系统"。

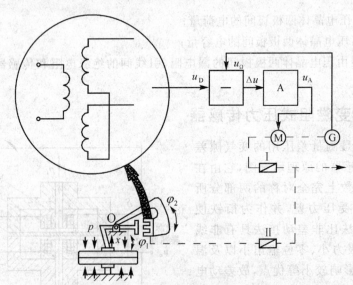

图 12.4.1 位置反馈式压力测量系统

2. 环节特性方程与分析

(1) 弹性敏感元件。输入量为被测压力 p,输出量为弹性敏感元件的位移 x。弹性敏感元

件可以等效于一个二阶系统,其特性方程为

$$\frac{x(s)}{p(s)} = \frac{A_E}{m_D s^2 + c_D s + k_D} \tag{12.4.1}$$

式中 m_D——真空膜盒以及折合到真空膜盒上的等效质量(kg);

c_D——真空膜盒以及折合到真空膜盒上的等效阻尼系数(N·s/m);

k_D——真空膜盒以及折合到真空膜盒上的等效刚度(N/m);

A_E——弹性敏感元件的等效有效面积(m^2)。

式(12.4.1)可以写为

$$\frac{x(s)}{p(s)} = \frac{K_p \omega_p^2}{s^2 + 2\zeta_p \omega_p s + \omega_p^2} \tag{12.4.2}$$

式中 K_p——弹性敏感元件(真空膜盒)的静态传递系数(m^3/N),$K_p = \frac{A_E}{k_D}$;

ω_p——弹性敏感元件(真空膜盒)的固有频率(rad/s),$\omega_p = \sqrt{\frac{k_D}{m_D}}$;

ζ_p——弹性敏感元件(真空膜盒)的等效阻尼比系数,$\zeta_p = \frac{c_D}{2\sqrt{m_D k_D}}$。

(2) 曲柄连杆传动放大机构。输入量为位移 x,输出量为曲柄连杆传动放大机构的转角 φ_1。忽略曲柄连杆传动放大结构的惯性及摩擦,且在测压范围内转角很小时,其特性方程为

$$\frac{\varphi_1(s)}{x(s)} = K_x \tag{12.4.3}$$

式中 K_x——曲柄连杆传动放大机构的传递系数(m^{-1})。

(3) 差动变压器。输入量为衔铁转角 φ_1 与定子转角 φ_2 之差 $\Delta\varphi$,输出量为电压 u_D。当忽略差动变压器的惯性及摩擦,且当输入为小转角时,差动变压器具有线性特性,其特性方程为

$$\frac{u_D(s)}{\Delta\varphi(s)} = K_D \tag{12.4.4}$$

式中 K_D——差动变压器的传递系数(V)。

(4) 伺服放大器 A。输入量为差动变压器的输出电压 u_D 与测速反馈电压 u_Ω 之差 Δu,输出量为伺服放大器的输出电压 u_A。当忽略伺服放大器的惯性,且伺服放大器工作于线性范围时,其特性方程为

$$\frac{u_A(s)}{\Delta u(s)} = K_A \tag{12.4.5}$$

式中 K_A——伺服放大器的传递系数。

(5) 两相伺服电机。输入量为伺服放大器的输出电压 u_A,输出量为两相伺服电机的转角 θ,其特性方程为

$$\frac{\theta(s)}{u_A(s)} = \frac{K_T}{s(Ts+1)} \tag{12.4.6}$$

式中 K_T——两相伺服电机电压,转速特性曲线的斜率($V^{-1} s^{-1}$);

T——两相伺服电机的时间常数(s)。

(6) 测速发动机。输入量为两相伺服电机的转速 ω,输出量为测速发动机的电压 u_Ω。当忽略测速发动机的惯性、阻尼及摩擦时,其特性方程为

$$\frac{u_\Omega(s)}{\omega(s)} = K_\Omega \qquad (12.4.7)$$

式中 K_Ω——测速发电机的传递系数（V·s）。

(7) 减速器。共有两级，一级是由两相伺服电机的转轴到输出轴，另一级是由输出轴到差动变压器的定子轴，输入量分别为 θ 和 β，输出量分别为 β 和 φ_2。可以看成比例环节，其特性方程为

$$\frac{\beta(s)}{\theta(s)} = K_G \qquad (12.4.8)$$

$$\frac{\varphi_2(s)}{\beta(s)} = K_F \qquad (12.4.9)$$

式中 K_G——第一级减速器的传递系数，$K_G = \frac{1}{i_1}$；

K_F——第二级减速器的传递系数，$K_F = \frac{1}{i_2}$；

i_1——第一级减速器的减速比；

i_2——第二级减速器的减速比。

3. 系统的结构框图与传递函数

图 12.4.2 给出了位置反馈式压力测量系统的结构方块图。该系统的传递函数

$$\frac{\beta(s)}{p(s)} = \frac{A_E K_x K_D K_A K_T K_G}{(m_D s^2 + c_D s + k_D)[T s^2 + (1 + K_A K_T K_\Omega)s + K_D K_A K_T K_G K_F]} = \frac{K_p \omega_p^2}{s^2 + 2\zeta_p \omega_p s + \omega_p^2} \cdot \frac{K_x K_D K_A K_T K_G}{T s^2 + (1 + K_A K_T K_\Omega)s + K_D K_A K_T K_G K_F} \qquad (12.4.10)$$

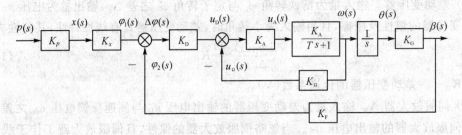

图 12.4.2 位置反馈式压力测量系统结构方块图

4. 系统特性分析

式(12.4.9)可以写为

$$\frac{\beta(s)}{p(s)} = \frac{K_p \omega_p^2}{s^2 + 2\zeta_p \omega_p s + \omega_p^2} \cdot \frac{K_n \omega_n^2}{s^2 + 2\zeta_n \omega_n s + \omega_n^2} \qquad (12.4.11)$$

式中 K_n——从差动变压器衔铁角位移 φ_1 到输出转角 β 的闭环反馈系统的静态传递系数，$K_n = \frac{K_x}{K_F}$；

ω_n——从差动变压器衔铁角位移 φ_1 到输出转角 β 的闭环反馈系统的固有频率（rad/s），$\omega_n = \sqrt{\frac{K_D K_A K_T K_G K_F}{T}}$；

ζ_n——从差动变压器衔铁角位移 φ_1 到输出转角 β 的闭环反馈系统的等效阻尼比系数，

$$\zeta_n = \frac{1+K_A K_T K_\Omega}{2\sqrt{TK_D K_A K_T K_G K_F}}。$$

通常,等效于二阶系统的弹性敏感元件固有频率 ω_p 远高于 ω_n,弹性敏感元件(真空膜盒)的等效阻尼比系数 ζ_p 又远远小于1,因此系统的传递函数可写为

$$\frac{\beta(s)}{p(s)} = \frac{K\omega_n^2}{s^2 + 2\zeta_n \omega_n s + \omega_n^2} \quad (12.4.12)$$

$$K = K_p \cdot K_n$$

式中 K——测量系统的静态传递系数(Pa^{-1})。

系统的静态特性方程为

$$\beta = K \cdot p \quad (12.4.13)$$

基于上述分析,ω_n,ζ_n 就是系统的等效固有频率和等效阻尼比系数,决定着系统的动态特性。

系统的静态特性主要取决于 K,即 A_E,K_x,k_D,K_F。因此,要保证系统具有较高的精度必须保证系数 A_E,K_x,k_D,K_F 所对应的元件具有较高的精度和稳定性。要提高系统的灵敏度就可以通过增大 A_E,K_x,或减小 k_D,K_F 来实现。

位置反馈式系统的主要优点是可以提高压力弹性敏感元件的负载能力(相当于进行了力或力矩放大),使输出轴上可以带动更多的负载;另一个优点是可以提高系统的灵敏度。但在这个系统中的压力弹性敏感元件的位移随压力而增大,它的迟滞、非线性、温度等误差均直接反映在系统的输出中,未能减小弹性敏感元件的误差对系统输出的影响。

12.4.2 力反馈式压力测量系统

位置反馈式压力测量系统由于反馈点在差动变压器,弹性敏感元件在反馈点之前,利用其压力、位移特性进行测量,因此弹性敏感元件的迟滞和温度误差都反映在系统的静态误差中。若将反馈点移至弹性敏感元件,在压力作用下,弹性敏感元件产生的集中力与反馈力或力矩相综合,即弹性敏感元件将作为一个把压力变为集中力的变换元件,利用其压力、集中力特性,这样弹性敏感元件不产生或产生极小的位移,弹性敏感元件的迟滞和温度误差将不起作用。这种压力测量系统称为力反馈式压力测量系统。根据产生力反馈的方法和元件的不同,下面介绍一种弹簧力反馈式压力测量系统。

1. 结构及测量原理

图 12.4.3 给出了弹簧力反馈式压力测量系统的原理示意图。它由弹性敏感元件——测压波纹管、杠杆、差动电容变换器、伺服放大器、两相伺服电机、减速器和反馈弹簧等元部件组成。

被测压力 p_1,p_2 分别导入波纹管和密封壳体内,测压波纹管将压力差转换为集中力 F_p,集中力 F_p 使杠杆转动,差动电容变换器的动极片偏离零位,电桥输出电压 u_c,其幅值与杠杆的转角成比例,而相位与杠杆偏转的方向(即压力差的方向)相对应。电压 u_c 经伺服放大器放大后,使两相伺服电机转动,经减速器后,一方面带动输出轴转动,另一方面使螺栓转动,从而压缩和拉长反馈弹簧(螺栓使弹簧产生的位移量为 x),改变反馈弹簧施加在杠杆上的力 F_{xs}。当集中力 F_p 产生的力矩与反馈力 F_{xs} 产生的力矩相平衡时,系统处于平衡状态。由于反馈力 F_{xs} 与压力差 $\Delta p = p_1 - p_2$ 产生的集中力 F_p 成比例,则当反馈弹簧为线性弹簧时,弹簧的位移

x 与压力差 Δp 所产生的集中力 F_p 成比例,故输出轴转角 β 与压力差 Δp 成比例。

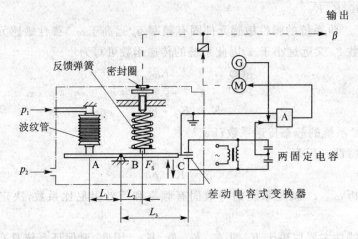

图 12.4.3 弹簧力反馈式压力测量系统

2. 环节特性方程与分析

重点讨论与位置反馈式压力测量系统不同的几个环节。

① 波纹管。波纹管将压力 Δp 转换为集中力 F_p,其特性方程为

$$\frac{F_p(s)}{\Delta p(s)} = A_E \tag{12.4.14}$$

式中 A_E——波纹管的有效面积(m^2)。

② 杠杆。杠杆是一个单自由度系统,在力的作用下,杠杆产生绕 O 点的转动,角位移为 α,则 A 点的位移为 $L_1\alpha$;B 点的位移为 $L_2\alpha$;C 点的位移为 $L_3\alpha$。

作用于杠杆上的力和力矩有:

集中力 F_p 及其力矩 $F_p L_1$;

波纹管变形 $L_1\alpha$ 产生的恢复力 $K_E L_1\alpha$ 及其力矩 $K_E L_1\alpha L_1$;

由螺栓移动使反馈弹簧产生力 F_{xs}(参见式(12.4.20))作用于杠杆上,所对应的力矩为 $F_{xs}L_2$;

反馈弹簧变形 $L_2\alpha$ 产生的恢复力 $K_S L_2\alpha$ 及其力矩 $K_S L_2\alpha L_2$;

杠杆转动时的惯性力矩可以描述为:$J_L \dfrac{d^2\alpha}{dt^2}$($J_L$ 为杠杆的等效转动惯量($kg \cdot m^2$));

杠杆转动时的阻尼力矩可以描述为:$C_L \dfrac{d\alpha}{dt}$(C_L 为杠杆转动时的等效阻尼系数($N \cdot m \cdot s$))。

图 12.4.4 给出了杠杆受力或力矩作用时的转动示意图。

可以写出杠杆转动时的动力学方程

$$J_L \frac{d^2\alpha}{dt^2} + C_L \frac{d\alpha}{dt} + K_L \alpha = \Delta M \tag{12.4.15}$$

式中 K_L——杠杆转动时的等效刚度($N \cdot m$),$K_L = K_E L_1^2 + K_S L_2^2$;

ΔM——作用于杠杆上的等效外力矩($N \cdot m$),$\Delta M = F_p L_1 - F_{xs} L_2$。

杠杆的输出量为差动电容变换器动极片的位移 δ,满足

$$\delta = L_3 \alpha \tag{12.4.16}$$

则杠杆的传递函数为

$$\frac{\delta(s)}{\Delta M(s)} = \frac{L_3}{J_L s^2 + C_L s + K_L} \tag{12.4.17}$$

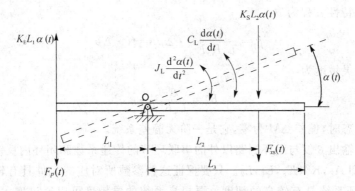

图 12.4.4 杠杆受力(力矩)分析示意图

③ 差动电容变换器及其电桥电路。在小偏移的情况下,其特性为(参见 5.3.2 节)

$$\frac{u_c(s)}{\delta(s)} = K_C \tag{12.4.18}$$

式中 K_C——差动电容变换器和电桥电路的传递系数(V/m)。

④ 螺栓。螺栓为比例环节,其位移与转角的特性关系为

$$\frac{x(s)}{\beta(s)} = K_x \tag{12.4.19}$$

式中 K_x——螺栓的传递系数(m)。

螺栓产生的位移 $x(s)$,会使反馈弹簧产生作用于杠杆上的作用力 F_{xs},满足

$$F_{xs}(s) = K_S x(s) \tag{12.4.20}$$

3. 系统的结构框图与传递函数

当忽略摩擦力等因素时,系统的结构框图为图 12.4.5。由图可以写出该系统的传递函数

$$\frac{\beta(s)}{\Delta p(s)} = \frac{A_E L_1 L_3 K_C K_A K_T K_G}{s(J_L s^2 + C_L s + K_L)(Ts + 1 + K_A K_T K_\Omega) + L_2 L_3 K_C K_A K_T K_x K_S K_G} \tag{12.4.21}$$

式中 K_A——放大器的传递系数($\text{V}^{-1}\text{s}^{-1}$);

K_T, T——伺服电机调速特性曲线的斜率($\text{V}^{-1}\text{s}^{-1}$)和伺服电机的时间常数(s);

K_G——减速器的传递系数, $K_G = \dfrac{1}{i}$;

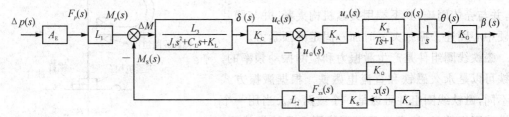

图 12.4.5 弹簧力反馈式压力测量系统结构方块图

i——减速器的减速比；

K_Ω——测速发电机的传递系数($V \cdot s$)。

4. 系统特性分析

系统的静态特性方程为

$$\beta = \frac{A_E L_1}{L_2 K_x K_S} \cdot \Delta p = K \cdot \Delta p \qquad (12.4.22)$$

系统的静态灵敏度为

$$K = \frac{A_E L_1}{L_2 K_x K_S} \qquad (12.4.23)$$

系统处于稳态时，偏差 ΔM 为零，它是一阶无静差系统。

系统的静态输出 β 仅与闭环回路以外的串联环节的传递系数和闭环内反馈回路各环节的传递系数有关，即 A_E, K_x, K_S, L_1, L_2。只要保证这些参数所对应的元件具有较高的精度和稳定性，就可以保证系统具有较高的精度。要提高系统的灵敏度可以通过增大 A_E, L_1，或减小 K_x, K_S, L_2 来实现。

对于直接感受被测压力的弹性敏感元件（波纹管）而言，在弹簧力反馈式压力测量系统中，影响测量系统静态测量精度的只有波纹管的有效面积 A_E（在这种使用情况下，其有效面积变化较小），而与波纹管的等效刚度无关，这与位置反馈式系统不同。因此波纹管的迟滞及弹性模量随温度变化不会影响测量系统的静态特性。这是该测量系统的主要优点。

但是，反馈弹簧的刚度 K_S 的变化对测量系统的静态精度有直接的影响，所以对反馈弹簧的性能要求较高，即要求其刚度随温度的变化要小，迟滞要小。

总之，弹簧力反馈式压力测量系统实际上是提高对反馈弹簧的性能来降低对直接感受压力的弹性敏感元件（波纹管）的性能要求的。

12.5 谐振式压力传感器

12.5.1 谐振弦式压力传感器

1. 结构与原理

图 12.5.1 给出了谐振弦式压力传感器的原理示意图。它由谐振弦、磁铁线圈组件、振弦夹紧机构等元部件组成。

振弦是一根弦丝或弦带，其上端用夹紧机构夹紧，并与壳体固连，其下端用夹紧机构夹紧，并与膜片的硬中心固连。振弦夹紧时加一固定的预紧力。

磁铁线圈组件是产生激振力和检测振动频率的。磁铁可以是永久磁铁和直流电磁铁。根据激振方式的不同，磁铁线圈组件可以是一个或两个。当用一个磁铁线圈组件时，线圈又是激振线圈又是拾振线圈。当线圈中通以脉冲电流时，固定在振弦上的软铁片被

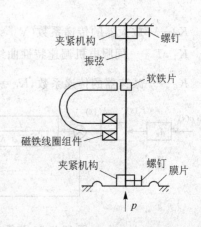

图 12.5.1 谐振弦式压力传感器原理示意图

磁铁吸住,对振弦施加激励力。当不加脉冲电流时,软铁片被释放,振弦以某一固有频率自由振动,从而在磁铁线圈组件中感应出与振弦频率相同的感应电势。由于空气阻尼的影响,振弦的自由振动逐渐衰减,故在激振线圈中加上与振弦固有频率相同的脉冲电流,以使振弦维持振动。

被测压力不同,加在振弦上的张紧力不同,振弦的等效刚度不同,因此振弦的固有频率不同。通过测量振弦的固有频率就可以测出被测压力的大小。

2. 特性方程

振弦的固有频率可以写为

$$f = \frac{1}{2\pi}\sqrt{\frac{k}{m}} \tag{12.5.1}$$

式中　k——振弦的横向刚度(N/m);

　　　m——振弦工作段的质量(kg)。

振弦的横向刚度与弦的张紧力的关系为

$$k = \frac{\pi^2(T_0 + T_x)}{L} \tag{12.5.2}$$

式中　T_0——振弦的初始张紧力(N);

　　　T_x——作用于振弦上的被测张紧力(N);

　　　L——振弦工作段长度(m)。

振弦的固有频率为

$$f = \frac{1}{2}\sqrt{\frac{T_0 + T_x}{mL}} \tag{12.5.3}$$

由式(12.5.3)可见,振弦的固有频率与张紧力是非线性函数关系。被测压力不同,加在振弦上的张紧力不同,因此振弦的固有频率不同。测量此固有频率就可以测出被测压力的大小,亦即拾振线圈中感应电势的频率与被测压力有关。

3. 激励方式

图 12.5.2 给出了谐振弦式压力传感器的两种激励方式。图 12.5.2(a)为间歇式激励方式,图 12.5.2(b)为连续式激励方式。

在连续式激励方式中,有两个磁铁线圈组件,线圈 1 为激振线圈,线圈 2 为拾振线圈。线圈 2 的感应电势经放大后,一方面作为输出信号,另一方面又反馈到激振线圈 1,只要放大后的信号满足振弦系统振荡所需的幅值和相位,振弦就会维持振动。

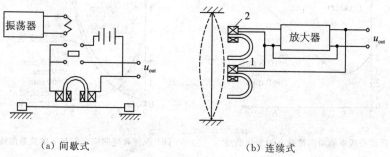

(a) 间歇式　　　　　　　(b) 连续式

图 12.5.2　振弦的激励方式

4. 特　点

振弦式压力传感器具有灵敏度高、测量精确度高、结构简单、体积小、功耗低和惯性小等优点。

12.5.2　振动筒式压力传感器

1. 结构与原理

图 12.5.3 给出了振动筒式压力传感器的原理示意图,它由传感器本体和激励放大器两部分组成。

传感器本体由振动筒、拾振线圈、激振线圈组成。该传感器是绝压传感器,所以振动筒与壳体间为真空;振动筒由车削或旋压拉伸而成型,再经过严格的热处理工艺制成;其材料通常为 3J53 或 3J58——恒弹合金(国外称 Ni-Span-C)。振动筒的典型尺寸为:直径 16～18 mm、壁厚 0.07～0.08 mm、有效长度 45～60 mm。一般要求其 Q 值大于 3 000。

根据谐振筒的结构特点及参数范围,图 12.5.4 给出了其可能具有的振动振型。m 为沿振动筒母线方向振型的半波数,n 为沿振动筒圆周方向振型的整(周)波数。

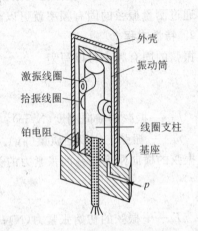

图 12.5.3　振动筒式压力传感器原理示意图

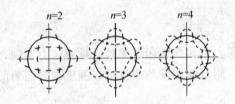

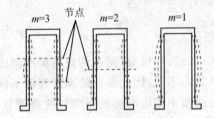

(a) 振动筒圆周方向的振型　　　　　　(b) 振动筒母线方向的振型

图 12.5.4　振动筒所可能具有的振动振型

图 12.5.5 表示出了振动振型与应变能间的关系。当 $m=1$ 时,$n=3\sim4$ 间所需的应变能最小,故振动筒压力传感器设计时一般都选择其 $m=1, n=4$。

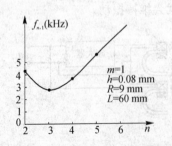
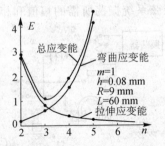

(a) 最低固有频率随周向波数 n 的变化曲线　　(b) 拉伸和弯曲应变能与 n 的关系曲线

图 12.5.5　振动模式与应变能间的关系

通入振动筒的被测压力不同时,振动筒的等效刚度不同,因此振动筒的固有频率不同。通过测量振动筒的固有频率就可以测出被测压力的大小。

2. 特性方程

振动筒内的压力与所对应的固有频率 $f(p)$ 间的关系相当复杂,很难给出简单的解析模型,这里给出一个近似计算公式,即

$$f(p) = f_0 \sqrt{1 + Cp} \tag{12.5.4}$$

式中　f_0——压力为零时振动筒所具有的固有频率(Hz);
　　　p——被测压力(Pa);
　　　C——与振动筒材料、物理参数有关的系数(Pa^{-1})。

振动筒在零压力下的频率为

$$f_0 = \frac{1}{2\pi} \sqrt{\frac{E}{\rho R^2 (1-\mu^2)}} \sqrt{\Omega_{mn}} \tag{12.5.5}$$

$$\Omega_{mn} = \frac{(1-\mu)^2 \lambda^4}{(\lambda^2 + n^2)^2} + \alpha(\lambda^2 + n^2)^2$$

$$\lambda = \frac{\pi R m}{L}$$

$$\alpha = \frac{h^2}{12R^2}$$

式中　f_0——压力为零时振动筒所具有的固有频率(Hz);
　　　ρ——振动筒材料的密度(kg/m^3);
　　　μ——振动筒材料的泊松比;
　　　E——振动筒材料的弹性模量(Pa);
　　　R——振动筒的中柱面半径(m);
　　　L——振动筒工作部分的长度(m);
　　　h——振动筒的筒壁的厚度(m);
　　　m——振型沿振动筒母线方向的半波数;
　　　n——振型沿振动筒圆周方向的整波数。

3. 激励方式

拾振和激振线圈都由铁芯和线圈组成,为了尽可能减小它们间的电磁耦合,故设置它们在芯子上相距一定的距离且相互垂直。拾振线圈的铁芯为磁钢,激振线圈的铁芯为软铁。拾振线圈的输出电压与振动筒的振动速度 dx/dt 成正比;激振线圈的激振力 $f_B(t)$ 与线圈中流过的电流的平方成正比。因此,若线圈中通入的是交流电流 $i(t)$,则产生如式(12.5.7)的激励力

$$i(t) = I_0 + I_m \sin \omega t \tag{12.5.6}$$

这时,

$$f_B(t) = K_f (I_0 + I_m \sin \omega t)^2 =$$
$$K_f \left(I_0^2 + \frac{1}{2} I_m^2 + 2 I_0 I_m \sin \omega t - \frac{1}{2} I_m^2 \cos 2\omega t \right) \tag{12.5.7}$$

当满足 $I_0 \gg I_m$ 时,由式(12.5.7)可知:激振力 $f_B(t)$ 中交变力的主要成分是与激振电流 $i(t)$ 同频率的分量。

对于电磁激励方式,要防止外磁场对传感器的干扰,应当把维持振荡的电磁装置屏蔽起

来。通常可用高导磁率合金材料制成同轴外筒,即可达到屏蔽目的。

除了电磁激励方式外,也可以采用压电激励方式。利用压电换能元件的正压电特性检测振动筒的振动,逆压电特性产生激振力;采用电荷放大器构成闭环自激电路。压电激励的振动筒压力传感器在结构、体积、功耗、抗干扰能力、生产成本等方面优于电磁激励方式,但传感器的迟滞可能稍高些。

4. 特性的解算

通过激励放大电路后传感器的输出已是准数字频率信号,稳定性极高,不受传递信息的影响,可以用一般数字频率计读出,但是不能直接显示压力值,这是由于被测压力与输出频率不成线性关系之故(见式(12.5.4));一般具有图 12.5.6 的特性,当压力为零时,有一较高的初始频率,随着被测压力增加,频率升高。利用压力与频率的关系,可以通过与用电路或芯片解算出压力。

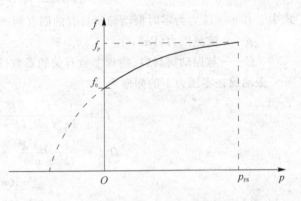

图 12.5.6 振动筒式压力传感器的频率压力特性

随着计算机和微处理机在传感器中应用日益增多,已逐步采用软件补偿方案。通常有两种:一是利用测控系统已有的计算机,通过解算,直接把传感器的输出转换为经修正的所需要的工程单位。由外部设备直接显示出被测值或记录下来。另一方案是利用专用微处理机,通过一只可编程的存储器,把测试数据存储在内存中,通过查表方法和插值公式找出被测压力值。

对于振动筒压力传感器,环境温度有两种不同途径影响传感器:

(1) 振动筒金属材料的弹性模量 E 随温度而变化,其他参数如长度、厚度和半径等也随温度略有变化,但因采用的是恒弹材料,这些影响相对比较小。

(2) 温度对被测气体密度的影响。虽然用恒弹材料制造谐振敏感元件,但筒内的气体质量是随气体压力和温度变化的,测量过程中,被测气体充满筒内空间,因此,当圆筒振动时,其内部的气体也随筒一起振动,气体质量必然附加在筒的质量上。气体密度的变化引起了测量误差。气体密度 ρ_{gas} 可用下式表示

$$\rho_{gas} = K_{gas} \frac{p}{T} \tag{12.5.8}$$

式中 p——待测压力(Pa);

T——绝对温度(K);

K_{gas}——取决于气体成分的系数。

可见,在振动筒压力传感器中,气体密度的影响表现为温度误差。实际测试表明,在 $-55 \sim 125$ ℃范围,输出频率的变化约为 2%,即温度误差约为 0.01%/℃。在要求不太高的场合,可以不考虑,但在高精度测量的场合,必须进行温度补偿。

温度误差补偿的实用方法就是基于温度对频率的影响规律。通过对振动筒压力传感器在不同温度、不同压力值下的测试,可以得到对应于不同压力下的传感器的温度误差特性,利用这一特性,在计算机软件支持下,对传感器温度误差进行修正,以达到预期的测量精度。温度

传感器可以采用石英晶体温度传感器,二极管温度传感器或铂热电阻温度传感器等。压力传感器封装在一起,感受相同的环境温度。石英晶体是按具有最大温度效应的方向切割成的。石英晶体温度传感器的输出频率与温度成单值函数关系,输出频率量可以与线性电路一起处理,使压力传感器在 $-55 \sim 125$ ℃温度范围内工作的总精度达到 0.01 %。

此外,也可以采用"双模态"技术来减小振动筒压力传感器的温度误差。由于振动筒的 21 次模($n=2,m=1$)的频率、压力特性变化非常小;41 次模($n=4,m=1$)的频率、压力特性变化比较大,大约是 21 次模的 20 倍以上。同时温度对上述两个不同振动模态的频率特性影响规律比较接近。因此当选择上述两个模态作为振动筒的工作模态时,可以采用"差动检测"原理来改善振动筒压力传感器的温度误差。当振动筒采用"双模态"工作方式时,对其加工工艺、激振拾振方式、放大电路、信号处理等方面都提出了更高的要求。

5. 特 点

振动筒式传感器的精度比一般模拟量输出的压力传感器高 1~2 个数量级,工作极其可靠,长期稳定性好,重复性高,尤其适宜于比较恶劣环境条件下的测试。实测表明,该传感器在 10 g 振动加速度作用下,误差仅为 0.004 5 %FS;电源电压波动 20 %时,误差仅为 0.001 5 %FS。由于这一系列独特的优点,近年来,高性能超音速飞机上已装备了振动筒压力传感器,获得飞行中的正确高度和速度;经计算机直接解算可进行大气数据参数测量。同时,它还可以作压力测试的标准仪器,也可用来代替无汞压力计。

12.5.3 谐振膜式压力传感器

图 12.5.7 给出了谐振膜式压力传感器的原理图。圆膜片是弹性敏感元件,在膜片硬中心处安装激振线圈和磁铁,在传感器的基座上装有电感线圈。传感器的参考压力腔和被测压力腔为膜片所分隔。

谐振膜式压力传感器的工作原理与振动筒式压力传感器的工作原理一样,利用振膜的固有频率随被测压力而变化来测量压力。

当圆膜片受激振后,以其固有频率振动,当被测压力变化时,圆膜片的刚度变化,导致固有频率发生相应的变化。同时圆膜片振动使磁路的磁阻和磁通发生变化,因而电感线圈的电感发生变化,电桥输出信号,经振

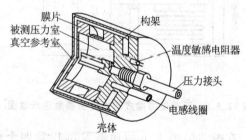

图 12.5.7 谐振膜式压力传感器原理示意图

荡器后,一方面反馈到激振线圈,以维持膜片振动,同时经整形后输出方波信号给测量电路。

谐振膜式压力传感器同样具有很高的精度,也作为关键传感器应用于高性能超音速飞机上。与振动筒压力传感器相比,振动膜弹性敏感元件的频率、压力特性稳定性高,测量灵敏度高,体积小,质量小,结构简单,但加工难度稍大些。

12.5.4 石英谐振梁式压力传感器

上述三种谐振式压力传感器,由于均用金属材料做振动敏感元件,因此材料性能的长期稳定性、老化和蠕变都可能造成频率漂移,而且易受电磁场的干扰和环境振动的影响,因此零点和灵敏度不易稳定。

石英晶体具有稳定的固有振动频率,当强迫振动等于其固有振动频率时,便产生谐振。利用这一特性可组成石英晶体谐振器,用不同尺寸和不同振动模式可做成从几 kHz～几百 MHz 的石英谐振器。

利用石英谐振器,可以研制石英谐振式压力传感器。由于石英谐振器的机械品质因素非常高,固有频率高,频带很窄,对抑制干扰、减少相角差所引起的频率误差很有利;因而做成压力传感器时,其精度和稳定性均很高、而且动态响应好。尽管石英的加工比较困难,但石英谐振式压力传感器仍然是一种非常理想的压力传感器。

1. 结构与原理

图 12.5.8 给出了由石英晶体谐振器构成的振梁式差压传感器。两个相对的波纹管用来接受输入压力 p_1, p_2,作用在波纹管有效面积上的压力差产生一个合力,形成了一个绕支点的力矩,该力矩由石英晶体谐振梁(参见图 12.5.9)的拉伸力或压缩力来平衡,这样就改变了石英晶体的谐振频率。频率的变化是被测压力的单值函数,从而达到了测量目的。

图 12.5.9 给出了石英谐振梁及其隔离结构的整体示意图。石英谐振梁是该压力传感器的敏感元件,横跨在图 12.5.9 所示结构的正中央。谐振梁两端的隔离结构的作用是防止反作用力和力矩造成基座上的能量损失,从而使品质因数 Q 值降低;同时不让外界的有害干扰传递进来,降低稳定性,影响谐振器的性能。梁的形状选择应使其成为一种以弯曲方式振动的两端固支梁,这种形状感受力的灵敏度高。

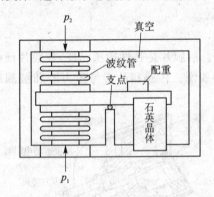

图 12.5.8 石英谐振梁式压力传感器原理示意图

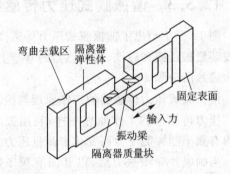

图 12.5.9 梁式石英晶体谐振器

在振动梁的上下两面蒸发沉积着四个电极。利用石英晶体自身的压电效应,当四个电极加上电场后,梁在一阶弯曲振动状态下起振,未输入压力时,其自然谐振频率主要决定于梁的几何形状和结构。当电场加到梁晶体上时,矩形梁变成平行四边形梁,如图 12.5.10 所示。梁歪斜的形状取决于所加电场的极性。当斜对着的一组电极与另一组电极的极性相反时,梁呈一阶弯曲状态,一旦变换电场极性,梁就朝相

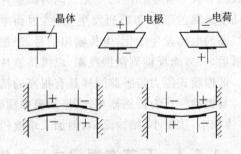

图 12.5.10 谐振梁振动模式

反方向弯曲。这样,当用一个维持振荡电路代替所加电场时,梁就会发生谐振,并由测量电路维持振荡。

当输入压力 $p_1 < p_2$ 时,振动梁受拉伸力(见图 12.5.8、图 12.5.9),梁的刚度增加,谐振频率上升。反之,当输入压力 $p_1 > p_2$ 时,振动梁受压缩,谐振频率下降。因此,输出频率的变化反映了输入压力的大小。

波纹管采用高纯度材料经特殊加工制成,其作用是把输入压力差转换为振动梁上的轴向力(沿梁的长度方向)。为了提高测量精度,波纹管的迟滞要小。

当石英晶体谐振器的形状、几何参数、位置决定后,配重可以调节运动组件的重心与支点重合。在受到外界加速度干扰时,配重还有补偿加速度的作用,因其力臂几乎是零,使得谐振器仅仅感受压力引起的力矩,而对其他外力不敏感。

2. 特性方程

根据图 12.5.8 的结构,输入压力 p_1,p_2 转换为梁所受到的轴向力的关系为

$$T_x = \frac{L_1}{L_2}(p_2 - p_1)A_E = \frac{L_1}{L_2}(p_2 - p_1)A_E = \frac{L_1}{L_2}\Delta p A_E \tag{12.5.9}$$

式中 A_E——波纹管的有效面积(m^2);

Δp——压力差(Pa),$\Delta p = p_2 - p_1$;

L_1——波纹管到支撑点的距离(m);

L_2——振动梁到支撑点的距离(m)。

根据梁的弯曲变形理论,当梁受有轴向作用力 T_x 时,其最低阶(一阶)固有频率 f_1 与力 T_x 的关系为

$$f_1 = f_{10}\sqrt{1 + 0.295\frac{T_x L^2}{Ebh^3}} = f_{10}\sqrt{1 + 0.295\frac{L_1}{L_2} \cdot \frac{\Delta p A_E}{Ebh} \cdot \frac{L^2}{h^2}} \tag{12.5.10}$$

$$f_{10} = \frac{4.73^2 h}{2\pi L^2}\sqrt{\frac{E}{12\rho}} \tag{12.5.11}$$

式中 f_{10}——零压力时振动梁的一阶弯曲固有频率(Hz);

ρ——梁材料的密度(kg/m^3);

μ——梁材料的泊松比;

E——梁材料的弹性模量(Pa);

L——振动梁工作部分的长度(m);

b——振动梁的宽度(m);

h——振动梁的厚度(m)。

3. 特 点

这种传感器有许多优点:对温度、振动、加速度等外界干扰不敏感。有实测数据表明:其灵敏度温漂为 4×10^{-5}%/℃、加速度灵敏度 8×10^{-4}%/g、稳定性好、体积小($2.5 \times 4 \times 4$ cm^3)、质量小(约 0.7 kg)、Q 值高(达 40 000)、动态响应高(10^3 Hz)等。这种传感器目前已用于大气数据系统、喷气发动机试验、数字程序控制及压力二次标准仪表等。

12.5.5 硅谐振式压力微传感器

以精密合金为材料制成的谐振筒压力传感器、谐振膜压力传感器在航空机载、航空地面测试、气象、计量等需要精密测量压力的领域得到了充分的应用。但这些谐振式压力传感器都存在着体积较大、功耗较高、响应较慢等弱点。

结合硅材料优良的机械性质、微结构加工工艺,以谐振式传感器技术发展起来的硅微结构谐振式压力传感器有效地改善了上述不足。下面以一种典型的热激励微结构谐振式压力传感器进行相关讨论。

1. 压力微传感器的敏感结构及数学模型

图 12.5.11 给出了一种典型的热激励微结构谐振式压力传感器的敏感结构,它由方形膜片、梁谐振子和边界隔离部分构成。方形硅膜片作为一次敏感元件,直接感受被测压力,将被测压力转化为膜片的应变与应力;在膜片的上表面制作浅槽和硅梁,以硅梁作为二次敏感元件,感受膜片上的应力,即间接感受被测压力。外部压力 p 的作用使梁谐振子的等效刚度发生变化,从而梁的固有频率随被测压力的变化而变化。通过检测梁谐振子的固有频率的变化,即可间接测出外部压力的变化。为了实现微传感器的闭环自激系统,可以采用电阻热激励、压阻拾振方式。基于激励与拾振的作用与信号转换过程,热激励电阻设置在梁谐振子的正中间,拾振压敏电阻设置在梁谐振子一端的根部。

在膜片的中心建立直角坐标系,如图 12.5.12 所示,xOy 平面与膜片的中平面重合,z 轴向上。在压力 p 的作用下,方形膜片的法向位移为

$$W(x,y) = W_{max} H \left(\frac{x^2}{A^2} - 1\right)^2 \left(\frac{y^2}{A^2} - 1\right)^2 \tag{12.5.12}$$

$$W_{max} = \frac{49p(1-\mu^2)}{192E} \left(\frac{A}{H}\right)^4 \tag{12.5.13}$$

式中　ρ ——梁材料的密度(kg/m^3);

　　　μ ——梁材料的泊松比;

　　　E ——梁材料的弹性模量(Pa);

　　　A, H ——膜片的半边长和厚度(m);

　　　W_{max} ——在压力 p 的作用下,膜片的最大法向位移与其厚度之比。

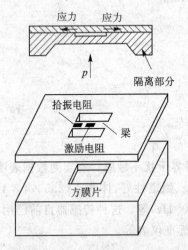

图 12.5.11　硅谐振式压力微传感器敏感结构

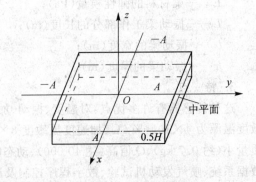

图 12.5.12　方膜片坐标系

根据敏感结构的实际情况及工作机理,当梁谐振子沿着 x 轴设置在 $x \in [X_1, X_2]$($X_2 > X_1$)时,由压力 p 引起梁的谐振子的初始应力为

$$\sigma_0 = E\frac{\mu_2 - \mu_1}{L} \tag{12.5.14}$$

$$u_1 = -2H^2 W_{\max}\left(\frac{X_1^2}{A^2} - 1\right)\frac{X_1}{A^2} \tag{12.5.15}$$

$$u_2 = -2H^2 W_{\max}\left(\frac{X_2^2}{A^2} - 1\right)\frac{X_2}{A^2} \tag{12.5.16}$$

式中 σ_0——梁所受到的轴向应力（Pa）；

u_1, u_2——梁在其两个端点 X_1, X_2 处的轴向位移（m）；

L, h——梁的长度（m），厚度（m）；且有 $L = X_2 - X_1$。

在初始应力 σ_0（即压力 p）的作用下，两端固支梁的一阶固有频率（最低阶）为

$$f_1 = \frac{4.73^2 h}{2\pi L^2}\left[\frac{E}{12\rho}\left(1 + 0.295\frac{Kp \cdot L^2}{h^2}\right)\right]^{0.5} \tag{12.5.17}$$

式中 f_1 的单位为 Hz。

$$K = \frac{0.51(1-\mu^2)}{EH^2}(-L^2 - 3X_2^2 + 2X_2 L + A^2)$$

式（12.5.14）～（12.5.17）给出了上述硅微结构谐振式压力传感器的压力、频率特性方程。利用该模型，这里提供一组压力测量范围在 0～0.1 MPa 的微传感器敏感结构参数的参考值：方形膜边长 4 mm，膜厚 0.1 mm，梁谐振子沿 x 轴设置于方形膜片的正中间，长 1.3 mm，宽 0.08 mm，厚 0.007 mm；此外浅槽的深度为 0.002 mm。基于对方形膜片的静力学分析结果，可以给出方形膜片结构参数优化设计的准则。结合对加工工艺实现的考虑，可以取方形膜片的边界隔离部分的内半径 1 mm，厚 1 mm。

当硅材料的弹性模量、密度和泊松比分别为：$E = 1.3 \times 10^{11}$ Pa，$\rho = 2.33 \times 10^3$ kg/m³，$\mu = 0.278$；被测压力范围为 0～0.1 MPa 时，利用上述模型计算出梁谐振子的频率范围为 31.81～44.04 kHz。

2. 微结构谐振式传感器的闭环系统

图 12.5.13 给出了微传感器敏感结构中梁谐振子部分的激励、拾振示意图。激励热电阻设置于梁的正中间，拾振电阻设置在梁端部。当敏感元件开始工作时，在激励电阻上加载交变的正弦电压 $U_{ac}\cos \omega t$ 和直流偏压 U_{dc}，激振电阻 R 上将产生热量：

$$P(t) = [U_{dc}^2 + 0.5U_{ac}^2 + 2U_{dc}U_{ac}\cos \omega t + 0.5U_{ac}^2\cos 2\omega t]/R \tag{12.5.18}$$

$P(t)$ 包含常值分量 P_s，与激励频率相同的交变分量 $P_{d1}(t)$ 和二倍频交变分量 $P_{d2}(t)$，分别为

$$P_s = (U_{dc}^2 + 0.5U_{ac}^2)/R \tag{12.5.19}$$

$$P_{d1}(t) = 2U_{dc}U_{ac}\cos \omega t / R \tag{12.5.20}$$

$$P_{d2}(t) = 0.5U_{ac}^2\cos 2\omega t / R \tag{12.5.21}$$

二倍频交变分量 $P_{d2}(t)$ 是热激方式带来的干扰信号。为消除其影响，可选择适当的交直流分量，使 $U_{dc} \gg U_{ac}$，或在调理电路中进行滤波处理。

交变分量 $P_{d1}(t)$ 将使梁谐振子产生交变的温度差分布场 $\Delta T(x,t)\cos(\omega t + \varphi_1)$，从而在梁谐振子上产生交变热应力

$$\sigma_{ther} = -E\alpha \Delta T(x,t)\cos(\omega t + \varphi_1 + \varphi_2) \tag{12.5.22}$$

式中 α——硅材料的热应变系数（1/℃）；

x, t——梁谐振子的轴向位置(m)和时间(s);

φ_1——由热功率到温度差分布场产生的相移;

φ_2——由温度差分布场到热应力产生的相移。

显然,φ_1, φ_2 与激励电阻的位置、激励电阻的参数、梁的结构参数及材料参数等有关。

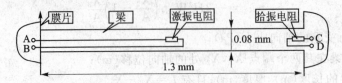

图 12.5.13 梁谐振子平面结构示意图

设置在梁根部的拾振压敏电阻感受此交变的热应力,由压阻效应,其电阻变化为

$$\Delta R = \beta R \sigma_{\text{axial}} = \beta R E \alpha \Delta T(x_0, t) \cos(\omega t + \varphi_1 + \varphi_2) \quad (12.5.23)$$

式中 σ_{axial}——电阻感受的梁端部的应力值(Pa);

β——压敏电阻的灵敏系数(Pa^{-1});

x_0——梁端部坐标(m)。

利用电桥可以将拾振电阻的变化转换为交变电压信号 $\Delta u(t)$ 的变化,可描述为

$$\Delta u(t) = K_B \frac{\Delta R}{R} = K_B \beta E \alpha \Delta T(x_0, t) \cos(\omega t + \varphi_1 + \varphi_2) \quad (12.5.24)$$

式中 K_B——电桥的灵敏度(V)。

当 $\Delta u(t)$ 的频率 ω 与梁谐振子的固有频率一致时,梁谐振子发生谐振。故 $P_{d1}(t)$ 是所需要的交变信号,由它实现了"电—热—机"转换。

图 12.5.14 给出传感器闭环自激振荡系统电路实现的原理框图。由拾振桥路测得的交变信号 $\Delta u(t)$ 经差分放大器进行前置放大,通过带通滤波器滤除掉通带范围以外的信号;移相器对闭环电路其他各环节的总相移进行调整。

利用幅值、相位条件,可以设计、计算放大器的参数,以保证谐振式压力微传感器在整个工作频率范围内自激振荡,使传感器稳定可靠地工作。

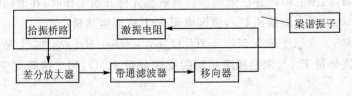

图 12.5.14 硅谐振式压力微传感器闭环自激系统示意图

12.6 动态压力测量时的管道和容腔效应

理论研究与工程实践表明:压力测量系统的动态性能与以下两个因素密切相关:

(1) 压力传感器及其测量线路;

(2) 传送压力的连接管道和容腔。

多数实用情况,后者是主要因素,下面从理论上估算压力传送管道和容腔对压力测量的动态性能指标的影响。

12.6.1 管道和容腔的无阻尼自振频率

假设传感器容腔体积 V 比压力传送管道的体积小,管道的一端接压力源,另一端经传感器弹性元件而闭合,且管道的直径足够大。这时管道和传感器容腔可看作是一个由气体材料构成的圆柱体,如图 12.6.1 所示。这段气体柱可以看作是一个单自由度弹性振动系统,在正弦压力作用下,气体柱将沿着管道轴线方向振动。当不考虑振动情况下的气体的阻尼时,气体柱的固有振动频率为

$$f_n = \frac{2n-1}{4} \cdot \frac{a}{L_p} \tag{12.6.1}$$

式中 a——声音在气体中的传播速度(m/s),$a = 20.1\sqrt{T}$(T——气体介质的绝对温度(K));
L_p——传压管道的长度(m);
n——泛音次数,$n = 1, 2, 3 \cdots$。

由式(12.6.1)可见,管道越长,其固有频率越低。

当传感器的容腔体积 V 和传压管道的体积相比不能忽略时,如图 12.6.2 所示,气体无阻尼振荡的最低固有频率为

$$f_n = \frac{1}{2\pi} \sqrt{\frac{3\pi r^2 a^2}{4 L_p V}} \tag{12.6.2}$$

式中 r——管道半径(m);
L_p——管道长度(m);
V——传感器容腔体积(m^3)。

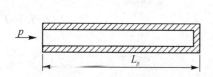

图 12.6.1 一端封闭的空气圆柱

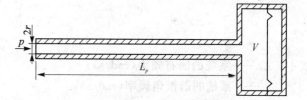

图 12.6.2 具有管道和容腔的传压系统

12.6.2 管道和容腔存在阻尼时的频率特性

假设管道中气体振动时处于层流状态,各层流体间与流体和管壁间的摩擦为粘性摩擦,当把这个分布参数系统等效看作一个具有集中参数的单自由度二阶系统时,系统中的等效集中参数分别为

$$C = \frac{V}{\rho a^2} \tag{12.6.3}$$

$$L = \frac{4\rho L_P}{3r^2} \cdot \pi \tag{12.6.4}$$

$$R = \frac{8\eta L_P}{\pi r^4} \tag{12.6.5}$$

式中　C——容腔等效气容(m^5/N);
　　　L——管道等效气感($N \cdot s^2/m^5$);
　　　R——管道等效气阻($N \cdot s/m^5$);
　　　ρ——气体的密度(kg/m^3);
　　　η——气体的动态粘度($N \cdot s/m$)。

若以 $p_0(t)$ 表示管道开口处的压力,$p(t)$ 表示传感器容腔内的压力,则上述系统的幅频特性为

$$\left|\frac{p}{p_0}\right| = \frac{1}{\sqrt{(1-\omega^2 LC)^2 + \omega^2 C^2 R^2}} = \frac{1}{\sqrt{\left[1-\left(\frac{\omega}{\omega_n}\right)^2\right]^2 + \frac{1}{Q^2}\left(\frac{\omega}{\omega_n}\right)^2}} \tag{12.6.6}$$

$$\omega_n = \sqrt{\frac{1}{LC}} = \sqrt{\frac{3\pi r^2 a^2}{4L_P V}} \tag{12.6.7}$$

$$\omega_r = \omega_n \sqrt{1 - \frac{1}{2Q^2}} \tag{12.6.8}$$

$$Q = \frac{1}{2\zeta_n} = \frac{1}{RC\omega_n} = \frac{\zeta a r^3}{4\eta}\sqrt{\frac{\pi}{3VL_P}} \tag{12.6.9}$$

$$\varphi = \begin{cases} -\arctan\dfrac{\omega RC}{1-\omega^2 LC}, & \omega^2 LC \leqslant 1 \\ -\pi + \arctan\dfrac{\omega RC}{\omega^2 LC - 1}, & \omega^2 LC > 1 \end{cases} = \begin{cases} -\arctan\dfrac{\left(\frac{\omega}{\omega_n}\right)}{Q\left[1-\left(\frac{\omega}{\omega_n}\right)^2\right]}, & \omega \leqslant \omega_n \\ -\pi + \arctan\dfrac{\left(\frac{\omega}{\omega_n}\right)}{Q\left[\left(\frac{\omega}{\omega_n}\right)^2 - 1\right]}, & \omega > \omega_n \end{cases} \tag{12.6.10}$$

式中　ω_n——系统的固有频率(rad/s);
　　　ω_r——系统的谐振角频率(rad/s);
　　　Q——系统的品质因数;
　　　ζ_n——系统的阻尼比系数;
　　　φ——压力 p 和 p_0 间的相角差。

当采用很细的管道(毛细管)作传压管道时,传压管道的阻抗可看作为纯气阻,这时系统的频率特性可表示为

$$\left|\frac{p}{p_0}\right|_{L_P \to 0} = \frac{1}{\sqrt{1+(RC\omega)^2}} = \frac{1}{\sqrt{1+(\omega T)^2}} \tag{12.6.11}$$

$$T = RC = \frac{8L_P \eta V}{\pi r^4 \rho a^2} \tag{12.6.12}$$

式中　T——时间常数(s)。

综上,无论是否考虑气体的阻尼,只要传压管道越长、管径越细、容积越大,该传压系统在动态压力测量时,造成的动态误差越大。这一点在动态压力测量时是必须认真考虑的。

12.7 压力测量装置的静、动态标定

12.7.1 压力测量装置的静态标定

压力测量装置静态标定试验设备是一台能产生高精度压力并能精确判读出所具有压力值的装置和一台能精确判读被标定的压力测量装置的输出量大小的装置。目前常用的静压标定设备有液体压力计和活塞压力计。

液体压力计的介质可以是水、油、酒精或水银。为了防止污染，目前水银已经较少使用。活塞压力计的工作介质有气体和液体两种，图 12.7.1 是一个液压活塞压力计的原理图。活塞压力计有不同的型号，可以测不同范围的压力，压力大小主要取决于活塞系统的有效面积和所负荷的砝码质量的大小。

由于传感技术的不断进步，传感器被大量应用于压力标定中。图 12.7.2 就是一个利用石英包端管来感受被测压力并用力平衡原理构成的静态压力标定设备。石

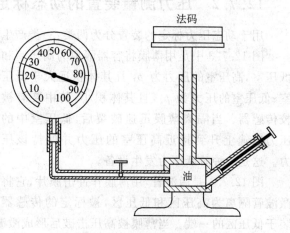

图 12.7.1 液压活塞压力计

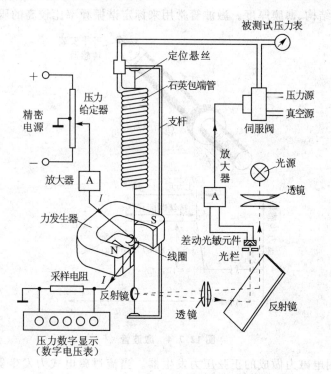

图 12.7.2 石英包端管力平衡式压力控制设备

英包端管将其中的压力转换为集中力,并在定位悬丝上形成一个力矩。当压力给定器输出的电压(代表所要求包端管内应具有的压力大小),经放大后加于力发生器线圈上,在定位悬丝上也形成一个力矩。当定位悬丝上的力矩不平衡时,定位悬丝上的反射镜使反射光线偏离光栏,于是差动光敏元件检测出偏离方向和大小的信号给放大器,经放大后操纵伺服阀使石英包端管和被校压力表接通真空源或压力源来改变石英包端管中的压力,直到定位悬丝恢复平衡状态。这时与力发生器线圈串联的采样电阻上的输出电压就代表了压力给定器所给定的压力值,也就是石英包端管和被校准压力测量设备中的压力。

12.7.2 压力测量装置的动态标定

用于动态压力标定的装置分为两类:一类产生阶跃压力,另一类产生正弦压力。

图 12.7.3 中是用薄膜将容器隔离为高压室和低压室,高压室的压力为 p_1 且其体积远大于低压室;低压室的压力为 p_2,且其体积小,其中装有被校传感器。当隔离薄膜迅速破裂后,低压室中的压力迅速上升到接近高压室的压力并保持该压力。这是一种阶跃压力发生设备。

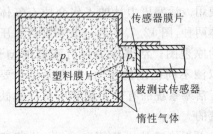

图 12.7.4 是激波管,用薄膜作冲击膜片,它将激波管隔离为高压区和低压区,被标定的传感器装于低压区的一端。当薄膜被高压击破后形成激波,使低压区的压力迅速上升,保持一定的时间然后下降。压力的上升时间约为 $0.2\,\mu s$,压力保持时间为几个 ms~几十个 ms,压力阶跃的幅值取决于激波管结构、薄膜厚度。激波管常用来标定谐振频率比较高的压力测量装置。

图 12.7.3 利用大小容积的阶跃压力发生器

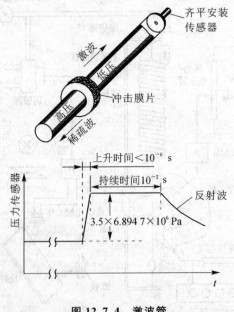

图 12.7.4 激波管

图 12.7.5 是用电磁力做成的正弦压力发生器。当流过磁电式力发生器中的电流成正弦规律变化时便产生正弦力,使输给传感器的介质压力按正弦规律变化。

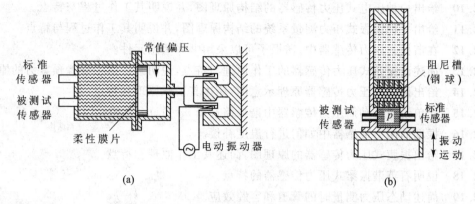

图 12.7.5 电磁力正弦压力发生器

图 12.7.6 是利用偏心轮使活塞产生位移,其位移与时间的关系按正弦规律变化,使活塞中介质的压力按正弦规律变化。这种设备常用来标定谐振频率低的压力测量装置。

图 12.7.7 是喷嘴-孔板式正弦压力发生设备。当孔板的实心部分挡住喷嘴时,管道中压力最大;当喷嘴正好全部对准孔板的孔时,管道中压力最小。这种正弦压力发生器简单易做,可以产生较高频率的压力变化,但压力波形不好,精度差。

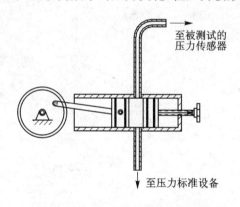

图 12.7.6 机械式正弦压力发生器

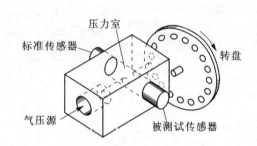

图 12.7.7 喷嘴-孔板正弦压力发生器

习题与思考题

12.1 工程技术中,流体压力可以分为哪几种?各自的物理意义是什么?

12.2 常用的压力测量系统有哪几类?

12.3 简述活塞压力计的工作原理和特点。

12.4 常用的压力弹性敏感元件主要有哪些?就其中两种说明使用方式。

12.5 选择压力弹性敏感元件的材料时应注意哪些主要问题?

12.6 给出一种电位计式压力传感器的结构原理图,并说明其工作过程与特点。

12.7 给出一种应变式压力传感器的结构原理图,并说明其工作过程与特点。

12.8 给出一种压阻式压力传感器的结构原理图,并说明其工作过程与特点。

12.9 给出一种差动电容式压力传感器的结构原理图,并说明其工作过程与特点。

12.10 给出一种压电式压力传感器的结构原理图,并说明其工作过程与特点。

12.11 给出一种伺服式压力测量系统的结构原理图,并说明其工作过程与特点。

12.12 在谐振式压力传感器中,谐振子可以采用哪些敏感元件?

12.13 简述谐振弦式压力传感器的工作原理与特点,说明谐振弦中设置预紧力的原则。

12.14 给出振动筒压力传感器原理示意图,简述其工作原理和特点。

12.15 简单说明振动筒压力传感器中谐振筒选择 $m=1$、$n=4$ 的原因。

12.16 振动筒压力传感器中如何进行温度补偿。

12.17 给出振膜式压力传感器的原理图,简述其工作原理和特点。

12.18 说明石英谐振梁式压力传感器的特点。

12.19 简述动态压力测量时的管道和容腔效应。

12.20 图 12.5.11 所示的微结构谐振式压力传感器的敏感结构有关参数为:方形膜边长 4 mm;梁谐振子沿 x 轴设置于方形膜片的正中间,长 1.3 mm,宽 0.08 mm,厚 0.007 mm;当被测压力范围为 0~0.01 MPa 和 0~1 MPa 时,试设计方形膜片厚度 H 或其取值范围,并说明理由。

第 13 章 温度测量系统

基本内容
　　温度　温标
　　热电偶测温
　　帕尔帖效应和汤姆逊效应
　　热电偶的误差及补偿
　　热电阻电桥测温系统
　　非接触式温度测量系统
　　全辐射测温系统
　　P-N 结测温系统

13.1　概　述

13.1.1　温度的概念

自然界中几乎所有的物理化学过程都与温度密切相关。在日常生活、工农业生产和科学研究的各个领域中,温度的测量与控制都占有重要的地位。

温度是表征物体冷、热程度的物理量,反映了物体内部分子运动平均动能的大小。温度高,表示分子动能大,运动剧烈;温度低,分子动能小,运动缓慢。

温度概念的建立是以热平衡为基础的。如果两个冷热程度不同的物体相互接触,必然会发生热交换现象,热量将由热程度高的物体向热程度低的物体传递,直至达到两个物体的冷热程度一致,处于热平衡状态,即两个物体的温度相等。

可见,温度是一个内涵量,不是外延量。两个温度不能相加,只能进行相等或不相等的描述。对一般测量量来说,测量结果即为该单位的倍数或分数。但对于温度而言,长期以来,我们所做的却不是测量,而只是做标志,即只是确定温标上的位置而已。这种状况直到 1967 年使用温度单位开尔文(K)以后才有了变化。1967 年第十三届国际计量大会确定,把热力学温度的单位——开尔文定义为:水三相点热力学温度的 1/273.16。这样温度的描述已不再是确定温标上的位置,而是单位 K 的多少倍了。这在计温学上具有划时代的历史意义。

13.1.2　温　标

由于测温原理和感温元件的形式很多,即使感受相同的温度,它们所提供的物理量的形式和变化量的大小却不相同。因此,为了给温度以定量的描述,并保证测量结果的精确性和一致性,需要建立一个科学的、严格的、统一的标尺,简称"温标"。作为一个温标,应满足以下三条基本内容:

(1) 有可实现的固定点温度;
(2) 有在固定点温度上分度的内插仪器;

(3) 确定相邻固定温度点间的内插公式。

目前使用的温标主要有摄氏温标(又叫百度温标)、华氏温标、热力学温标及国际实用温标。

摄氏温标,所用标准仪器是水银玻璃温度计。分度方法是规定在标准大气压力下,水的冰点为0摄氏度,沸点为100摄氏度,水银体积膨胀被分为100等份,对应每份的温度定义为1摄氏度,单位为"℃"。

华氏温标:标准仪器是水银温度计,选取氯化铵和冰水混合物的温度为0华氏度。水银体积膨胀被分为100份,对应每份的温度为1华氏度,单位为"°F"。按照华氏温标,水的冰点为32°F,沸点是212°F。摄氏温度和华氏温度的关系为

$$F = 1.8t + 32 \tag{13.1.1}$$

热力学温度的单位是"K"(开尔文)。为了在分度上和摄氏温标取得一致,选取水三相点温度(273.16 K)为唯一的参考温度。摄氏温度和热力学温度的关系为

$$T = t + 273.15 \tag{13.1.2}$$

热力学温标与测温物质无关,故是一个理想温标。

国际实用温标建立的指导思想是该温标要尽可能地接近热力学温标,而且温度复现性要好,以保证国际上温度量值传递的统一。1927年制订了第一个国际实用温标,以后几经修改就形成了当前所使用的国际实用温标 ITS—90。其制定的原则是:在全量程中,任何温度的 T_{90} 值非常接近于温标采纳时 T 的最佳估计值。与直接测量热力学温度相比,T_{90} 的测量要方便得多,并且更为精密和具有很高的复现性。

ITS—90 的定义是:

0.65~5.0 K 之间,T_{90} 由 ^{3}He 和 ^{4}He 的蒸汽压与温度的关系式来定义。

在 3.0 K 到氖三相点(24.556 1 K)之间,T_{90} 由氦气体温度计来定义。它使用三个定义固定点及利用规定的内插方法来分度。这三个定义固定点可以实验复现,并具有给定值。

平衡氢三相点(13.803 3 K)到银凝固点(961.78 ℃)之间,T_{90} 由铂电阻温度计来定义,它使用一组规定的定义固定点及利用所规定的内插方法来分度。

银凝固点(961.78 ℃)以上,T_{90} 借助于一个定义固定点和普朗克辐射定律来定义。

13.1.3 温度标准的传递

根据国际实用温标的规定,各国建立有各自的国家温度标准,并进行国际对比,以保证其准确可靠。我国的一级温度标准保存在中国计量科学研究院,各省、市、地区计量局的标准定期逐级进行对比与传递,以保证全国各地温度标准的统一。

13.1.4 温度计的标定与校正

用适当的方法建立起所希望的一系列温度值作为标准,把被标温度计(或传感器)依次置于这些标准温度之下,并记录温度计(或传感器)在各温度点的输出,这样就完成了对温度计的标定。被标定后的温度计就可用来测量温度。

测温装置的校正,是通过把被校装置放置于已知的固定温度点下,对其读数与相应点的已知温度值进行对比,这样就可找出被校装置的修正量。常用的另一种校正方法是把被校温度计与已被校正过的高一级精度的传感器(二次标准)紧密地热接触在一起,共同放于可控恒温

槽中,按规范逐次改变槽内温度,并在所希望的温度点上比较两者的读数,获得差值,从而得到所需要的修正量。精密电阻温度计和某些热电偶、玻璃水银温度计都可用作二次温度标准。

13.1.5 测温方法与测温仪器的分类

总体来说,温度的测量通常是利用一些材料或元件的性能随温度而变化的特性,通过测量该性能参数,而得到检测温度的目的。用以测量温度特性的有:材料的热电动势、电阻、热膨胀、导磁率、介电系数、光学特性、弹性等等,其中前三者尤为成熟,应用最广泛。

按照所用测温方法的不同,温度测量分为接触式和非接触式两大类。接触式的特点是感温元件直接与被测对象相接触,两者之间进行充分的热交换,最后达到热平衡,这时感温元件的某一物理参数的量值就代表了被测对象的温度值。接触测温的主要优点是直观可靠;缺点是被测温度场的分布易受感温元件的影响,接触不良时会带来测量误差,此外温度太高和腐蚀性介质对感温元件的性能和寿命会产生不利影响等。非接触测温的特点是感温元件不与被测对象相接触,而是通过辐射进行热交换,故可避免接触测温法的缺点,具有较高的测温上限。非接触测温法的热惯性小,可达 1 ms,故便于测量运动物体的温度和快速变化的温度。

对应于两种测温方法,测温仪器亦分为接触式和非接触式两大类。接触式仪器又可分为膨胀式温度计(包括液体和固体膨胀式温度计、压力式温度计)、电阻式温度计(包括金属热电阻温度计和半导体热敏电阻温度计)、热电式温度计(包括热电偶和 P-N 结温度计)以及其他原理的温度计。非接触式温度计又可分为辐射温度计、亮度温度计和比色温度计,由于它们都是以光辐射为基础的,故也被统称为辐射温度计。

按照温度测量范围,可分为超低温、低温、中高温和超高温温度测量。超低温一般是指 0~10 K,低温指 10~800 K,中温指 500~1 600 ℃,高温指 1 600~2 500 ℃ 的温度,2 500 ℃ 以上被认为是超高温。

对于超低温的测量,现有的方法都只能用于该范围内的个别小段上。例如,低于 1 K 的温度用磁性温度计测量,微量铝掺杂磷青铜热电阻只适用于 1~4 K,高于 4 K 的可用热噪声温度计测量。超低温测量的主要困难在于温度计与被测对象热接触的实现和测温仪器的刻度方法。低温测量的特殊问题是感温元件对被测温度场的影响,故不宜用热容量大的感温元件来测量低温。

在中高温测量中,要注意防止有害介质的化学作用和热辐射对感温元件的影响,为此要用耐火材料制成的外套对感温元件加以保护。对保护套的基本要求是结构上高度密封和温度稳定性。测量低于 1 300 ℃ 的温度一般可用陶瓷外套,测量更高温度时用难熔材料(如刚玉、铝、钍或铍氧化物)外套,并充以惰性气体。

在超高温下,物质处于等离子状态,不同粒子的能量对应的温度值不同,而且它们可能相差较大,变化规律也不一样。因此,对于超高温的测量,应根据不同情况利用特殊的亮度法和比色法来实现。

13.2 热电偶测温

热电偶在温度测量中应用极为广泛,因为它构造简单,使用方便,具有较高的准确度,温度测量范围宽。常用的热电偶可测温度范围为 -50~1 600 ℃。若配用特殊材料,其温度范围

可扩大为 $-180 \sim 2\,800$ ℃。

13.2.1 热电效应

热电偶的工作机理建立在导体的热电效应上,包括帕尔帖(Peltier)效应和汤姆逊(Thomoson)效应。

1. 帕尔帖效应

当 A,B 两种不同材料的导体相互紧密地连接在一起时,如图 13.2.1 所示,由于导体中都有大量自由电子,而且不同的导体材料的自由电子的浓度不同(假设导体 A 的自由电子浓度大于导体 B 的自由电子浓度),那么在单位时间内,由导体 A 扩散到导体 B 的电子数要比导体 B 扩散到导体 A 的电子数多,这时导体 A 因失去电子而带正电,导体 B 因得到电子而带负电,于是在接触处便形成了电位差,该电位差称为接触电势(即帕尔帖热电势)。这个电势将阻碍电子进一步扩散,当电子扩散能力与电场的阻力平衡时,接触处的电子扩散就达到了动平衡,接触电势达到一个稳态值。接触电势的大小与两导体材料性质和接触点的温度有关,其数量级约 $0.001 \sim 0.01$ V。由物理学可知,两导体接触端电势为

$$e_{AB}(T) = \frac{kT}{e} \ln \frac{n_A(T)}{n_B(T)} \tag{13.2.1}$$

式中　k——彼尔兹曼常数,1.38×10^{-23} J/K;

　　　e——电子电荷量,1.6×10^{-19} C;

　　　T——结点处的绝对温度(K);

　　　$n_A(T), n_B(T)$——材料 A,B 在温度 T 时的自由电子浓度。

2. 汤姆逊效应

对于单一均质导体 A,如图 13.2.2 所示,假设一端的温度为 T,另一端的温度为 T_0,而且 $T > T_0$。由于温度较高的一端(T 端)的电子能量高于温度较低的一端(T_0 端)的电子能量,因此产生了电子扩散,形成了温差电势,称作单一导体的温差热电势(即汤姆逊热电势)。该电势形成新的不平衡电场将阻碍电子进一步扩散,当电子扩散能力与电场的阻力平衡时,电子扩散就达到了动平衡,温差热电势达到一个稳态值。接触电势的大小与导体材料性质和导体两端的温度有关,其数量级约 10^{-5} V。导体 A 的温差热电势为

$$e_A(T, T_0) = \int_{T_0}^{T} \sigma_A dT \tag{13.2.2}$$

式中　σ_A——材料 A 的汤姆逊系数(V/K),表示单一导体 A 两端温度差为 1 ℃时所产生的温差热电势。

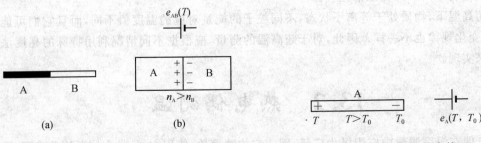

图 13.2.1　接触热电势　　　　　　　图 13.2.2　温差热电势

13.2.2 热电偶的工作机理

图13.2.3给出了热电偶的原理结构与热电势示意图,A,B两种不同导体材料两端相互紧密地连接在一起,组成一个闭合回路。这样就构成了一个热电偶。当两接点温度不等($T>T_0$)时,回路中就会产生电势,从而形成电流,这就是热电偶的工作机理。通常T_0端又称为参考端或冷端;T端又称为测量端或工作端或热端。

根据以上分析,图13.2.3(b)所示的热电偶的总的接触热电势和温度热电势分别为

$$e_{AB}(T) - e_{AB}(T_0) = \frac{kT}{e}\ln\frac{n_A(T)}{n_B(T)} - \frac{kT_0}{e}\ln\frac{n_A(T_0)}{n_B(T_0)} \tag{13.2.3}$$

$$e_A(T,T_0) - e_B(T,T_0) = \int_{T_0}^{T}(\sigma_A - \sigma_B)dT \tag{13.2.4}$$

式中 $n_A(T_0), n_B(T_0)$ ——材料A,B在温度T_0时的自由电子浓度。

σ_B ——材料B的汤姆逊系数(V/K)。

总的热电势为

$$E_{AB}(T,T_0) = \frac{kT}{e}\ln\frac{n_A(T)}{n_B(T)} - \frac{kT_0}{e}\ln\frac{n_A(T_0)}{n_B(T_0)} - \int_{T_0}^{T}(\sigma_A - \sigma_B)dT \tag{13.2.5}$$

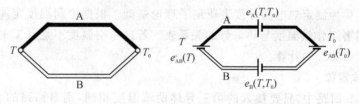

(a) 热电偶的原理结构　　　　(b) 热电偶中热电势示意图

图13.2.3　热电偶的原理结构及热电势示意图

由上述分析可得:

(1) 如果构成热电偶的两个热电极材料相同,帕尔帖热电势为零,即使两结点温度不同,由于两支路的汤姆逊热电势相互抵消,热电偶回路内的总热电势为零。因此,热电偶必须采用两种不同材料作为热电极。

(2) 如果热电偶两结点温度相等($T=T_0$),汤姆逊热电势为零,尽管导体A,B的材料不同,由于两端点的帕尔帖热电势相互抵消,热电偶回路内的总热电势也为零,因而热电偶的热端和冷端两个结点必须具有不同的温度。

既然热电偶回路的热电势$E_{AB}(T,T_0)$只与两导体材料及两结点温度T,T_0有关,当材料确定后,回路的热电势是两个结点温度函数之差,即可写为

$$E_{AB}(T,T_0) = f(T) - f(T_0) \tag{13.2.6}$$

当参考端温度T_0固定不变时,则$f(T_0)=C$(常数),此时$E_{AB}(T,T_0)$就是工作端温度T的单值函数,即

$$E_{AB}(T,T_0) = f(T) - C = \phi(T) \tag{13.2.7}$$

式(13.2.7)在实际测温中得到广泛应用。

实用中,测出总热电势后,通常不是利用公式计算,而是用查热电偶分度表来确定被测温度。分度表是将自由端温度保持为0℃,通过实验建立起来的热电势与温度之间的数值对应

关系。热电偶测温完全是建立在利用实验热特性和一些热电定律的基础上的。下面引述几个常用的热电定律。

13.2.3 热电偶的基本定律

1. 中间温度定律

热电偶 AB 的热电势仅取决于热电偶的材料和两个结点的温度,而与温度沿热电极的分布以及热电极的参数和形状无关。

如图 13.2.4 所示,热电偶的中间温度定律可表示为:

$$E_{AB}(T,T_0) = E_{AB}(T,T_C) + E_{AB}(T_C,T_0) \tag{13.2.8}$$

式中 T_C——中间温度(℃)。

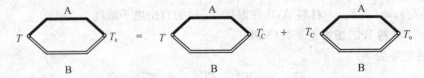

图 13.2.4 中间温度定律

中间温度定律为制定热电偶分度表奠定了理论基础。根据中间温度定律,只需列出自由端温度为 0 ℃时各工作端温度与热电势的关系表。若自由端温度不是 0 ℃时,此时所产生的热电势就可按式(13.2.8)计算。

2. 中间导体定律

在热电偶 AB 回路中,只要接入的第三导体两端温度相同,则对回路的总热电势没有影响。下面考虑两种接法:

(1) 在热电偶 AB 回路中,断开参考结点,接入第三种导体 C,只要保持两个新结点 AC 和 BC 的温度仍为参考结温度 T_0(如图 13.2.5(a)所示),就不会影响回路的总热电势,即

$$E_{ABC}(T,T_0) = E_{AB}(T,T_0) \tag{13.2.9}$$

(2) 热电偶 AB 回路中,将其中一个导体 A 断开,接入导体 C,如图 13.2.5(b)所示,在导体 C 与导体 A 的两个结点处保持相同温度 T_C,则有

$$E_{ABC}(T,T_0,T_C) = E_{AB}(T,T_0) \tag{13.2.10}$$

事实上,若在回路中接入多种导体,只要每种导体两端温度相同也可以得到同样的结论。

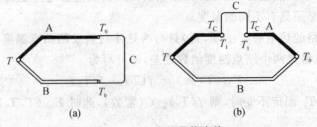

图 13.2.5 中间导体定律

3. 标准电极定律

当热电偶回路的两个结点温度为 T,T_0 时,用导体 AB 组成的热电偶的热电势等于热电偶 AC 和热电偶 CB 的热电势的代数和(见图 13.2.6),即

$$E_{AB}(T,T_0) = E_{AC}(T,T_0) + E_{CB}(T,T_0) =$$

$$E_{AC}(T,T_0) - E_{BC}(T,T_0) \tag{13.2.11}$$

导体 C 称为标准电极。这一规律称标准电极定律。标准电极 C 通常采用纯铂丝制成，因为铂的物理、化学性能稳定，易提纯，熔点高。如果已求出各种热电极对铂极的热电势值，就可以用标准电极定律，求出其中任意两种材料配成热电偶后的热电势值，这就大大简化了热电偶的选配工作。

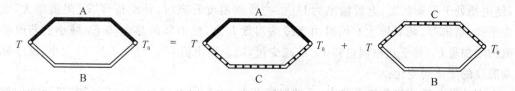

图 13.2.6　标准电极定律

13.2.4　热电偶的误差及补偿

1. 热电偶冷端误差及其补偿

由式(13.2.6)可知，热电偶 AB 闭合回路的总热电势 $E_{AB}(T,T_0)$ 是两个接点温度的函数。但是，通常要求测量的是一个热源的温度，或两个热源的温度差。为此，必须固定其中一端（冷端）的温度，其输出的热电势才是测量端（热端）温度的单值函数。工程上广泛使用的热电偶分度表和根据分度表刻划的测温显示仪表的刻度，都是根据冷端温度为 0 ℃ 而制作的。因此，当使用热电偶测量温度时，如果冷端温度保持 0 ℃，则测得的热电势值，通过对照相应的分度表，即可测到准确的温度值。

实际测量中，热电偶的两端距离很近，冷端温度将受热源温度或周围环境温度的影响，并不为 0 ℃，而且也不是个恒值，因此将引入误差。为了消除或补偿这个误差，常采用以下几种补偿方法。

(1) 0 ℃恒温法。将热电偶的冷端保持在 0 ℃的器皿内。图 13.2.7 是一个简单的冰点槽。为了获得 0 ℃的温度条件，一般用纯净的水和冰混合，在一个标准大气压下冰水共存时，它的温度即为 0 ℃。

冰点法是一种准确度很高的冷端处理方法，但实际使用起来比较麻烦，需保持冰水两相共存，一般只适用于实验室使用，对于工业生产现场使用极不方便。

(2) 修正法。在实际使用中，热电偶冷端保持 0 ℃比较麻烦，但将其保持在某一恒定温

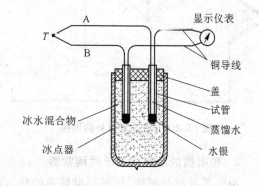

图 13.2.7　冰点槽示意图

度，如置热电偶冷端在一恒温箱内还是可以做到的。此时，可以采用冷端温度修正方法。

根据中间温度定律：$E_{AB}(T,T_0) = E_{AB}(T,T_C) + E_{AB}(T_C,T_0)$，当冷端温度 $T_0 \neq 0$ ℃而为某一恒定温度时，由冷端温度而引入的误差值 $E_{AB}(T_C,T_0)$ 是一个常数，而且可以由分度表上查得其电势值。将测得的热电势值 $E_{AB}(T,T_C)$ 加上 $E_{AB}(T_C,T_0)$，就可以获得冷端为 $T_0 =$ 0 ℃时的热电势值 $E_{AB}(T,T_0)$，经查热电偶分度表，即可得到被测热源的真实温度 T。

(3) 补偿电桥法。测温时若保持冷端温度为某一恒温也有困难,可采用电桥补偿法,即利用不平衡电桥产生的电势来补偿热电偶因冷端温度变化而引起的热电势变化值,如图 13.2.8 所示。E 是电桥的电源,R 为限流电阻。

补偿电桥与热电偶冷端处于相同的环境温度下,其中三个桥臂电阻用温度系数近于零的锰铜绕制。使 $R_1=R_2=R_3$,另一桥臂为补偿桥臂,用铜导线绕制。使用时选取合适的 R_{Cu} 阻值,使电桥处于平衡状态,电桥输出为 U_{ab}。当冷端温度升高时,补偿桥臂 R_{Cu} 阻值增大,电桥失去平衡,输出 U_{ab} 随着增大。同时由于冷端温度升高,热电偶的热电势 E_0 减小。若电桥输出值的增加量 U_{ab} 等于热电偶电势 E_0 的减少量,则总输出值 $U_{AB}=U_{ab}+E_0$ 的大小,就不随着冷端温度的变化而变化。

在有补偿电桥的热电偶电路中,冷端温度若在 20 ℃ 时补偿电桥处于平衡,只要在回路中加入相应的修正电压,或调整指示装置的起始位置,就可达到完全补偿的目的,准确测出冷端为 0 ℃ 时的输出。

(4) 延引热电极法。当热电偶冷端离热源较近,受其影响使冷端温度在很大范围内变化时,直接采用冷端温度补偿法将很困难,此时可以采用延引热电极的方法。将热电偶输出的电势传输到 10 m 以外的显示仪表处,也就是将冷端移至温度变化比较平缓的环境中,再采用上述的补偿方法进行补偿。补偿导线可选用直径粗、导电系数大的材料制作,以减小补偿导线的电阻和影响。对于廉价热电偶,可以采用延长热电极的方法。采用的补偿导线的热电特性和工作热电偶的热电特性相近。补偿导线产生的热电势应等于工作热电偶在此温度范围内产生的热电势,如图 13.2.9 所示,$E_{AB}(T'_0, T_0)=E_{A'B'}(T'_0, T_0)$,这样测量时,将会很方便。

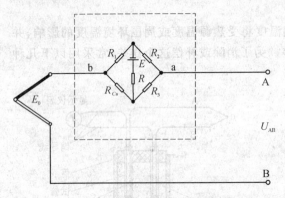
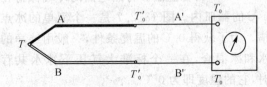

图 13.2.8 冷端温度补偿电桥　　　　图 13.2.9 延引热电极补偿法

2. 热电偶的动态误差及时间常数

由于质量与热惯性,任何测温仪表的指示温度都不是被测介质温度变化的瞬时值,而是有一个时间滞后。当用热电偶测某介质温度时,被测介质某瞬时的温度为 T_g,而热接点感受到的温度为 T,两者之差称为热电偶的动态误差 $\Delta T = T_g - T$。动态误差值取决于热电偶的时间常数 τ 和热接点温度随时间变化率 dT/dt 的值。通常可用下列模型表示

$$\Delta T = T_g - T = \tau \frac{dT}{dt} \tag{13.2.12}$$

为热电偶测温示值随时间的变化曲线。若想求得任一瞬时被测介质温度,只要求出曲线在该时刻的斜率,乘以该热电偶的时间常数即可得到动态误差值 $\Delta T = \tau(dT/dt)$。用该瞬时

的动态误差来修正热电偶的指示值,即可得到该瞬时的被测介质温度,即

$$T_g = T + \Delta T = T + \tau \frac{dT}{dt} \quad (13.2.13)$$

实用中,热电偶的时间常数可由测温曲线求得。将式(13.2.12)变换为

$$\frac{1}{T_g - T} dT = \frac{1}{\tau} dt \quad (13.2.14)$$

在初始条件为 $t=0$ 时,热接点的温度等于热电偶的初始温度,即 $T=T_0$,对上式进行积分得

$$T_g - T = (T_g - T_0) e^{-\frac{t}{\tau}} \quad (13.2.15)$$

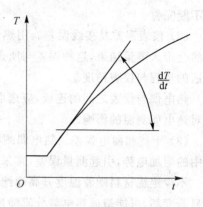

图 13.2.10　热电偶测温曲线

或

$$T - T_0 = (T_g - T_0)(1 - e^{-\frac{t}{\tau}}) \quad (13.2.16)$$

当 $t = \tau$ 时,有

$$T - T_0 = 0.632(T_g - T_0) \quad (13.2.17)$$

式(13.2.17)表明,不论热电偶的初始温度 T_0 和被测温度 T_g 为何值,即不论温度的阶跃 $(T_g - T_0)$ 有多大,只要经过 $t=\tau$,其温度指示值 $(T-T_0)$ 总是升高整个阶跃的 63.2%,因此称 τ 为热电偶的时间常数。

通常热电偶的时间常数可以写为

$$\tau = \frac{c\rho V}{\alpha A_0} \quad (13.2.18)$$

式中　τ——热电偶的时间常数(s);
　　　c——热接点的比热(J/(kg·K));
　　　ρ——热接点的密度(kg/m³);
　　　V——热接点容积(m³);
　　　α——热接点与被测介质间的对流传热系数(W/m²·K);
　　　A_0——热接点与被测介质间接触的表面积(m²)。

由式(13.2.18)可知,不同的热电偶其时间常数是不同的。

欲减小动态误差,必须减小时间常数。这可以通过减小热接点直径,使其容积减小,传热系数增大来实现;或通过增大热接点与被测介质接触的表面积,将球形热接点压成扁平状,体积不变而使表面积增大来实现。采用这些方法,可减小时间常数,减小动态误差,改善动态响应。当然这种减小时间常数的方法要有一定限制,否则会产生探头机械强度低,使用寿命短,制造困难等问题。实用中,在热电偶测温系统中可以引入与热电偶传递函数倒数近似的 RC 和 RL 网络,实现动态误差实时修正。

3. 热电偶的其他误差

(1) 分度误差。工业上常用的热电偶分度,都是按标准分度表进行的。但实用的热电偶特性与标准的分度表并不完全一致,这就带来了分度误差,即使对其像非标准化的特殊热电偶一样单独分度,也会有分度误差,这种分度误差是不可避免的。它与热电极的材料与制造工艺水平有关。随着热电极材料的不断发展和制造工艺水平的提高与稳定,热电偶分度表标准也

在不断完善。

(2) 仪表误差及接线误差。用热电偶测温时,必须有与之配套的测量设置。它们的误差自然会带入测量结果,这种误差与所选仪表的精度及仪表的上、下测量限有关。使用时应选取合适的量程与仪表精度。

热电偶与仪表之间的连线,应选取电阻值小,而且在测温过程中保持常值的导线,以减小其对热电偶测温的影响。

(3) 干扰和漏电误差。热电偶测温时,由于周围电场和磁场的干扰,往往会造成热电偶回路中的附加电势,引起测量误差,常采用冷端接地或加屏蔽等方法进行改善。

不少绝缘材料随着温度升高而绝缘电阻值下降,尤其在 1 500 ℃ 以上的高温时,其绝缘性能显著变坏,可能造成热电势分流输出;有时也会因被测对象所用电源电压漏泄到热电偶回路中;这些都能造成漏电误差,所以在测高温时热电偶的辅助材料的绝缘性能一定要好。

另外,热电偶定期校验是个很重要的工作。热电偶在使用过程中,尤其在高温作用下会不断地受到氧化、腐蚀而引起热特性的变化,使测量误差增大,因此需要对热电偶按规范定期校验,经校验后不超差的热电偶才能再次投入使用。

13.2.5 热电偶的组成、分类及特点

理论上,任何两种金属材料都可配制成热电偶。但是选用不同的材料会影响到测温的范围、灵敏度、精度和稳定性等。一般镍铬-金铁热电偶在低温和超低温下仍具有较高的灵敏度。铁-铜镍热电偶在氧化介质中的测温范围为 -40~75 ℃,在还原介质中可达到 1 000 ℃。钨铼系列热电偶灵敏度高,稳定性好,热电特性接近于直线。工作范围为 0~2 800 ℃,但只适合于在真空和惰性气体中使用。

热电偶种类很多,其结构及外形也不尽相同,但基本组成大致相同。通常由热电极、绝缘材料、接线盒和保护套等组成。热电偶按其结构可分为以下五种。

1. 普通热电偶

普通热电偶结构如图 13.2.11 所示。这种热电偶由热电极、绝缘套管、保护套管、接线盒及接线盒盖组成。普通热电偶主要用于测量液体和气体的温度。绝缘体一般使用陶瓷套管,其保护套有金属和陶瓷两种。

2. 铠装热电偶

这种热电偶也称缆式热电偶。它由热电极、绝缘体和金属保护套组合成一体。其结构示意图如图 13.2.12 所示。根据

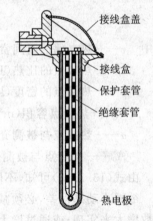

图 13.2.11 普通热电偶结构示意图

测量端的不同形式,有碰底型(图 a)、不碰底型(图 b)、露头型(图 c)、帽型(图 d)等,铠装热电偶的特点是测量结热容量小,热惯性小,动态响应快,挠性好,强度高,抗震性好,适于用普通热电偶不能测量的空间温度。

3. 薄膜热电偶

这种热电偶的结构可分为片状、针状等,图 13.2.13 为片状薄膜热电偶结构示意图,它是由测量结点、薄膜 A、衬底、薄膜 B、接头夹、引线所构成。薄膜热电偶主要用于测量固体表面小面积瞬时变化的温度。其特点是热容量小,时间常数小,反应速度快等。

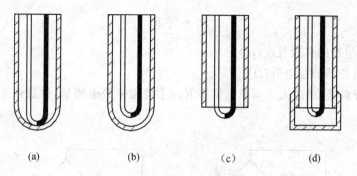

图 13.2.12　铠装热电偶测量端结构

4. 并联热电偶

如图 13.2.14 所示,它是把几个相同型号的热电偶的同性电极参考端并联在一起,而各个热电偶的测量结处于不同温度下,其输出电动势为各热电偶热电动势的平均值。所以这种热电偶可用于测量平均温度。

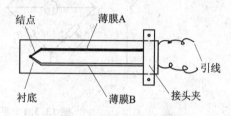

图 13.2.13　薄膜热电偶(片状)结构

5. 串联热电偶

这种热电偶又称热电堆,它是把若干个相同型号的热电偶串联在一起,所有测量端处于同一温度 T 之下,所有连接点处于另一温度 T_0 之下(如图 13.2.15 所示),则输出电动势是每个热电动势之和。

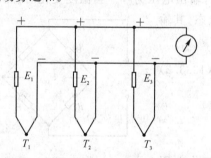

图 13.2.14　并联热电偶

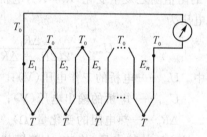

图 13.2.15　串联热电偶

13.3　热电阻电桥测温系统

当温度变化时,金属热电阻或半导体热敏电阻的阻值将发生变化,这就是构成热电阻电桥测温系统的基本原理。参见 4.4 节。

13.3.1　平衡电桥电路

图 13.3.1 给出了平衡电桥电路原理示意图,常值电阻 $R_1 = R_2 = R_0$。当热电阻 R_t 的阻值随温度变化时,调节电位器 R_W 的电刷位置 x,就可以使电桥处于平衡状态,如对于图 13.3.1(a) 所示的电路图,有

$$R_t = \frac{x}{L}R_0 \tag{13.3.1}$$

式中 L——电位器的有效长度(m);

R_0——电位器的总电阻(Ω)。

该方法的特点是:通过人工调节电位器 R_w,主要用于静态测量,抗扰性强,不受电桥工作电压的影响。

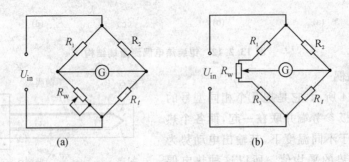

图 13.3.1 平衡电桥电路原理示意图

13.3.2 不平衡电桥电路

图 13.3.2 给出了不平衡电桥输出电路原理示意图,常值电阻 $R_1=R_2=R_3=R_0$,初始温度 t_0 时,热电阻 R_t 的阻值为 R_0,电桥处于平衡状态,输出电压为零。当温度变化时,热电阻 R_t 的阻值随之发生变化,$R_t \neq R_0$,电桥处于不平衡状态,其输出电压为

$$U_{out} = \frac{\Delta R_t}{2(2R_0 + \Delta R_t)} U_{in} \tag{13.3.2}$$

式中 U_{in}——电桥的工作电压(V);

U_{out}——电桥的输出电压(V);

ΔR_t——热电阻的变化量(Ω)。

该方法的特点是:快速、小范围线性、易受电桥工作电压的干扰。

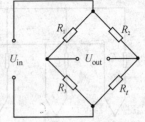

图 13.3.2 不平衡电桥电路原理示意图

13.3.3 自动平衡电桥电路

图 13.3.3 给出了自动平衡电桥电路,R_t 为热电阻,$R_1 \sim R_4$ 为常值电阻,R_L 为连线调整电阻,R_w 为电位器;A 为差分放大器,SM 为伺服电机。电桥始终处于自动平衡状态。当被测温度变化时,差分放大器 A 的输出不为零,使伺服电机 SM 带动电位器 R_w 的电刷移动,直到电桥重新自动处于平衡状态。该方法的特点是:测温系统引入了负反馈,复杂,成本高。当然,该测温系统也具有测量快速,线性范围大,抗干扰能力强等优点。

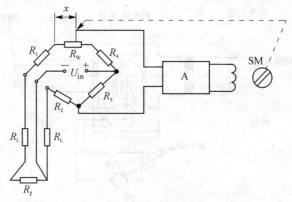

A—差分放大器；SM—伺服电机

图 13.3.3　自动平衡电桥电路原理示意图

13.4　非接触式温度测量系统

这种测温系统采用热辐射和光电检测的方法。其工作机理是：当物体受热后，电子运动的动能增加，有一部分热能转变为辐射能。辐射能量的多少与物体的温度有关。当温度较低时，辐射能力很弱；当温度升高时，辐射能力变强；当温度高于一定值之后，可以用肉眼观察到发光，其发光亮度与温度值有一定关系。因此，高温及超高温检测可采用热辐射和光电检测的方法。依上述原理制成非接触式测温系统。

根据所采用测量方法的不同，非接触式测温系统可分为全辐射式测温系统、亮度式测温系统和比色式测温系统。

13.4.1　全辐射测温系统

全辐射测温系统利用物体在全光谱范围内总辐射能量与温度的关系测量温度。能够全部吸收辐射到其上能量的物体称为绝对黑体。绝对黑体的热辐射与温度之间的关系是全辐射测温系统的工作机理。由于实际物体的吸收能力小于绝对黑体，所以用全辐射测温系统测得的温度总是低于物体的真实温度。通常把测得的温度称为"辐射温度"，其定义为：非黑体的总辐射能量 E_T 等于绝对黑体的总辐射能量时，黑体的温度即为非黑体的辐射温度 T_r，则物体真实温度 T 与辐射温度 T_r 的关系为

$$T = T_r \frac{1}{\sqrt[4]{\varepsilon_T}} \tag{13.4.1}$$

式中　ε_T——温度 T 时物体的全辐射发射系数。

全辐射测温系统的结构示意图如图 13.4.1 所示，由辐射感温器及显示仪表组成。测温工作过程如下：被测物的辐射能量经物镜聚焦到热电堆的靶心铂片上，将辐射能转变为热能。再由热电堆变成热电动势。由显示装置显示出热电动势的大小，由热电动势的数值可知所测温度的大小。这种测温系统适用于远距离、不能直接接触的高温物体，其测温范围为 100～2 000 ℃。

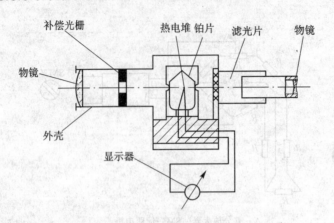

图 13.4.1 全辐射测温系统结构示意图

13.4.2 亮度式测温系统

亮度式测温系统利用物体的单色辐射亮度随温度变化的原理，并以被测物体光谱的一个狭窄区域内的亮度与标准辐射体的亮度进行比较来测量温度。由于实际物体的单色辐射发射系数小于绝对黑体，因而实际物体的单色亮度小于绝对黑体的单色亮度，故系统测得的温度值低于被测物体的真实温度 T。所测得的温度称为亮度温度。若以 T_L 表示被测物体的亮度温度，则物体的真实温度与亮度温度 T_L 之间的关系为

$$\frac{1}{T} - \frac{1}{T_L} = \frac{\lambda}{C_2} \ln \varepsilon_{\lambda T} \tag{13.4.2}$$

式中 $\varepsilon_{\lambda T}$——单色辐射发射系数；
C_2——第二辐射常数，$0.014\,388$ m·K；
λ——波长(m)。

亮度式测温系统的形式很多，较常用的有灯丝隐灭式亮度测温系统和各种光电亮度测温系统。灯丝隐灭式亮度测温系统以其内部高温灯泡灯丝的单色亮度作为标准，并与被测辐射体的单色亮度进行比较来测温。依靠人眼可比较被测物体的亮度，当灯丝亮度与被测物体亮度相同时，灯丝在被测温度背景下隐没，被测物体的温度等于灯丝的温度，而灯丝的温度则由通过它的电流大小来确定。由于这种方法的亮度依靠人的目测实现，故误差较大。光电亮度式测温系统可以克服此缺点，它利用光电元件进行亮度比较，从而可实现自动测量。图 13.4.2 给出了这种形式的一种实现方法。将被测物体与标准光源的辐射经调制后射向光敏元件，当两光束的亮度不同时，光敏元件产生输出信号，经放大后驱动与标准光源相串联的滑线电阻的活动触点向相应方向移动，以调节流过标准光源的电流，从而改变它的亮度。当两束光的亮度相同时，光敏元件信号输出为零，这时滑线电阻触点的位置即代表被测温度值。这种测温系统的量程较宽，具有较高的测量精度，一般用于测量 700～3 200 ℃范围的浇铸、轧钢、锻压、热处理时的温度。

13.4.3 比色测温系统

比色测温系统以测量两个波长的辐射亮度之比为基础，故称之为"比色测温法"。通常，将波长选在光谱的红色和蓝色区域内。利用此法测温时，仪表所显示的值为"比色温度"。其定

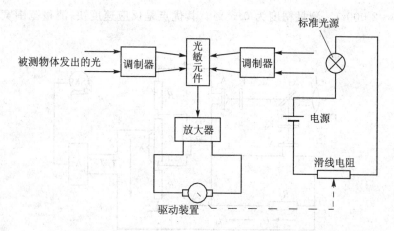

图 13.4.2 光电亮度式测温系统原理示意图

义为:非黑体辐射的两个波长 λ_1 和 λ_2 的亮度 $L_{\lambda1T}$ 和 $L_{\lambda2T}$ 之比值等于绝对黑体相应的亮度 $L^*_{\lambda1T}$ 和 $L^*_{\lambda2T}$ 之比值时,绝对黑体的温度被称为该黑体的比色温度,以 T_P 表示。它与非黑体的真实温度 T 的关系为

$$\frac{1}{T} - \frac{1}{T_P} = \frac{\ln \frac{\varepsilon_{\lambda1}}{\varepsilon_{\lambda2}}}{C_2 \left(\frac{1}{\lambda_1} + \frac{1}{\lambda_2} \right)} \tag{13.4.3}$$

式中　$\varepsilon_{\lambda1}$ ——对应于波长 λ_1 的单色辐射发射系数;
　　　$\varepsilon_{\lambda2}$ ——对应于波长 λ_2 的单色辐射发射系数;
　　　C_2 ——第二辐射常数,0.014 388 m·K。

由式(13.4.3)可以看出,当两个波长的单色发射系数相等时,物体的真实温度 T 与比色温度 T_P 相同。一般灰体的发射系数不随波长而变,故它们的比色温度等于真实温度。对待测辐射体的两测量波长按工作条件和需要选择,通常 λ_1 对应为蓝色,λ_2 对应为红色。对于很多金属,由于单色发射系数随波长的增加而减小,故比色温度稍高于真实温度。通常 $\varepsilon_{\lambda1}$ 与 $\varepsilon_{\lambda2}$ 非常接近,故比色温度与真实温度相差很小。

图 13.4.3 给出了比色测温系统的结构示意图,包括透镜 L、分光镜 G、滤光片 K_1、K_2、光敏元件 A_1、A_2、放大器 A、可逆伺服电机 SM 等。其工作过程是:被测物体的辐射经透镜 L 投射到分光镜 G 上,而使长波透过,经滤光片 K_2 把波长为 λ_2 的辐射光投射到光敏元件 A_2 上。光敏元件的光电流 $I_{\lambda2}$ 与波长 λ_2 的辐射强度成正比。则电流 $I_{\lambda2}$ 在电阻 R_3 和 R_x 上产生的电压 U_2 与波长 λ_2 的辐射强度也成正比;另外,分光镜 G 使短波辐射光被反射,经滤光片 K_1 把波长为 λ_1 的辐射光投射到光敏元件 A_1。同理,光敏元件的光电流 $I_{\lambda1}$ 与波长 λ_1 的辐射强度成正比。电流 $I_{\lambda1}$ 在电阻 R_1 上产生的电压 U_1 与波长的辐射强度也成正比,当 $\Delta U = U_2 - U_1 \neq 0$ 时,ΔU 经放大后驱动伺服电动机 SM 转动,带动电位器 R_W 的触点向相应方向移动,直到 $U_2 - U_1 = 0$,电动机停止转动,此时

$$R_x = \frac{R_2 + R_W}{R_2} \left(R_1 \frac{I_{\lambda1}}{I_{\lambda2}} - R_3 \right) \tag{13.4.4}$$

电位器的变阻值 R_x 值反映了被测温度值。

比色测温系统可用于连续自动检测钢水、铁水、炉渣和表面没有覆盖物的高温物体温度。

其量程为 800～2 000 ℃，测量精度为 0.5 %。其优点是反应速度快，测量范围宽，测量温度接近实际值。

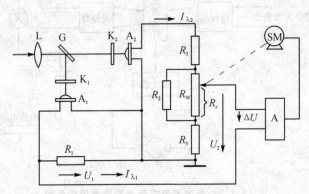

图 13.4.3 比色测温系统结构示意图

13.5 半导体 P-N 结测温系统

半导体 P-N 结测温系统以 P-N 结的温度特性为理论基础。当 P-N 结的正向压降或反向压降保持不变时，正向电流和反向电流都随着温度的改变而变化；而当正向电流保持不变时，P-N 结的正向压降随温度的变化近似于线性变化，大约以 −2 mV/℃ 的斜率随温度变化。因此，利用 P-N 结的这一特性，可以对温度进行测量。

半导体测温系统利用晶体二极管与晶体三极管作为感温元件。二极管感温元件利用 P-N 结在恒定电流下，其正向电压与温度之间的近似线性关系来实现。由于它忽略了高次非线性项的影响，其测量误差较大。若采用晶体三极管代替二极管作为感温元件，能较好地解决这一问题。图 13.5.1 给出了利用晶体三极管的 be 结电压降制作的感温元件，在忽略基极电流情况下，当认为各晶体三极管的温度均为 T 时，它们的集电极电流是相等的，U_{be4} 与 U_{be2} 的结压降差就是电阻 R 上的压降，即

$$\Delta U_{be} = U_{be4} - U_{be2} = I_1 R = \frac{kT}{e}\ln\gamma \qquad (13.5.1)$$

式中　γ——VT_2 与 VT_4 结面积相差的倍数；

　　　k——彼尔兹曼常数，1.38×10^{-23} J/K；

　　　e——电子电荷量，1.602×10^{-19} C；

　　　T——被测物体的热力学温度(K)。

由于电流 I_1 又与温度 T 成正比，因此可以通过测量 I_1 的大小，实现对温度的测量。

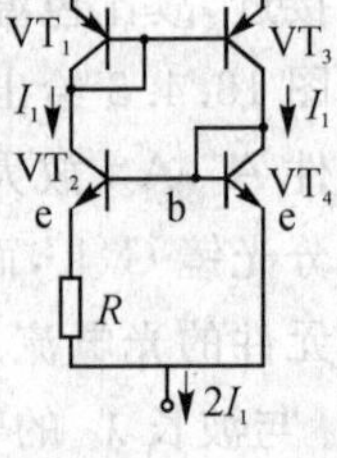

图 13.5.1 晶体三极管感温元件

采用半导体二极管作为温度敏感器，具有简单、价廉等优点。用它可制成半导体温度计，测温范围在 0～50 ℃ 之间。用晶体三极管制成的温度传感器测量温度精度高，测温范围较宽，在 −50～150 ℃ 之间，因而可用于工业、医疗等领域的测温仪器或系统。图 13.5.2 给出了几种不同结构的晶体管温度敏感器，它们具有很好的长期稳定性。

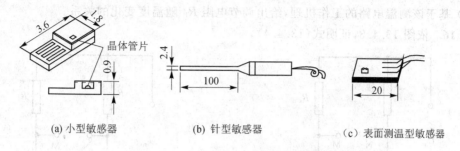

(a) 小型敏感器　　　(b) 针型敏感器　　　(c) 表面测温型敏感器

图 13.5.2　晶体管感温元件结构示意图

习题与思考题

13.1　简述热电偶的工作机理。

13.2　简述热电偶式温度传感器的中间导体定律。

13.3　简述热电偶式温度传感器的中间温度定律。

13.4　说明薄膜热电偶式温度传感器的主要特点。

13.5　使用热电偶测温时,为什么必须进行冷端补偿?如何进行冷端补偿?

13.6　使用热电偶测温时,如何提高测量的灵敏度?为什么?

13.7　热电阻电桥测温系统常用的有几种?各有什么特点?

13.8　简述辐射测温系统的工作原理及其应用特点。

13.9　简述 P-N 结温度传感器的工作机理。

13.10　选择金属热电阻测温时,应从哪几方面考虑?

13.11　一热敏电阻在 20 ℃和 60 ℃时,电阻值分别为 100 kΩ 和 20 kΩ。试确定该热敏电阻的表达式。

13.12　一热敏电阻在 0 ℃和 100 ℃时,电阻值分别为 300 kΩ 和 15 kΩ。要求在不计算出 B 的情况下,计算该热敏电阻在 20 ℃时的电阻值。

13.13　题图 13-1 给出了一种测温范围为 0~100 ℃的测温电路,其中 $R_t = 200(1+0.01t)$ kΩ,为感温热电阻;R_s 为常值电阻,$R_0 = 200$ kΩ,U_{in} 为工作电压,M,N 两点的电位差为输出电压。

(1) 如果要求 0 ℃时电路为零位输出,常值电阻 R_s 取多少?

(2) 如果要求该测温电路的平均灵敏度达到 15 mV/℃,工作电压 U_{in} 取多少?

13.14　题图 13-2 给出一种测温电路,其中 $R_t = 200(1+0.008t)$ kΩ,为感温热电阻;$R_0 = 200$ kΩ,工作电压 $U_{in} = 10$ V,M,N 两点的电位差为输出电压。

(1) 说明该测温电路的主要特点是什么?

(2) 当测温范围在 0~100 ℃时,该测温电路的测温平均灵敏度是多少?

13.15　题图 13-3 给出了一种测温电路,其中 $R_t = R_0(1+0.005t)$ kΩ,为感温热电阻;R_B 为可调电阻,U_{in} 为工作电压。

(1) 简述该测温电路的工作原理和主要特点。

(2) 电路中的 G 代表什么?若要提高测温灵敏度,G 的内阻如何选取?

(3) 基于该测温电路的工作机理,给出调节电阻 R_B 随温度变化的关系。

13.16 依图 13.4.3,证明式(13.4.4)。

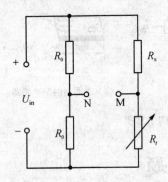

题图 13-1　热电阻电桥测温电路

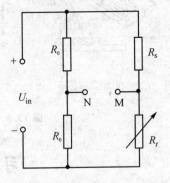

题图 13-2　热电阻电桥测温电路

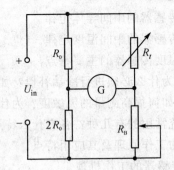

题图 13-3　热电阻电桥测温电路

第 14 章 流量测量系统

基本内容

  流体　体积流量　质量流量
  流体的主要物理性质
  流体的伯努利方程
  转子流量计
  节流式流量计
  靶式流量计
  涡轮流量计
  电磁流量计
  涡街式漩涡流量计
  超声波流量计
  谐振式科里奥利直接质量流量计
  流量测量标准与设备的标定

14.1 概　述

  在现代工业生产、管理过程及其他技术领域中,常常需要对流体(气体或液体)的输送进行计量和控制,需要测量其流动速度或流过的流体量,因此流量测量是测试技术中的一个重要问题。
  流体的流量分为体积流量和质量流量,分别表示某瞬时单位时间内流过管道某一截面处流体的体积数或质量数,量纲分别为 m^3/s 和 kg/s。流体的体积流量 Q_V 和质量流量 Q_m 分别表述为

$$Q_V = \frac{dV}{dt} = S\frac{dx}{dt} = Sv \tag{14.1.1}$$

$$Q_m = \frac{dm}{dt} = \rho \frac{dV}{dt} = \rho S v = \rho Q_V \tag{14.1.2}$$

式中 V——流体在管道内流过的体积(m^3);
   S——管道某截面的截面积(该截面对应的流体流速为 v)(m^2);
   x——流体在管道内的位移(m);
   t——时间(s);
   v——流体在管道内的流速(对应的截面积为 S)(m/s);
   ρ——流体的密度(kg/m^3);
   m——管道内流过流体的质量(kg)。

  由于流体具有粘性,因此在某一截面上的流速分布并不均匀,流速的分布与流体流动形态——层流和湍流(又称紊流)有关,如图 14.1.1 所示。
  对圆形截面的管道来说,截面上各点的速度随该点至圆心的距离而变化。无论是层流还

是湍流,流体在管壁处的速度均为零。对层流来说,各点上速度沿管道直径按抛物线规律分布。

对湍流来说,速度分布曲线不再是抛物线,曲线顶部比较平坦,而靠近管壁处变化较陡。

因此式(14.1.1)、式(14.1.2)中流体的流速均指平均速度。

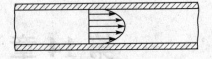
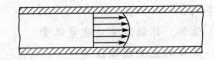

图 14.1.1 流体流动型态

在一段时间内流过管道的流体量称为总量(即总消耗量),用以计算流体的消耗量与储存量,这对某些情况,如贸易结算、飞机的续航能力等是有用的。

由于被测流体介质的种类繁多,其粘度、密度、易燃、易爆性等物理性质差别大,工作状况(流体的压力、温度)不同,测量范围的差异大,以及测量精度要求的不同,为了适应各种情况下流体流量的测量,出现了许多测量原理的流量计,本章介绍一些常用的流量测量系统。

由式(14.1.1)可知,流体的体积流量 Q_V 是管道截面积 S 和速度 v 的函数。因此截面积 S 不变时,可通过测流速 v 来测量体积流量。

由式(14.1.2)可知,质量流量 Q_m 是流体密度 ρ、管道截面积 S、流体的流速 v 的函数,因此可以分别测量流体密度 ρ、S、v 得到质量流量;也可由测量体积流量 Q_V 和密度 ρ 得到质量流量;当管道截面 S 不变时,亦可借测量 ρ 和 v 来测量质量流量。

应当指出,流体的体积流量和质量流量的测量与解算要考虑"同步性",例如当流体在管道内流动时,质量流量是时间和位置的函数。某时刻、某位置处的质量流量应当是同一时刻、同一位置处的体积流量与密度的乘积。这也给流量测量带来了较大困难。

14.2 流体力学的基本知识

14.2.1 流体的主要物理性质

1. 密 度

单位体积流体所具有的质量称为流体的质量密度,即

$$\rho = \frac{dm}{dV} \tag{14.2.1}$$

式中 ρ——流体的质量密度(kg/m^3);

m——流体的质量(kg);

V——流体的体积(m^3)。

2. 粘 度

粘度是衡量流体粘性大小的物理量。

设有两块面积很大、距离很近的平板,流体从两平板中间流过。假设底下的平板保持不动,而以一恒定力推动上面平板,使其以速度 v 沿 x 方向运动。由于流体粘性的作用,附在上板底面的一薄层液体以速度 v 随上板运动。而下板不动。故附在其上的流体不动,所以两板间的液体就分成无数薄层而运动,如图 14.2.1 所示。

作用力 F 与受力面平行,称为剪力,剪力与板的速度 v、板的面积 S 成正比,而与两板间的距离 d 成反比,即

$$F = \mu \frac{vS}{d} \quad (14.2.2)$$

系数 μ 的大小,随流体的不同而不同,流体的粘性愈大,μ 值便愈大。所以 μ 称为粘度,其单位为泊(P,即 kg/(s·m)),μ 亦称为动力粘度。同时定义

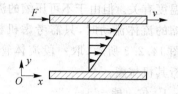

图 14.2.1 平板间液体流速分布情况

$$\nu = \frac{\mu}{\rho} \quad (14.2.3)$$

为运动粘度,其单位为 m^2/s。

流体的粘度与流体的工作状态有关,随着流体温度升高,气体的粘度增大,而液体的粘度减小。压力对气体粘度的影响,在压力小于 1 MPa 时,可以忽略不计。液体粘度在压力很大时,才与压力有关。

14.2.2 雷诺数

流体在圆管内流动,其雷诺数(Reynolds)定义为

$$Re = \frac{D\rho v}{\mu} = \frac{Dv}{\nu} \quad (14.2.4)$$

式中 D——圆形管道内径(m)。

雷诺数的大小与流体的流动形态有关。工程上,对于圆管一般取临界雷诺数 Re_{cr} 为 2 100,即当 $Re \leqslant 2\,100$ 时,流体为层流;当 $2\,100 < Re \leqslant 4\,000$ 时,流体为层流与湍流的过渡流;而当 $Re > 4\,000$ 时,流体为湍流。

14.2.3 流体流动的连续性方程

考虑流体在管道内作稳定流动的情况,从流体管道中取出一段,如图 14.2.2 所示。流体从截面Ⅰ-Ⅰ连续不断地流入,从截面Ⅱ-Ⅱ流出。

根据物质守恒定律,流体作稳定流动时,单位时间流过任一截面的流体质量必定相同,即

$$\rho_1 v_1 S_1 = \rho_2 v_2 S_2 = \text{const} \quad (14.2.5)$$

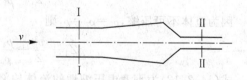

图 14.2.2 某一段流体管道

式中 ρ_1, v_1, S_1 ——截面Ⅰ-Ⅰ上流体的平均密度(kg/m^3)、平均流速(m/s)和截面积(m^2);

ρ_2, v_2, S_2 ——截面Ⅱ-Ⅱ上流体的平均密度(kg/m^3)、平均流速(m/s)和截面积(m^2)。

若流体是不可压缩的,即 $\rho_1 = \rho_2$,则

$$vS = \text{const} \quad (14.2.6)$$

即流体在稳定流动,且不可压缩时,流过各截面流体的体积为常量。因此可以利用式(14.2.6)很方便地求出流体流过管道不同截面时的流速。

14.2.4 伯努利方程

先考虑不可压缩流体的情况。流体流动时,流体的能量主要为机械能和内能,流体的内能

和温度有关。但由于不可压缩的流体受热不膨胀,故其内能不能转化为机械能。所以在不可压缩的流体流动时,只需考虑机械能。

如图 14.2.3 所示,取一段流体管道来分析其机械能。

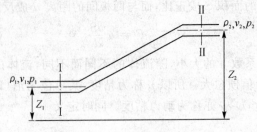

图 14.2.3　某一段流体管道

1. 位　能

管内质量为 m 的流体,当其在高度为 Z_1 处时,所具有的位能为

$$E_p = mgZ_1 \quad (14.2.7)$$

2. 动　能

质量为 m 的流体以速度 v_1 流动时具有的动能为

$$E_k = \frac{1}{2}mv_1^2 \quad (14.2.8)$$

3. 压力能

由于流体内部有静压力 p_1,因此质量为 m 的流体流过截面 I-I 所作的功为

$$E_f = F_1 L_1 = p_1 S_1 \frac{V_1}{S_1} = p_1 V_1 \quad (14.2.9)$$

式中　L_1——流体通过 I-I 截面所通过的距离(m),为 V_1/S_1(V_1 为体积(m^3),S_1 为管道截面积(m^2))。

因此,质量为 m 的流体流入管道 I-I 截面输入的能量为

$$E_1 = E_p + E_k + E_f = m\left(gZ_1 + \frac{v_1^2}{2} + \frac{p_1}{\rho_1}\right) \quad (14.2.10)$$

同理质量为 m 的流体流出管道 II-II 截面输出的能量为

$$E_2 = m\left(gZ_2 + \frac{v_2^2}{2} + \frac{p_2}{\rho_2}\right) \quad (14.2.11)$$

由能量守恒定律 $E_1 = E_2$,可得

$$gZ_1 + \frac{v_1^2}{2} + \frac{p_1}{\rho_1} = gZ_2 + \frac{v_2^2}{2} + \frac{p_2}{\rho_2}$$

因为流体不可压缩,$\rho_1 = \rho_2 = \rho$,则

$$gZ_1 + \frac{v_1^2}{2} + \frac{p_1}{\rho} = gZ_2 + \frac{v_2^2}{2} + \frac{p_2}{\rho} \quad (14.2.12)$$

式(14.2.12)为不考虑压缩性的流体伯努利方程,表明理想流体作稳定流动时,虽然管道上各个截面处流体的位置、压力和流速不相同,亦即不同截面流体的位能、动能、压力能不同,但是它们的总能量不变,只是上述三种能量在流动过程中互相转换而已。

当考虑流体(气体)的压缩性时,要考虑内能的变化,而且是绝热压缩,则伯努利方程为

$$gZ_1 + \frac{v_1^2}{2} + \frac{k}{k-1} \cdot \frac{p_1}{\rho_1} = gZ_2 + \frac{v_2^2}{2} + \frac{k}{k-1} \cdot \frac{p_2}{\rho_2} \quad (14.2.13)$$

式中　k——绝热指数。

14.3 转子流量计

14.3.1 工作原理

转子流量计主要由两部分组成,如图 14.3.1 所示。一个是由下向上内径逐渐扩大的锥形管,另一个是在锥形管内可以自由上下运动的转子(又称浮子)。转子流量计是用两端的法兰、螺纹和软管与测量导管相连,且垂直安装,被测流体由锥形管的下端流入,上方流出。

流体由下向上流动时在转子上产生压力差,当压力差产生的力大于转子的重力和浮力之差时,转子上升。转子上升时,锥形管与转子之间的环形截面积增大,则流体作用在转子上的压力差减小。当作用在转子上的压力差所产生的力与转子的重力和浮力相平衡时,转子便停留在某一位置。若流体流量减小,则作用在转子上的压力差减小,转子下降,使锥形管与转子之间的环形截面积减小,则流体作用在转子上的压力差加大,直到压力差所产生的力与转子重力和浮力相平衡时,转子便停留在某一位置。因此转子在锥形管中位置(即高度)与被测流量有关。

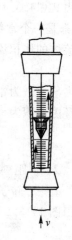

图 14.3.1 转子流量计原理结构图

由上可见,转子流量计是以改变流体通过的截面积的大小来反映被测流量的大小,故转子流量计也称变面积式流量计。

当被测流体的密度不变时,转子的重力和流体产生的浮力不变,因此无论转子处于什么平衡位置,被测流体在转子上的压力差所产生的力总是一个恒定值,所以转子流量计又叫恒压降流量计。

14.3.2 流量方程式

流量方程式是指流量与转子在锥形管内上升高度间的关系式。

转子在平衡位置时所受的力包括:

1. 转子本身的重力

$$F_1 = V\rho_f g \tag{14.3.1}$$

式中　V——转子体积(m^3);

　　　ρ_f——转子材料的密度(kg/m^3);

　　　g——重力加速度(m/s^2)。

2. 浮　力

$$F_2 = V\rho g \tag{14.3.2}$$

式中　ρ——流体的密度(kg/m^3)。

3. 流体对转子的作用力

$$F_3 = \xi \frac{\rho v^2}{2} S_f \tag{14.3.3}$$

式中　ξ——转子对流体的阻力系数;

　　　v——流体流过环隙面积的平均速度(m/s);

S_f——转子最大的横截面积(m^2)。

转子在平衡位置时,$F_1-F_2-F_3=0$,得

$$v = \sqrt{\frac{2gV(\rho_f-\rho)}{\xi\rho S_f}} \tag{14.3.4}$$

由式(14.3.4)可知,流体流过环隙的平均速度 v 是一个常数,即不论转子停在什么位置上,v 都是一个常数。

流体的体积流量为

$$Q_V = S_0 v \tag{14.3.5}$$

式中 S_0——为锥形管与转子间环隙面积(m^2)。

环隙面积为

$$S_0 = \frac{\pi}{4}(d^2-d_f^2) \tag{14.3.6}$$

式中 d——距刻度零点 h 处,锥形管的内径(m);
d_f——转子的最大直径(m)。

由图 14.3.2 可见,锥形管的内径为

$$d = d_f + 2h \cdot \tan\varphi \tag{14.3.7}$$

式中 φ——锥形管的半锥角。

把式(14.3.7)代入式(14.3.6)得

$$S_0 = \frac{\pi}{4}[(d_f+2h\tan\varphi)^2-d_f^2] = \pi d_f h\tan\varphi + h^2\tan^2\varphi \tag{14.3.8}$$

将式(14.3.4)及式(14.3.8)代入式(14.3.5),则得体积流量 Q_V 为

$$Q_V = \frac{1}{\sqrt{\xi}}(\pi d_f h\tan\varphi + h^2\tan^2\varphi)\sqrt{\frac{2gV(\rho_f-\rho)}{\rho S_f}} = \alpha(\pi d_f h\tan\varphi + h^2\tan^2\varphi)\sqrt{\frac{2gV(\rho_f-\rho)}{\rho S_f}} \tag{14.3.9}$$

图 14.3.2 环隙面积与转子高度关系

式中 α——流量系数,$\alpha=\frac{1}{\sqrt{\xi}}$。

由式(14.3.9)可知:体积流量 Q_V 与转子在锥形管内上升的高度 h 是非线性关系。但是实际上 φ 角很小。$(h\tan\varphi)^2$ 这一项数值很小。如忽略这一项,则得

$$h = \frac{1}{\alpha} \cdot \frac{1}{\pi d_f \tan\varphi} \sqrt{\frac{\rho S_f}{2gV(\rho_f-\rho)}} \cdot Q_V \tag{14.3.10}$$

即转子在锥形管内上升的高度与体积流量是线性关系。因此,可根据转子在锥形管中上升的高度 h 来测量流量。

14.3.3 转子流量计的特点

(1) 转子流量计适合于测量较小的流量;
(2) 可以测量气体或液体的流量,但不适合粘度大的液体流量测量;

(3) 仪表的刻度是线性的;
(4) 测量范围比较宽,可达 $Q_{V\max}/Q_{V\min}=10$;
(5) 压力损失小且恒定;
(6) 对高温高压和不透明流体的流量测量,可使用金属锥形管;
(7) 比较适合于实验室和仪器装置中的流量指示和监视。

14.4 节流式流量计

14.4.1 工作原理

节流式流量计主要由两部分组成:节流装置和测量静压差的差压传感器。

节流装置安装在流体管道中,工作时它使流体的流通截面发生变化,引起流体静压变化。常用的节流装置有文丘利管、喷嘴和孔板,如图 14.4.1 所示。

流体流过节流装置时,由于流束收缩,流体的平均速度加大,动压力加大,而静压力下降,在截面最小处,流速最大。图 14.4.1 同时给出了流体流过节流装置时流体静压力的变化曲线。测量节流装置前后的静压差就可以测量流量。由曲线可见,由于在节流装置前后形成涡流以及流体的沿程摩擦变成了热能,散失在流体内,故最后流体的速度虽已恢复如初,但静压恢复不到收缩前的数值,这就是压力损失。其中以文丘利管压力损失最小,而孔板压力损失最大。

由于节流式流量计利用节流装置前后的静压差来测量流量,故又叫差压式流量计或变压降流量计。

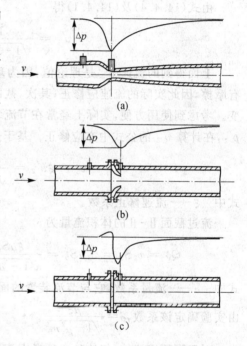

图 14.4.1 常用的节流装置

14.4.2 流量方程式

首先假设流体是理想的(即流体无粘性)不可压缩的流体,管道水平放置。

选定两个截面,Ⅰ-Ⅰ是节流装置前流体开始受节流装置影响的截面;Ⅱ-Ⅱ是流束经过节流装置收缩最厉害的流束截面,由伯努利方程式得

$$\frac{p'_1}{\rho}+\frac{v'^2_1}{2}=\frac{p'_2}{\rho}+\frac{v'^2_2}{2} \tag{14.4.1}$$

式中 p'_1,p'_2——流体在截面Ⅰ-Ⅰ和Ⅱ-Ⅱ处的静压力(Pa);
v'_1,v'_2——流体在截面Ⅰ-Ⅰ和Ⅱ-Ⅱ处的平均流速(m/s);
ρ——流体的密度(kg/m³)。

由于流体是不可压缩的,根据连续性定律有

$$S_1 v'_1 = S_2 v'_2 \tag{14.4.2}$$

由于流束在节流装置后的最小收缩面积为 S_2，实际上很难确切地知道它的数值，因此用节流装置开孔的截面积 S_0 来表示，并令

$$S_2 = \mu S_0 \tag{14.4.3}$$

式中　μ——流束的收缩系数，其大小与节流装置的类型有关。

将式(14.4.3)代入式(14.4.2)，得

$$v'_1 = \mu v'_2 \frac{S_0}{S_1} = \mu m v'_2 \tag{14.4.4}$$

式中　m——节流装置开孔截面积与管道截面积之比，$m = \frac{S_0}{S_1}$。

由式(14.4.4)及(14.4.1)得

$$v'_2 = \frac{1}{\sqrt{1-\mu^2 m^2}} \sqrt{\frac{2}{\rho}(p'_1 - p'_2)} \tag{14.4.5}$$

上面得到的流速 v'_2 是理论值，因为理想的不可压缩的流体是不存在的，流体有粘度，故有摩擦，因此实际的流速应修正；其次，截面Ⅰ-Ⅰ，Ⅱ-Ⅱ的压力 p'_1, p'_2 随着流速的不同而改变。考虑到使用方便，实际上经常在节流装置前后两个固定位置上测取压力 p_1, p_2 代替 p'_1, p'_2，在计算 v'_2 的公式中亦应修正。基于这两方面的因素，在Ⅱ-Ⅱ截面上的流速为

$$v_2 = \xi v'_2 = \frac{1}{\sqrt{1-\mu^2 m^2}} \sqrt{\frac{2}{\rho}(p_1 - p_2)} \tag{14.4.6}$$

式中　ξ——流速修正系数。

流过截面Ⅱ-Ⅱ的体积流量为

$$Q_V = v_2 S_2 = v_2 \mu S_0 = \frac{\xi \mu S_0}{\sqrt{1-\mu^2 m^2}} \sqrt{\frac{2}{\rho}(p_1 - p_2)} = \alpha S_0 \sqrt{\frac{2}{\rho}(p_1 - p_2)} \tag{14.4.7}$$

式中　α——流量系数，它与节流装置的面积比 m、流体的粘度、密度、取压方式等有关。通常由实验确定该系数，$\alpha = \frac{\mu \xi}{\sqrt{1-\mu^2 m^2}}$。

对于可压缩流体(气体)，必须考虑流体流过节流装置时，由于压力的变化而引起流体的密度变化，即压力减小时，气体的体积要膨胀、密度减小。因此，在根据节流装置前后的压力 p_1, p_2 计算流过节流装置的流量时，要引入一个考虑被测流体膨胀的校正系数 ε，故可压缩流体的流量方程为

$$Q_V = \varepsilon \alpha S_0 \sqrt{\frac{2}{\rho}(p_1 - p_2)} \tag{14.4.8}$$

$$\varepsilon = \frac{\alpha_k}{\alpha} \sqrt{\frac{1-\mu_k^2 m^2}{1-\mu_k^2 m^2 \left(\frac{p_2}{p_1}\right)^{\frac{2}{k}}} \cdot \frac{p_1}{p_1 - p_2} \cdot \frac{k}{k-1} \left[\left(\frac{p_2}{p_1}\right)^{\frac{2}{k}} - \left(\frac{p_2}{p_1}\right)^{\frac{k+1}{k}}\right]} \tag{14.4.9}$$

式中　α_k——可压缩流体的流量系数，$\alpha_k = \frac{\mu_k \xi}{\sqrt{1-\mu_k^2 m^2}}$；

　　　μ_k——可压缩流体的收缩系数；

　　　k——绝热指数。

上面给出了不可压缩和可压缩流体的流量方程。对不同形式的节流装置,流量方程相同,只是有关系数不同。如果在测量过程中流量系数 α(或 α_k)、流体膨胀系数 ε 不变,则体积流量与 $\sqrt{p_1-p_2}$ 成比例。

流量系数 α 与节流装置的结构形式、截面积比 m、取压方式、雷诺数、管道的粗糙度等因素有关。流体膨胀系数 ε 与 $\dfrac{\Delta p}{p_1}$、气体绝热指数 k、截面积比 m 及节流装置的结构形式等因素有关。国家标准给定了不同取压方式标准喷嘴和孔板的流量系数 α 及膨胀修正系数 ε 的值,实际应用时可查用。

14.4.3 取压方式

对同一结构形式的节流装置,采用不同的取压方法,即取压孔在节流装置前后的位置不同,它们的流量系数不同。

我国规定了两种取压方式:角接取压和法兰取压。

1. 角接取压

上下游取压管位于喷嘴或孔板的前后端面处,如图 14.4.2 Ⅰ-Ⅰ所示,这种角接取压方式的优点是:

(1) 易于采用环室取压,使压力均衡,从而提高差压的测量精度。同时,可以缩短所需的直管段。

(2) 当实际雷诺数大于临界雷诺数时,流量系数只与截面积比 m 有关,因此对于 m 一定的节流装置,流量系数恒定。

(3) 由于管壁粗糙度逐渐改变而产生的摩擦损失变化的影响最小。

角接测压法的主要缺点是:由于取压点位于压力分布曲线最陡峭的部分,因此取压点位置的选择和安装不精确时对流量测量精度的影响比较大,而且取压管的脏污和堵塞不易排除。

在欧洲的法国、俄罗斯、捷克等国广泛采用角接取压法。

2. 法兰取压法

不论管道的直径大小如何,上下游取压管的中心都位于距孔板两侧端面 25.4 mm 处,如图 14.4.2 的Ⅱ-Ⅱ所示。

法兰取压法的优点是实际雷诺数大于临界雷诺数时,流量系数 α 为恒值,且安装方便,不易泄漏。

法兰取压法的主要缺点是因取压孔之间距离较大,故管壁粗糙度改变而产生的摩擦损失变化对流量测量影响大。

目前美国广泛采用这种取压方法。在我国,管径较大时也采用此法。

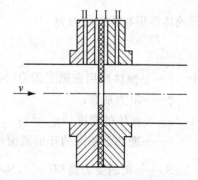

图 14.4.2 节流装置的取压方式

为了提高流量测量的精度,国家标准还规定在节流装置的前后均应装有长度分别为 $10\ D$ 和 $5\ D$ 的直管段(D 为管道的内径),以消除管道内安装的其他部件对流速造成的扰动,即起整流作用。

14.4.4 节流式流量计的特点

(1) 结构简单,价格便宜,使用方便;
(2) 由于压力差与体积流量间是平方关系,刻度为非线性,当流量小于仪表满量程的 20% 时,流量已测不准;同时测量结果易受被测流体密度变化的影响;
(3) 由于管道中安装了节流装置,故有压力损失;
(4) 用于洁净流体的流量测量。

在航空流量测量中不用节流式流量计,但其在一般工业生产中却是应用最多的一种流量计,几乎占工业中所使用的流量计的 70%。

14.5 靶式流量计

14.5.1 工作原理

靶式流量计是利用流体阻力制成的一种流量计,其原理结构如图 14.5.1 所示。它主要由靶及力变换器组成。

当被测流体流过装有靶的管道时,靶对流动的流体产生阻力。同样靶也受一个同样大小的反作用力。该力由两部分组成:一部分是流体和靶表面的摩擦阻力;另一部分是由于流束在靶后分离产生的压差阻力。摩擦阻力很小可忽略不计。靶在压差阻力作用下,以密封膜片为支点偏转,经杠杆传给力变换器,将力转换成电信号,送入显示装置或调节器。

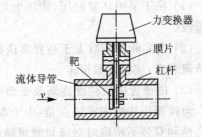

图 14.5.1 靶式流量计原理结构图

14.5.2 流量方程式

流体作用在靶上的力为

$$F = \zeta \frac{\rho v^2}{2} S_1 \tag{14.5.1}$$

式中　F——流体作用在靶上的力(N);
　　　ζ——阻力系数;
　　　ρ——流体的密度(kg/m³);
　　　v——靶和管壁间的环形截面(环隙)上流体的平均流速(m/s);
　　　S_1——靶的受力面积(m²),$S_1 = \frac{\pi d^2}{4}$;
　　　d——靶的直径(m)。

由式(14.5.1)可求得环隙上的流体的平均流速为

$$v = \sqrt{\frac{2}{\zeta \rho S_1}} \sqrt{F} \tag{14.5.2}$$

体积流量为

$$Q_V = vS = \frac{\pi}{4}(D^2 - d^2)\sqrt{\frac{1}{\zeta}}\sqrt{\frac{2}{\rho\frac{\pi d^2}{4}}}\sqrt{F} =$$

$$\alpha\left(\frac{D^2-d^2}{d}\right)\sqrt{\frac{\pi}{2}}\sqrt{\frac{F}{\rho}} = \alpha\left(\frac{1}{\beta}-\beta\right)D\sqrt{\frac{\pi}{2}}\sqrt{\frac{F}{\rho}} \tag{14.5.3}$$

式中　α——流量系数,$\alpha = \sqrt{\dfrac{1}{\zeta}}$;

β——靶径比,$\beta = \dfrac{d}{D}$;

D——管道内径。

由式(14.5.3)可见:力与体积流量成平方关系,所以是非线性刻度。

流量系数 α 与靶形、靶径比 β、雷诺数、靶与管道的同心度等因素有关。对于一定形状的靶,当靶与管道同轴安装时,流量系数 α 保持不变。图 14.5.2 给出了圆盘靶流量系数 α 和雷诺数 Re 及靶径比 β 的试验曲线。

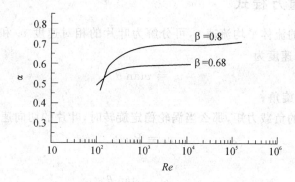

图 14.5.2　圆盘靶流量系数和雷诺数及靶径比的实验曲线

14.5.3　靶式流量计的特点

(1) 结构简单,安装维护方便,不易堵塞;

(2) 靶式流量计的临界雷诺数比节流式流量计低,因此可以测量大粘度、小流量的流体流量;

(3) 除了可测气体、液体的流量外,还可以测量含有固体颗粒的浆液(如泥浆、纸浆、砂浆等)及腐蚀性流体的流量;

(4) 非线性刻度,且易受被测流体密度变化的影响;

(5) 由于管道中有靶,故压力损失较大。

靶式流量计是目前工业生产中用得较广的一种新型流量计。

14.6　涡轮流量计

14.6.1　工作原理

涡轮流量计主要由三个部分组成:导流器、涡轮和磁电转换器。其原理结构如图 14.6.1

所示。

流体从流量计入口经过导流器,使流束平行于轴线方向流入涡轮,推动螺旋形叶片的涡轮转动,磁电式转换器的脉冲数与流量成比例。所以涡轮流量计是一种速度式流量计。

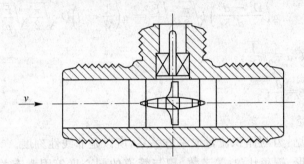

图 14.6.1　涡轮流量计的原理结构图

14.6.2　流量方程式

平行于涡轮轴线的流体平均流速 v,可分解为叶片的相对速度 v_r 和叶片切向速度 v_s,如图 14.6.2 所示。切向速度为

$$v_s = v\tan\theta \tag{14.6.1}$$

式中　θ——叶片的螺旋角。

若忽略涡轮轴上的负载力矩,那么当涡轮稳定旋转时,叶片的切向速度为

$$v_s = R\omega \tag{14.6.2}$$

则涡轮的转速为

$$n = \frac{\omega}{2\pi} = \frac{\tan\theta}{2\pi R}v \tag{14.6.3}$$

式中　R——叶片的平均半径(m)。

由此可见在理想状态下,涡轮的转速 n 与流速 v 成比例。

磁电式转换器所产生的脉冲频率为

$$f = nZ = \frac{Z\tan\theta}{2\pi R}v \tag{14.6.4}$$

式中　Z——涡轮的叶片数目。

流体的体积流量为

$$Q_V = \frac{2\pi RS}{Z\tan\theta}f = \frac{1}{\zeta}f \tag{14.6.5}$$

式中　S——涡轮的通道截面积(m^2);

　　　ζ——流量转换系数,$\zeta = \frac{Z\tan\theta}{2\pi RS}$。

由式(14.6.5)可知,对于一定结构的涡轮,流量转换系数是一个常数,因此流过涡轮的体积流量 Q_V 与磁电转换器的脉冲频率 f 成正比。但是由于涡轮轴承的摩擦力矩、磁电转换器的电磁力矩、流体和涡轮叶片间的摩擦阻力等因素的影响,在整个流量测量范围内流量转换系数不是常数。流量转换系数与体积流量间关系曲线如图 14.6.3 所示。

由图可见,在小流量时,由于各种阻力力矩之和与叶轮的转矩相比较大,因此流量转换系

数下降,在大流量时,由于叶轮的转矩大大超过各种阻力力矩之和,因此流量转换系数几乎保持常数。

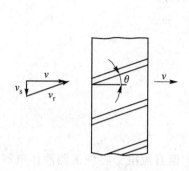

图 14.6.2 涡轮叶片分解

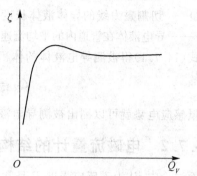

图 14.6.3 流量转换系数与体积流量的关系曲线

14.6.3 涡轮流量计的特点

（1）可以测量洁净液体或气体的流量；
（2）测量精度高,可达到 0.2% 以上；
（3）线性特性输出；
（4）测量范围宽,$Q_{V\max}/Q_{V\min}=10\sim30$；
（5）响应快,适用于测量脉动流量；
（6）由于输出是脉冲信号,故抗干扰能力强,便于远距离传输和数字化；
（7）压力损失小；
（8）由于在流体内装有轴承,怕脏污及腐蚀性流体；
（9）流体密度和粘度变化会引起误差。

由于涡轮流量计有上述特点,因此不仅在地面上得到了广泛的应用,而且也用于航空上测量燃油流量。

14.7 电磁流量计

14.7.1 工作原理

电磁流量计是根据法拉第电磁感应原理制成的一种流量计,用来测量导电液体的流量。其原理如图 14.7.1 所示,它是由产生均匀磁场的系统、不导磁材料的管道及在管道横截面上的导电电极组成。磁场方向、电极连线及管道轴线三者在空间互相垂直。

当被测导电液体流过管道时,切割磁力线,于是在和磁场及流动方向垂直的方向上产生感应电势,其值和被测液体的流速成比例。即

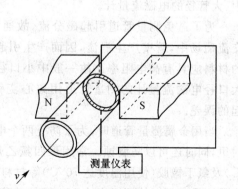

图 14.7.1 电磁流量计原理图

$$E = BDv \tag{14.7.1}$$

式中　B——磁感应强度(T)；

　　　D——切割磁力线的导体液体长度(为管道内径 D)(m)；

　　　v——导电液体在管道内的平均流速(m/s)。

由式(14.7.1)得被测导电液体的体积流量为

$$Q_V = \frac{\pi D^2}{4} v = \frac{\pi DE}{4B} \tag{14.7.2}$$

因此测量感应电势就可以测出被测导电液体的流量。

14.7.2　电磁流量计的结构特点

上面讨论中，认为磁感应强度 B 是常量，即直流磁场。但直流电势将使被测液体电解，使电极极化。正电极被一层负离子包围，负电极被一层正离子包围，加大了电极的电阻，破坏了原来的测量条件。同时内阻的增加随被测液体的成分和测量时间的长短而变化，因而使输出的电势不固定，影响测量精度。因此直流磁场的电磁流量计适用于非电解性液体，如液体金属纳、汞等的流量测量。

而对电解性液体的流量测量则采用市电(50 Hz)交流电励磁的交流磁场，即

$$B = B_{\max}\sin \omega t \tag{14.7.3}$$

感应电势为

$$E = B_{\max}\sin \omega t D \cdot v \tag{14.7.4}$$

所以体积流量为

$$Q_V = \frac{\pi D^2}{4} v = \frac{\pi D}{4B_{\max}\sin \omega t} E \tag{14.7.5}$$

或

$$Q_V = \frac{\pi D}{4} \cdot \frac{E}{B} \tag{14.7.6}$$

即测量比值 E/B 就可以测得体积流量 Q_V，故交流励磁的电磁流量计要有 E/B 的运算电路。这样还可以消除由于电源电压及频率波动所引起的测量误差。

用交流励磁不但消除了极化，而且便于信号的放大，但也易受干扰。

目前工业上常用电磁流量计，其交流磁系统的结构有变压器铁芯型和绕组型两种，由于变压器铁芯型的磁系统尺寸大、质量大，故适用于小管径的电磁流量计，而绕组型磁系统适用于中、大管径的电磁流量计。

为了避免测量管道引起磁分流，故通常用非导磁材料制成。由于测量管道处于较强的交流磁场中，管壁产生涡流，因而产生引起干扰的二次磁通。为了减少涡流，要求测量管道的材料应具有高电阻率。故一般中小口径电磁流量计用不锈钢或玻璃钢制成测量管道；而大口径电磁流量计的测量管道用离心浇铸，把衬里线圈和电极浇铸在一起，以减少涡流引起的误差。

当用金属测量管道时，为了防止两个电极被金属管道短路，在金属管道的内壁挂一层绝缘衬里，同时还可以防腐蚀。常用聚四氟乙烯(使用温度达 120 ℃)、天然橡胶(使用温度达 60 ℃)及氯丁橡胶(使用温度达 70 ℃)等材料作绝缘衬里。除氟酸和高温碱外的各种酸碱液体的流量测量还可以使用温度达 120 ℃ 的玻璃作衬里。

电极一般用非磁性材料，如不锈钢和耐酸钢等材料制成，有时也用铂和黄金或在不锈钢制成的电极外表面镀一层铂和黄金的电极。电极必须和测量管道很好地绝缘，如图 14.7.2 所示。

为了隔离外界磁场的干扰，电磁流量计的外壳用铁磁材料制成。

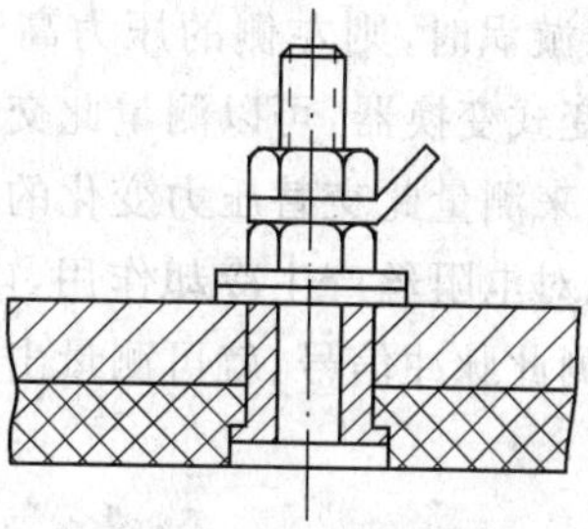

图 14.7.2　电极和测量管道的绝缘

14.7.3　电磁流量计的特点

（1）测量管道内没有任何突出的和可动的部件，因此适用于有悬浮颗粒的浆液等的流量测量，而且压力损失极小；

（2）感应电势与被测液体温度、压力、粘度等无关，因此电磁流量计使用范围广；

（3）测量范围宽，$Q_{max}/Q_{min}=100$；

（4）可以测量各种腐蚀性液体的流量；

（5）电磁流量计惯性小，可以用来测量脉动流量；

（6）对测量介质，要求导电率大于 $0.002\sim 0.005\ \Omega/m$，因此不能测量气体及石油制品的流量。

电磁流量计是工业中测量导电液体常用的流量计。

14.8　漩涡流量计

漩涡流量计是 20 世纪 70 年代出现的一种新型流量计，它分漩涡分离型和漩涡旋进型两种。

14.8.1　卡门涡街式漩涡流量计

卡门涡街式漩涡流量计是漩涡分离型漩涡流量计，在垂直于流动方向上放置一个圆柱体，流体流过圆柱体时，在一定的雷诺数范围内，在圆柱体后面的两侧产生旋转方向相反的、交替出现的漩涡列，如图 14.8.1 所示。卡门在理论上还证明，当两列漩涡的列距 l 与同列漩涡的间距 b 之比为 0.281 时，漩涡列是稳定的。

大量实验证明，当雷诺数大于 10 000 时，单侧漩涡的频率 f 为

$$f = N_{st}\frac{v}{d} \qquad (14.8.1)$$

式中　N_{st}——斯托罗哈数；

　　　v——流体的流速(m/s)；

　　　d——圆柱体的直径(m)。

斯托罗哈数 N_{st} 与放入流体中柱体的形体和雷诺数有关。实验证明，在一定雷诺数范围内，N_{st} 是一个常值，对圆柱体 $N_{st}=0.21$，三棱柱体 $N_{st}=0.16$。

因此漩涡的频率 f 与流体的流速 v 成比例，从而测出体积流量。

为了测出漩涡频率，在中空圆柱体两侧开两排小孔，圆柱体中空腔由隔板分成两部分。当流体产生漩涡时，如在右侧产生漩涡，由于漩涡的作用使右侧的压力高于左侧的压力；如在左

侧产生漩涡时，则左侧的压力高于右侧的压力，因此产生交替的压力变化。利用压电式变换器、应变式变换器，可以测量此交替变化的力或压力。图14.8.2给出了利用隔板上安装的铂电阻丝来测量此交替压力变化的示意图。当交替压力变化时，空腔内的气体亦脉动流动，因此交替地对电阻丝产生冷却作用，电阻丝的阻值发生变化，从而产生和漩涡频率一致的脉冲信号，检测此脉冲信号，就可测量出流量值。

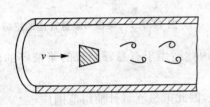

图14.8.1 卡门漩涡

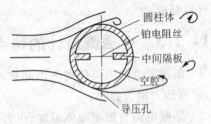

图14.8.2 利用热电阻测量漩涡频率

14.8.2 旋进式漩涡流量计

旋进式漩涡流量计的原理图如图14.8.3所示，它由漩涡产生器、漩涡消除器、频率检测器探头、外壳等部分组成。

被测流体进入流量计后，先经漩涡产生器，流体强制旋转。然后再经一段收束管加速，在这一段管道内，漩涡中心和外套轴线一致。当漩涡进入扩张管后，流速突然急剧减小，导致一部分流体形成回流。因漩涡中心部分的压力比外圆部分的压力低，故回流在中心部分产生。由于回流使漩涡中心线不再与外套轴线重合，而是绕轴线旋转，产生进动。当雷诺数及马赫数一定时，漩涡绕轴线的角速

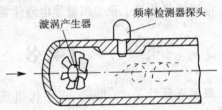

图14.8.3 旋进式漩涡流量计原理图

度（即进动频率）与流体的体积流量成正比。在流量计的出口装有漩涡消除器，使漩涡流整流成平直运动，用频率检测器的探头来测量进动频率，以测量流量值。

漩涡流量计与被测流体的密度、粘度无关，输出为频率信号且与体积流量成线性关系，测量范围宽，$Q_{max}/Q_{min}=100$，精度达1%，卡门涡街式漩涡流量计适用于大口径管道的流量，而旋进式漩涡流量计适用于中小口径管道的流量。

14.9 超声波流量计

超声波(频率在10 kHz以上的声波)具有方向性，因此可用来测量流体的流速。

在管道上安装两套超声波发射器和接收器，如图14.9.1所示，发射器T_1和接收器R_1、发射器T_2和接收器R_2的声路与流体流动方向的夹角为θ，流体自左向右以平均速度v流动。

声波脉冲从发射器T_1发射到接收器R_1接收到，所需时间为

$$t_1 = \frac{L}{c+v\cos\theta} = \frac{D/\sin\theta}{c+v\cos\theta} \tag{14.9.1}$$

式中 c——声波的声速(m/s)；

D——管道内径(m)。

因此测量 t_1 就可以知道流速 v,但这种方法灵敏度很低。

同样声波脉冲从发射器 T_2 发射到接收器 R_2 接收到的时间为

$$t_2 = \frac{L}{c - v\cos\theta} = \frac{D/\sin\theta}{c - v\cos\theta} \quad (14.9.2)$$

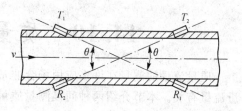

图 14.9.1 超声波流量计原理图

则声波顺流和逆流的时间差为

$$\Delta t = t_1 - t_2 = \frac{2D/\cot\theta}{c^2 - v^2\cos^2\theta}v \quad (14.9.3)$$

因为 $c \gg v$,所以

$$\Delta t \approx \frac{2D\cot\theta}{c^2}v \quad (14.9.4)$$

因此测量时间差就可以测得平均流速 v。因为 Δt 很小,所以为了提高测量精度,采用相位法,即测量连续振荡的超声波在顺流和逆流传播时,接收器 R_1 与接收器 R_2 接收信号之间的相位差为

$$\Delta\varphi = \omega\Delta t = \omega\frac{2D\cot\theta}{c^2}v \quad (14.9.5)$$

式中 ω——超声波的角频率(rad/s)。

时差法和相差法测量流速 v 均与声速有关,而声速 c 随流体温度的变化而变化。因此,为了消除温度对声速的影响,需要有温度补偿。

此外发射器超声脉冲的重复频率为

$$f_1 = \frac{1}{t_1} = \frac{c + v\cos\theta}{D/\sin\theta} \quad (14.9.6)$$

$$f_2 = \frac{1}{t_2} = \frac{c - v\cos\theta}{D/\sin\theta} \quad (14.9.7)$$

则频差为

$$\Delta f = f_1 - f_2 = \frac{2\cos\theta}{D/\sin\theta}v = \frac{\sin 2\theta}{D}v \quad (14.9.8)$$

所以

$$v = \frac{D}{\sin 2\theta}\Delta f \quad (14.9.9)$$

则体积流量为

$$Q_V = \frac{\pi D^2}{4}v = \frac{\pi D^3}{4\sin 2\theta}\Delta f \quad (14.9.10)$$

由式(14.9.9)及式(14.9.10)可见,频差法测量流速 v 和体积流量 Q_V 均与声速 c 无关。因此提高了测量精度,故目前超声波流量计均采用频差法。

超声波流量计对流动流体无压力损失,且与流体粘度、温度等因素无关。流量与频差成线性关系,精度可达 0.25 %,特别适合大口径的液体流量测量。但是目前超声波流量计整个系统比较复杂,价格贵,故在工业上使用的还不多。

14.10 质量流量的间接测量

质量流量的测量在许多应用场合非常重要,例如飞机或液体燃料火箭的航程就直接与质量流量有关。本节介绍两种间接测量质量流量 Q_m 的方法。

14.10.1 体积流量计加密度计

利用体积流量计测出体积流量,利用密度计测量流体密度,经计算得到质量流量。

节流式流量计压力差与体积流量的关系式如式(14.4.7),亦即压力差与 ρQ_V^2 成比例,靶式流量计的受力与体积流量的关系式如式(14.5.3),亦即受力与 ρQ_V^2 成比例。由于质量流量为

$$Q_m = \rho Q_V = \sqrt{\rho Q_V^2 \rho} \qquad (14.10.1)$$

因此用密度计测量流体的密度 ρ,按式(14.10.1)计算出质量流量 Q_m,其原理图如图 14.10.1 所示。

用速度式流量计(如涡轮流量计、电磁流量计等)测出体积流量,再用密度计测量流体密度,按式(14.1.2)计算出质量流量,如图 14.10.2 所示。

利用节流式流量计或靶式流量计测量 ρQ_V^2,再用速度式流量计测量体积流量,然后作 $\rho Q_V^2/Q_V$ 的除法运算,就可以得到质量流量,如图 14.10.3 所示。

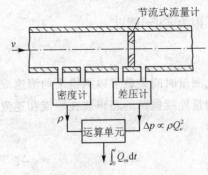

图 14.10.1 节流式流量计(或靶式流量计)与密度计组合成质量流量计

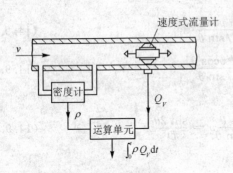

图 14.10.2 速度式流量计与密度计组合成质量流量计

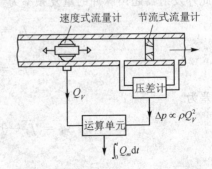

图 14.10.3 节流式流量计(或靶式流量计)与速度式流量计组合成质量流量计

14.10.2 体积流量加温度压力补偿

由式(14.1.2)可知,质量流量 Q_m 为密度 ρ 和体积流量 Q_V 的乘积。

对不可压缩的液体来说,它的体积几乎不随压力的变化而变化,但却随温度的升高而膨胀。密度和温度间的关系为

$$\rho = \rho_0 [1 - \beta(T - T_0)] \qquad (14.10.2)$$

式中 ρ——温度为 T 时液体的密度(kg/m^3);

ρ_0——温度为 T_0 时液体的密度(kg/m^3);

β——被测液体体积膨胀系数。

质量流量为

$$Q_m = Q_V \rho_0 [1 - \beta(T - T_0)] \tag{14.10.3}$$

因此测量出体积流量和温度差$(T-T_0)$,按式(14.10.3)计算就可以得到质量流量。

对气体来说,它的体积随压力、温度变化而变化;气体密度的变化,可按理想气体状态方程计算,即

$$\rho = \rho_0 \frac{pT_0}{p_0 T} \tag{14.10.4}$$

式中 ρ_0——p_0, T_0 时气体的密度(kg/m^3);

ρ——p, T 时气体的密度(kg/m^3)。

质量流量为

$$Q_m = Q_V \rho_0 \frac{pT_0}{p_0 T} = \rho_0 \frac{T_0}{p_0} \cdot \frac{p}{T} Q_V \tag{14.10.5}$$

因此测量出气体的压力、温度及体积流量,按式(14.10.5)计算就可以得到质量流量。

上述间接质量流量测量,用微处理器来实现运算是非常方便的,而且用了微处理器后还能方便地实现流量控制,目前在工业领域中使用得比较普遍。

14.11 热式质量流量计

热式质量流量计(TMF, thermal mass flowmeter)是一种直接质量流量计。它利用传热原理实现测量流量的仪表,即流动中的流体与热源(流体中外加热的物体或测量管外加热体)之间热量交换的关系来测量流量的仪表。

14.11.1 工作原理

在管道中放置一热电阻,如果管道中流体不流动,且热电阻的加热电流保持恒定,则热电阻的阻值亦为一定值。当流体流动时,引起对流热交换,热电阻的温度下降。若忽略热电阻通过固定件的热传导损失,则热电阻的热平衡为

$$I^2 R = K\alpha S_K (t_K - t_f) \tag{14.11.1}$$

式中 I——热电阻的加热电流(A);

R——热电阻阻值(Ω);

K——热电转换系数;

α——对流热交换系数($W/m^2 \cdot K$);

S_K——热电阻换热表面积(m^2);

t_K——热电阻温度(K);

t_f——流体温度(K)。

对于对流热交换系数,当流体流速 $v < 25$ m/s 时,有

$$\alpha = C_0 + C_1 \sqrt{\rho v} \tag{14.11.2}$$

式中 C_0, C_1——系数;

ρ——流体的密度（kg/m³）。

将式(14.11.2)代入式(14.11.1)得

$$I^2R = (A + B\sqrt{\rho v})(t_K - t_f) \tag{14.11.3}$$

式中 A,B——系数，由实验确定。

由式(14.11.3)可见，ρv 是加热电流 I 和热电阻温度的函数。当管道截面一定时，由 ρv 就可得质量流量 Q_m。因此可以使加热电流不变，而通过测量热电阻的阻值来测量质量流量，或保持热电阻的阻值不变，通过测量加热电流 I 来测量质量流量。

热电阻可用热电丝或金属膜电阻制成，热式质量流量计常用来测量气体的质量流量。

14.11.2 热式质量流量计的特点

热式质量流量计常用来测量气体的质量流量。具有结构简单、测量范围宽、响应速度快、灵敏度高、功耗低、无活动部件，无分流管的热分布式仪表无阻流件，压力损失小。在汽车电子、半导体技术、能源与环保等领域应用广泛。其主要不足是：对小流量而言，仪表会给被测气体带来相当热量，有些热式质量流量计在使用时，容易在管壁沉积垢层影响测量值，需定期清洗；对细管型仪表更有易堵塞的缺点；此外，该流量计技术实现难度大。

14.12 谐振式科里奥利直接质量流量计

谐振式科氏直接质量流量计，基于科里奥利效应(Coriolis effect)，其敏感结构工作于谐振状态，直接测量质量流量，所以简称科氏质量流量计(CMF, Coriolis mass flowmeter)。它包括谐振式科氏直接质量流量传感器和相应的检测电路。

科氏质量流量计的研发始于 20 世纪 50 年代初，由于未能很好解决使流体在直线运动的同时还要处于旋转系的实用性技术难题，一直未能实现达到工业推广应用阶段。直到 20 世纪 70 年代中期，美国的詹姆士·史密斯(James E. Smith)巧妙地将流体引入到处于谐振状态的测量管中，发明了利用科氏效应，将两种运动结合起来的谐振式直接质量流量计。1977 年美国的 Rosemount 公司研制成功世界上第一台这样原理的质量流量计。近年来，随着科学技术的发展与进步，基于科氏效应的直接质量流量计发展很快，相继出现了一些新的热点，如基于 MEMS 的硅微机械科氏质量流量计，用于检测微流量；基于数字技术的智能化流量测试技术；基于高灵敏度检测的气体科氏质量流量计等。

14.12.1 工作原理

图 14.12.1 给出了以典型的 U 型管为敏感元件的谐振式直接质量流量计的结构及其工作示意图。激励单元 E 使一对平行的 U 型管作一阶弯曲主振动，建立传感器的工作点。当管内流过质量流量时，由于哥氏效应(Coriolis Effect)的作用，使 U 型管产生关于中心对称轴的一阶扭转"副振动"。该一阶扭转"副振动"相当于 U 型管自身的二阶弯曲振动，如图 14.12.2 所示。同时，该"副振动"直接与所流过的"质量流量(kg/s)"成比例。因此，通过 B，B'测量元件检测 U 型管的"合成振动"就可以直接得到流体的质量流量。

图 14.12.3 给出了 U 型管质量流量计的数学模型。当管中无流体流动时，谐振子在激励器的激励下，产生绕 CC' 轴的弯曲主振动，可写为

第14章 流量测量系统

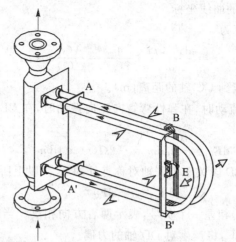

B,B'—测量元件；E—激励单元；⇐—流体流动方向；⇐—主振动；⇐—副振动

图 14.12.1 U 型管式谐振式直接质量流量计结构示意图

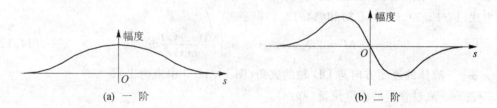

图 14.12.2 U 型管一、二阶弯曲振动振型示意图

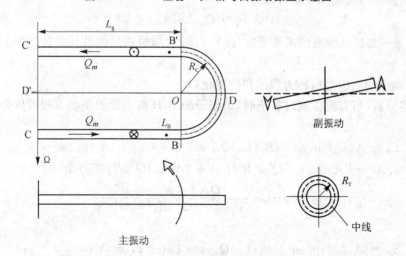

图 14.12.3 U 型管式谐振式直接质量流量计数学模型

$$x(s,t) = A(s)\sin \omega t \tag{14.12.1}$$

式中 ω——系统的主振动频率（rad/s），它由包括弹性弯管、弹性支承在内的谐振子整体结构决定；

$A(s)$——对应于 ω 的主振型；

　　　　s——沿管子轴线方向的曲线坐标。
则弹性弯管绕 CC' 轴的角速度为

$$\Omega(s,t) = \frac{\mathrm{d}x(s,t)}{\mathrm{d}t} \cdot \frac{1}{x(s)} = \frac{A(s)}{x(s)}\cos\omega t \tag{14.12.2}$$

式中　$x(s)$——管子上任一点到 CC' 轴的距离(m)。

　　当流体以速度 $\vec{v}$ 在管中流动时,在弹性弯管向正向振动时,在 CBD 段,$\mathrm{d}s$ 微段上所受的科氏力为

$$\mathrm{d}\boldsymbol{F}_c = -\boldsymbol{a}_c\mathrm{d}m = -2\boldsymbol{\Omega}(s)\times\boldsymbol{v}\mathrm{d}m \tag{14.12.3}$$

同样,在 $C'B'D$ 段,与 CBD 段关于 DD' 轴对称点处的 $\mathrm{d}s$ 微段上所受的科氏力为

$$\mathrm{d}\boldsymbol{F}'_c = -\mathrm{d}\boldsymbol{F}_c \tag{14.12.4}$$

　　式(14.12.3)和(14.12.4)相差一个负号,表示两者方向相反。当有流体流过振动的谐振子时,在 $\mathrm{d}\boldsymbol{F}_c$ 和 $\mathrm{d}\boldsymbol{F}'_c$ 的作用下,将产生对 DD' 轴的力偶

$$\boldsymbol{M} = \int 2\mathrm{d}\boldsymbol{F}_c\times\boldsymbol{r}(s) \tag{14.12.5}$$

式中　$r(s)$——微元体到轴 DD' 的距离(m)。

　　由式(14.12.2)、(14.12.3)和(14.12.5)得

$$M = 2Q_m\omega\cos\alpha\cos\omega t\int\frac{A(s)r(s)}{x(s)}\mathrm{d}s \tag{14.12.6}$$

式中　α——流体的速度方向与 DD' 轴的夹角(图 14.12.3 中未给出);
　　　Q_m——流过管子的质量流量(kg/s)。

　　科氏效应引起的力偶将使谐振子产生一个绕 DD' 轴的扭转运动,相对于谐振子的主振动而言,称为"副振动",其运动方程可写为

$$x_1(t) = B_1(s)Q_m\omega\cos(\omega t + \varphi) \tag{14.12.7}$$

式中　$B_1(s)$——副振动响应的灵敏系数($\mathrm{m}\cdot\mathrm{s}^2/\mathrm{kg}$),与敏感结构及其参数、检测点所处的位置有关;
　　　φ——副振动响应对扭转力偶的相位变化。

　　根据上述分析,当有流体流过管子时,谐振子的 B,B' 两点处的振动方程可以分别写为
B 点处

$$S_B = A(L_B)\sin\omega t - B_1(L_B)Q_m\omega\cos(\omega t + \varphi) = A_1\sin(\omega t + \varphi_1) \tag{14.12.8}$$

$$A_1 = [A^2(L_B) + Q_m^2\omega^2 B_1^2(L_B) + 2A(L_B)Q_m\omega B_1(L_B)\sin\varphi]^{0.5}$$

$$\varphi_1 = \arctan\frac{Q_m\omega B_1(L_B)\cos\varphi}{A(L_B) + Q_m\omega B_1(L_B)\sin\varphi}$$

B' 点处

$$S_{B'} = A(L_B)\sin\omega t + B_1(L_B)Q_m\omega\cos(\omega t + \varphi) = A_2\sin(\omega t + \varphi_2) \tag{14.12.9}$$

$$A_2 = [A^2(L_B) + Q_m^2\omega^2 B_1^2(L_B) - 2A(L_B)Q_m\omega B_1(L_B)\sin\varphi]^{0.5}$$

$$\varphi_2 = \arctan\frac{Q_m\omega B_0(L_B)\cos\varphi}{A(L_B) - Q_m\omega B_1(L_B)\sin\varphi}$$

式中　L_B——B 点在轴线方向的坐标值(m)。

　　在 B,B' 两点信号 S_B,$S_{B'}$ 之间产生了相位差 $\varphi_{BB'} = \varphi_2 - \varphi_1$,如图 14.12.4 所示。由式(14.12.8)和(14.12.9)得

$$\tan \varphi_{BB'} = \frac{2A(L_B)Q_m B_1(L_B)\omega\cos\varphi}{A^2(L_B) - Q_m^2 B_1^2(L_B)\omega^2} \quad (14.12.10)$$

实用中总有 $A^2(L_B) \gg Q_m^2 B_1^2(L_B)\omega^2$,则式(14.12.10)可写为

$$Q_m = \frac{A(L_B)\tan\varphi_{BB'}}{2B_0(L_B)b\omega\cos\varphi} \quad (14.12.11)$$

式(14.12.11)便是基于 $S_B, S_{B'}$ 相位差 $\varphi_{BB'}$ 直接解算质量流量 Q_m 的基本方程。由式(14.12.11)可知,若 $\varphi_{BB'} \leqslant 5°$,则有

$$\varphi_{BB'} \approx \omega\Delta t_{BB'} \quad (14.12.12)$$

则

$$Q_m = \frac{A(L_B)\Delta t_{BB'}}{2B_1(L_B)\cos\varphi} \quad (14.12.13)$$

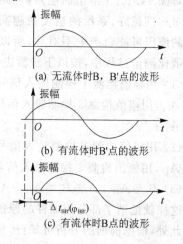

(a) 无流体时B,B'点的波形

(b) 有流体时B'点的波形

(c) 有流体时B点的波形

图14.12.4 B,B'两点信号示意图

这时质量流量 Q_m 与弹性结构的振动频率无关,而只与B,B'两点信号的时间差 $\Delta t_{BB'}$ 成正比,这也是该类传感器非常好的一个优点。但由于它与 $\cos\varphi$ 有关,故实际测量时会带来一定误差,同时检测的实时性也不理想。因此目前主要采用幅值比检测的方法。

由式(14.12.8)和(14.12.9)得

$$S_{B'} - S_B = 2B_1(L_B)Q_m\omega\cos(\omega t + \varphi) \quad (14.12.14)$$

$$S_{B'} + S_B = 2A(L_B)\sin\omega t \quad (14.12.15)$$

设 R_a 为 $S_{B'} - S_B$ 和 $S_{B'} + S_B$ 的幅值比,则

$$Q_m = \frac{R_a A(L_B)}{B_1(L_B)\omega} \quad (14.12.16)$$

式(14.12.16)就是基于B,B'两点信号"差"与"和"的幅值比 R_a 直接解算 Q_m 的基本方程。

14.12.2 信号检测电路

基于以上理论分析,谐振式直接质量流量计输出信号检测的关键是对两路同频率周期信号的相位差(时间差)或幅值比的测量。图14.12.5给出了一种检测幅值比的原理电路。其中 u_{i1} 和 u_{i2} 是质量流量计输出的两路信号。单片机通过对两路信号的幅值检测计算出幅值比,进而求出流体的质量流量。

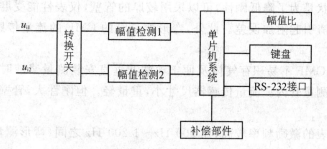

图14.12.5 信号检测系统总体设计图

图14.12.6给出了周期信号幅值检测的原理电路。利用二极管的正向导通、反向截止的

特性对交流信号进行整流,利用电容的保持特性获取信号幅值。

对图 14.12.5 给出的电路,两路幅值检测部件的对称性越好,系统的精度就越高。但是由于器件的原因可能会产生不对称,所以在幅值测量及幅值比测量过程中,按以下步骤进行:

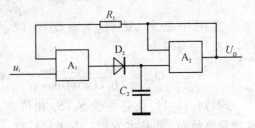

图 14.12.6 周期信号幅值检测电路

(1) 用幅值检测 1 检测输入信号 u_{i1} 的幅值,计为 A_{11},用幅值检测 2 检测输入信号 u_{i2} 的幅值,计为 A_{22};

(2) 用幅值检测 2 检测输入信号 u_{i1} 的幅值,计为 A_{12},用幅值检测 1 检测输入信号 u_{i2} 的幅值,计为 A_{21};

(3) $B_1 = A_{11} + A_{12}$,$B_2 = A_{21} + A_{22}$ 用 $C = B_1/B_2$ 作为输入信号的幅值比。

这样就抵消了部分因器件的原因引起的误差,这是靠牺牲时间来换取精度的措施。

此外,根据前面的分析可知:传感器输出的两路正弦信号,其中一路是基准参考信号,在整个工作过程中会有微小的漂移,不会有大幅度的变化;另一路的输出和质量流量存在着函数关系,所以利用这两路信号的比值解算也可以消除某些环境因素引起的误差,如电源波动等。同时,对幅值比的检测具有较好的实时性和连续性,这是用幅值比检测方案的优点。

14.12.3 分类与应用特点

1. 分 类

科氏质量流量计发展到现在已有 30 多种系列品种,其主要区别在于流量传感器测量管结构上的设计创新。通过结构设计,提高仪表的精确度、稳定性、灵敏度等性能;增加测量管挠度,改善应力分布,降低疲劳损坏;加强抗振动干扰能力等。因而测量管出现了多种形状和结构。这里仅就测量管的结构形式进行分类与讨论。

科氏质量流量计按测量管形状可分为弯曲形和直形;按测量管段数可分为单管型和双管型;按双管型测量管段的连接方式可分为并联型和串联型;按测量管流体流动方向和工艺管道流动方向间布置方式可分为并行方式和垂直方式。

(1) 按测量管形状分类

有弯曲形和直形。最早投入市场的仪表测量管弯成 U 字形,现在已开发的弯曲形状有 Ω 字形、B 字形、S 字形、圆环形、长圆环形等。弯曲形测量管的仪表系列比直形测量管的仪表多。设计成弯曲形状是为了降低刚性,可以采用较厚的管壁,仪表性能受磨蚀腐蚀影响较小;但易积存气体和残渣引起附加误差。此外,弯形测量管的 CMF 的流量传感器整机重量和尺寸要比直形的大。

直形测量管的 CMF 不易积存气体及便于清洗。垂直安装测量浆液时,固体颗粒不易在暂停运行时沉积于测量管内。流量传感器尺寸小,重量轻。但刚性大,管壁相对较薄,测量值受磨蚀腐蚀影响大。

直形测量管仪表的激励频率较高,在 600 Hz~1 200 Hz 之间(弯形测量管的激励频率在 40 Hz~150 Hz 之间),不易受外界工业振动频率的干扰。

近年来,由于制造工艺水平的提高,直形测量管的 CMF 增加趋势明显。

(2) 按测量管段数分类

这里所指测量管段是流体通过各自振动并检测科氏效应划分的独立测量管。有单管型和双管型。单管型易受外界振动干扰影响;双管型可降低外界振动干扰的敏感性,容易实现相位差的测量。

(3) 按双管型测量管的连接方式分类

有并联型和串联型。并联型流体流入传感器后经上游管道分流器分成二路进入并联的二根测量管段,然后经与分流器形状相同的集流器进入下游管道。这种型式中的分流器要求尽可能等量分配,但使用过程中分流器由于沉积粘附异物或磨蚀会改变原有流动状态,引起零点漂移和产生附加误差。

串联型流体流过第一测量管段再经导流块引入第二测量管段。这种型式流体流过两测量管段的量相同,不会产生因分流值变化所引起的缺点,适用于双切变敏感的流体。

(4) 按测量管流动方向和工艺管道流动方向布置方式分类

有平行方式和串联型垂直方式。平行方式的测量管布置使流体流动方向和工艺管道流动方向平行。垂直方式的测量管布置与工艺管道垂直,流量传感器整体不在工艺管道振动干扰作用的平面内,抗管道振动干扰的能力强。

2. 应用特点

基于科氏质量流量计的工作原理,传感器的敏感结构与整体结构特点,该流量计具有如下独特优点:

(1) 科氏质量流量计除了可直接测量质量流量,受流体的粘度、密度、压力等因素的影响很小,性能稳定,实时性好,是目前精度最高的直接获取流体质量流量的传感器。

(2) 多功能性,可同步测出流体的密度(从而可以解算出体积流量);并可解算出双组分液体(如互不相容的油和水)各自所占的比例(包括体积流量和质量流量以及他们的累计量);同时,在一定程度上将此功能扩展到具有一定的物理相溶性的双组分液体的测量上。

(3) 信号处理,质量流量、密度的解算都是直接针对周期信号、全数字式的,便于与机算机连接构成分布式计算机测控系统;便于远距离传输;易于解算出被测流体的瞬时质量流量(kg/s)和累计质量(kg);也可以同步解算出体积流量(m^3/s)及累计量(m^3)。

(4) 可测量流体范围广泛,包括高粘度液的各种液体、含有固形物的浆液、含有微量气体的液体、有足够密度的中高压气体。

(5) 测量管路内无阻碍件和活动件,测量管的振动幅小,可视为非活动件;对迎流流速分布不敏感,因而无上下游直管段要求。

(6) 涉及多学科领域,技术含量高、加工工艺复杂。

目前国外有多家大公司,如美国的 Rosemount、Fisher、德国的 Krohne、Reuther、日本的东机等研制出各种结构形式测量管的谐振式直接质量流量传感器,精度已达到 0.1% FS,主要用于石油化工等领域。

国内从 20 世纪 80 年代末有些单位开始研制谐振式直接质量流量传感器,近几年也推出了一些产品。

14.13 流量标准与标定

流量标准的基准是标准容积(长度)、质量和时间。

在一定时间间隔内用连续不断地测量流体流经流量计的容积或质量的方法来标定流量计。当流体稳定流动时,流体的容积或质量除以时间,就是平均体积流量或质量流量。这种方法是流量计标定的一级标准,任何一个稳定的和精确的流量计,经一级标准标定后,可作二级标准,用以标定其他精度较低的流量计。

图 14.13.1 所示为测量液体流量的标准容器。标准容器的总容积随流量范围不同而不同,它是经过精确标定的,其容积精度达万分之几。在标准容器的顶部装有一带有刻度标尺的液位计,以读出标准容器内的液位;而容器内液体的容积数可由装在侧面的两个搭接的液位计读出。

在标定流量计时,将流量计排出的液体从上部引入标准容器,当液面达到标准刻度线时,记下流入时间间隔,则流量计排出的标准容积除以时间即为平均流量。用它作为标准流量,以标定流量计的精度,这就是用标准容积标定流量的方法。

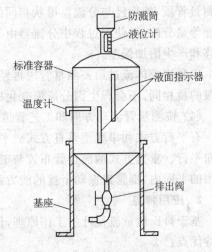

图 14.13.1 液体标准容器流量标定装置

图 14.13.2 所示为质量称重的流量标定装置。用称量液体的质量及液体流满容器的时间间隔来计算液体的平均流量。

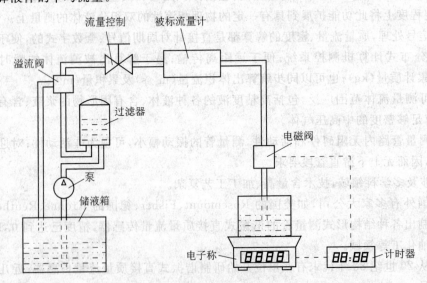

图 14.13.2 液体质量称重流量标定装置

图 14.13.3 所示为气体标准容器流量标定装置,用以标定气体流量计。

一级流量标定装置的精度约为 0.05%～0.1%,二级流量标定装置的精度约为 0.2%～

0.5%，由于流量测量本身的复杂性，所以目前尚不能对所有流量计提供高精度的标准装置，尤其是气体流量的标定。

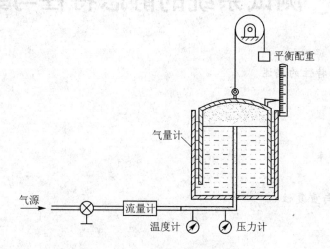

图 14.13.3 气体标准容器流量标定装置

习题与思考题

14.1 如何理解质量流量测量过程中的"同步性"？

14.2 简述转子流量计的工作机理和使用特点。

14.3 简述节流式流量计的工作原理和特点。

14.4 节流式流量计常用的取压方式有几种？各有什么特点？

14.5 简述靶式流量计的工作原理和特点。

14.6 简述涡轮流量计的工作原理和特点。

14.7 简述电磁流量计的工作原理和特点。

14.8 简述超声波流量计的工作原理和特点。

14.9 简述热式质量流量计的工作原理和特点。

14.10 什么是科里奥利(Coriolis)效应，在谐振式科里奥利直接质量流量计中，科里奥利效应是如何发挥作用的？

14.11 简述谐振式科里奥利直接质量流量计的工作原理及特点。

14.12 试给出式(14.12.6)详细的推导过程。

14.13 在谐振式科里奥利直接质量流量计中，有两种输出检测实现方式，它们各自的特点是什么？

第 15 章 测试系统的静态特性与数据处理

基本内容
    测试系统静态特性的描述
    静态标定条件
    测量范围与量程
    静态灵敏度
    分辨力与分辨率
    时漂与温漂
    线性度、迟滞与重复性
    综合误差

15.1 测试系统的静态特性一般描述

测试系统的静态特性就是指当被测量 x 不随时间变化或随时间的变化程度远缓慢于系统固有的最低阶运动模式的变化程度时,测试系统的输出量 y 与输入量 x 之间的函数关系。通常可以描述为

$$y = f(x) = \sum_{i=0}^{n} a_i x^i \tag{15.1.1}$$

式中 a_i ——测试系统的标定系数,反映了系统静态特性曲线的形态。

当式(15.1.1)写成

$$y = a_0 + a_1 x \tag{15.1.2}$$

时,系统的静态特性为一条直线,称 a_0 为零位输出,a_1 为静态传递系数(或静态增益)。通常测试系统的零位是可以补偿的,使系统的静态特性变为

$$y = a_1 x \tag{15.1.3}$$

这时称测试系统为线性的。

15.2 测试系统的静态标定

测试系统的静态特性是通过静态标定或静态校准的过程获得的。

静态标定就是在一定的标准条件下,利用一定等级的标定设备对测试系统进行多次往复测试的过程,如图 15.2.1 所示。

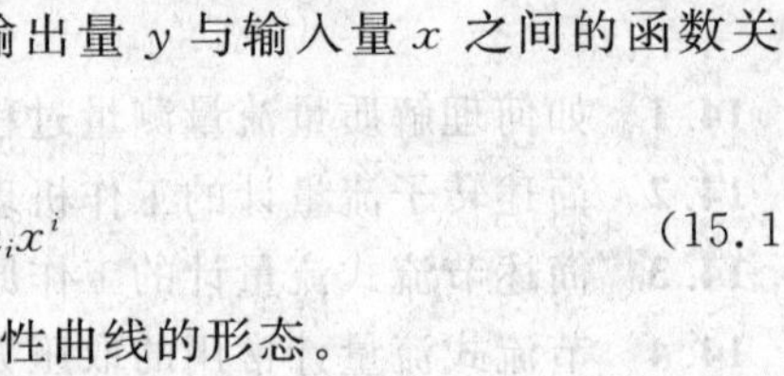

图 15.2.1   测试系统的静态标定

15.2.1 静态标定条件

静态标定的标准条件主要反映在标定的环境和所用的标定设备上。其中对标定环境的要

求是：

(1) 无加速度、无振动、无冲击；
(2) 温度在 15～25 ℃；
(3) 湿度不大于 85 % RH；
(4) 大气压力为 0.1 MPa。

对所用的标定设备的要求是：

当标定设备和被标定的测试系统的确定性系统误差较小或可以补偿，而只考虑它们的随机误差时，应满足如下条件：

$$\sigma_s \leqslant \frac{1}{3}\sigma_m \tag{15.2.1}$$

式中 σ_s——标定设备的随机误差；
σ_m——被标定的测试系统的随机误差。

如果标定设备和被标定的测试系统的随机误差比较小，只考虑它们的系统误差时，应满足如下条件：

$$\varepsilon_s \leqslant \frac{1}{10}\varepsilon_m \tag{15.2.2}$$

式中 ε_s——标定设备的系统误差；
ε_m——被标定的测试系统的系统误差。

15.2.2 测试系统的静态特性

在上述条件下，在标定的范围内（即被测量的输入范围），选择 n 个测量点 $x_i, i=1,2,\cdots,n$；共进行 m 个循环，于是可以得到 $2mn$ 个测试数据。

正行程的第 j 个循环，第 i 个测点为 (x_i, y_{uij})；
反行程的第 j 个循环，第 i 个测点为 (x_i, y_{dij})；
$j=1,2,\cdots,m$，为循环数。

对上述 (x_i, y_{uij})，(x_i, y_{dij}) 进行处理便可以得到测试系统的静态特性。

应当指出：n 个测点 x_i 通常是等分的，根据实际需要也可以是不等分的。同时第一个测点 x_1 就是被测量的最小值 x_{min}，第 n 个测点 x_n 就是被测量的最大值 x_{max}。

对于第 i 个测点，基于上述标定值，所对应的平均输出为

$$\bar{y}_i = \frac{1}{2m}\sum_{j=1}^{m}(y_{uij}+y_{dij}), \quad i=1,2,\cdots,n \tag{15.2.3}$$

通过式(15.2.3)得到了测试系统 n 个测点对应的输入输出关系 $(x_i, \bar{y}_i)(i=1,2,\cdots,n)$，这就是测试系统的静态特性。在具体表述形式上，可以将 n 个 $(x_i, \bar{y}_i)$ 用有关方法拟合成曲线来表述，如图 15.2.2 所示，也可以用表格、图来表述。对于计算机测试系统，一般直

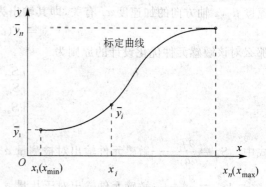

图 15.2.2 测试系统的标定曲线

接利用上述 n 个离散的点进行分段(线性)插值来表述测试系统的静态特性。

15.3 测试系统的主要静态性能指标及其计算

15.3.1 测量范围

测试系统所能测量到的最小被测量(输入量)$x_{\min}$ 与最大被测量(输入量)$x_{\max}$ 之间的范围称为测试系统的测量范围,即 $(x_{\min}, x_{\max})$。

测试系统测量范围的上限值 $x_{\max}$ 与下限值 $x_{\min}$ 的代数差 $x_{\max} - x_{\min}$ 称为量程。

例如一温度测试系统的测量范围是 $-60 \sim +125$ ℃,那么该测试系统的量程为 185 ℃。

15.3.2 静态灵敏度

测试系统被测量的单位变化量引起的输出变化量称为静态灵敏度,如图 15.3.1 所示。

$$S = \lim_{\Delta x \to 0} \left(\frac{\Delta y}{\Delta x} \right) = \frac{\mathrm{d}y}{\mathrm{d}x} \tag{15.3.1}$$

某一测点处的静态灵敏度是其静态特性曲线的斜率。线性测试系统的静态灵敏度为常数;非线性测试系统的静态灵敏度是个变量。

静态灵敏度是重要的性能指标,它可以根据系统的测量范围、抗干扰能力等进行选择。特别是对于测试系统中的敏感元件,其灵敏度的选择尤为关键。一般来说,敏感元件不仅受被测量的影响,而且也受到其他干扰量的影响。这时在优选敏感元件的结构及其参数时,就要使敏感元件的输出对被测

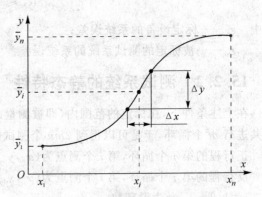

图 15.3.1 测试系统的静态灵敏度

量的灵敏度尽可能地大,而对于干扰量的灵敏度尽可能地小。例如加速度敏感元件的输出量 y,理想情况下只是被测量 x 轴方向的加速度 a_x 的函数,但实际上它也与干扰量 y 轴方向的加速度 a_y,z 轴方向的加速度 a_z 有关,即其输出为

$$y = f(a_x, a_y, a_z) \tag{15.3.2}$$

那么对该敏感元件优化设计的原则为

$$\left| \frac{S_{ax}}{S_{ay}} \right| \gg 1 \tag{15.3.3}$$

$$\left| \frac{S_{ax}}{S_{az}} \right| \gg 1 \tag{15.3.4}$$

式中 $S_{ax} = \frac{\partial f}{\partial a_x}$——敏感元件输出对被测量 a_x 的静态灵敏度;

$S_{ay} = \frac{\partial f}{\partial a_y}$——敏感元件输出对干扰量 a_y 的静态灵敏度;

$S_{az} = \frac{\partial f}{\partial a_z}$——敏感元件输出对干扰量 a_z 的静态灵敏度。

15.3.3 分辨力与分辨率

测试系统的输入输出关系在整个测量范围内不可能做到处处连续。输入量变化太小时，输出量不会发生变化，而当输入量变化到一定程度时，输出量才发生变化。因此，从微观来看，实际测试系统的输入输出特性有许多微小的起伏，如图 15.3.2 所示。

对于实际标定过程的第 i 个测点 x_i，当有 $\Delta x_{i,\min}$ 变化时，输出就有可观测到的变化，那么 $\Delta x_{i,\min}$ 就是该测点处的分辨力，对应的分辨率为

$$r_i = \frac{\Delta x_{i,\min}}{x_{\max} - x_{\min}} \qquad (15.3.5)$$

显然各测点处的分辨力是不一样的。在全部工作范围内，都能够产生可观测输出变化的最小输入量的最大值 $\max|\Delta x_{i,\min}|$（$i=1,2,\cdots,n$）就是该测试系统的分辨力，而测试系统的分辨率为

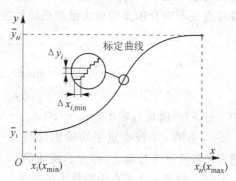

图 15.3.2 分辨力

$$r = \frac{\max|\Delta x_{i,\min}|}{x_{\max} - x_{\min}} \qquad (15.3.6)$$

分辨力反映了测试系统检测输入微小变化的能力，对正反行程都是适用的。造成测试系统具有有限分辨力的因素很多，例如机械运动部件的干摩擦和卡塞等，电路系统中的储能元件、A/D 变换器的位数等。

此外，测试系统在最小（起始）测点处的分辨力通常称为阈值或死区。

15.3.4 时漂与温漂

当测试系统的输入和环境温度不变时，输出量随时间变化的现象就是漂移，又称时漂。它是测试系统内部各个环节性能不稳定或由于内部温度变化引起的，反映了测试系统的稳定性指标。通常考察测试系统时漂的时间范围可以是一个小时、一天、一个月、半年或一年等。

由外界环境温度变化引起的输出量变化的现象称为温漂。温漂可以从两个方面来考察。一方面是零点温漂，即测试系统零点处的温漂，反映了温度变化引起测试系统特性平移而斜率不变的漂移；另一方面是灵敏度温漂，即引起测试系统特性斜率变化的漂移。

零点温漂可由式(15.3.7)计算，灵敏度漂移可由式(15.3.8)计算

$$\nu = \frac{\bar{y}_0(t_2) - \bar{y}_0(t_1)}{\bar{y}_{FS}(t_1)(t_2 - t_1)} \times 100\% \qquad (15.3.7)$$

式中 $\bar{y}_0(t_2)$——在规定的温度（高温或低温）t_2 保温一小时后，测试系统零点输出的平均值；

$\bar{y}_0(t_1)$——在室温 t_1 时，测试系统零点输出的平均值；

$\bar{y}_{FS}(t_1)$——在室温 t_1 时，测试系统满量程输出的平均值。

$$\beta = \frac{\bar{y}_{FS}(t_2) - \bar{y}_{FS}(t_1)}{\bar{y}_{FS}(t_1)(t_2 - t_1)} \times 100\% \qquad (15.3.8)$$

式中 $\bar{y}_{FS}(t_2)$——在规定的温度（高温或低温）t_2 保温一小时后，测试系统满量程输出的

平均值。

15.3.5 线性度

由式(15.1.2)描述的测试系统的静态特性是一条直线。但实际上,由于种种原因测试系统实测的输入输出关系并不是一条直线,因此测试系统实际的静态特性的校准特性曲线与某一参考直线不吻合程度的最大值就是线性度,如图15.3.3所示。计算公式为

$$\xi_L = \frac{|(\Delta y_L)_{max}|}{y_{FS}} \times 100\% \tag{15.3.9}$$

$$(\Delta y_L)_{max} = \max |\Delta y_{i,L}|, \quad i = 1, 2, \cdots, n$$

$$\Delta y_{i,L} = \bar{y}_i - y_i$$

式中 y_{FS} ——满量程输出,$y_{FS} = |B(x_{max} - x_{min})|$;$B$ 为所选定的参考直线的斜率。

$\Delta y_{i,L}$ 是第 i 个校准点平均输出值与所选定的参考直线的偏差,称为非线性偏差;$(\Delta y_L)_{max}$ 则是 n 个测点中的最大偏差。

依上述定义,选取不同的参考直线,计算出的线性度不同。下面介绍几种常用的线性度的计算方法。

1. 绝对线性度 ξ_{La}

又称理论线性度,其参考直线是事先规定好的,与实际标定过程和标定结果无关。通常这条参考直线过坐标原点

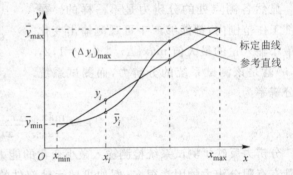

图 15.3.3 线性度

(0,0)和所期望的满量程输出点,如图15.3.4所示。

2. 端基线性度 ξ_{Lt}

参考直线是标定过程获得的两个端点$(x_1, \bar{y}_1)$,$(x_n, \bar{y}_n)$的连线,如图15.3.5所示。端基直线为

$$y = \bar{y}_1 + \frac{\bar{y}_n - \bar{y}_1}{x_n - x_1}(x - x_1) \tag{15.3.10}$$

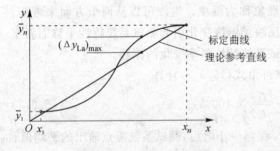

图 15.3.4 理论参考直线

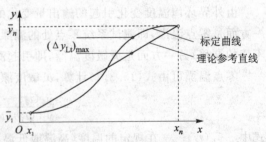

图 15.3.5 端基参考直线

端基直线只考虑了实际标定的两个端点,而对于其他测点的分布情况并没有考虑,因此实测点对上述参考直线的偏差分布也不合理,最大正偏差与最大负偏差的绝对值也不会相等。为了尽可能减小最大偏差,可将端基直线平移,以使最大正、负偏差绝对值相等。这样就可以

得到"平移端基直线",如图 15.3.6 所示。按此直线计算得到的线性度就是"平移端基线性度"。

由式(15.3.10)可以计算出第 i 个校准点平均输出值与端基参考直线的偏差

$$\Delta y_i = \bar{y}_i - y_i = \bar{y}_i - \bar{y}_1 - \frac{\bar{y}_n - \bar{y}_1}{x_n - x_1}(x_i - x_1) \quad (15.3.11)$$

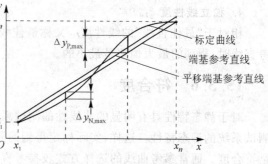

图 15.3.6 平移端基参考直线

假设上述 n 个偏差 Δy_i 的最大正偏差为 $\Delta y_{P,\max} \geqslant 0$,最大负偏差为 $\Delta y_{N,\max} \leqslant 0$,"平移端基直线"为

$$y = \bar{y}_1 + \frac{\bar{y}_n - \bar{y}_1}{x_n - x_1}(x - x_1) + \frac{1}{2}(\Delta y_{P,\max} + \Delta y_{N,\max}) \quad (15.3.12)$$

n 个测点的标定值对于"平移端基直线"的最大正偏差与最大负偏差的绝对值是相等的,均为

$$\Delta y_{M\_BASE} = \frac{1}{2}(\Delta y_{P,\max} - \Delta y_{N,\max}) \quad (15.3.13)$$

则"平移端基线性度"为

$$\xi_{L,M\_BASE} = \frac{\Delta y_{M\_BASE}}{y_{FS}} \times 100\% \quad (15.3.14)$$

3. 最小二乘线性度 ξ_{LS}

基于所得到的 n 个标定点 $(x_i, \bar{y}_i)(i=1,2,\cdots,n)$,利用偏差平方和最小来确定"最小二乘直线"。

当参考直线为

$$y = a + bx \quad (15.3.15)$$

第 i 个测点的偏差为

$$\Delta y_i = \bar{y}_i - y_i = \bar{y}_i - (a + bx_i) \quad (15.3.16)$$

总的偏差平方和为

$$J = \sum_{i=1}^{n}(\Delta y_i)^2 = \sum_{i=1}^{n}[\bar{y}_i - (a + bx_i)]^2 \quad (15.3.17)$$

利用 $\frac{\partial J}{\partial a}=0, \frac{\partial J}{\partial b}=0$ 可以得到最小二乘法最佳 a,b 值

$$a = \frac{\sum_{i=1}^{n} x_i^2 \sum_{i=1}^{n} \bar{y}_i - \sum_{i=1}^{n} x_i \sum_{i=1}^{n} x_i \bar{y}_i}{n \sum_{i=1}^{n} x_i^2 - \left(\sum_{i=1}^{n} x_i\right)^2} \quad (15.3.18)$$

$$b = \frac{n \sum_{i=1}^{n} x_i \bar{y}_i - \sum_{i=1}^{n} x_i \sum_{i=1}^{n} \bar{y}_i}{n \sum_{i=1}^{n} x_i^2 - \left(\sum_{i=1}^{n} x_i\right)^2} \quad (15.3.19)$$

由式(15.3.16)可以计算出每一个测点的偏差,得到最大的偏差,进而求出最小二乘线性度。

4. 独立线性度 ξ_{Ld}

相对于"最佳直线"的线性度,又称最佳线性度。所谓最佳直线指的是,依此直线作为参考直线时,得到的最大偏差是最小的。

15.3.6 符合度

对于静态特性具有明显的非线性的测试系统,就必须用非线性曲线,而不是用直线来拟合测试系统的静态特性。这样,实际标定得到的测点相当于某一非线性参考曲线的偏差程度就是符合度。通常参考曲线的选择方式较参考直线要多,在考虑参考曲线时应当考虑以下原则:
(1) 应满足所需要的拟合精度要求;
(2) 函数的形式尽可能简单;
(3) 选用多项式时,其阶次尽可能低。

15.3.7 迟 滞

由于测试系统的机械部分的摩擦和间隙、敏感结构材料等的缺陷、磁性材料的磁滞等,测试系统同一个输入量对应的正、反行程的输出不一致,这一现象就是"迟滞"。

对于第 i 个测点,其正、反行程输出的平均校准点分别为 $(x_i, \bar{y}_{ui})$ 和 $(x_i, \bar{y}_{di})$

$$\bar{y}_{ui} = \frac{1}{m} \sum_{j=1}^{m} y_{uij} \quad (15.3.20)$$

$$\bar{y}_{di} = \frac{1}{m} \sum_{j=1}^{m} y_{dij} \quad (15.3.21)$$

第 i 个测点的正、反行程的偏差为(如图 15.3.7 所示)

$$\Delta y_{i,H} = |\bar{y}_{ui} - \bar{y}_{di}| \quad (15.3.22)$$

则迟滞指标为

$$(\Delta y_H)_{max} = \max(\Delta y_{i,H}), \quad i = 1, 2, \cdots, n \quad (15.3.23)$$

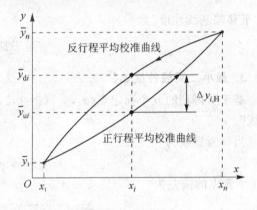

图 15.3.7 迟 滞

迟滞误差为

$$\xi_H = \frac{(\Delta y_H)_{max}}{2 y_{FS}} \times 100\% \quad (15.3.24)$$

15.3.8 非线性迟滞

非线性迟滞是表征测试系统正行程和反行程标定曲线与参考直线不一致或不吻合的程度,如图 15.3.8 所示。

对于第 i 个测点,测试系统的标定点为 $(x_i, \bar{y}_i)$,相应的参考点为 (x_i, y_i);而正、反行程输出的平均校准点分别为 $(x_i, \bar{y}_{ui})$ 和 $(x_i, \bar{y}_{di})$,则正、反行程输出的平均校准点对参考点 (x_i, y_i) 的偏差分别为 $\bar{y}_{ui} - y_i$ 和 $\bar{y}_{di} - y_i$。这两者中绝对值较大者就是非线性迟滞,即

$$\Delta y_{i,LH} = \max(|\bar{y}_{ui} - y_i|, |\bar{y}_{di} - y_i|) \quad (15.3.25)$$

对于第 i 个测点,非线性迟滞与非线性偏差、迟滞的关系为

$$\Delta y_{i,\text{LH}} = |\Delta y_{i,\text{L}}| + 0.5\Delta y_{i,\text{H}} \tag{15.3.26}$$

在整个测量范围，非线性迟滞为

$$(\Delta y_{\text{LH}})_{\max} = \max(\Delta y_{i,\text{LH}}), \qquad i = 1, 2, \cdots, n \tag{15.3.27}$$

非线性迟滞误差为

$$\xi_{\text{LH}} = \frac{(\Delta y_{\text{LH}})_{\max}}{y_{\text{FS}}} \times 100\% \tag{15.3.28}$$

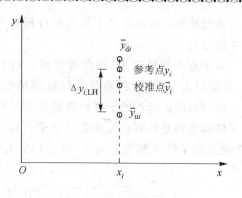

图 15.3.8　非线性迟滞

15.3.9　重复性

同一个测点，测试系统按同一方向作全量程的多次重复测量时，每一次的输出值都不一样，其大小是随机的。为反映这一现象，引入重复性指标，如图 15.3.9 所示。

考虑正行程的第 i 个测点，其平均校准值为

$$\bar{y}_{\text{u}i} = \frac{1}{m} \sum_{j=1}^{m} y_{\text{u}ij} \tag{15.3.29}$$

基于统计学的观点，将 $y_{\text{u}ij}$ 看成第 i 个测点正行程的子样，$\bar{y}_{\text{u}i}$ 则是第 i 个测点正行程输出值的数学期望值的估计值，可以利用下列方法来计算第 i 个测点的标准偏差。

1. 极差法

$$s_{\text{u}i} = \frac{W_{\text{u}i}}{d_m} \tag{15.3.30}$$

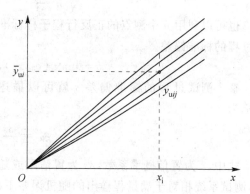

图 15.3.9　重复性

$$W_{\text{u}i} = \max(y_{\text{u}ij}) - \min(y_{\text{u}ij}), \qquad j = 1, 2, \cdots, m$$

式中　$W_{\text{u}i}$——极差，即第 i 个测点正行程的 m 个标定值中的最大值与最小值之差；

d_m——极差系数，取决于测量循环次数，即样本容量 m。极差系数与 m 的关系见表 15.3.1。类似可以得到第 i 个测点反行程的极差 $W_{\text{d}i}$ 和相应的 $s_{\text{d}i}$。

表 15.3.1　极差系数表

m	2	3	4	5	6	7	8	9	10	11	12
d_m	1.41	1.91	2.24	2.48	2.67	2.83	2.96	3.08	3.18	3.26	3.33

2. 贝赛尔(Bessel)公式

$$s_{\text{u}i}^2 = \frac{1}{m-1} \sum_{j=1}^{m} (\Delta y_{\text{u}ij})^2 = \frac{1}{m-1} \sum_{j=1}^{m} (y_{\text{u}ij} - \bar{y}_{\text{u}i})^2 \tag{15.3.31}$$

$s_{\text{u}i}$ 的物理意义是：当随机测量值 $y_{\text{u}ij}$ 可以看成是正态分布时，$y_{\text{u}ij}$ 偏离期望值 $\bar{y}_{\text{u}i}$ 的范围在 $(-s_{\text{u}i}, s_{\text{u}i})$ 之间的概率为 68.37%；在 $(-2s_{\text{u}i}, 2s_{\text{u}i})$ 之间的概率为 95.40%；在 $(-3s_{\text{u}i}, 3s_{\text{u}i})$ 之间的概率为 99.73%，如图 15.3.10 所示。

类似地可以给出第 i 个测点反行程的子样标准偏差 s_{di}。

对于整个测量范围，综合考虑正反行程问题，并假设正、反行程的测量过程是等精度（等精密性）的，即正行程的子样标准偏差和反行程的子样标准偏差具有相等的数学期望。这样第 i 个测点的子样标准偏差为 s_i，由式(15.3.32)计算

$$s_i = \sqrt{0.5(s_{ui}^2 + s_{di}^2)} \quad (15.3.32)$$

对于全部 n 个测点，当认为是等精度测量时，可以用式(15.3.33)来计算整个测试过程的标准偏差。

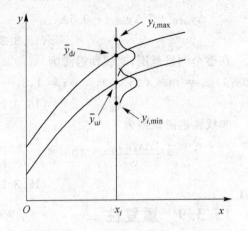

图 15.3.10　正态分布概率曲线

$$s = \sqrt{\frac{1}{n}\sum_{i=1}^{n} s_i^2} = \sqrt{\frac{1}{2n}\sum_{i=1}^{n}(s_{ui}^2 + s_{di}^2)} \quad (15.3.33)$$

也可以利用 n 个测点的正反行程子样标准偏差中的最大值，即式(15.3.34)来计算整个测试过程的标准偏差。

$$s = \max(s_{ui}, s_{di}), \quad i = 1, 2, \cdots, n \quad (15.3.34)$$

整个测试过程的标准偏差 s 就可以描述测试系统的随机误差，则测试系统的重复性指标为

$$\xi_R = \frac{3s}{y_{FS}} \times 100\% \quad (15.3.35)$$

式中，3 为置信概率系数，$3s$ 为置信限或随机不确定度。其物理意义是：在整个测量范围内，测试系统相对于满量程输出的随机误差不超过 ξ_R 的置信概率为 99.73%。

15.3.10　综合误差

综合误差是反映测试系统测量误差的一个重要指标，是系统误差与随机误差的综合。它反映了测试系统的实际输出在一定置信率下对其参考特性的偏离程度都不超过的一个范围。目前计算综合误差的方法尚不统一，下面以线性测试系统为例简要介绍几种方法。

1. 综合考虑非线性、迟滞和重复性

可以采用直接代数和或方和根来表示综合误差，见式(15.3.36)和(15.3.37)。

$$\xi_a = \xi_L + \xi_H + \xi_R \quad (15.3.36)$$

$$\xi_a = \sqrt{\xi_L^2 + \xi_H^2 + \xi_R^2} \quad (15.3.37)$$

2. 综合考虑非线性迟滞和重复性

由于非线性、迟滞同属于系统误差，可以将它们统一考虑。因此可以由式(15.3.38)计算精度。

$$\xi_a = \xi_{LH} + \xi_R \quad (15.3.38)$$

3. 综合考虑迟滞和重复性

现在的测试系统绝大多数应用了计算机，因此可以针对校准点进行计算。将平均校准点作为参考点，这时只考虑迟滞与重复性，非线性误差可以不考虑，则可以由式(15.3.39)计

算精度。

$$\xi_a = \xi_H + \xi_R \tag{15.3.39}$$

由于不同的参考直线将影响各分项指标的具体数值,所以在提出总精度的同时应指出使用何种参考直线。

从数学意义上说,直接代数和表明所考虑的各个分项误差是线性相关的,而方和根则表明所考虑的各个分项误差是完全独立、相互正交的。另一方面,由于非线性、迟滞或非线性迟滞误差属于系统误差,重复性属于随机误差,实际上系统误差与随机误差的最大值并不一定同时出现在相同的测点上。总之上述几种处理方法虽然简单,但人为因素大,理论依据不充分。

4. 极限点法

对于第 i 个测点,其正行程输出的平均校准点为 $(x_i, \bar{y}_{ui})$,如果以 s_{ui} 记其子样标准偏差,那么随机测量值 y_{uij} 偏离期望值 $\bar{y}_{ui}$ 的范围在 $(-3s_{ui}, 3s_{ui})$ 之间的置信概率为 99.73%,则是第 i 个测点的正行程输出值以 99.73% 的置信概率落在区域 $(\bar{y}_{ui} - 3s_{ui}, \bar{y}_{ui} + 3s_{ui})$。类似地,第 i 个测点的反行程输出值以 99.73% 的置信概率落在区域 $(\bar{y}_{di} - 3s_{di}, \bar{y}_{di} + 3s_{di})$,如图 15.3.11 所示。

第 i 个测点的输出值以 99.73% 的置信概率落在区域 $(y_{i,\min}, y_{i,\max})$,其中 $y_{i,\min}, y_{i,\max}$ 称为第 i 个测点的极限点,满足

$$y_{i,\min} = \min(\bar{y}_{ui} - 3s_{ui}, \bar{y}_{di} - 3s_{di}) \tag{15.3.40}$$

$$y_{i,\max} = \max(\bar{y}_{ui} + 3s_{ui}, \bar{y}_{di} + 3s_{di}) \tag{15.3.41}$$

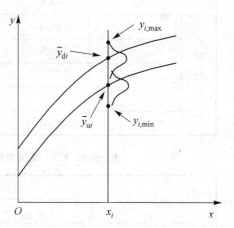

图 15.3.11 极限点法原理示意图

这样可以得到 $2n$ 个极限点,而这些极限点的置信概率都将是 99.73%。可以把上述这组数据看成是在一定置信概率意义上的"确定的"点,由它们可以限定出测试系统静态特性的一个"实际不确定区域"。为此,应用逼近的概念,可以采用一条最佳直线或曲线来拟合这组数据,以使拟合的最大偏差达到最小。可见,该方法人为规定的因素最少。

下面讨论一种针对测点的计算方法。

当考虑第 i 个测点时,如果以极限点的中间值 $0.5(y_{i,\min} + y_{i,\max})$ 为参考值,那么该点的极限点偏差为

$$\Delta y_{i,\text{ext}} = 0.5(y_{i,\max} - y_{i,\min}) \tag{15.3.42}$$

利用上述 n 个极限点偏差中的最大值 Δy_{ext} 可以给出精度指标

$$\xi_a = \frac{\Delta y_{\text{ext}}}{y_{\text{FS}}} \times 100\% \tag{15.3.43}$$

$$\Delta y_{\text{ext}} = \max(\Delta y_{i,\text{ext}}), \quad i = 1, 2, \cdots, n \tag{15.3.44}$$

$$y_{\text{FS}} = 0.5(y_{n,\min} + y_{n,\max}) - 0.5(y_{1,\min} + y_{1,\max}) \tag{15.3.45}$$

15.3.11 计算实例

表 15.3.2 给出了一压力传感器的实际标定值。表 15.3.3 给出了中间计算过程值。参考直线选为最小二乘直线。

$$y = -2.535\,0 + 96.712\,5x$$

表 15.3.2 某压力传感器标定数据

行程	输入压力 x $\times 10^5/\text{Pa}$	传感器输出电压 y/mV				
		第 1 循环	第 2 循环	第 3 循环	第 4 循环	第 5 循环
正行程	2	190.9	191.1	191.3	191.4	191.4
	4	382.8	383.2	383.5	383.8	383.8
	6	575.8	576.1	576.6	576.9	577.0
	8	769.4	769.8	770.4	770.8	771.0
	10	963.9	964.6	965.2	965.7	966.0
反行程	10	964.4	965.1	965.7	965.7	966.1
	8	770.6	771.0	771.4	771.4	772.0
	6	577.3	577.4	578.1	578.1	578.5
	4	384.1	384.2	384.1	384.9	384.9
	2	191.6	191.6	192.0	191.9	191.9

表 15.3.3 某压力传感器标定数据计算处理过程

计算内容	输入压力 $x \times 10^5/\text{Pa}$					备注
	2	4	6	8	10	
正行程平均输出 $\bar{y}_{ui}$	191.22	383.42	576.48	770.28	965.08	
反行程平均输出 $\bar{y}_{di}$	191.80	384.56	577.88	771.28	965.40	
迟滞 $\Delta y_{i,H}$	0.58	1.14	1.40	1.00	0.32	$(\Delta y_H)_{\max} = 1.40$
总平均输出 $\bar{y}_i$	191.51	383.99	577.18	770.78	965.24	
最小二乘直线输出 y_i	190.89	384.32	577.74	771.17	964.59	$y_{FS} = 773.70$
非线性偏差 $\Delta y_{i,L}$	0.62	−0.33	−0.56	−0.39	0.65	$(\Delta y_L)_{\max} = 0.65$
正行程非线性迟滞 $\bar{y}_{ui} - y_i$	0.33	−0.90	−1.26	−0.88	0.49	$(\Delta y_{LH})_{\max} = 1.26$
反行程非线性迟滞 $\bar{y}_{di} - y_i$	0.91	0.24	0.14	0.11	0.81	
正行程极差 W_{ui}	0.5	1.0	1.2	1.6	2.1	$\max(s_{ui}, s_{di}) = 0.847$
反行程极差 W_{di}	0.4	0.8	1.2	1.4	1.7	
正行程标准偏差 s_{ui}	0.217	0.427	0.517	0.672	0.847	s_{ui} 由式(15.3.31)计算
反行程标准偏差 s_{di}	0.187	0.385	0.512	0.522	0.663	$\max(s_{ui}, s_{di}) = 0.847$

续表 15.3.3

计算内容	输入压力 $x\times 10^5$/Pa					备注
	2	4	6	8	10	
正行程极限点 $(\bar{y}_{ui}-3s_{ui},\bar{y}_{ui}+3s_{ui})$	190.57, 191.87	382.14, 384.70	574.93, 578.03	768.26, 772.30	962.54, 967.62	s_{ui} 由式(15.3.31) 计算
反行程极限点 $(\bar{y}_{di}-3s_{di},\bar{y}_{di}+3s_{di})$	191.24, 192.36	383.40, 385.72	576.34, 579.42	769.71, 772.85	963.41, 967.39	
综合极限点 $(y_{i,\min},y_{i,\max})$	190.57, 192.36	382.14, 385.72	574.93, 579.42	768.26, 772.85	962.54, 967.39	
极限点偏差 $\Delta y_{i,\text{ext}}$	0.90	1.79	2.25	2.30	2.43	$\Delta y_{\text{ext}}=2.43$

1. 非线性(最小二乘线性度)

$$\xi_{LS}=\frac{|(\Delta y_L)_{\max}|}{y_{FS}}\times 100\% = \frac{0.65}{773.70}\times 100\% = 0.084\%$$

2. 迟 滞

$$\xi_H=\frac{(\Delta y_H)_{\max}}{2y_{FS}}\times 100\% = \frac{1.40}{2\times 773.70}\times 100\% = 0.091\%$$

3. 非线性迟滞

$$\xi_{LH}=\frac{(\Delta y_{LH})_{\max}}{y_{FS}}\times 100\% = \frac{1.26}{773.70}\times 100\% = 0.163\%$$

4. 重复性

(1) 极差法。利用式(15.3.30)可以计算出各个测点处的 s_{ui} 和 s_{di}，然后利用(15.3.32)计算出 s_i，则按(15.3.33)计算出的标准偏差为

$$s=\sqrt{\frac{1}{n}\sum_{i=1}^{n}s_i^2}=\sqrt{\frac{1}{2n}\sum_{i=1}^{n}(s_{ui}^2+s_{di}^2)}=$$

$$\sqrt{\frac{1}{2\times 5}\left[\frac{1}{2.48^2}(0.5^2+0.4^2+1.0^2+0.8^2+1.2^2+1.2^2+1.6^2+1.4^2+2.1^2+1.7^2)\right]}=0.522$$

重复性为

$$\xi_R=\frac{3s}{y_{FS}}\times 100\% = \frac{3\times 0.522}{773.70}\times 100\% = 0.202\%$$

按(15.3.34)计算出的标准偏差为

$$s=\max(s_{ui},s_{di})=0.847$$

重复性为

$$\xi_R=\frac{3s}{y_{FS}}\times 100\% = \frac{3\times 0.847}{773.70}\times 100\% = 0.328\%$$

(2) 贝赛尔公式。按(15.3.33)计算出的标准偏差为

$$s=\sqrt{\frac{1}{n}\sum_{i=1}^{n}s_i^2}=\sqrt{\frac{1}{2n}\sum_{i=1}^{n}(s_{ui}^2+s_{di}^2)}=$$

$$\sqrt{\frac{1}{2\times 5}[(0.217^2+0.187^2+0.427^2+0.385^2+0.517^2+0.512^2+0.672^2+0.522^2+0.847^2+0.663^2)]} = 0.532$$

重复性为

$$\xi_R = \frac{3s}{y_{FS}} \times 100\% = \frac{3\times 0.532}{773.70} \times 100\% = 0.206\%$$

当选择 5 个测点正反行程的子样标准偏差中的最大值

$$s = \max(s_{ui}, s_{di}) = 0.847$$

则重复性为

$$\xi_R = \frac{3s}{y_{FS}} \times 100\% = \frac{3\times 0.847}{773.70} \times 100\% = 0.328\%$$

5. 综合误差

(1) 直接代数和(重复性由贝赛尔公式计算得到,$\xi_R = 0.206\%$)

$$\xi_a = \xi_L + \xi_H + \xi_R = 0.084\% + 0.091\% + 0.206\% = 0.381\%$$

(2) 方和根(重复性由贝赛尔公式计算得到,$\xi_R = 0.206\%$)

$$\xi_a = \sqrt{\xi_L^2 + \xi_H^2 + \xi_R^2} = \sqrt{(0.084\%)^2 + (0.091\%)^2 + (0.206\%)^2} = 0.240\%$$

(3) 综合考虑非线性迟滞和重复性(重复性由贝赛尔公式计算得到,$\xi_R = 0.206\%$)

$$\xi_a = \xi_{LH} + \xi_R = 0.163\% + 0.206\% = 0.369\%$$

(4) 综合考虑迟滞和重复性(重复性由贝赛尔公式计算得到,$\xi_R = 0.206\%$)

$$\xi_a = \xi_H + \xi_R = 0.091\% + 0.206\% = 0.297\%$$

(5) 极限点法

利用式(15.3.43)可以计算出"极限点法"综合误差为

$$\xi_a = \frac{\Delta y_{ext}}{y_{FS}} \times 100\% = \frac{2.43}{773.50} \times 100\% = 0.314\%$$

注:此处 y_{FS} 由式(15.3.45)计算得到,即

$$y_{FS} = 0.5(962.54 + 967.39) - 0.5(190.57 + 192.36) = 773.50$$

习题与思考题

15.1 对于一个实际传感器,如何获得它的静态特性?怎样评价其静态性能指标?

15.2 测试系统静态校准的条件是什么?

15.3 写出利用"极限点法"计算传感器精度的过程,说明其特点。

15.4 试求题表 15-1 所列的一组数据的有关线性度:

(1) 理论(绝对)线性度,给定方程为 $y = 2.0x$;

(2) 端基线性度;

(3) 平移端基线性度;

(4) 最小二乘线性度。

题表 15-1 输入输出数据表

x	1	2	3	4	5	6
y	2.02	4.00	5.98	7.9	10.10	12.05

15.5 试计算某压力传感器的迟滞误差和重复性误差。工作特性选端基直线,一组标定数据如题表 15-2 所列:

题表 15-2 某压力传感器的一组标定数据

行程	输入压力 x $\times 10^5$/Pa	传感器输出电压 y/mV		
		第 1 循环	第 2 循环	第 3 循环
正行程	2.0	190.9	191.1	191.3
	4.0	382.8	383.2	383.5
	6.0	575.8	576.1	576.6
	8.0	769.4	769.8	770.4
	10.0	963.9	964.6	965.2
反行程	10.0	964.4	965.1	965.7
	8.0	770.6	771.0	771.4
	6.0	577.3	577.4	578.1
	4.0	384.1	384.2	384.7
	2.0	191.6	191.6	192.0

15.6 一线性传感器正、反行程的实测特性为:$y = x - 0.03x^2 + 0.03x^3$ 和 $y = x + 0.01x^2 - 0.01x^3$;$x,y$ 分别为传感器的输入和输出。输入范围为:$1 \geqslant x \geqslant 0$,若以端基直线为参考直线,试计算该传感器的迟滞误差和线性度。

15.7 一线性传感器的校验特性方程为:$y = x + 0.001x^2 - 0.0001x^3$;$x,y$ 分别为传感器的输入和输出。输入范围为 $10 \geqslant x \geqslant 0$,计算传感器的平移端基线性度。

15.8 一线性传感器的校验特性方程为:$y = f(x)$;x,y 分别为传感器的输入和输出。输入范围为:$x_{\min} \leqslant x \leqslant x_{\max}$,试给出传感器的最小二乘参考直线。

15.9 若 15.8 题中,$f(x) = x - 0.02x^2 + 0.02x^3, x_{\min} = 0, x_{\max} = 1$;试给出传感器的最小二乘参考直线并计算最小二乘线性度。

15.10 如何确定式(15.3.43)中的 y_{FS}?说明理由。

第 16 章 测试系统的动态特性与数据处理

基本内容
　　测试系统的微分方程　传递函数　状态方程
　　测试系统动态响应
　　时间常数、响应时间、峰值时间
　　振荡次数、超调量
　　时域最佳阻尼比系数
　　通频带、工作频带
　　频域最佳阻尼比系数
　　测试系统动态特性测试
　　测试系统动态模型建立

16.1 概　　述

在测试过程中,被测量 $x(t)$ 总是不断变化的,测试系统的输出 $y(t)$ 也是不断变化的。而测试的任务就是通过测试系统的输出 $y(t)$ 来获取、估价输入被测量 $x(t)$,这就要求输出 $y(t)$ 能够实时地、无失真地跟踪被测量 $x(t)$ 的变化过程,因此就必须要研究测试系统的动态特性。

测试系统的动态特性描述系统的一些特征量随时间而变化,这个变化程度与系统固有的最低阶运动模式的变化程度相比不是缓慢的变化过程。

16.2 测试系统动态特性方程

测试系统动态特性方程依赖于测试系统本身的测量原理、结构,取决于系统内部机械的、电气的、磁性的、光学的等各种参数,而且这个特性本身不随输入量、时间和环境条件的不同而变化。为了便于讨论问题,本章只针对线性测试系统来讨论。

可以采用时域的微分方程、状态方程和复频域的传递函数来描述。

16.2.1 微分方程

对于线性测试系统,利用其测试原理、结构和参数,可以建立输入输出的微分方程

$$\sum_{i=0}^{n} a_i \frac{\mathrm{d}^i y(t)}{\mathrm{d}t^i} = \sum_{j=0}^{m} b_j \frac{\mathrm{d}^j x(t)}{\mathrm{d}t^j} \tag{16.2.1}$$

或

$$\sum_{i=0}^{n} a_i p^i [y(t)] = \sum_{j=0}^{m} b_j p^j [x(t)] \tag{16.2.2}$$

式中　$x(t)$——测试系统的输入量(被测量);
　　　$y(t)$——测试系统的输出量;

n——测试系统的阶次,式(16.2.1)描述的为 n 阶测试系统;

p——微分算子,$p=\mathrm{d}/\mathrm{d}t$;

$a_i(i=1,2,\cdots,n);b_j(j=1,2,\cdots,m)$——由系统的测试原理、结构和参数等确定的常数,一般情况下 $n\geqslant m$;同时考虑到实际测试系统的物理特征,上述某些常数不能为零。

典型测试系统的微分方程为:

1. 零阶测试系统

$$a_0 y(t) = b_0 x(t) \tag{16.2.3}$$

$$y(t) = kx(t)$$

式中 k——测试系统的静态灵敏度,或静态增益,$k=\dfrac{b_0}{a_0}$。

2. 一阶测试系统

$$a_1 \frac{\mathrm{d}y(t)}{\mathrm{d}t} + a_0 y(t) = b_0 x(t) \tag{16.2.4}$$

$$T \frac{\mathrm{d}y(t)}{\mathrm{d}t} + y(t) = kx(t)$$

式中 T——测试系统的时间常数(s),$T=\dfrac{a_1}{a_0}(a_0 a_1 \neq 0)$。

3. 二阶测试系统

$$a_2 \frac{\mathrm{d}^2 y(t)}{\mathrm{d}t^2} + a_1 \frac{\mathrm{d}y(t)}{\mathrm{d}t} + a_0 y(t) = b_0 x(t) \tag{16.2.5}$$

$$\frac{1}{\omega_\mathrm{n}^2} \cdot \frac{\mathrm{d}^2 y(t)}{\mathrm{d}t^2} + \frac{2\zeta_\mathrm{n}}{\omega_\mathrm{n}} \cdot \frac{\mathrm{d}y(t)}{\mathrm{d}t} + y(t) = kx(t)$$

式中 ω_n——测试系统的固有频率(无阻尼自振频率)(rad/s),$\omega_\mathrm{n}^2=\dfrac{a_0}{a_2}(a_0 a_2 \neq 0)$;

ζ_n——测试系统的阻尼比系数,$\zeta_\mathrm{n}=\dfrac{a_1}{2\sqrt{a_0 a_2}}$。

4. 高阶测试系统

通常对于式(16.2.1)描述的系统,当 $n\geqslant 3$ 时称为高阶测试系统。

16.2.2 传递函数

对于初始条件为零的线性定常系统,可对式(16.2.2)两端进行拉氏(Laplase)变换,得

$$\sum_{i=0}^n a_i s^i Y(s) = \sum_{j=0}^m b_j s^j X(s) \tag{16.2.6}$$

该系统输出量的拉氏变换 $Y(s)$ 与输入量的拉氏变换 $X(s)$ 之比称为系统的传递函数 $G(s)$,即

$$G(s) = \frac{Y(s)}{X(s)} = \frac{\displaystyle\sum_{j=0}^m b_j s^j}{\displaystyle\sum_{i=0}^n a_i s^i} \tag{16.2.7}$$

16.2.3 状态方程

用微分方程或传递函数来描述测试系统时，只能了解测试系统输出量与输入量之间的关系，而不能了解测试系统在输入量的变化过程中，系统的某些中间过程或中间量的变化情况。因此可以采用状态空间法来描述测试系统的动态方程。

系统的"状态"，是在某一给定时间($t=t_0$)描述该系统所具备的最小变量组。当知道了系统的 $t=t_0$ 时刻的状态（上述变量组）和 $t \geqslant t_0$ 时系统的输入变量时，就能够完全确定系统在任何时刻的特性。将描述该动态系统所必须的最小变量组称为"状态变量"，将用状态变量描述的一组独立的一阶微分方程组称为"状态变量方程"或简称为"状态方程"。

为便于讨论，将式(16.2.7)描述的动态系统改写为

$$G(s) = \frac{Y(s)}{X(s)} = d_0 + \frac{\beta_1 s^{n-1} + \beta_2 s^{n-2} + \cdots + \beta_{n-1} s + \beta_n}{s^n + \alpha_1 s^{n-1} + \alpha_2 s^{n-2} + \cdots + \alpha_{n-1} s + \alpha_n} \tag{16.2.8}$$

n 阶测试系统，必须用 n 个状态变量来描述。对于式(16.2.8)描述的线性测试系统，可以用一个单输入、单输出状态方程来描述

$$\dot{Z}(t) = AZ(t) + bx(t) \tag{16.2.9}$$

$$y(t) = cZ(t) + dx(t) \tag{16.2.10}$$

式中　$Z(t)$——$n \times 1$ 维状态向量；
　　　A——$n \times n$ 维矩阵；
　　　b——$n \times 1$ 维向量；
　　　c——$1 \times n$ 维向量；
　　　d——常数。

矩阵 A，向量 b, c 的具体实现的形式并不唯一，理论上有无限多种，其可控型实现为

$$A = \begin{bmatrix} 0 & 1 & 0 & 0 & \cdots & 0 \\ 0 & 0 & 1 & 0 & \cdots & 0 \\ 0 & 0 & 0 & 1 & \cdots & 0 \\ \vdots & \vdots & \vdots & \vdots & \cdots & \vdots \\ 0 & 0 & 0 & 0 & \cdots & 1 \\ -\alpha_n & -\alpha_{n-1} & -\alpha_{n-2} & -\alpha_{n-3} & \cdots & -\alpha_1 \end{bmatrix}_{n \times n}$$

$$b = [0 \quad 0 \quad 0 \quad \cdots \quad 1]_{1 \times n}^T$$

$$c = [\beta_n \quad \beta_{n-1} \quad \beta_{n-2} \cdots \quad \beta_1]_{1 \times n}$$

$$d = d_0$$

16.3 测试系统动态响应及动态性能指标

若测试系统的单位脉冲响应函数为 $g(t)$，输入被测量为 $x(t)$，那么系统的输出为

$$y(t) = g(t) * x(t) \tag{16.3.1}$$

若测试系统的传递函数为 $G(s)$，输入被测量的拉氏变换为 $X(s)$，那么系统在复频域的输出为

$$Y(s) = G(s) \cdot X(s) \tag{16.3.2}$$

系统的时域输出为

$$y(t) = L^{-1}[Y(s)] = L^{-1}[G(s) \cdot X(s)] \tag{16.3.3}$$

对于测试系统的动态特性,可以从时域和频域来分析。通常在时域,主要分析测试系统在阶跃输入、脉冲输入下的响应,本书只针对阶跃响应进行时域动态特性分析。在频域,主要分析系统在正弦输入下的稳态响应,并着重从系统的幅频特性和相频特性来讨论。

16.3.1 测试系统时域动态性能指标

当被测量为单位阶跃时

$$x(t) = \varepsilon(t) = \begin{cases} 1, & t \geqslant 0 \\ 0, & t < 0 \end{cases} \tag{16.3.4}$$

若要求测试系统能对此信号进行无失真、无延迟测量,使其输出为

$$y(t) = k \times \varepsilon(t) \tag{16.3.5}$$

式中 k——系统的静态增益。

这就要求系统的特性为

$$G(s) = k \tag{16.3.6}$$

或

$$G(j\omega) = k, \quad 0 \leqslant \omega < +\infty \tag{16.3.7}$$

在实际中要做到这一点是十分困难的。为了评估测试系统的实际输出偏离希望的无失真输出的程度,常对实际输出响应曲线中从幅值和时间两方面找出有关的特征量来作为衡量依据。

1. 一阶测试系统的时域响应特性及其动态性能指标

设某一阶测试系统的传递函数为

$$G(s) = \frac{k}{Ts+1} \tag{16.3.8}$$

式中 T——测试系统的时间常数(s);
$\quad\ k$—— 测试系统的静态增益。

当输入为单位阶跃时,其拉氏变换为

$$X(s) = L[\varepsilon(t)] = \frac{1}{s} \tag{16.3.9}$$

系统的输出为

$$Y(s) = G(s) \cdot X(s) = \frac{k}{Ts+1} \cdot \frac{1}{s} = \frac{k}{s} - \frac{kT}{Ts+1} \tag{16.3.10}$$

$$y(t) = k[\varepsilon(t) - e^{-\frac{t}{T}}] \tag{16.3.11}$$

图 16.3.1 给出了一阶测试系统阶跃输入下的归一化响应曲线。为了便于分析测试系统的动态误差,引入"相对动态误差"$\xi(t)$

$$\xi(t) = \frac{y(t) - y_s}{y_s} \times 100\% = -e^{-\frac{t}{T}} \times 100\% \tag{16.3.12}$$

式中 $y_s = y(\infty) = k$——测试系统的稳态输出。

图 16.3.2 给出了一阶测试系统阶跃输入下的相对动态误差 $\xi(t)$。

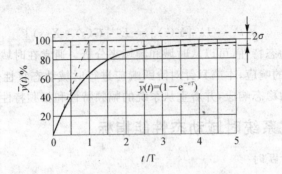

图 16.3.1 一阶测试系统阶跃输入下的归一化响应曲线

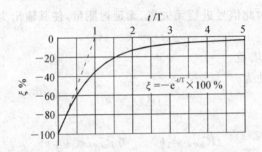

图 16.3.2 一阶测试系统阶跃输入下的相对动态误差 $\xi(t)$

对于测试系统的实际输出特性曲线,可以选择几个特征时间点作为其时域动态性能指标。

(1) 时间常数 T。输出 $y(t)$ 由零上升到稳态值 y_s 的 63% 所需的时间称为"时间常数"。

(2) 响应时间 t_s。输出 $y(t)$ 由零上升达到并保持在与稳态值 y_s 的偏差的绝对值不超过某一量值 σ(参见图 16.3.1)的时间 t_s 称为"响应时间"(又称过渡过程时间)。σ 可以理解为测试系统所允许的动态相对误差值,通常为 5%,2% 或 10%。这时响应时间分别记为:$t_{0.05}$,$t_{0.02}$ 和 $t_{0.10}$。在本书中,若不特殊指出,则响应时间即指 $t_{0.05}$。

(3) 延迟时间 t_d。输出 $y(t)$ 由零上升到稳态值 y_s 的一半所需要的时间称为"延迟时间"。

(4) 上升时间 t_r。输出 $y(t)$ 由 $0.1\ y_s$(或 $0.05\ y_s$)上升到 $0.9\ y_s$(或 $0.95\ y_s$)所需要的时间 t_r 称为"上升时间"。

对于一阶测试系统,时间常数是相当重要的指标,其他指标与它的关系是:

$t_{0.05}=3T$; $t_{0.02}=3.91T$; $t_{0.10}=2.3T$; $t_d=0.69T$; $t_r=2.20T$; 或 $t_r=2.25T$。

对于上升时间 t_r,前者对应输出 $y(t)$ 由 $0.1\ y_s$ 上升到 $0.9\ y_s$ 所需要的时间;后者对应输出 $y(t)$ 由 $0.05\ y_s$ 上升到 $0.95\ y_s$ 所需要的时间。在本书中,若不特殊指出,则上升时间即指前者。

显然时间常数越大,到达稳态的时间就越长,即相对动态误差就越大,测试系统的动态特性就越差。因此,应当尽可能地减小时间常数,以减小动态测试误差。

2. 二阶测试系统的时域响应特性及其动态性能指标

设某二阶测试系统的传递函数为

$$G(s) = \frac{k\omega_n^2}{s^2 + 2\zeta_n\omega_n s + \omega_n^2} \tag{16.3.13}$$

式中 ω_n——测试系统的固有频率(无阻尼自振频率)(rad/s);

ζ_n——测试系统的阻尼比系数;

k——测试系统的静态增益。

当输入为单位阶跃时,系统的输出为

$$Y(s) = \frac{k\omega_n^2}{s^2 + 2\zeta_n\omega_n s + \omega_n^2} \cdot \frac{1}{s} \tag{16.3.14}$$

二阶测试系统动态性能指标与 ω_n, ζ_n 有关;同时系统的归一化输出特性曲线与其阻尼比系数密切相关,如图 16.3.3 所示。下面分三种情况进行讨论。

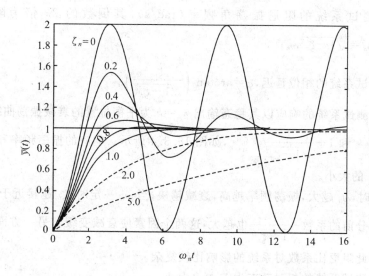

图 16.3.3　二阶测试系统归一化阶跃响应曲线与阻尼比系数关系

(1) 当 $\zeta_n > 1$ 时,系统为过阻尼无振荡系统,测试系统的阶跃响应为

$$y(t) = k\left[\varepsilon(t) - \frac{(\zeta_n + \sqrt{\zeta_n^2 - 1})e^{(-\zeta_n + \sqrt{\zeta_n^2 - 1})\omega_n t}}{2\sqrt{\zeta_n^2 - 1}} + \frac{(\zeta_n - \sqrt{\zeta_n^2 - 1})e^{-(\zeta_n + \sqrt{\zeta_n^2 - 1})\omega_n t}}{2\sqrt{\zeta_n^2 - 1}}\right] \tag{16.3.15}$$

相对动态误差 $\xi(t)$ 为

$$\xi(t) = \left[-\frac{(\zeta_n + \sqrt{\zeta_n^2 - 1})e^{(-\zeta_n + \sqrt{\zeta_n^2 - 1})\omega_n t}}{2\sqrt{\zeta_n^2 - 1}} + \frac{(\zeta_n - \sqrt{\zeta_n^2 - 1})e^{-(\zeta_n + \sqrt{\zeta_n^2 - 1})\omega_n t}}{2\sqrt{\zeta_n^2 - 1}}\right] \times 100\% \tag{16.3.16}$$

利用式(16.3.16)可以确定不同误差带 σ 对应的系统的响应时间 t_s;而上升时间 t_r,延迟时间 t_d 可以近似写为

$$t_r = \frac{1 + 0.9\zeta_n + 1.6\zeta_n^2}{\omega_n} \tag{16.3.17}$$

$$t_d = \frac{1 + 0.6\zeta_n + 0.2\zeta_n^2}{\omega_n} \tag{16.3.18}$$

(2) 当 $\zeta_n = 1$ 时,系统为临界阻尼无振荡系统,测试系统的阶跃响应为

$$y(t) = k\{\varepsilon(t) - (1 + \omega_n t)e^{-\omega_n t}\} \tag{16.3.19}$$

相对动态误差 $\xi(t)$ 为

$$\xi(t) = -(1 + \omega_n t) e^{-\omega_n t} \tag{16.3.20}$$

这时系统的动态性能指标与 ω_n 有关，ω_n 越高，衰减越快。利用式(16.3.20)可以确定不同误差带 σ 对应的系统的响应时间 t_s；而上升时间 t_r、延迟时间 t_d 仍可以利用式(16.3.17)和(16.3.18)近似计算(将 $\zeta_n = 1$ 代入)。

(3) 当 $0 < \zeta_n < 1$ 时，系统为欠阻尼振荡系统，测试系统的阶跃响应为

$$y(t) = k\left[\varepsilon(t) - \frac{1}{\sqrt{1-\zeta_n^2}} e^{-\zeta_n \omega_n t} \cos(\omega_d t - \varphi)\right] \tag{16.3.21}$$

式中 ω_d——测试系统的阻尼振荡角频率(rad/s)，其倒数的 2π 倍为阻尼振荡周期 T_d ($T_d = \frac{2\pi}{\omega_d}$)，$\omega_d = \sqrt{1-\zeta_n^2}\,\omega_n$；

φ——测试系统的相位延迟，$\varphi = \arctan\left(\frac{\zeta_n}{\sqrt{1-\zeta_n^2}}\right)$。

这时，二阶测试系统的响应以其稳态输出 $y_s = k$ 为平衡位置的衰减振荡曲线，其包络线为 $1 - \frac{1}{\sqrt{1-\zeta_n^2}} e^{-\zeta_n \omega_n t}$ 和 $1 + \frac{1}{\sqrt{1-\zeta_n^2}} e^{-\zeta_n \omega_n t}$，如图 16.3.4 所示。响应的振荡频率和衰减的快慢程度取决于 ω_n，ζ_n 的大小。

当 ζ_n 一定时，ω_n 越大，振荡频率越高，衰减越快；当 ω_n 一定时，ζ_n 越接近于 1，振荡频率越低，振荡衰减部分前的系数 $\frac{1}{\sqrt{1-\zeta_n^2}}$ 也越大，这两个因素使衰减变缓。另一方面，$e^{-\zeta_n \omega_n t}$ 部分的衰减将加快，因此阻尼比系数对系统的影响比较复杂。

这时，二阶测试系统的相对动态误差 $\xi(t)$ 为

$$\xi(t) = -\frac{1}{\sqrt{1-\zeta_n^2}} e^{-\zeta_n \omega_n t} \cos(\omega_d t - \varphi) \times 100\% \tag{16.3.22}$$

相对误差的大小可以用其包络线来限定，即

$$|\xi(t)| \leqslant \frac{1}{\sqrt{1-\zeta_n^2}} e^{-\zeta_n \omega_n t} \tag{16.3.23}$$

图 16.3.4 给出了衰减振荡二阶测试系统的阶跃响应包络线和有关指标示意图。

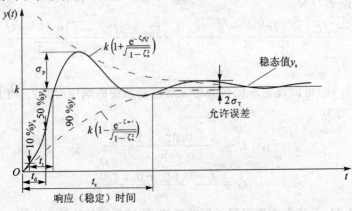

图 16.3.4　二阶测试系统阶跃响应包络线及指标

利用式(16.3.23)可以确定不同误差带 σ 对应的系统的响应时间 t_s；而上升时间 t_r、延迟时间 t_d 可以近似写为

$$t_r = \frac{0.5 + 2.3\zeta_n}{\omega_n} \quad (16.3.24)$$

$$t_d = \frac{1 + 0.7\zeta_n}{\omega_n} \quad (16.3.25)$$

当 $0 < \zeta_n < 1$ 时，二阶测试系统的响应过程有振荡，所以还应当讨论一些衡量振荡的动态性能指标。

① 振荡次数 N。相对振荡误差曲线 $\xi(t)$ 的幅值超过允许误差限 σ 的次数。

② 峰值时间 t_p 和超调量 σ_p。动态误差曲线由起始点到达第一个振荡幅值点的时间间隔 t_p 称为"峰值时间"。动态误差曲线的幅值随时间的变化率为零时将出现峰值，即

$$\frac{d\xi(t)}{dt} = 0 \quad (16.3.26)$$

利用式(16.3.22)和(16.3.26)可得

$$\sin(\omega_d t) = 0 \quad (16.3.27)$$

则 t_p 满足

$$\omega_d t_p = \pi \quad (16.3.28)$$

即

$$t_p = \frac{\pi}{\omega_d} = \frac{\pi}{\omega_n \sqrt{1-\zeta_n^2}} = \frac{T_d}{2} \quad (16.3.29)$$

这表明峰值时间为阻尼振荡周期 T_d 的一半。

超调量是指峰值时间对应的相对动态误差值，即

$$\sigma_p = \frac{1}{\sqrt{1-\zeta_n^2}} e^{-\zeta_n \omega_n t_p} \cos(\omega_d t_p - \varphi) \times 100\% =$$

$$e^{-\frac{\pi\zeta_n}{\sqrt{1-\zeta_n^2}}} \times 100\% \quad (16.3.30)$$

图 16.3.5 给出了超调量 σ_p 与阻尼比系数 ζ_n 的近似关系曲线。ζ_n 越小，σ_p 越大。在实际测试系统中，往往可以根据所允许的相对误差为系统的超调量 σ_p 的原则来选择测试系统应具有的阻尼比系数 ζ_n，并称这时的阻尼比系数为"时域最佳阻尼比系数"，以 ζ_{best,σ_p} 表示。表 16.3.1 给出了 ζ_{best,σ_p} 与 σ_p 的关系。可以看出：所允许的相对动态误差 σ_p 越小，时域最佳阻尼比系数就越大。

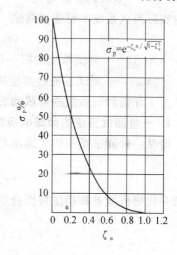

图 16.3.5 超调量 σ_p 与阻尼比系数 ζ_n 的近似关系曲线

表 16.3.1 二阶测试系统阶跃响应允许相对动态误差 σ_p 与时域最佳阻尼比系数 ζ_{best,σ_p} 的关系

$\sigma_p(\times 0.01)$	ζ_{best,σ_p}	$\sigma_p(\times 0.01)$	ζ_{best,σ_p}	$\sigma_p(\times 0.01)$	ζ_{best,σ_p}	$\sigma_p(\times 0.01)$	ζ_{best,σ_p}
0.1	0.910	1.5	0.801	4.0	0.716	8.0	0.627
0.2	0.892	2.0	0.780	4.5	0.703	9.0	0.608
0.3	0.880	2.5	0.762	5.0	0.690	10.0	0.591
0.5	0.860	3.0	0.745	6.0	0.667	12.0	0.559
1.0	0.826	3.5	0.730	7.0	0.646	15.0	0.517

③ 振荡衰减率 d。是指相对动态误差曲线相邻两个阻尼振荡周期 T_d 的两个峰值 $\xi(t)$ 和 $\xi(t+T_d)$ 之比,如图 16.3.6 所示。

$$d = \frac{\xi(t)}{\xi(t+T_d)} = \frac{e^{-\zeta_n\omega_n t}}{e^{-\zeta_n\omega_n(t+T_d)}} =$$

$$e^{\zeta_n\omega_n T_d} = e^{\frac{2\pi\zeta_n}{\sqrt{1-\zeta_n^2}}} \quad (16.3.31)$$

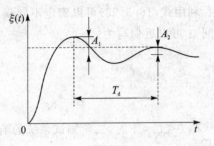

图 16.3.6 求振荡衰减率示意图

或用对数衰减率 D 来描述

$$D = \ln d = \frac{2\pi\zeta_n}{\sqrt{1-\zeta_n^2}} \quad (16.3.32)$$

16.3.2 测试系统频域动态性能指标

当被测量为正弦函数时

$$x(t) = \sin\omega t \quad (16.3.33)$$

要求测试系统能对此信号进行无失真、无延迟测量,使其输出为

$$y(t) = k \times \sin\omega t \quad (16.3.34)$$

式中 k——系统的静态增益。

而在实际测试系统不可能做到这一点,系统的稳态输出响应曲线为

$$y(t) = k \times A(\omega)\sin[\omega t + \varphi(\omega)] \quad (16.3.35)$$

式中 $A(\omega)$——测试系统的归一化幅值频率特性,即幅值增益;

$\varphi(\omega)$——测试系统的相位频率特性,即相位差。

为了评估测试系统的频域动态性能指标,常就 $A(\omega)$ 和 $\varphi(\omega)$ 进行研究。

1. 一阶测试系统的频域响应特性及其动态性能指标

设某一阶测试系统的传递函数为

$$G(s) = \frac{k}{Ts+1}$$

其归一化幅值增益和相位特性分别为

$$A(\omega) = \frac{1}{\sqrt{(T\omega)^2+1}} \quad (16.3.36)$$

$$\varphi(\omega) = -\arctan T\omega \quad (16.3.37)$$

对数幅频特性为

$$L(\omega) = 20\lg[A(\omega)] = -20\lg\left[\sqrt{(T\omega)^2+1}\right] = -10\lg[(T\omega)^2+1] \quad (16.3.38)$$

一阶测试系统归一化幅值增益 $A(\omega)$ 与所希望的无失真的归一化幅值增益 $A(0)$ 的误差为

$$\Delta A(\omega) = A(\omega) - A(0) = \frac{1}{\sqrt{(T\omega)^2+1}} - 1 \quad (16.3.39)$$

一阶测试系统相位差 $\varphi(\omega)$ 与所希望的无失真的相位差 $\varphi(0)$ 的误差为

$$\Delta\varphi(\omega) = \varphi(\omega) - \varphi(0) = -\arctan T\omega \quad (16.3.40)$$

图 16.3.7 给出了一阶测试系统的归一化幅频特性和相频特性曲线。输入被测量的频率 ω 变化时,测试系统的稳态响应的幅值增益和相位特性随之而变。当 $\omega=0$ 时,归一化幅值增益 $A(0)$ 最大,为 1,幅值误差 $\Delta A(0)=0$,相位差 $\varphi(0)=0$,相位误差 $\Delta\varphi(\omega)=0$,即测试系统的

输出信号并不衰减。当 ω 增大,归一化幅值增益逐渐减小,相位差由零变负,绝对值逐渐增大。这表明测试系统输出信号的幅值衰减增强,相位误差增大。特别当 $\omega \to \infty$ 时,幅值增益衰减到零,相位误差达到最大,为 $-\pi/2(-90°)$。

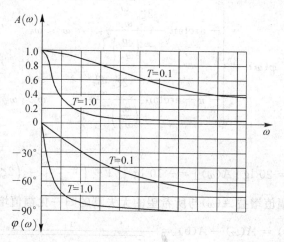

图 16.3.7 一阶测试系统的归一化幅频特性和相频特性曲线

从上述分析可知:一阶测试系统对于正弦周期输入信号的响应是与输入信号的频率密切相关的。当频率较低时,系统的输出能够在幅值和相位上较好地跟踪输入量;反之,若频率较高时,系统的输出就很难在幅值和相位上跟踪输入量,出现较大的幅值衰减和相位延迟。因此就必须对输入信号的工作频率范围加以限制。

对于一阶测试系统,除了幅值增益误差和相位误差以外,其动态性能指标有通频带和工作频带:

(1) 通频带 ω_B。幅值增益的对数特性衰减 -3 dB 处所对应的频率范围。依式(16.3.38)可得
$$-20 \lg \left[\sqrt{(T\omega_B)^2 + 1} \right] = -3$$

$$\omega_B = \frac{1}{T} \tag{16.3.41}$$

(2) 工作频带 ω_g。归一化幅值误差小于所规定的允许误差 σ 时,幅频特性曲线所对应的频率范围。

$$|\Delta A(\omega)| \leqslant \sigma \tag{16.3.42}$$

依式(16.3.39)以及一阶测试系统幅值增益随频率 ω 单调变化的规律,可得

$$1 - \frac{1}{\sqrt{(T\omega_g)^2 + 1}} \leqslant \sigma$$

$$\omega_g = \frac{1}{T} \sqrt{\frac{1}{(1-\sigma)^2} - 1} \tag{16.3.43}$$

式(16.3.43)表明:提高一阶测试系统的工作频带的有效途径是减小系统的时间常数。

2. 二阶测试系统的频域响应特性及其动态性能指标

设某二阶测试系统的传递函数为

$$G(s) = \frac{k\omega_n^2}{s^2 + 2\zeta_n \omega_n s + \omega_n^2}$$

其归一化幅值增益和相位特性分别为

$$A(\omega) = \frac{1}{\sqrt{\left[1-\left(\frac{\omega}{\omega_n}\right)^2\right]^2 + \left(2\zeta_n \frac{\omega}{\omega_n}\right)^2}} \tag{16.3.44}$$

$$\varphi(\omega) = \begin{cases} -\arctan\dfrac{2\zeta_n \dfrac{\omega}{\omega_n}}{1-\left(\dfrac{\omega}{\omega_n}\right)^2}, & \omega \leqslant \omega_n \\[2ex] -\pi + \arctan\dfrac{2\zeta_n \dfrac{\omega}{\omega_n}}{\left(\dfrac{\omega}{\omega_n}\right)^2 - 1}, & \omega > \omega_n \end{cases} \tag{16.3.45}$$

对数幅频特性为

$$L(\omega) = 20\lg[A(\omega)] = -10\lg\left\{\left[1-\left(\frac{\omega}{\omega_n}\right)^2\right]^2 + \left(2\zeta_n \frac{\omega}{\omega_n}\right)^2\right\} \tag{16.3.46}$$

二阶测试系统归一化幅值增益 $A(\omega)$ 与所希望的无失真的归一化幅值增益 $A(0)$ 的误差为

$$\Delta A(\omega) = A(\omega) - A(0) = \frac{1}{\sqrt{\left[1-\left(\frac{\omega}{\omega_n}\right)^2\right]^2 + \left(2\zeta_n \frac{\omega}{\omega_n}\right)^2}} - 1 \tag{16.3.47}$$

二阶测试系统相位差 $\varphi(\omega)$ 与所希望的无失真的相位差 $\varphi(0)$ 的误差为

$$\Delta\varphi(\omega) = \varphi(\omega) - \varphi(0) = \begin{cases} -\arctan\dfrac{2\zeta_n \dfrac{\omega}{\omega_n}}{1-\left(\dfrac{\omega}{\omega_n}\right)^2}, & \omega \leqslant \omega_n \\[2ex] -\pi + \arctan\dfrac{2\zeta_n \dfrac{\omega}{\omega_n}}{\left(\dfrac{\omega}{\omega_n}\right)^2 - 1}, & \omega > \omega_n \end{cases} \tag{16.3.48}$$

图 16.3.8 给出了二阶测试系统的幅频特性和相频特性曲线。输入被测量的频率 ω 变化时,测试系统的稳态响应的幅值增益和相位特性随之而变,而且变化规律与阻尼比系数密切相关。由图 16.3.8 看出:

(1) 当 $\omega=0$ 时,相对幅值误差 $\Delta A(\omega)=0$,相位误差 $\Delta\varphi(0)=0$,即测试系统的输出信号不失真、不衰减;

(2) 当 $\omega=\omega_n$ 时,相对幅值误差 $\Delta A(\omega)=\dfrac{1}{2\zeta_n}-1$,相位误差 $\Delta\varphi(\omega_n)=-\dfrac{\pi}{2}$;

(3) 当 $\omega\to\infty$ 时,幅值增益衰减到零,相对幅值误差 $\Delta A(\omega)\to -1$,相位延迟达到最大,为 $-\pi$;

(4) 幅频特性曲线是否出现峰值取决于系统所具有的阻尼比系数 ζ_n 的大小,依 $\dfrac{dA(\omega)}{d\omega}=0$,可得

$$\omega_r = \sqrt{1-2\zeta_n^2}\,\omega_n \leqslant \omega_n \tag{16.3.49}$$

由式(16.3.49)可知:当阻尼比系数在 $0\leqslant \zeta_n < \dfrac{1}{\sqrt{2}}$ 时,幅频特性曲线才出现峰值,这时 ω_r 称为系统的谐振频率。谐振频率 ω_r 对应的谐振峰值为

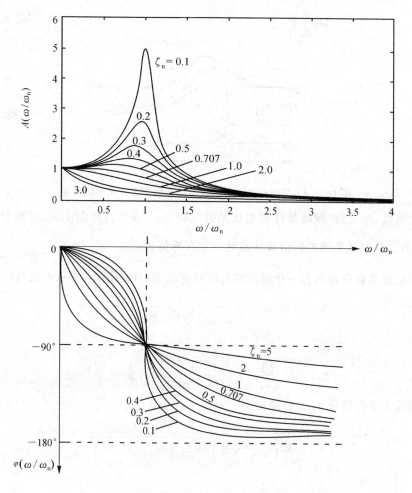

图 16.3.8　二阶测试系统的幅频特性和相频特性曲线

$$A_{\max} = A(\omega_r) = \frac{1}{2\zeta_n \sqrt{1-\zeta_n^2}} \tag{16.3.50}$$

相应的相角为

$$\varphi(\omega_r) = -\arctan \frac{\sqrt{1-\zeta_n^2}}{2\zeta_n} \geqslant -\frac{\pi}{2} \tag{16.3.51}$$

从上述分析可知:二阶测试系统对于正弦周期输入信号的响应与输入信号的频率、测试系统的固有频率、阻尼比系数密切相关。

对于二阶测试系统,由于幅值增益有时会产生峰值,而且其峰值可能比较大,故二阶系统的通频带的实际意义并不是很重要,相对而言,工作频带更确切、更有意义。

下面讨论二阶测试系统的阻尼比系数 ζ_n 和固有频率 ω_n 对其工作频带 ω_g 的影响情况。

(1) 阻尼比系数 ζ_n 的影响。二阶测试系统的固有频率 ω_n 不变时,系统的阻尼比系数 ζ_n 对其动态特性的影响非常大。图 16.3.9 给出了具有相同固有频率 ω_n 而阻尼比系数不同,在允许的相对幅值误差不超过 σ 时,它们所对应的工作频带各不相同的示意。

由图 16.3.9 可以看出,对于相同的允许误差 σ,必定有一个使二阶测试系统获得最大工作频

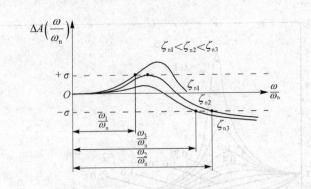

图 16.3.9 二阶测试系统的阻尼比系数与工作频带的关系

带的阻尼比系数,称之为"频域最佳阻尼比系数",以 $\zeta_{best,\sigma}$ 表示。依图 16.3.8 的分析,$\zeta_{best,\sigma} < \dfrac{1}{\sqrt{2}}$,即这时的二阶测试系统的幅值特性曲线一定有峰值。

由该阻尼比系数所得的归一化幅值特性应具有峰值,且峰值为 $1+\sigma$,由式(16.3.50)可得

$$A_{max} = A(\omega_r) = \dfrac{1}{2\zeta_{best,\sigma}\sqrt{1-\zeta_{best,\sigma}^2}} = 1+\sigma$$

即

$$\zeta_{best,\sigma} = \sqrt{\dfrac{1}{2} - \sqrt{\dfrac{\sigma(2+\sigma)}{4(1+\sigma)^2}}} \approx \sqrt{\dfrac{1}{2} - \sqrt{\dfrac{\sigma}{2}}} \tag{16.3.52}$$

再根据最大工作频带 $\omega_{g\,max}$ 应满足

$$A(\omega_{g\,max}) = \dfrac{1}{\sqrt{\left[1-\left(\dfrac{\omega_{g\,max}}{\omega_n}\right)^2\right]^2 + \left(2\zeta_{best,\sigma}\dfrac{\omega_{g\,max}}{\omega_n}\right)^2}} = 1-\sigma$$

可得

$$\dfrac{\omega_{g\,max}}{\omega_n} = \sqrt{\sqrt{2\sigma} + \sqrt{\dfrac{\sigma(4-5\sigma+2\sigma^2)}{1-\sigma}}} \approx \sqrt{\sqrt{2\sigma}+\sqrt{4\sigma}} \approx 1.848\sqrt[4]{\sigma} \tag{16.3.53}$$

依式(16.3.52)和(16.3.53)可知:二阶测试系统所允许相对幅值误差 σ 增大时,其最佳的阻尼比系数随之减小,而最大工作频带随之增宽。表 16.3.2 给出了由式(16.3.52)和(16.3.53)计算得到的在不同允许相对幅值误差 σ 所对应的频域最佳阻尼比系数 $\zeta_{best,\sigma}$ 和二阶测试系统的最大工作频带 $\omega_{g\,max}$ 相对于固有频率 ω_n 的值 $\dfrac{\omega_{g\,max}}{\omega_n}$。

最大工作频带对应的相位角误差为

$$\Delta\varphi(\omega_{g\,max}) = \begin{cases} -\arctan\dfrac{1+2\zeta_{best,\sigma}\cdot\dfrac{\omega_{g\,max}}{\omega_n}}{1-\left(\dfrac{\omega_{g\,max}}{\omega_n}\right)^2} \geqslant -\dfrac{\pi}{2}, & \omega_{g\,max} \leqslant \omega_n \\ -\pi+\arctan\dfrac{1+2\zeta_{best,\sigma}\cdot\dfrac{\omega_{g\,max}}{\omega_n}}{\left(\dfrac{\omega_{g\,max}}{\omega_n}\right)^2-1} < -\dfrac{\pi}{2}, & \omega_{g\,max} > \omega_n \end{cases} \tag{16.3.54}$$

利用式(16.3.52)、(16.3.53)和(16.3.54),可得

$$\Delta\varphi(\omega_{g\,max}) = \begin{cases} -\arctan\dfrac{1+3.696\sqrt{\frac{1}{2}-\sqrt{\frac{\sigma}{2}}}\cdot\sqrt[4]{\sigma}}{1-3.414\sqrt{\sigma}}, & \sigma \leqslant 0.0858 \\[2ex] -\pi+\arctan\dfrac{1+3.696\sqrt{\frac{1}{2}-\sqrt{\frac{\sigma}{2}}}\cdot\sqrt[4]{\sigma}}{3.414\sqrt{\sigma}-1}, & \sigma > 0.0858 \end{cases}$$

(16.3.55)

这表明：当二阶测试系统所允许的相对动态误差 $\sigma \leqslant 0.0858$ 时，系统的最大工作频带 $\omega_{g\,max}$ 要比其固有频率小，介于系统的谐振频率和固有频率之间，即 $\omega_n \geqslant \omega_{g\,max} \geqslant \omega_r$；而当所允许的相对动态误差 $\sigma > 0.0858$ 时，系统的最大工作频带 $\omega_{g\,max}$ 要比其固有频率大，即 $\omega_{g\,max} \geqslant \omega_n \geqslant \omega_r$。

表 16.3.2　二阶测试系统不同的允许相对动态误差 σ 值下频域最佳阻尼比系数 $\zeta_{best,\sigma}$ 和 $\omega_{g\,max}/\omega_n$

$\sigma(\times 0.01)$	$\zeta_{best,\sigma}$	$\omega_{g\,max}/\omega_n$	$\sigma(\times 0.01)$	$\zeta_{best,\sigma}$	$\omega_{g\,max}/\omega_n$	$\sigma(\times 0.01)$	$\zeta_{best,\sigma}$	$\omega_{g\,max}/\omega_n$
0	0.707	0	2.0	0.634	0.695	8.0	0.558	0.983
0.1	0.691	0.329	2.5	0.625	0.735	9.0	0.549	1.012
0.2	0.684	0.391	3.0	0.617	0.769	10.0	0.540	1.039
0.3	0.679	0.432	3.5	0.609	0.779	11.0	0.532	1.064
0.4	0.675	0.465	4.0	0.602	0.826	12.0	0.524	1.088
0.5	0.671	0.491	5.0	0.590	0.874	13.0	0.517	1.110
1.0	0.656	0.584	6.0	0.578	0.915	14.0	0.510	1.120
1.5	0.644	0.647	7.0	0.568	0.951	15.0	0.476	1.150

(2) 固有频率 ω_n 的影响。二阶测试系统的阻尼比系数 ζ_n 不变时，系统的固有频率 ω_n 越高，系统的频带越宽，如图 16.3.10 所示。事实上，这一结论由上面的分析（见式(16.3.53)）也能反映出来。

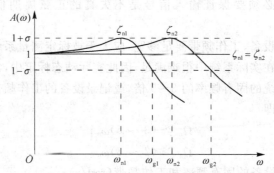

图 16.3.10　二阶测试系统的固有频率与工作频带的关系

16.4　测试系统动态特性测试与动态模型建立

16.4.1　测试系统动态标定

通过静态标定可以获取测试系统的静态模型，研究、分析其静态特性；若要分析、研究测试系统的动态性能指标就必须要对测试系统进行动态标定，在此基础上研究、分析测试系统的动态特性，或首先通过建立测试系统动态模型的方法，再针对动态模型研究、分析测试系统的动态特性。对测试系统进行动态标定的过程要比静态标定的过程复杂得多,而且目前也没有统一的方法。本章仅仅针对一般意义的动态标定过程,就测试系统典型输入下的动态响应过程来获取一阶或二阶测试系统的动态模型。

测试系统的动态特性通常可以从时域和频域两方面来研究、分析。在时域,主要针对测试系统在阶跃输入、回零过渡过程、脉冲输入下的瞬态响应进行分析;而在频域,主要针对系统在正弦输入下的稳态响应的幅值增益和相位差进行分析。通过上述测试系统在时域或频域的典型响应就可以分析、获取测试系统的有关动态性能指标。

对测试系统进行动态标定,除了获取系统的动态性能指标、测试系统的动态模型,还有一个重要的目的,就是通过动态标定,认为测试系统的动态性能不满足动态测试需求时,确定一个动态补偿环节的模型,以改善测试系统的动态性能指标。

这一节将重点讨论测试系统是如何根据典型的实际动态输出响应来确定测试系统的动态模型的;而对于测试系统动态特性补偿的有关问题本书不作讨论,读者可参阅其他书籍或论著。

为了对实际的测试系统进行动态标定,获取系统在典型输入下的动态响应,必须要有合适的动态测试设备,包括合适的典型输入信号发生器、动态信号记录设备和数据采集处理系统。由于动态测试设备与实际的被标定的测量系统是连接在一起的,因此实际的输出响应包含了动态测试系统和被标定的测试系统响应。为了减少动态测试系统对实际输出的影响,就必须考虑如何选择动态测试设备的问题。

通常为了获得较高准确度的动态测试数据,就要求动态测试设备中的所有影响动态测试过程的环节,如典型输入信号发生器、动态信号记录设备和数据采集处理系统等具有很宽的频带。例如典型信号发生器要能够产生较为理想的动态输入信号,如果是要获得时域的脉冲响应,就必须要保证输入能量足够大,且脉冲宽度尽可能地窄。如果是要获得频域的幅值频率特性和相位频率特性,就必须要保证输入信号是不失真的正弦周期信号,而不能有其他谐波信号。

对于动态信号记录设备,工作频带要足够宽,应大于被标定测量系统输出响应中最高次的谐波的频率。但这一点在实际系统中很难满足,因此实际动态标定中,常选择记录设备的固有频率不低于动态测试系统的固有频率的 3~5 倍,或记录设备的工作频带不低于被标定测试设备固有频率的 2~3 倍,即

$$\left. \begin{array}{l} \Omega_n \geqslant (3\sim5)\omega_n \\ \Omega_g \geqslant (2\sim3)\omega_n \end{array} \right\} \quad (16.4.1)$$

式中　Ω_n, Ω_g——记录设备的固有频率和工作频带(rad/s);

　　　ω_n——被标定测试系统的固有频率(rad/s)。

对于信号采集系统来说,为了减少其对测试系统输出响应的影响,其采样频率或周期应按下式选择,即

$$f_s \geqslant 10 f_n \quad (16.4.2)$$

$$T_s \leqslant 0.1 T_n \quad (16.4.3)$$

式中　f_s, T_s——数据采集处理系统的采样频率(Hz)和周期(s);

　　　f_n, T_n——被标定测试系统的固有频率(Hz)和周期(s)。

由式(16.4.2)和(16.4.3)可以看出,对于二阶系统,当其阻尼比系数较小时,系统的输出

响应相当于在一个衰减振荡周期内采集 10 个以上的数据；当阻尼比系数为 0.7 时，相当于在一个衰减周期内采集 14 个以上的数据。

在动态测试过程中，为了减少干扰的影响，还应正确连接测试线路的地线和加强输入信号的强度，并适当对输出响应信号进行滤波处理。

16.4.2 由实验阶跃响应曲线获取系统的传递函数的回归分析法

对于一阶测试系统来说，在阶跃输入作用下，系统的输出响应是非周期型的。对于二阶测试系统来说，在阶跃输入作用下，当阻尼比系数 $\zeta_n \geqslant 1$ 时，系统的输出响应是非周期型的；而当 $0 < \zeta_n < 1$ 时，系统的输出响应为衰减振荡型的。下面分别讨论。

1. 由非周期型阶跃响应过渡过程曲线求一阶或二阶测试系统的传递函数的回归分析

（1）一阶测试系统。典型一阶测试系统的传递函数为

$$G(s) = \frac{k}{Ts + 1}$$

系统的阶跃响应过渡过程曲线如图 16.3.1 所示。因此实际的阶跃过渡过程曲线与图 16.3.1 相似时，就可以近似地认为测试系统是一阶的。

依上式知，k 为测试系统的静态增益，可以由静态标定获得。因此只要根据实验过渡过程曲线求出时间常数 T 就可以获得测试系统的动态数学模型。

对于一阶测试系统，其归一化的阶跃过渡过程为

$$y_n(t) = 1 - e^{-\frac{t}{T}} \quad (16.4.4)$$

归一化的回零过渡过程为

$$y_n(t) = e^{-\frac{t}{T}} \quad (16.4.5)$$

利用式(16.4.4)可得

$$e^{-\frac{t}{T}} = 1 - y_n(t)$$

$$-\frac{t}{T} = \ln[1 - y_n(t)]$$

取 $Y = \ln[1 - y_n(t)]$，$A = -\frac{1}{T}$，则上式可以转换为

$$Y = At \quad (16.4.6)$$

对于回零过渡过程，依式(16.4.5)可得

$$-\frac{t}{T} = \ln[y_n(t)]$$

取 $Y = \ln[y_n(t)]$，$A = -\frac{1}{T}$，则上式也可以转换为式(16.4.6)。

因此，通过求解由式(16.4.6)描述的线性特性方程求解回归直线的斜率 $A\left(=-\frac{1}{T}\right)$，就可以获得回归传递函数。

将所得到的 T 代入式(16.4.4)或式(16.4.5)可以计算出 $y_n(t)$，然后与实验所得到的过渡过程曲线进行比较，检查回归效果。

计算实例：表 16.4.1 给出了某系统的单位阶跃响应的实测动态数据（前三行）及相关处理数据（后三行），试回归其传递函数。

表 16.4.1　某系统的单位阶跃响应的实测动态数据及相关处理数据

实验点数	1	2	3	4	5	6	7
时间 t/s	0	0.1	0.2	0.3	0.4	0.5	0.6
实测值 $y(t)$	0	0.426	0.670	0.812	0.892	0.939	0.965
$Y_i = \ln[1-y(t)]$	0	−0.555	−1.109	−1.671	−2.226	−2.797	−3.352
回归值 $\hat{y}(t)$	0	0.427	0.672	0.812	0.893	0.938	0.965
偏差 $\hat{y}(t)-y(t)$	0	0.001	0.002	0	0.001	−0.001	0

解：首先计算 $Y_i = \ln[1-y(t)]$，列于表 16.4.1 中的第四行。

利用有约束的最小二乘法（即这时直线的节距为零）求回归直线的斜率

$$A = \frac{\sum_{i=1}^{7} Y_i}{\sum_{i=1}^{7} t_i} = -5.576$$

故回归时间常数为

$$T = -\frac{1}{A} = 0.1793$$

回归得到的传递函数为

$$G(s) = \frac{1}{0.1793s+1}$$

检查回归效果：利用式（16.4.5）可以计算出回归得到的过渡过程曲线，结果列于表 16.4.1 中的第五行，同时在表 16.4.1 中的第六行列出了回归结果与实测值的偏差。由表看出回归效果较好。

（2）二阶测试系统。当阻尼比系数 $\zeta_n \geq 1$ 时，典型二阶测试系统的传递函数为

$$G(s) = \frac{k\omega_n^2}{s^2 + 2\zeta_n\omega_n s + \omega_n^2}$$

或

$$G(s) = \frac{k}{(T_1 s+1)(T_2 s+1)} = \frac{kp_1 p_2}{[s-(-p_1)][s-(-p_2)]} \tag{16.4.7}$$

式中　$-p_1, -p_2$——特征方程式中的两个负实根；它们与 $T_1, T_2; \omega_n, \zeta_n$ 的关系是

$$\left.\begin{array}{l} p_1 = \dfrac{1}{T_1}, \quad p_2 = \dfrac{1}{T_2} \\ p_1 = \omega_n(\zeta_n - \sqrt{\zeta_n^2 - 1}) \\ p_2 = \omega_n(\zeta_n + \sqrt{\zeta_n^2 - 1}) \end{array}\right\} \tag{16.4.8}$$

二阶测试系统阶跃过渡过程曲线如图 16.3.3 所示。

① 当 $\zeta_n = 1$ 时，$p_1 = p_2 = \omega_n$，系统特征方程有两个相等的根，归一化单位阶跃响应为

$$y_n(t) = 1 - (1+\omega_n t)e^{-\omega_n t} \tag{16.4.9}$$

归一化的回零过渡过程为

$$y_n(t) = (1+\omega_n t)e^{-\omega_n t} \tag{16.4.10}$$

当 $t=1/\omega_n$ 时,依式(16.4.9)有

$$y_n\left(t=\frac{1}{\omega_n}\right)=1-2\mathrm{e}^{-1}=0.26 \qquad (16.4.11)$$

依式(16.4.10)有

$$y_n\left(t=\frac{1}{\omega_n}\right)=2\mathrm{e}^{-1}=0.74 \qquad (16.4.12)$$

基于上述分析,对于归一化单位阶跃响应曲线,$y_n(t)=0.26$ 处的时间 $t_{0.26}$ 的倒数就是系统近似的固有频率。

而对于归一化回零过渡过程曲线,$y_n(t)=0.74$ 处的时间 $t_{0.74}$ 的倒数就是系统近似的固有频率。

② 当 $\zeta_n>1$ 时,归一化单位阶跃响应为

$$y_n(t)=1+C_1\mathrm{e}^{-p_1 t}+C_2\mathrm{e}^{-p_2 t}=$$
$$1-\frac{(\zeta_n+\sqrt{\zeta_n^2-1})\mathrm{e}^{(-\zeta_n+\sqrt{\zeta_n^2-1})\omega_n t}}{2\sqrt{\zeta_n^2-1}}+\frac{(\zeta_n-\sqrt{\zeta_n^2-1})\mathrm{e}^{-(\zeta_n+\sqrt{\zeta_n^2-1})\omega_n t}}{2\sqrt{\zeta_n^2-1}}$$

$$(16.4.13)$$

由于这时系统有两个负实根,而且一个的绝对值相对较小,$p_1=\omega_n(\zeta_n-\sqrt{\zeta_n^2-1})$;另一个的绝对值相对较大,$p_2=\omega_n(\zeta_n+\sqrt{\zeta_n^2-1})$。例如当 $\zeta_n=1.5$ 时,$p_2/p_1\approx 6.85$。这样经过一段时间后,过渡过程中只有稳态值和 $p_1=\omega_n(\zeta_n-\sqrt{\zeta_n^2-1})$ 对应的暂态分量 $C_1\mathrm{e}^{-p_1 t}$。因此这时的二阶系统阶跃响应与一阶系统的阶跃响应相类似,即经过一段时间后,有

$$y_n(t)\approx 1+C_1\mathrm{e}^{-p_1 t}=1-\frac{(\zeta_n+\sqrt{\zeta_n^2-1})\mathrm{e}^{(-\zeta_n+\sqrt{\zeta_n^2-1})\omega_n t}}{2\sqrt{\zeta_n^2-1}} \qquad (16.4.14)$$

因此当利用实际测试数据的后半段时,处理过程同一阶系统。这样就可以求出系数 C_1 和 p_1。

再利用初始条件,$t=0$ 时,$y_n(t)=0$;$\dfrac{\mathrm{d}y_n(t)}{\mathrm{d}t}=0$,可得方程组

$$\left.\begin{array}{l}1+C_1+C_2=0\\C_1 p_1+C_2 p_2=0\end{array}\right\} \qquad (16.4.15)$$

可得:

$$\left.\begin{array}{l}C_2=-1-C_1\\p_2=\dfrac{C_1 p_1}{1+C_1}\end{array}\right\} \qquad (16.4.16)$$

对于 $\zeta_n>1$ 时的归一化回零过渡过程,其后半段有

$$y_n(t)\approx C_1\mathrm{e}^{-p_1 t}=-\frac{(\zeta_n+\sqrt{\zeta_n^2-1})\mathrm{e}^{(-\zeta_n+\sqrt{\zeta_n^2-1})\omega_n t}}{2\sqrt{\zeta_n^2-1}} \qquad (16.4.17)$$

类似于一阶系统的处理方式,可以得到 C_1,p_1;再利用初始条件,$t=0$ 时 $y_n(t)=y_{n0}$,$\dfrac{\mathrm{d}y_n(t)}{\mathrm{d}t}=0$,可得

$$\left.\begin{array}{l}C_2=y_{n0}-C_1\\p_2=-\dfrac{C_1 p_1}{y_{n0}-C_1}\end{array}\right\} \qquad (16.4.18)$$

将所得到的 $C_1, C_2,, p_1, p_2$ 代入式(16.4.14)或(16.4.17)可以计算出 $y_n(t)$，然后与实验所得到的相应的过渡过程曲线进行比较，检查回归效果。

2. 由衰减振荡型阶跃响应过渡过程曲线求二阶测试系统的传递函数的回归分析

当实测得到的阶跃响应的过渡过程曲线为衰减振荡型时，其动态模型可以利用衰减振荡型的二阶测试系统来回归。

振荡二阶测试系统的归一化阶跃响应为

$$y(t) = 1 - \frac{1}{\sqrt{1-\zeta_n^2}} e^{-\zeta_n \omega_n t} \cos(\omega_d t - \varphi)$$

不同的阻尼比系数对应的阶跃响应差别比较大，下面分几种情况进行讨论。

(1) 阻尼比系数较小、振荡次数较多，如图 16.4.1(a)所示。这时实验曲线提供的信息比较多。因此可以用 A_1, A_2, T_d, t_r, t_p 来回归，可用下面任何一组来确定 ω_n 和 ζ_n。

第一组：利用 A_1, A_2 和 T_d。

在输出响应曲线上可量出 A_1, A_2 和振荡周期 T_d，根据衰减率 d 和动态衰减率 D 与 A_1, A_2 和 T_d 的关系

$$d = \frac{A_1}{A_2} = e^{\zeta_n \omega_n T_d} = e^{\frac{2\pi \zeta_n}{\sqrt{1-\zeta_n^2}}}$$

$$D = \ln d = \frac{2\pi \zeta_n}{\sqrt{1-\zeta_n^2}}$$

可以得到阻尼比系数 ζ_n，再根据振荡频率与固有频率的关系

$$\omega_d = \sqrt{1-\zeta_n^2} \omega_n$$

就可以得到固有频率 ω_n。

第二组：利用 A_1 和 t_p。

利用超调量 A_1，峰值时间 t_p 与 ω_n 和 ζ_n 的关系

$$\sigma_p = A_1 = e^{\frac{-\pi \zeta_n}{\sqrt{1-\zeta_n^2}}}$$

$$t_p = \frac{\pi}{\omega_d} = \frac{\pi}{\omega_n \sqrt{1-\zeta_n^2}} = \frac{T_d}{2}$$

可以得到固有频率 ω_n 和阻尼比系数 ζ_n。

第三组：利用 t_p 和 t_r。

利用峰值时间 t_p、上升时间 t_r 与 ω_n 和 ζ_n 的关系

$$t_p = \frac{\pi}{\omega_d} = \frac{\pi}{\omega_n \sqrt{1-\zeta_n^2}} = \frac{T_d}{2}$$

$$t_r = \frac{1 + 0.9\zeta_n + 1.6\zeta_n^2}{\omega_n}$$

可以得到固有频率 ω_n 和阻尼比系数 ζ_n。

(2) 振荡次数 $0.5 < N < 1$，如图 16.4.1(b)所示。

只要在衰减振荡响应曲线上量出峰值 A_1、上升时间 t_r 和峰值时间 t_p，用上述第二组或第三组就可以求得 ω_n 和 ζ_n。

(3) 振荡次数 $N \leqslant 0.5$，如图 16.4.1(c)所示。

这时峰值 A_1 量测不准,但上升时间 t_r 和峰值时间 t_p 仍然可以准确量出,因此可以利用上述第三组的方法求得 ω_n 和 ζ_n。

(4) 超调很小的情况,如图 16.4.1(d)所示。

这时只能准确量出上升时间 t_r。此时阻尼比系数约在 $0.8 \sim 1.0$ 之间。利用式

$$t_r = \frac{1 + 0.9\zeta_n + 1.6\zeta_n^2}{\omega_n}$$

在 $0.8 \sim 1.0$ 之间初选阻尼比系数,计算 ω_n,然后利用其他信息来检验回归效果。

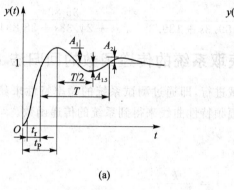
(a)

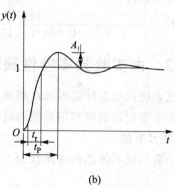
(b)

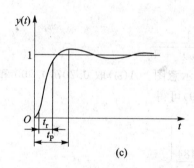
(c)

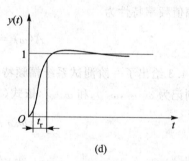
(d)

图 16.4.1 二阶测试系统在单位阶跃作用下的衰减振荡响应曲线

计算实例:某系统的单位回零过渡过程如图 16.4.2 所示,试求其回归传递函数。

解:首先确定其振荡周期和振荡频率。

由测试曲线量出三个振荡周期对应的时间为 0.1 s,故振荡周期为

$$T_d = \frac{0.1}{3} = 0.033\ 3\ \text{s}$$

振荡频率为

$$\omega_d = \frac{2\pi}{T_d} = 188.5\ \text{rad/s}$$

图 16.4.2 某系统的单位回零过渡过程曲线

计算衰减率。由测试曲线上量出相差一个振荡周期的幅值为

$$A_1 = 0.75, \qquad A_2 = 0.5$$

$$D = \frac{2\pi\zeta_n}{\sqrt{1-\zeta_n^2}} = \ln\frac{A_1}{A_2} = \ln\frac{0.75}{0.5} = 0.4055$$

计算阻尼比系数和固有频率。利用上式,可得阻尼比系数为

$$\zeta_n = 0.0644$$

利用 $\omega_d = \sqrt{1-\zeta_n^2}\,\omega_n$,可得

$$\omega_n = 189.3 \text{ rad/s}$$

回归传递函数为

$$G(s) = \frac{189.3^2}{s^2 + 2\times 0.0644\times 189.3s + 189.3^2} = \frac{35\,834}{s^2 + 24.38s + 35\,834}$$

16.4.3 由实验频率特性获取系统的传递函数的回归法

许多测试系统的动态标定可以在频域进行,即通过测试系统的频率特性来获取其动态性能指标。下面主要讨论如何利用系统的幅频特性曲线来得到系统的传递函数。

1. 一阶测试系统

典型的一阶测试系统的传递函数为

$$G(s) = \frac{k}{Ts+1}$$

其归一化幅值频率特性为

$$A(\omega) = \frac{1}{\sqrt{(T\omega)^2 + 1}} \tag{16.4.19}$$

图 16.4.3 给出了一阶测试系统幅频特性曲线示意图。$A(\omega)$ 取 0.707,0.900 和 0.950 时的频率分别记为 $\omega_{0.707}, \omega_{0.900}$ 和 $\omega_{0.950}$,依式(16.4.19)可得

$$\left.\begin{array}{l}\omega_{0.707} = \dfrac{1}{T} \\[4pt] \omega_{0.900} = \dfrac{0.484}{T} \\[4pt] \omega_{0.950} = \dfrac{0.329}{T}\end{array}\right\} \tag{16.4.20}$$

一种比较实用的方法是利用 $\omega_{0.707}, \omega_{0.900}$ 和 $\omega_{0.950}$ 来回归一阶测试系统的时间常数 T

$$T = \frac{1}{3}\left(\frac{1}{\omega_{0.707}} + \frac{0.484}{\omega_{0.900}} + \frac{0.329}{\omega_{0.950}}\right) \tag{16.4.21}$$

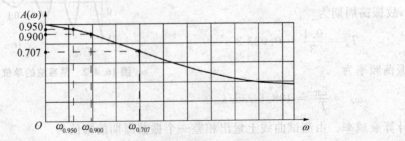

图 16.4.3 一阶测试系统幅频特性曲线

当然也可以利用其他数据处理的方法,例如最小二乘法来回归。得到测试系统的模型参

数后,利用式(16.4.19)得到的计算值与实验值进行比较,检查回归效果。

2. 二阶测试系统

典型的二阶测试系统的传递函数为

$$G(s) = \frac{k\omega_n^2}{s^2 + 2\zeta_n\omega_n s + \omega_n^2}$$

其归一化幅值频率特性为

$$A(\omega) = \frac{1}{\sqrt{\left[1 - \left(\frac{\omega}{\omega_n}\right)^2\right]^2 + \left(2\zeta_n \frac{\omega}{\omega_n}\right)^2}} \tag{16.4.22}$$

图 16.3.8 给出了二阶测试系统幅频特性曲线示意图。幅频特性可以分为两类:一类为有峰值的;另一类为无峰值的。

当 $\zeta_n < 0.707$ 时,幅频特性有峰值,峰值大小 A_{max} 及对应的频率 ω_r 分别为

$$A_{max} = A(\omega_r) = \frac{1}{2\zeta_n \sqrt{1 - \zeta_n^2}} \tag{16.4.23}$$

$$\omega_r = \sqrt{1 - \zeta_n^2}\,\omega_n \tag{16.4.24}$$

利用式(16.4.23)可以求得阻尼比系数 ζ_n,再利用式(16.4.24)可以求得系统的固有频率 ω_n。

利用所求得的 ω_n 和 ζ_n,由式(16.4.22)可以计算出幅频特性曲线,并与实测得到的幅频特性曲线进行比较,以检查回归效果。

对于动态测试所得的幅频特性曲线无峰值的二阶测试系统而言,在曲线上可以读出使 $A(\omega)$ 为 0.707,0.900 和 0.950 时的值 $\omega_{0.707}$,$\omega_{0.900}$ 和 $\omega_{0.950}$。由式(16.4.22)可得

$$\frac{\omega_{0.950}}{\omega_n} = \sqrt{(1 - 2\zeta_n^2) + \sqrt{(1 - 2\zeta_n^2)^2 + \left[\left(\frac{1}{A(\omega_{0.950})}\right)^2 - 1\right]}} \tag{16.4.25}$$

$$\frac{\omega_{0.900}}{\omega_n} = \sqrt{(1 - 2\zeta_n^2) + \sqrt{(1 - 2\zeta_n^2)^2 + \left[\left(\frac{1}{A(\omega_{0.900})}\right)^2 - 1\right]}} \tag{16.4.26}$$

$$\frac{\omega_{0.707}}{\omega_n} = \sqrt{(1 - 2\zeta_n^2) + \sqrt{(1 - 2\zeta_n^2)^2 + \left[\left(\frac{1}{A(\omega_{0.707})}\right)^2 - 1\right]}} \tag{16.4.27}$$

由上述三式中的任意两式,可以求得 ω_n 和 ζ_n。利用所得到的 ω_n 和 ζ_n,由式(16.4.22)就可以计算幅频特性曲线,然后与实验值进行比较,检查回归效果。

习题与思考题

16.1 描述测试系统的动态模型有哪些主要形式?

16.2 测试系统动态校准时,应注意哪些问题?

16.3 简述测试系统的动态特性的时域指标及物理意义?

16.4 简述测试系统的动态特性的频域指标及物理意义?

16.5 简述测试系统动态校准的目的。

16.6 某测试系统的回零过渡过程如题表 16-1 所列,试求其一阶动态回归模型。

题表 16-1 某测试系统的回零过渡过程

实验点数	1	2	3	4	5	6
时间 t/s	0	0.2	0.4	0.8	1.0	1.2
实测值 $y(t)$	1	0.512	0.262	0.135	0.359	0.185

16.7 一阶测试系统的一组实测的幅值频率特性点为 $[\omega_i, A(\omega_i)]$ $(i=1,2,\cdots,N)$,基于这组点利用最小二乘法求其一阶测试系统的动态模型。

16.8 说明二阶测试系统的"时域最佳阻尼比系数"与"频域最佳阻尼比系数"的物理意义。

16.9 试给出二阶测试系统在"频域最佳阻尼比系数"$\zeta_{\text{best},\sigma}$ 下的谐振频率 ω_r。

参考文献

[1] GB/T 7665—2005 传感器通用术语[S]. 北京:中国标准出版社,2005.

[2] 现代测量与控制技术词典编委会. 现代测量与控制技术词典[M]. 北京:中国标准出版社,1999.

[3] Ernesst O. Doebelin. Measurement Systems Application and Design [M]. Third Edition. McGraw-Hill Book Company,1983.

[4] 周浩敏. 测试信号处理技术[M]. 北京:北京航空航天大学出版社,2009.

[5] 郑君里,应启珩,杨为理. 信号与系统[M]. 2版. 北京:高等教育出版社,2000.

[6] A. V. Oppenheim, A. S. Willsky, S. H. Nawab. Signals and Systems [M]. Second Edition. Prentic Hall. 1999(北京:清华大学出版社影印本).

[7] 胡广书. 数字信号处理——理论、算法与实现[M]. 2版. 北京:清华大学出版社,2003.

[8] 应启珩,冯一云,窦维蓓. 离散时间信号分析和处理[M]. 北京:清华大学出版社,2001.

[9] 芮坤生,潘孟贤,丁志中. 信号分析与处理[M]. 2版. 北京:高等教育出版社,2003.

[10] 徐伯勋,白旭滨,傅孝毅. 信号处理中的数学变换和估计方法[M]. 北京:清华大学出版社,2004.

[11] 伯晓晨,李涛,刘路,等. Matlab工具箱应用指南[M]. 北京:电子工业出版社,2000.

[12] 楼顺天,李博菡. 基于MATLAB的系统分析与设计——信号处理[M]. 西安:西安电子科技大学出版社,1998.

[13] (美)Hwei P. Hsu. 全美经典学习指导序列——信号与系统[M]. 骆丽,胡健,李哲英,译. 北京:北京科学出版社,2002.

[14] (美)M. H. 海因斯. 全美经典学习指导序列——信号处理[M]. 张建华,卓力,张延华,译. 北京:北京科学出版社,2002.

[15] 邱天爽. 信号与系统学习辅导及典型题解[M]. 北京:电子工业出版社,2003.

[16] 陈怀琛,吴大正,高西全. MATLAB及在电子信息课程中的应用[M]. 北京:电子工业出版社,2003.

[17] 周浩敏,钱政. 智能传感技术与系统[M]. 北京:北京航空航天大学出版社,2008.

[18] 邢维巍. 硅谐振微超过其频率特性测试系统的研制[M]. 北京:北京航空航天大学出版社,1999.

[19] Norden E. Huang. Introduction To The Hilbert Huang Transform And Its Related Mathematical Problems[M]. Goddard Institute for Data Analysis,Code 614. 2,NASA/Goddard Space Flight Center,Greenbelt,MD 20771,USA.

[20] 朱明武,李永新,卜雄洙. 测试信号处理与分析[M]. 北京:北京航空航天大学出版社,2006.

[21] Lisa A. Soberano. The Mathematical Foundation Of Image Compression[M]. The University of North Carolina at Wilmington Wilmington. North Carolina. 2000.

[22] 樊尚春. 传感器技术及应用[M]. 2版. 北京:北京航空航天大学出版社,2010.

[23] 余瑞芬. 传感器原理[M]. 2版. 北京:航空工业出版社,1995.

[24] 樊大钧,刘广玉. 新型弹性敏感元件设计[M]. 北京:国防工业出版社,1995.

[25] 刘惠彬,刘玉刚. 测试技术[M]. 北京:北京航空航天大学出版社,1989.

[26] 樊尚春,刘广玉. 新型传感技术及应用[M]. 2版. 北京:中国电力出版社,2011.

[27] 朱定国. 航空测试系统[M]. 北京:国防工业出版社,1990.

[28] 张建民. 传感器与检测技术[M]. 北京:机械工业出版社,2000.

[29] 程守洙. 普通物理学[M]. 北京:高等教育出版社,1984.

[30] 秦自楷. 压电石英传感器[M]. 北京:电子工业出版社,1980.

[31] 樊尚春,刘广玉. 热激励谐振式硅微结构压力传感器[J]. 航空学报,2000(9):474~476.

[32] 国家技术监督局计量司. 国际温标宣贯手册[M]. 北京:中国计量出版社,1990.

[33] 程鹏. 自动控制原理[M]. 北京:高等教育出版社,2003.